U0656213

通信技术与应用丛书

协同通信技术

蔡跃明　杨炜伟　杨文东　吴　丹　管新荣　编著

机 械 工 业 出 版 社

本书详细介绍了协同通信的基本概念、基本原理、基本技术、关键算法、典型应用以及发展趋势等。全书共9章，内容包括协同通信概述、协同中继选择、协同通信系统的信道估计、协同无线网络中分布式空时频编码、协同MAC及协同ARQ技术、协同无线网络中物理层网络编码、协同通信中的无线资源管理、协作多点传输技术和协同无线网络中的物理层安全。

本书可作为通信工程、信息工程和其他相关专业高年级本科生和研究生的参考教材，也可作为信息与通信工程技术人员和科研人员的参考书。

图书在版编目（CIP）数据

协同通信技术／蔡跃明等编著．—北京：机械工业出版社，2017.12（2025.3重印）
（通信技术与应用丛书）
ISBN 978-7-111-58292-2

Ⅰ.①协…　Ⅱ.①蔡…　Ⅲ.①协同通信　Ⅳ.①TN911

中国版本图书馆CIP数据核字（2017）第253782号

机械工业出版社（北京市百万庄大街22号　邮政编码100037）
策划编辑：李馨馨　　责任编辑：李馨馨　王　荣
责任校对：佟瑞鑫　　责任印制：常天培
北京机工印刷厂有限公司印刷
2025年3月第1版第2次印刷
184mm×260mm·16.75印张·332千字
标准书号：ISBN 978-7-111-58292-2
定价：69.00元

电话服务	网络服务
客服电话：010-88361066	机　工　官　网：www.cmpbook.com
010-88379833	机　工　官　博：weibo.com/cmp1952
010-68326294	金　　书　　网：www.golden-book.com
封底无防伪标均为盗版	机工教育服务网：www.cmpedu.com

前言

Preface

随着人们对无线通信带宽、覆盖率和传输容量需求的进一步提高，人们迫切需要更有效地提高传输速率和覆盖范围的新技术，协同通信应运而生。与传统移动通信中基站与用户的直接通信方式不同，协同通信的核心思想是利用无线网络中多个节点（如中继、用户终端等）之间的相互合作，把无线信道、无线网络、物理层传输技术等综合在一起进行设计和优化，进而提高系统性能。

协同通信融合了分集技术与中继传输技术的优势，在不增加天线数目的情况下，可获得多天线与多跳传输的性能增益。也正因为蕴含有如此巨大的潜力，它与MIMO、OFDM、认知无线电、D2D、干扰管理、物理层安全等技术结合，能产生出可观的性能增益，得到了人们的广泛关注。

尽管协同通信已在4G中得到大量研究并成功应用，但在下一代移动通信中多种系统共存、更高节点密度和更加复杂多样信道的环境下，其在改善无线传输可靠性和提升能效等方面仍具有很大的潜力，如2015年9月3GPP Release 13提出要采用协同通信来进一步提升未来5G系统的性能等。因此，人们对协同通信的研究热情持续不减。

本书力求做到深入浅出、详略得当。在对协同通信的基本概念和基本原理的介绍中，本书着眼于共性基础问题的剖析，以利于读者打好理论基础；在对协同通信的基本技术和关键算法的介绍中，本书着眼于当前乃至未来的典型应用，以利于读者掌握发展趋势。本书共分9章。本书第1章介绍了协同通信的基本原理、典型的协同方案、性能指标、特点及应用场景。第2章介绍了传统协同无线网络和认知协同无线网络两种场景的中继选择问题，主要包括基于链路质量、基于位置信息、基于能量/功率约束和基于模糊综合评判的中继选择算法及性能分析。第3章以协同OFDM系统为例，介绍了协同通信系统的信道估计，包括基于叠加导频的频域信道估计和基于频域导频的时域信道估计。第4章以结构简单的Alamouti空时分组码为主线，介绍了分布式空时/空时频编码技术在协同无线网络中的应用。第5章介绍了协同MAC及协同ARQ技术，包括基于分布式节点选择的协同ALOHA协议和具有任意最大重传次数的协同ARQ协议。第6章以双向中继信道中物理层网络编码为例，介绍了各种典型物理层网络编码方案及其性能结果。第7章介绍了协同通信中的无线资源管理，主要包括三节点模型、多中继网络、协同OFDM系统、双向中继通信等不同典型场景中的无线资源管理机制。第8章介绍了协作多点传输技术，着重介绍了目前主流的实现方式，即协作调度/波束赋形技术和联合处理技术。第9章介绍了协同无线网络中的物理层安全技术，针对不同的信道状态信息条件给出了相应的物理层安全传输方案及性能分析结果。

本书第 1、2 章和附录由蔡跃明编写，第 4、6 章由杨炜伟编写，第 3、5 章由杨文东编写，第 7、8 章由吴丹编写，第 9 章由管新荣编写，全书由蔡跃明统稿和审阅。本书不仅参考了近期的文献资料和专著，更融入了作者所在课题组多年从事协同通信的研究成果。在本书的编写过程中，张涛、王磊、龙彦汕和张薇等研究生做了许多工作，在此表示诚挚的感谢。

本书得到了国家自然科学基金项目（编号 61501512、61471393、61671474）的支持。

由于编者才疏学浅，不足之处在所难免，恳请读者批评指正。

编　者

目录

Contents

第 1 章

协同通信概述

随着人们对无线通信带宽、覆盖率和传输容量需求的进一步提高，传统的蜂窝网络不得不降低小区的覆盖面积，这将使得频谱资源更加稀缺、小区通信盲区增多等问题日益突出。为此，人们迫切需要能更有效地提高传输速率和覆盖范围的新技术，协同通信应运而生。协同通信的核心思想是利用无线网络中多个节点之间的相互合作，把无线信道、无线网络、物理层传输技术等综合在一起进行设计和优化，以便给整个系统带来协同的“涌现”增益，即经协同处理后的整体性能（功能）大于每个组成部分的性能（功能）之和。协同通信的英文名是 Cooperative Communications，其他中译名还有协作通信和合作通信等，在不少文献中也常有协同无线通信的称谓。

与传统的用户与基站之间的直接通信不同，协同通信是通过中继的辅助或其他用户的协作来完成的一种通信方式。实际上，它融合了分集技术与中继传输技术的优势，在不增加天线数目的情况下，可获得多天线与多跳传输的性能增益。也正因为蕴含有如此巨大的潜力，它与多输入多输出（Multiple Input Multiple Output，MIMO）、正交频分复用（Orthogonal Frequency Division Multiplexing，OFDM）、认知无线电、设备到设备（Device-to-Device，D2D）、干扰管理、无线物理层安全等技术结合，能产生出可观的性能增益，得到了人们的广泛关注。例如，在移动通信终端节点只能配备一根天线的多用户场景中，用户终端间通过共享彼此的天线，可形成一个虚拟的多天线阵列，从而将单输入单输出（Single Input Single Output，SISO）系统构建成一个虚拟的 MIMO 系统，进而获得 MIMO 系统的优势。由于协同方式多种多样，所以存在大量不同的系统构架，研究结果也呈现出多样性，称谓也有中继通信、中继协同通信、协同通信等多种。本章主要介绍协同通信的基本原理、典型方案、性能指标、特点及应用场景。

1.1 协同通信的基本原理

1.1.1 协同通信发展概述

协同通信的目的是使信道条件差的节点获得可接受的信道质量和足够的通信速率，其应用的典型场景是基于中继的无线通信，而这一场景的研究可以追溯到 20 世纪 70 年代对三节点中继系统的研究。学者 Van der Meulen 在 1971 年最早提出了经典的中继信道模型[1]，并分析了中继信道容量的上界和下界。随后，Cover 和 Gamal 在 1979 年提出了一种由源节点、目的节点和中继节点构成的网络[2]，他们将中继信道分解为一个广播信道和一个多接入信道，得出了几种特殊情况下的中继信道容量界和一般情况下的信道容量界，奠定了中继通信的理论基础，由此拉开了协同通信研究的序幕。

20 世纪 80 年代，由于很难从信息论角度找到关于中继信道更有价值的结论，并且受当时无线通信技术条件的限制，协同中继传输在应用中难以获得进一步突破，其研究热潮慢慢退却。进入21世纪后，Sendonaris等人的研究重新唤起了人们研究协同中继系统的兴趣[3]。Sendonaris等人分析了移动上行链路用户之间的协同问题，第一次提出了协同分集的概念，其基本思想是系统中的每个终端都可以有一个或多个协同的终端节点（称之为协同节点）。这样每个节点既利用了自身的空间信道，也利用了协同节点的空间信道，从而能够获得空间分集增益。他们的研究表明，移动用户间的协同能够增强系统的抗衰落能力、提高系统吞吐量及扩大蜂窝小区的覆盖范围。Laneman的研究给出了几种不同的协同协议的定义，并详细分析了它们的性能[4]。Laneman的研究成果是协同分集领域的里程碑，众多学者以Laneman的研究为基础对不同场景下的协同分集做了大量研究。另外，Kramer等人从信息论的角度重新分析了不同协同方案的系统容量[5]，再次引起了人们研究协同中继系统的兴趣。由于协同通信技术不仅可以克服那些仅配置单天线的移动终端无法实现空间分集的限制，而且还可以有效提升系统容量、扩大覆盖范围，尤其是可在不明显改变现行蜂窝通信网络架构的前提下提升其网络性能。因此，各大研究机构、标准化组织都针对协同通信技术进行了专题研究，其中所得的一种增强传输方案已成为4G技术标准的一部分。进一步地，得益于下一代无线网络中存在着更高节点密度和多种无线系统共存等情况，人们挖掘协同通信潜力的热情不减，已有的研究表明，协同通信技术能在增强链路可靠性和提升能效方面发挥重要作用。

协同通信系统由源节点、中继节点和目的节点组成，其工作过程涉及许多因素，主要有：①“何时协同”，即协同的必要性和前提条件；②“和谁协同”，即中继节点的选择问题；③“如何协同”，即协同协议，不少文献也称之为协同策略；④“协同效果”，即协同方案的性能。下面从协同分集原理开始进行介绍。

1.1.2 协同分集原理

分集的基本思想是发送端通过多个独立的传输信道发送信息，接收端将收到的承载相同信息但统计上相互独立的多个副本信号，加以恰当合并来对抗信道衰落。而在协同通信中，其最重要的“涌现”功能之一是协同分集，该分集是通过协同节点天线的帮忙来获得独立传输副本信号的。如图1-1所示，假设各个无线终端（后续往往称为节点）仅配置单天线，节点 T_S 需将自身的数据发给目的节点 T_D（如蜂窝网络中的上行传输），但由于直传链路中遇到了遮挡等原因，到达 T_D 的信号较弱。与此同时，在 T_S 附近存在有节点 T_1、T_2、T_3 和

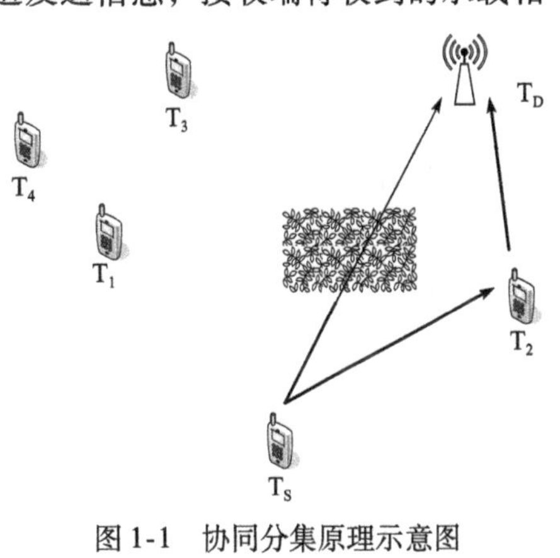

图1-1　协同分集原理示意图

T_4，其中节点 T_2 离节点 T_S 和 T_D 都较近，其直达径信号质量较好。显然，直接通过 T_S 和 T_D 之间的传输信道，T_D 接收机无法正确接收信号。然而，如果 T_1 通过搜寻邻近的节点，选择 T_2 帮忙转发信息，T_2 将接收到 T_S 的信号再转发到目的节点 T_D，则 T_D 可接收到 T_S 信号的两个副本，恰当合并这两个信号后就可正确解出发送信号，即获得了分集增益。可见，这是通过协同节点 T_2 的天线来获得空间分集的一种方式[3,4]，人们将其称之为协同分集（Cooperative Diversity）。自然地，协同分集效果的评估与传统分集的评估类似，如可具体分析其中断概率、分集增益、误符号率等。

从图 1-1 的原理出发，可以衍生出不同类型的协同传输方式。例如，当 T_2 自身不发送数据时，T_2 仅起着中继节点作用，称之为协同中继传输；当两个无线终端相互协同，每个无线终端都不仅发送自己的信息，还要发送协同伙伴的信息，此时的分集称之为用户协同分集（User Cooperation Diversity），是一种用户协同传输。而在多用户环境下，单天线用户在传输自己数据信息的同时，也能发送所收到和检测到的协同用户信息，则可利用协同伙伴天线和自身天线构成多发射天线，形成虚拟 MIMO 系统，这为解决 MIMO 技术在那些终端难以配置多天线场景的应用难题提供了新途径。

从以上的讨论可见，不同场景中协同节点的作用各不相同，由此也带来了称谓的多种多样，如中继、协同中继等，为了保持历史的继承性和术语的简约性，本书赋予传统中继新的内涵，它不仅包括传统的转发，还可包括各种处理功能。在不特别强调的情况下，后续多将协同节点（协同中继）简称为中继。

1.1.3 协同协议

如图 1-1 所示，中继 T_2 在转发 T_S 信号时涉及如何处理自己和协同伙伴的信息问题。因此，要保证协同通信有效进行，需要设计专门的协同协议（规约），以尽可能地利用有用信息，消除干扰，降低协同处理复杂度。协同协议指的是节点间以何种方式进行协作。针对中继不能同时接收和发送数据的半双工模式，下面介绍几种典型的协同协议[6]。

（1）放大转发（Amplify-and-Forward，AF）协议

AF 协议是一种最简单的协同协议，中继只是简单地将接收到的模拟信号直接放大转发到目的节点 T_D。但对于目的节点而言，它接收到多个（单个中继时为 2 个）经历独立衰落的信号，采用最大比合并等准则对接收信号进行处理后，就可恢复出发送信号。放大转发又称为透明中继（Transparent Relay），其处理简单，但在转发信号时也将噪声转发，当噪声较大时，系统的协同性能受到影响。研究结果表明，在经典的三节点模型中，系统可获得二阶分集增益。

（2）译码转发（Decode-and-Forward，DF）协议

DF 协议的核心是中继需要对接收信号进行采样、存储、编译码等数字处理，然后再发送到目的节点。译码转发又称可再生中继（Regenerative Relay），它增加了中继的处理复杂

度，但可避免噪声传播。与 AF 协议类似，目的节点接收机可采用恰当处理准则，合并经历多条独立衰落链路的接收信号。研究结果表明，在经典的三节点模型中，当信噪比较高时，系统不仅可获得二阶分集增益，而且还具有更佳的误码性能。根据中继处的不同处理过程，DF 协议还可以进一步分为无校验 DF 协议、有校验 DF 协议和选择式转发协议。

放大转发和译码转发是当前最常见的两种协同转发方式，在此基础上，人们又推出了后续的协同协议。

（3）协同编码（Cooperative Coding，CC）协议

CC 协议的思路是将协同通信和信道编码相结合，以提高系统的资源利用率。它避免了 AF 和 DF 协议下中继因总是重复发送信源信息而带来资源利用率低的不足。

在 CC 协议中，图 1-1 中的 T_2 和 T_S 互为协同伙伴（中继），它们互相帮忙发送对方的信息，即通过两条独立的衰落路径分别发送同一码字的不同部分。当用户（T_2 或 T_S）接收到协同伙伴的信息并能正确译码时，对解码信息进行重新编码并转发。在 T_D 接收端，来自不同信道的信息包含不同的编码冗余成分，这样通过恰当的处理，系统不仅可获得分集增益，同时还可获得额外的编码增益。

（4）压缩转发（Compress-and-Forward，CF）协议

图 1-1 中，中继 T_2 和 T_D 的接收信号是同一源信号加上不同噪声后的不同信号，这两种信号存在相关性，中继可以利用这种相关性压缩接收信号。利用这种相关性来压缩接收信号的中继协议称为 CF 协议，有些文献也将称其为估计转发（Estimate-and-Forward）协议。

要注意的是当中继 - 源间的信道质量很差时，若中继节点接收到源节点发送的信号后，总是向目的节点发送信号，则不管是放大 - 转发策略、译码 - 转发策略还是编码协同策略，其系统的协同性能都会严重下降，这将得不偿失。为此，人们根据具体应用场景，进一步提出了根据信道质量的自适应协同协议、基于目的节点反馈的协同协议等，以获得简单且高效的协同协议。

从上述的讨论可以看出，共享天线的引入给协同通信系统带来了诸多有待回答的问题，如协同通信信道容量、协同协议、协同分集信号设计、中继选择、协同无线资源分配等。这些问题将在后续的章节中陆续介绍。

1.1.4 协同通信信道的类型及特点

1. 协同通信信道的类型

最基本的协同通信信道类型如图 1-1 所示的单源 - 单目的单中继信道，但随着中继节点功能及信道形成的不同，协同通信信道类型也多种多样，主要有以下几种。

（1）单源 - 单目的多中继信道

图 1-2 给出了单源 - 单目的多中继信道示意图，其中依据中继信道的形式又可分为并

行中继（见图 1-2a）和串行中继（见图 1-2b）两种模式。

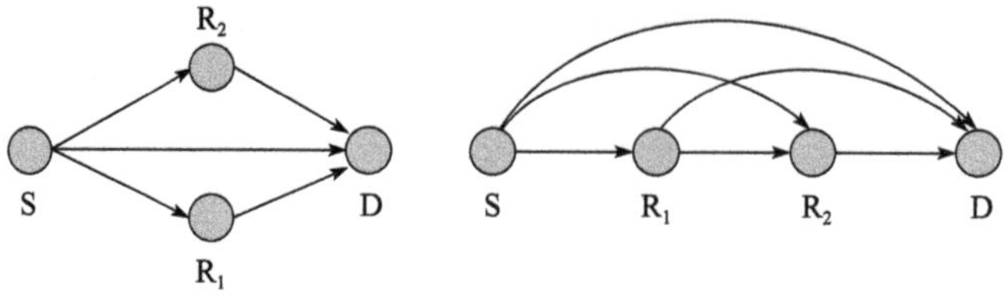

a）并行中继方式　　b）串行中继方式

图 1-2　单源 – 单目的多中继信道示意图

（2）协同多接入信道（Multiple Access Channel）

图 1-3 给出了协同多接入信道示意图，其中第一种的协同节点自身发送信息，也作为中继（见图 1-3a），即 S_1 和 S_2 都是源节点，但 S_1 除了发送源信息外，还作为中继 R_1 帮助 S_2 源节点转发信息，S_2 节点也类似；第二种协同节点仅仅作为中继（见图 1-3b），即中继节点 R 转发 S_1、S_2 的信息给目的节点 D，本身不作为源节点或者目的节点发送或接收信息。

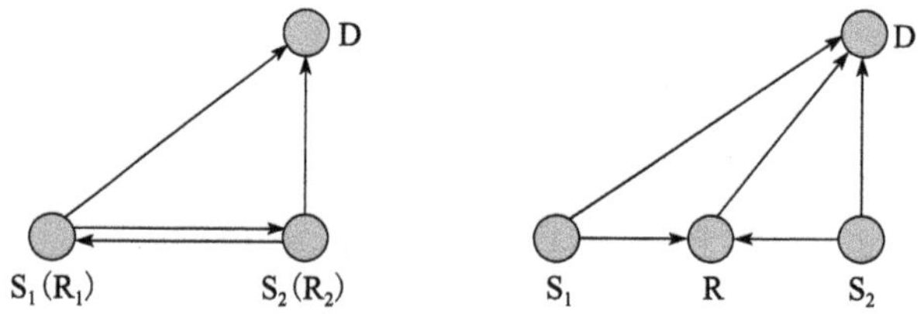

a）协同多接入信道1　　b）协同多接入信道2

图 1-3　协同多接入信道示意图

（3）协同广播信道（Broadcast Channel）

协同广播信道如图 1-4 所示，与图 1-3 类似也分为两种情况：第一种协同节点（见图 1-4a）作为源节点自身既发送信息，也作为中继帮助别的节点转发信息，即 S_2 除自身发送源信息外，还作为中继节点 R_2 转发 S 的广播信息，S_1 节点也类似；第二种协同节点（见图 1-4b）仅仅作为中继转发源节点 S 的广播信息，中继节点 R 利用广播信道帮助 S 转发信息给 D_1、D_2，本身不作为源节点发送信息或者作为目的节点接收信息。

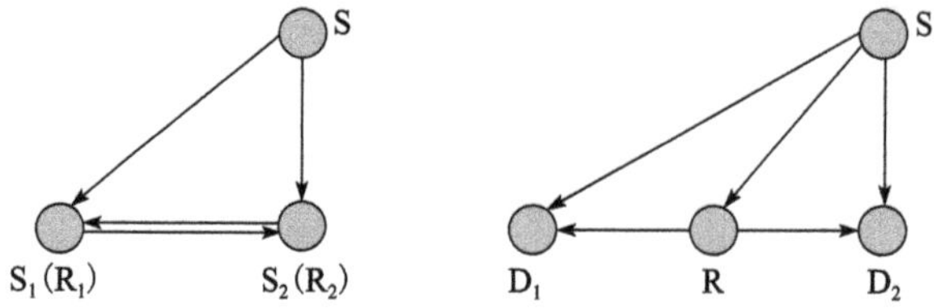

a）协同广播信道1　　b）协同广播信道2

图 1-4　协同广播信道示意图

（4）平行中继信道（Parallel Relay Channel）

如图 1-5 所示，平行中继信道在空间上平行形成 MIMO 信道，可实现有效的干扰管理，即源节点 S、中继节点 R 与目的节点 D 均包括多根天线，在信号发送过程中，不同天线处的信号所使用的信道之间相互正交，不会相互干扰。

（5）多源 – 多目的中继信道

如图 1-6 所示，多源 – 多目的中继信道除了转发信息外，还会将其他源的信号发给目的端，形成干扰，即中继节点 R 同时转发 S_1、S_2 的信息给 D_1、D_2。这样，D_1 还会收到 R 所转发信号中来自 S_2 的部分，这部分信号对于 D_1 而言是干扰，D_2 亦是如此。这种信道有时又称为协同干扰信道。

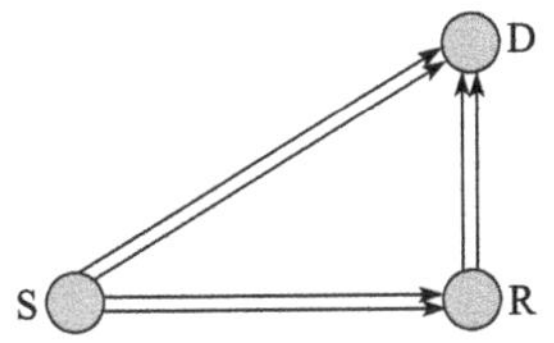

图 1-5　平行中继信道示意图

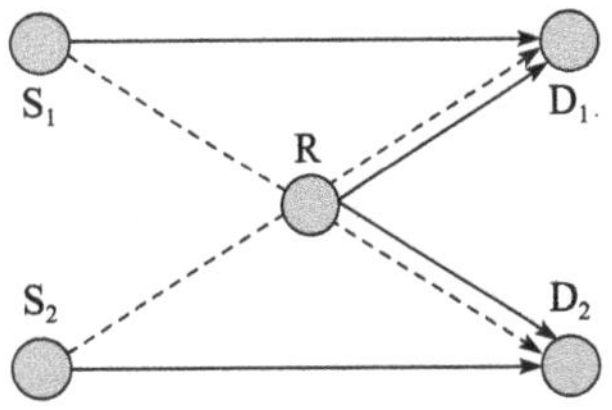

图 1-6　多源 – 多目的中继信道示意图

2. 协同通信信道的特点

总体上看，协同通信信道和传统无线通信信道的最大区别在于发送和/或接收天线的高度不同。协同中继的天线高度较低，所以会淹没在杂散的环境中。另一个重要区别是协同中继的发送端和接收端可能是移动的，这将明显影响信道的时间自相关特性。此外，协同中继减小了通信距离，从而减小了路径衰落和阴影衰落。按照中继节点是否处理转发信号，协同中继可分为透明中继（即直接转发）和再生中继，它们的信道有不同的特征。

（1）透明中继信道

首先，除了较短的通信距离带来每个中继段较小的路径损耗和阴影效应之外，端到端的时延扩展减小。其次，发送端和接收端的移动性将影响信道的时间自相关函数。最后，由于系统的所有中继端是相互耦合的，故系统的衰落特性依赖于具体的系统拓扑，并且带来了全新的、更加严格的性能分析方法。透明中继系统的主要性能损耗源于阴影效应和衰落导致的每个中继段的统计变化的累加。

（2）再生中继信道

首先，较短的通信距离可以带来更小的累积路径损耗、更少的阴影变化和更短的传播时延，进而显著降低频率选择性衰落。其次，发送端和接收端的移动性将明显影响信道的时间自相关函数。最后，由于再生中继的系统特性，每个中继段是独立的，从而可以获得其幅度统计特性。可再生中继系统的主要性能损耗源于路径损耗和一定程度的阴影衰落。

1.2 几种典型的协同方案

不同场景、不同目标所对应的协同方案有所不同。针对单源–单目的–单中继网络和单源–单目的–多中继网络两种模型，下面介绍几种典型的协同方案。

1.2.1 单中继网络协同方案

1. 单中继协同网络模型

单中继协同网络模型如图 1-7 所示，假设所有节点仅配备单天线，以半双工模式工作，即不能同时接收和发送。源节点 S 发送数据到目的节点 D，中继节点 R 协同源节点传输。假定一次协同传输由两个时隙组成，即第一个时隙，源节点广播信号，中继节点接收信号；第二个时隙，中继节点协同传输。根据源节点和中继节点发送时序的不同，单中继网络的协同传输方案可归纳为以下四种情况，见表 1-1。

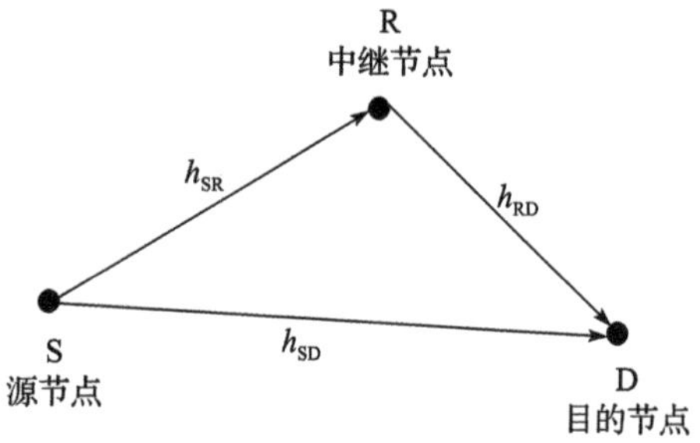

图 1-7　单中继协同网络模型

方案一：第一个时隙，源节点发送信息到中继节点和目的节点，即 S→(R，D)；第二个时隙，源节点和中继节点同时发送到目的节点，即 (S，R)→D。

方案二：第一个时隙，源节点发送信息到中继节点和目的节点，即 S→(R，D)；第二时隙，中继节点发送到目的节点，即 R→D。

方案三：第一个时隙，源节点发送信息到中继节点，即 S→R；第二时隙，源节点和中继节点同时发送到目的节点，(S，R)→D。

方案四：第一个时隙，源节点发送到中继节点，即 S→R；第二时隙，中继节点发送到目的节点，即 R→D。

表 1-1　四种协同方案

方案 / 时隙	方案一	方案二	方案三	方案四
时隙 1	S→(R，D)	S→(R，D)	S→R	S→R
时隙 2	(S，R)→D	R→D	(S，R)→D	R→D

四种方案中，方案一称为非正交协同方案，如果源节点在两个时隙发送不同的数据，则频谱利用率最高；方案三往往假定目的节点在第一个时隙需发送自身数据，不能接收。方案四为多跳传输，也可以视为传统的中继传输。

下面主要讨论方案二，目的节点在两个时隙接收到源节点信号的两个副本，获得协同分集，且没有接收冲突，这种方案最初由文献［4］提出，是当前应用最广泛的协同传输方案之一。假定条件如下：源节点发送的每帧符号为 $\boldsymbol{x} \in C^{T/2}$，$\boldsymbol{x}$ 中的元素服从零均值、独立同分布的循环对称复高斯分布；帧长相等且恰能在 $T/2$ 时间内传完，所有节点能精确同步；源节点到中继和目的节点的信道系数记为 h_{SR} 和 h_{SD}，以及中继节点到目的节点的信道系数记为 h_{RD}，它们均建模为准静态瑞利衰落信道，即 h_{SR}、h_{RD}、$h_{\mathrm{SD}} \sim CN(0, \boldsymbol{I})$；两个时隙总的帧长度 L 比信道的相关间隔 τ 小，信道系数在一帧内保持恒定。要注意的是：对于信道系数，不同文献有不同的称谓，如信道衰落系数、信道冲激响应、信道增益等，本书统一称为信道系数。

第一个时隙，源节点发送信号 $\boldsymbol{x}$，目的节点和中继端的接收信号可分别表示如下：

$$\boldsymbol{y}_1 = \sqrt{\mathrm{SNR}} h_{\mathrm{SD}} \boldsymbol{x} + \boldsymbol{n}_1 \tag{1-1}$$

$$\boldsymbol{y}_{\mathrm{R}} = \sqrt{\mathrm{SNR}} h_{\mathrm{SR}} \boldsymbol{x} + \boldsymbol{n}_{\mathrm{R}} \tag{1-2}$$

式中，SNR 是无信道衰减（即信道系数为 1）时目的节点归一化的接收信噪比；$\boldsymbol{y}_1 \in C^{T/2}$ 是第一个时隙目的节点接收的信号；$\boldsymbol{n}_1 \in C^{T/2}$ 是 S－D 链路的加性高斯白噪声矢量；$\boldsymbol{y}_{\mathrm{R}} \in C^{T/2}$ 是中继端接收的信号；$\boldsymbol{n}_{\mathrm{R}} \in C^{T/2}$ 是 S－R 链路的加性高斯白噪声矢量。

第二个时隙，中继节点将接收到的信号采用放大转发或译码转发的方式发送到目的节点。将中继节点的发送信号表示为 $f(\boldsymbol{y}_{\mathrm{R}})$，则目的节点的接收信号为

$$\boldsymbol{y}_2 = \sqrt{\mathrm{SNR}} h_{\mathrm{RD}} f(\boldsymbol{y}_{\mathrm{R}}) + \boldsymbol{n}_2 \tag{1-3}$$

式中，$\boldsymbol{y}_2 \in C^{T/2}$ 是第二个时隙目的节点接收的信号；$\boldsymbol{n}_2 \in C^{T/2}$ 是 R－D 链路的加性高斯白噪声矢量。

2. 放大转发

放大转发的原理示意图如图 1-8 所示。中继节点在第二个时隙发送信号为

$$f(\boldsymbol{y}_{\mathrm{R}}) = \frac{\sqrt{\mathrm{SNR}} h_{\mathrm{SR}} \boldsymbol{x} + \boldsymbol{n}_{\mathrm{R}}}{\sqrt{|h_{\mathrm{SR}}|^2 \mathrm{SNR} + 1}} \tag{1-4}$$

这里将接收信号的功率归一化，即除以参数 $\sqrt{|h_{\mathrm{SR}}|^2 \mathrm{SNR} + 1}$。

此时，目的节点的接收信号为

$$\boldsymbol{y}_2 = \frac{\mathrm{SNR} h_{\mathrm{SR}} h_{\mathrm{RD}}}{\sqrt{|h_{\mathrm{SR}}|^2 \mathrm{SNR} + 1}} \boldsymbol{x} + \frac{\sqrt{\mathrm{SNR}} h_{\mathrm{RD}}}{\sqrt{|h_{\mathrm{SR}}|^2 \mathrm{SNR} + 1}} \boldsymbol{n}_{\mathrm{R}} + \boldsymbol{n}_2 \tag{1-5}$$

对应目的节点的接收噪声方差为 $1 + (\mathrm{SNR}|h_{\mathrm{RD}}|^2)/(|h_{\mathrm{SR}}|^2 \mathrm{SNR} + 1)$。将目的节点的接收信号除以 $q = [1 + (\mathrm{SNR}|h_{\mathrm{RD}}|^2)/(|h_{\mathrm{SR}}|^2 \mathrm{SNR} + 1)]^{1/2}$ 将噪声归一化，可以简化分析，结果不影响接收信噪比。

目的节点在两个时隙接收到 $\boldsymbol{x}$ 的两个副本 $\boldsymbol{y}_1$ 和 $\boldsymbol{y}_2$，可等效表示为

$$\begin{pmatrix} y_1 \\ y_2 \end{pmatrix} = \begin{pmatrix} \sqrt{\mathrm{SNR}} h_{\mathrm{SD}} \\ \dfrac{\mathrm{SNR} h_{\mathrm{SR}} h_{\mathrm{RD}}}{q\sqrt{|h_{\mathrm{SR}}|^2 \mathrm{SNR} + 1}} \end{pmatrix} \boldsymbol{x} + \begin{pmatrix} \boldsymbol{n}_1 \\ \dfrac{\sqrt{\mathrm{SNR}} h_{\mathrm{RD}}}{q\sqrt{|h_{\mathrm{SR}}|^2 \mathrm{SNR} + 1}} \boldsymbol{n}_{\mathrm{r}} + \dfrac{\boldsymbol{n}_2}{q} \end{pmatrix} \tag{1-6}$$

从式（1-6）出发，就可对 S – D、R – D 链路的接收信号进行合并，例如当采用最大比合并（Maximum Ratio Combining，MRC）时，目的节点对两条链路的接收信号分别加权相加，就可恢复出源节点发送的帧符号 $\boldsymbol{x}$；接着，可分析得出诸如中断概率、分集增益、误符号率等系统性能，这些内容将在后续章节具体介绍。

3. 译码转发

译码转发的原理示意图如图 1-9 所示。中继节点在接收到源节点发送来的信号之后，将接收到的信息进行解码，随之进行编码后发送给目的节点。中继节点采用译码转发时，可以采用完全译码，即完全估计整个信源码字；也可以采用逐符号译码，而允许目的节点完全译码。这里假定中继节点完全译码后，采用与源节点相同的编码方式发送到目的节点。采用译码转发方案时，目的节点能够正确译码的必要条件是中继节点正确译码，如果中继节点将错误译码的数据发送到目的节点，则目的节点不能正确译码。

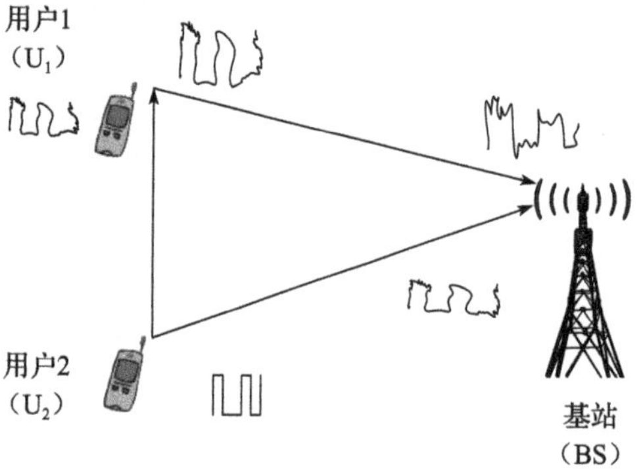

图 1-8　放大转发的原理示意图

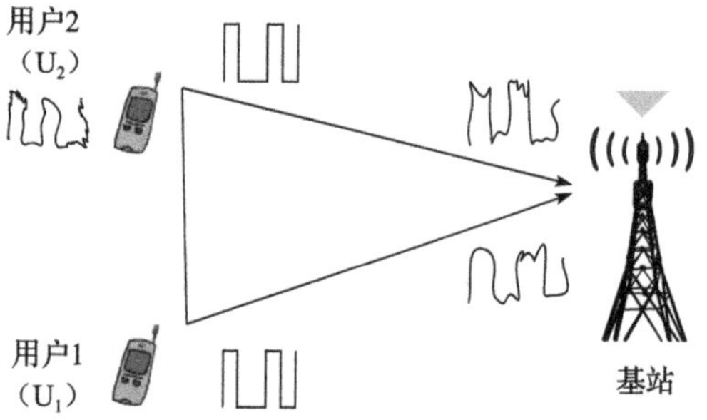

图 1-9　译码转发的原理示意图

与放大转发不同，在译码转发方案下，第二个时隙目的节点接收到来自中继的信号可以表示为

$$\boldsymbol{y}_2' = \sqrt{\mathrm{SNR}} h_{\mathrm{RD}} \boldsymbol{x} + \boldsymbol{n}_2' \tag{1-7}$$

式中，$\boldsymbol{y}_2' \in C^{T/2}$ 是第二个时隙目的节点接收到的中继转发信号；$\boldsymbol{n}_2' \in C^{T/2}$ 是 R – D 链路的加性高斯白噪声矢量。

目的节点在合并两个时隙接收到的 $\boldsymbol{x}$ 两个副本 $\boldsymbol{y}_1$ 和 $\boldsymbol{y}_2'$，可等效表示为

$$\begin{pmatrix} \boldsymbol{y}_1 \\ \boldsymbol{y}_2' \end{pmatrix} = \begin{pmatrix} \sqrt{\mathrm{SNR}} h_{\mathrm{SD}} \\ \sqrt{\mathrm{SNR}} h_{\mathrm{RD}} \end{pmatrix} \boldsymbol{x} + \begin{pmatrix} \boldsymbol{n}_1 \\ \boldsymbol{n}_2' \end{pmatrix} \tag{1-8}$$

式（1-8）也与式（1-6）类似，恰当地进行合并后就可恢复出源节点发送的帧符号 $\boldsymbol{x}$。

4. 选择性中继

为了克服译码转发的缺陷，文献［4］还提出了选择性中继的协同方法。中继节点在第一个时隙接收到源节点的信息后，判断译码是否正确（假定中继节点可采用循环冗余或接收信噪比等方式判断）。如果译码正确［即式（1-3）中 $f(\boldsymbol{y}_{\mathrm{R}})=\boldsymbol{x}$］，则在第二个时隙将译码信息采用重复编码的方式发送；如果译码不正确，则在第二个时隙保持静默。换言之，在选择性中继方案中，中继并不是一直工作，而是根据实际情况，选择性地参与工作，此时中继既可以采用译码转发，也可以采用放大转发。

5. 增量中继

在放大转发、译码转发和选择性中继方案中，中继节点只要满足各自转发的条件，都将重传源节点的信息，而不考虑目的节点是否正确译码。但实际系统中可能存在这样一种情况：直接传输时目的节点就能正确译码，即中继节点没有必要在第二个时隙协同传输。如果此时还采用半双工中继的方法，反而会降低信道容量和频谱效率。为此，人们利用目的节点的有限反馈，仅在必要的时候指示中继节点协同传输，以提高系统的频谱利用率，这就是增量中继方案。

在增量中继方案中，第一个时隙，源节点广播信息；第二个时隙传输开始之前，目的节点首先判断是否能够正确译码，如果能够正确译码，则反馈 1 比特信息指示中继节点无须重传，源节点开始发送新信息；如果不能正确译码，则反馈 1 比特信息指示中继节点重传。需要协同时，中继节点可以采用放大转发、译码转发、选择性中继等方式。

1.2.2 多中继网络协同方案

在许多无线网络中，每个终端节点周围存在丰富的邻居节点，这些邻居节点的存在为协同分集提供了天然的中继。多中继网络中的协同方案以单中继网络协同方案为基础，但因多中继网络的传输时序、同步以及接收等问题比单中继网络复杂得多，其协同方案更加复杂。下面将简要介绍放大转发、译码转发和机会协同在多中继网络中的应用。

1. 多中继协同网络模型

在图 1-10 所示的多中继协同网络模型中，存在单个源节点与单个目的节点通信（图中所画是基站与手机之间的通信，实际上可不受此限制），M 个中继节点可以帮助源节点传输。每个节点均

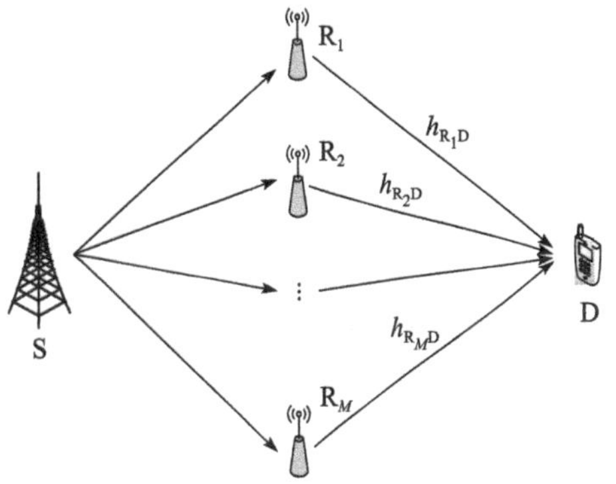

图 1-10　多中继协同网络模型

装置单天线，且工作于半双工模式。源节点到目的节点的信道系数为 h_{SD}（图上未绘出直传链路），源节点到第 i 个中继节点、第 i 个中继节点到目的节点的信道系数分别为 h_{SR_i} 和 $h_{\mathrm{R}_i\mathrm{D}}$，它们均建模为准静态瑞利衰落信道。

整个传输分 $M+1$ 个时隙。第一时隙，源节点广播信号 $\boldsymbol{x}$ 到中继节点和目的节点，中继节点和目的节点的接收信号可分别表示为

$$\boldsymbol{y}_{\mathrm{R}_i} = \sqrt{\mathrm{SNR}}h_{\mathrm{SR}_i}\boldsymbol{x} + \boldsymbol{n}_{\mathrm{R}_i}, \quad i = 1,\cdots,M \tag{1-9}$$

$$\boldsymbol{y}_1 = \sqrt{\mathrm{SNR}}h_{\mathrm{SD}}\boldsymbol{x} + \boldsymbol{n}_1 \tag{1-10}$$

式中，假定发送信号服从复高斯分布，且相关矩阵为单位阵，$\boldsymbol{y}_{\mathrm{R}_i}$是第 $i(i=1，\cdots，M)$ 个时隙中继节点接收的信号；$\boldsymbol{n}_{\mathrm{R}_i}\in C^{T/2}$是 $\mathrm{S}-\mathrm{R}_i$ 链路的加性高斯白噪声矢量。

在随后的 M 个时隙中，各中继节点轮流将接收到的信号采用放大转发或译码转发的方式发送到目的节点。

2. 放大转发

中继节点采用放大转发时，首先将接收信号的功率归一化，即除以参数 $\sqrt{|h_{\mathrm{SR}_i}|^2\mathrm{SNR}+1}$。在随后的 M 个时隙中，各中继节点依次采用放大转发的方式发送信息 $f(\boldsymbol{y}_{\mathrm{R}_i}) = \dfrac{\sqrt{\mathrm{SNR}}h_{\mathrm{SR}_i}\boldsymbol{x}+\boldsymbol{n}_{\mathrm{R}_i}}{\sqrt{|h_{\mathrm{SR}_i}|^2\mathrm{SNR}+1}}(i=1，\cdots，M)$。第 i 个中继节点发送时，目的节点的接收信号为

$$\boldsymbol{y}_{i+1} = \frac{\mathrm{SNR}h_{\mathrm{SR}_i}h_{\mathrm{R}_i\mathrm{D}}}{\sqrt{|h_{\mathrm{SR}_i}|^2\mathrm{SNR}+1}}\boldsymbol{x} + \frac{\sqrt{\mathrm{SNR}}h_{\mathrm{R}_i\mathrm{D}}}{\sqrt{|h_{\mathrm{SR}_i}|^2\mathrm{SNR}+1}}\boldsymbol{n}_{\mathrm{R}_i} + \boldsymbol{n}_{i+1} \tag{1-11}$$

此时目的节点的接收噪声方差为 $1+(\mathrm{SNR}|h_{\mathrm{R}_i\mathrm{D}}|^2)/(|h_{\mathrm{SR}_i}|^2\mathrm{SNR}+1)$。为简化分析，将目的节点的接收信号除以 $\beta_i=[1+(\mathrm{SNR}|h_{\mathrm{R}_i\mathrm{D}}|^2)/(|h_{\mathrm{SR}_i}|^2\mathrm{SNR}+1)]^{1/2}$使噪声归一化。$\boldsymbol{y}_{i+1}$可记为

$$\boldsymbol{y}_{i+1} = \frac{\mathrm{SNR}h_{\mathrm{SR}_i}h_{\mathrm{R}_i\mathrm{D}}}{\beta_i\sqrt{|h_{\mathrm{SR}_i}|^2\mathrm{SNR}+1}}\boldsymbol{x} + \frac{\sqrt{\mathrm{SNR}}h_{\mathrm{R}_i\mathrm{D}}}{\beta_i\sqrt{|h_{\mathrm{SR}_i}|^2\mathrm{SNR}+1}}\boldsymbol{n}_{\mathrm{R}_i} + \frac{\boldsymbol{n}_{i+1}}{\beta_i} \tag{1-12}$$

目的节点在 $M+1$ 个时隙接收到 $\boldsymbol{x}$ 的 $M+1$ 个副本 $\boldsymbol{y}_1$，$\cdots$，$\boldsymbol{y}_{M+1}$，写成矢量形式的接收信号为

$$\boldsymbol{y} = \boldsymbol{h}\boldsymbol{x} + \boldsymbol{n} \tag{1-13}$$

式中，$\boldsymbol{y}=(\boldsymbol{y}_1 \ \cdots \ \boldsymbol{y}_i \ \cdots \ \boldsymbol{y}_{M+1})^{\mathrm{T}}$；$\boldsymbol{n}\sim CN(0,\boldsymbol{I})$ 是加性高斯白噪声矢量；$\boldsymbol{h}=\left(\sqrt{\mathrm{SNR}}h_{\mathrm{SD}},\dfrac{\mathrm{SNR}h_{\mathrm{SR}_i}h_{\mathrm{R}_i\mathrm{D}}}{\beta_1\sqrt{|h_{\mathrm{SR}_i}|^2\mathrm{SNR}+1}},\cdots\dfrac{\mathrm{SNR}h_{\mathrm{SR}_i}h_{\mathrm{R}_i\mathrm{D}}}{\beta_i\sqrt{|h_{\mathrm{SR}_i}|^2\mathrm{SNR}+1}},\cdots\dfrac{\mathrm{SNR}h_{\mathrm{SR}_M}h_{\mathrm{R}_M\mathrm{D}}}{\beta_M\sqrt{|h_{\mathrm{SR}_i}|^2\mathrm{SNR}+1}}\right)^{\mathrm{T}}$。

3. 译码转发

各中继节点采用译码转发方案时，传输时序与放大转发相同。第一个时隙，源节点广

播，在随后的 M 个时隙，M 个中继节点译码（非逐符号译码）后，轮流将信息发送到目的节点。

4. 机会协同

在多中继网络中，M 个节点均参与协同传输时，一次数据传输需要在 $M+1$ 个时隙内完成，频谱效率很低，为了提高频谱效率，人们采用机会协同（Opportunistic Cooperation）的方法，即在所有中继节点中选择部分节点参与协同。机会协同的实现方法可分为两种：一是中继节点自行决定是否参与协同，二是由网络中其他节点（如目的节点或源节点等）指派中继节点协同。当中继节点自行决定是否协同时，通常采用选择中继协同策略，即各中继节点接收到源节点的信息后，首先判断是否能够正确译码，如果正确译码，则参与协同。由目的节点或源节点指派中继时，通常从所有中继节点中选择最佳节点参与协同，这种方法需要已知部分或者完全的信道状态信息，选择时往往需要采用反馈，但单节点协同实现简单，且协同性能不低于多中继协同。以下是机会中继常见的两种形式。

（1）可译码节点重复传输

第一个时隙，源节点发送 $\boldsymbol{x}$ 到中继节点和目的节点。定义可译码集 $D(s)$ 为在第一时隙传输结束后所有正确译码的中继节点的集合。在随后的 M 个传输时隙，M 个中继节点轮流采用选择中继的方法发送信息，即对于任一中继节点，如果能够正确译码，则在给其分配的时隙内转发信息，如果不能正确译码，则在该时隙内保持静默。若 $D(s)$ 为空集，则无中继节点协同。

（2）最佳中继节点协同

解决多中继节点协同频谱效率低的另一种方法是选择最佳节点协同。在第一个时隙，源节点将信息发送到各中继节点。协同传输仅包含第二个时隙，在该时隙中，由目的节点或源节点指定最佳中继节点协同传输。

最佳中继节点协同方案中，目的节点或源节点根据已知的信道状态信息，选择使传输性能（如中断性能、误比特性能等）最佳的中继节点传输。

1.3 协同通信的主要性能及特点

1.3.1 性能指标

协同通信通过无线通信节点的部分资源共享来实现系统性能的提升，其较为重要的几个性能指标是中断概率、误码性能和分集复用折中等。

中断概率（Outage Probability）通常作为衡量协同方案性能的重要标准，这是因为协同传输通常应用于慢衰落信道，而慢衰落信道的关键问题是通信中断，即信道质量变差以至于采用任何方法都不能以某目标数据速率进行可靠通信。中断概率定义为发送节点和目的节点之间的互信息量低于给定速率的概率，或者也可表述为目的节点接收信噪比低于某一门限的概率。

误符号率（Symbol Error Rate，SER）被视为通信系统最为常用的性能指标，从符号或比特级更好地反映了通信系统的性能优劣。通信的本质即要求实现数据符号的正确传输，中断概率只是表征了系统的信噪比低于某一门限的概率，而很多时候人们更关心系统误码性能，所以误符号率对于许多实际系统来说是最为重要的一个性能指标。

分集增益和复用增益是多天线通信系统典型的性能指标，同样适用于衡量协同通信系统性能。在高信噪比下，系统的可靠性可以用分集增益来表征。分集增益描述了随着信噪比的增大，错误概率下降的速度；分集增益的大小等于同一信号传输时所经过的独立衰落的路径数目。复用是指在同一信道中传送多路相互独立的不同信号。复用增益表征了随着信噪比的增大，系统传输的实际数据速率增大的速率。在一个给定的协同通信系统中，可以同时获得两种增益，对于给定的一种协同方案，其可获得的分集增益和复用增益之间满足一种基本的折中，即分集复用折中，它揭示了多天线和协同通信系统可以提供的两种性能增益之间的联系。

1.3.2 协同通信的典型增益

无线电信号通过移动通信信道时会经受不同类型的衰减损耗，典型损耗有路径损耗（简称路损）、阴影衰落和多径衰落三类。其中路损是指电波传播所引起的平均接收功率衰减，阴影衰落是指由于传播环境中的地形起伏、建筑物及其他障碍物对电波遮蔽所引起的衰落，而多径衰落是指由于无线通信传播环境的多径传播而引起的衰落。如何充分利用无线信道的特点，挖掘潜在的性能增益，一直是人们研究的重点。对于通过中继辅助或其他用户协同来完成通信的协同通信系统而言，可挖掘的性能增益有以下三种。

1. 路损增益

如图 1-11 所示的点对点传输模型中，通过在直传链路中引入中继节点，有效克服了长距离传输造成的能量损耗，换言之，在同样的发射功率 P 下，可明显增加传输距离。假设将收发之间的直传路径 x 分成等距的两段（即 $2d$），传播时间为 $2\Delta t$，且每段的发射功率设置为原先的一半，在路径损耗指数为 3 的情况下，路损增益为 $\left[\frac{1/2}{(x/2)^3}+\frac{1/2}{(x/2)^3}\right]\Big/\left(\frac{1}{x^3}\right)=8$，相当于获得了 9dB 的功率节省。

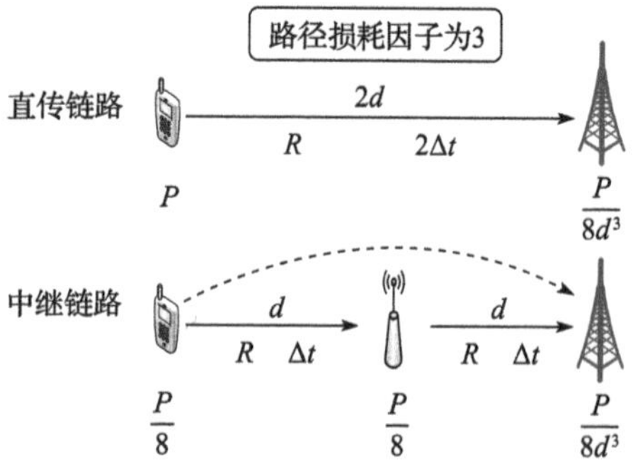

图 1-11　点对点传输模型中中继链路与直传链路能效比较示意图

2. 分集增益

尽管无线信号传播时会经历衰落，但也存在着可挖掘的内在规律，即一条无线传播路径中的信号经历了深度衰落，而另一条与之相互独立的路径中可能仍包含着较强的信号。这样，随着相同信号经历多个独立的传播路径数增多，它们同时经历深衰落的概率就会明显降低。因此，当相同信号经历多个独立的传播路径到达接收机时，就有可能产生分集增益。在中继系统中，一种情况是经过中继转发的信号和直传链路的相同，从而提供一个与直传链路独立的信息副本；另一种情况是即使没有直传链路，多个并传中继转发的信号是多个独立的信息副本。提高分集增益意味着改善了系统的错误概率 P_e 或中断概率 P_{out}。已有研究表明，这些概率都和传输速率 R 有一定关系。例如，在高信噪比下，中断概率可以近似表示为

$$P_{out} = \frac{\text{const}(R)}{\text{SNR}^d} \tag{1-14}$$

式中，d 被称为分集增益或分集阶数；const(R) 是一个与 R 有关的常量。

当目标中断概率相等时，增加分集阶数可以有效减少发射功率，例如，当 $d=2$ 时，在平坦瑞利信道下就可以节省 3dB 的发射功率。

3. 复用增益

在高信噪比条件下，可获得的传输速率 R 与 SNR 的对数成正比，即

$$R = r\log_2\text{SNR} + \text{常数} \tag{1-15}$$

式中，r 为速率或复用增益，它表示可以用来传输不同信息的独立信道个数。

在存在直传链路并采用单个中继的情况下，该中继相当于提供了第二个独立的信道，这样可以增加一倍的复用增益，即在 SNR 不变的情况下使传输速率增加一倍。

值得注意的是，上述三种增益相互之间并不独立，而是存在着折中关系。按式（1-15），利用路损增益和分集增益所带来的功率增益，可以在复用增益固定的情况下增加传输速率。而系统要想增大分集增益，则必然会减小复用增益。

由于中继可以利用多种方法进行部署，所以也就产生了各种各样的协同通信系统。但不管如何变化，上述不同协同通信系统获得的这三种增益都可转化为发射功率的降低、系统容量的提高及覆盖范围的扩大等性能优势。因此，人们常采用这三种增益来评估不同协同通信系统的性能。

1.3.3 协同通信技术的特点

协同通信技术的出现为不明显增加布网开销的情况下，提升系统性能提供了可能。它主要有以下优点。

（1）扩大覆盖范围

通过中继之间的协同传输，使得单个节点数据传输的有效半径明显增加。

（2）消除覆盖盲点

通过多个节点的协同传输，使得处于通信盲点的两个节点之间形成视距传输，改善链路质量。

（3）提高系统性能

利用协同通信的传输方式，通过合并接收或空时联合发射，可以获得复用增益或者分集增益。

（4）均衡服务质量

在传统系统中，处于小区边缘和阴影衰落的用户会遇到容量或覆盖问题，采用中继可以平衡小区边缘和小区中心的差异，为用户提供一致的服务质量。

尽管通过协同通信能够获得上述优点，但也不可避免地伴随着以下主要缺点：

（1）调度复杂

单个协同中继节点的调度相对容易，但随着用户数和中继节点数的增加，调度的复杂度也迅速增加。

（2）同步难度加大

协同的实现是以严格同步为前提的，而其分布式的特点可能增加昂贵的硬件和潜在的信令开销。

（3）开销增加

与没有中继的系统相比，为了保证包括切换、同步和安全性等在内的已有性能不变差，使用中继需要付出更大的开销。

（4）干扰增加

如果节省的能量未用于降低中继节点的传输功率，而是增加覆盖范围，那么中继的引入将产生额外的小区内和小区间干扰。

（5）更多的信道估计

中继的引入增大了无线信道的数量，若采用相干解调，则需要估计更多的信道系数。

综上所述，协同通信技术能在不明显改变骨干网络的基础上，较好地解决目前以蜂窝网络为代表的无线网络存在的问题，且通过精细的系统设计可以获得令人满意的性能增益。此外，协同通信技术可灵活地与现有多种技术进行结合，突出各自优点。例如，与信道编码或空时编码结合可以得到编码增益；与 OFDM 技术结合，可充分挖掘其抗频率选择性衰落的优点；与认知无线电结合，可以提高频谱检测概率，获得更多的频谱接入机会；与物理层安全技术结合，可改善物理层安全性能。因此，人们期望能够通过协同通信来解决未来无线通信的一些难题。目前，协同通信最成功的应用是协作多点传输，它是 4G 标准重要的增强传输技术，是提高小区边缘用户与频谱效率的有效方法。

1.4 协同通信的应用场景

协同通信可应用于蜂窝网络、无线局域网、无线传感器网络和卫星通信网络中。

1. 蜂窝网络

在传统的蜂窝网络中，基站与用户之间的无线传输是通过单跳来实现的，而随着移动通信的快速发展，为了更好地满足用户的服务质量要求，提高数据的传输速率，基站需要提高发射功率来改善用户接收的信噪比。然而，在有限的频率资源下提高发射功率必然会造成相邻小区的同频干扰，从而降低频谱效率。为了解决这一矛盾，传统的蜂窝网络通常采用小区分裂等方法来提高系统容量，但现在"小区分裂"等方法已接近技术极限，基站布局已经很密，不太可能再大规模地增加基站，并且基站的增加会提高运营商的组网成本，降低市场竞争力。在这种情况下，引入中继不失为一有效方案。图 1-12 给出了蜂窝网络中的协同通信示意图，其中，基站控制器控制的多基站协同是通过多个（图中为 2 个）基站对用户数据进行联合处理，以消除基站间的干扰；基站控制的中继间协同，用于提高小区边缘用户的接收信号质量，解决小区覆盖问题，从而提高系统吞吐量，均衡小区间负载或在损毁情况下确保网络联通（如在小区拥挤或基站损毁时，通过相邻小区中继间的自组织多跳连接到相邻基站）；中继站控制的多用户协同，用户间通过协同获得协同分集，以提高用户端误码率性能。通过这些协同传输，人们期望能够达到提高传输可靠性、增加网络容量、扩大覆盖区域、改善传输能效等目标。

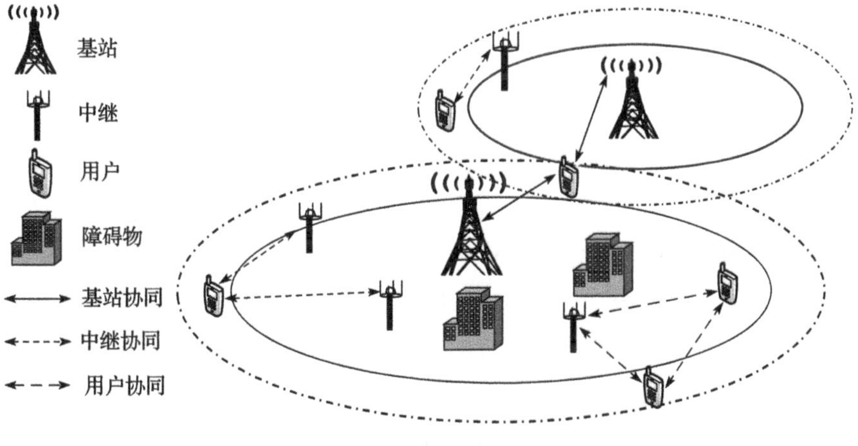

图 1-12 蜂窝网络中的协同通信示意图

2. 无线局域网

无线局域网（Wireless Local Area Network，WLAN）是一种能支持较高数据传输速率

（如 2 ~ 54Mbit/s），采用微蜂窝、微微蜂窝结构的自主管理的计算机局域网络，其设备主要包括无线网卡、无线访问接入点、无线集线器（Hub）和无线网桥等，已广泛应用于家庭、企业、商业热点地区的公共接入等场景。无线局域网技术的主要代表是 IEEE 802.11 家族，典型的是 IEEE 802.11a，其工作在 2.4GHz 国际开放频段，传输距离在 100m 左右，数据传输速率最大为 54Mbit/s，成本低，使用方便。

与蜂窝网络类似，采用协同通信技术可进一步提升数据传输速率和扩大覆盖范围。图 1-13 给出了无线局域网络中协同传输示例图，即用户通过一个中继节点（可以是用户节点或专门中继）接入 WLAN 的例子。从图中可以看出，用户节点 A 向接入点发送数据时，由于受到建筑物的遮挡，A 不在 WLAN 的覆盖区内而无法得到服务，但通过节点 B 中继后，节点 A 就可得到服务。同样地，用户节点 C 和目的节点之间的传输信道较差时，通过中继节点 D 后可实现分集接收，进而提高数据传输速率。

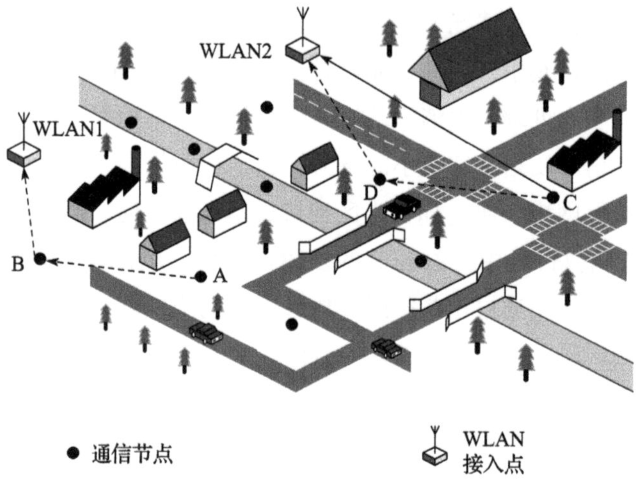

图 1-13　无线局域网络中协同传输示例图

3. 无线传感器网络

无线传感器网络（Wireless Sensor Network，WSN）是集信息采集、信息处理、无线传输于一体的综合智能信息系统。无线传感器网络既是广义无线通信系统功能上的一个重要延伸，也是其中必不可少的一个重要组成部分。无线传感器网络节点具有能量、计算能力和尺寸受限的特点，这使得在其节点上安装多天线十分困难。为了解决 MIMO 技术在无线传感器网络中的应用限制，许多学者提出了协同传输方案。利用多个单天线节点构成虚拟多天线阵列，以获得类似 MIMO 性能的方案尤为引人瞩目，示意图如图 1-14 所示。图 1-14 所示的网络结构是分簇方式，各个单天线簇头相互协同，通过相互转发形成空间分集形式，以达到远距离可靠通信的目的。

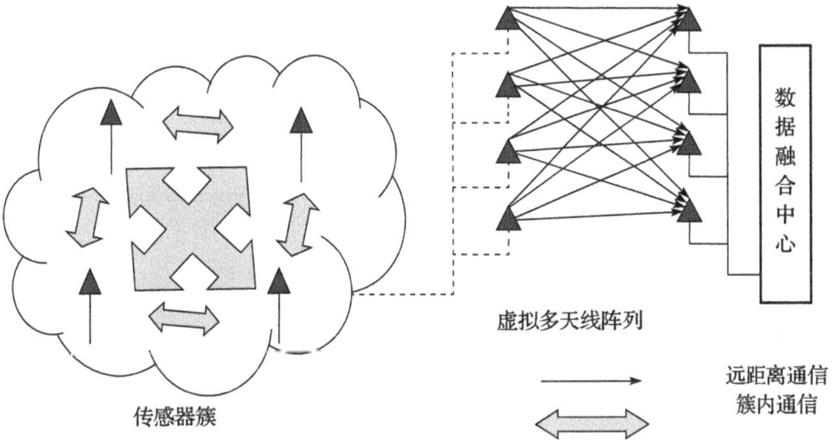

图 1-14 无线传感器网络中的协同传输示意图

4. 卫星网络

在卫星通信中，就现有的制造工艺和技术水平而言，卫星自身大小和质量使得在卫星上直接应用 MIMO 技术不太现实。然而，利用多颗卫星或用户终端协同，通过构造虚拟 MIMO 来获得系统性能的改善却很有吸引力。

图 1-15 给出了下行两星一用户的协同传输示意图。用户终端可见卫星 A、卫星 B，地面站只可见卫星 A。卫星 A 收到地面站发来的信号，一方面通过用户链路将信号发给用户终端，另一方面通过星际链路发给卫星 B，卫星 B 将收到的信号处理后再转发给用户终端。用户终端收到卫星 A 和卫星 B 的两路独立信号进行合并处理，获得分集增益，以改善它的信号接收质量。

图 1-16 给出了上行两星一用户的协同传输示意图。用户终端可见卫星 A、卫星 B，地面站只可见卫星 A。卫星 B 作为协同节点将收到的信号处理后，通过星际链路发给卫星 A，卫星 A 将收到来自卫星 B 和终端的信号进行合并，转发到地面站进行处理，从而提高系统性能。

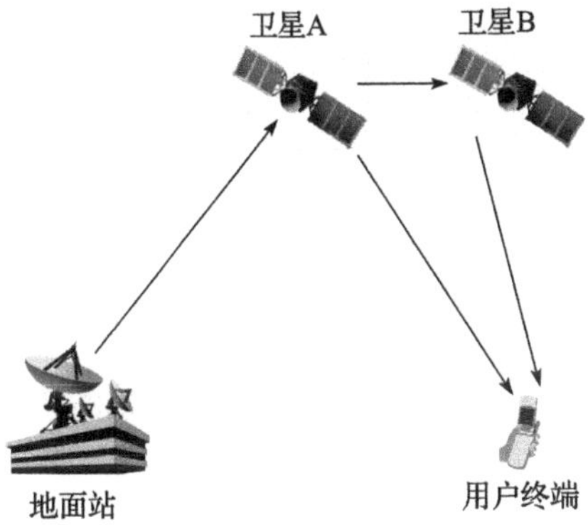

图 1-15 下行两星一用户的协同传输示意图

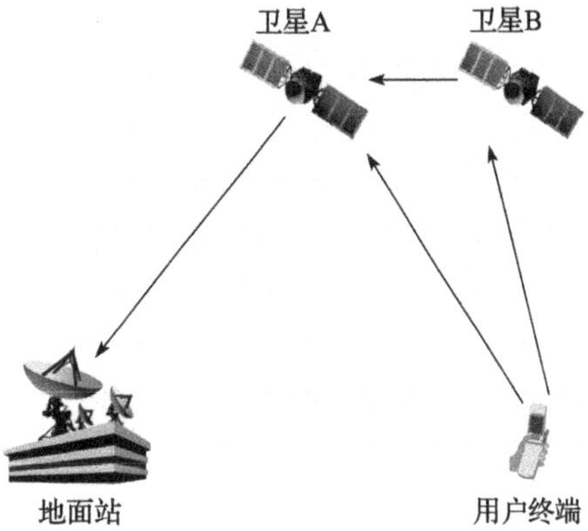

图 1-16 上行两星一用户的协同传输示意图

当然，协同通信应用于卫星网络时，应充分考虑“不同卫星到同一用户终端间一般存在较大的传播时间差”的特点，进行协同方案设计。

参考文献

[1] E C Van der Meulen. Three-terminal communication channels[J]. Advances in Applied Probability, 1971, 3(1):120-154.

[2] T Cover, A E Gamal. Capacity theorems for the relay channel[J]. IEEE Transaction on Information Theory, 1979, 5(5):572-584.

[3] A Sendonaris, E Erkip, B Aazhang. User cooperation diversity, Parts I and II[J]. IEEE Transaction on Communication, 2003, 51(11):1927-1948.

[4] J N Laneman, D N C Tse, G W Wornell. Cooperative diversity in wireless networks: efficient protocols and outage behavior[J]. IEEE Transaction on Information Theory, 2004, 50(12): 3062-3080.

[5] G Kramer J M Gastpar, P Gupta. Cooperative strategies and capacity theorems for relay networks[J]. IEEE Transaction on Information Theory, 2005, 51(9):3037-3063.

[6] Mischa Dohler, Yonghui Li. 协同通信：物理层、信道模型和系统实现 [M]. 孙卓，彭岳星，等译. 北京：机械工业出版社，2011.

第 2 章

协同中继选择

研究表明，协同通信应用于蜂窝网络、无线局域网络、认知无线网络和无线自组织网络中，可有效提升吞吐量、降低中断概率等网络性能。但分析结果同时也表明，网络性能能否提升在很大程度上取决于合理的协同中继（后续往往简称为中继）选择，否则，采用协同通信非但不能获得性能增益，甚至还会降低网络性能。因此，如何选择中继将是需要首先解决的问题。

中继选择与系统追求目标、应用场景密切相关，其本质是一个优化求解的问题。例如，在多中继网络中，谁与谁协同、在什么条件下协同、选多少节点参与协同等都值得考量；而在移动环境中，需要多长时间重新规划一次中继选择也有待探讨。显然，场景不同，目标不同，中继节点的选择方法也不同。本章将着重考虑传统协同无线网络和认知协同无线网络两种场景的中继选择问题。针对传统协同无线网络，分别建立集中式和分布式中继选择的数学模型，探讨如何确定参与协同的中继和被选中继何时参与协同，具体包括基于链路质量、基于位置信息、基于能量/功率约束和基于模糊综合评判的中继选择算法，以及高效协同传输方案的设计。在此基础上，针对认知协同无线网络，分析比较其中的中继选择算法，探讨主用户网络对次用户网络中继选择带来的影响。

2.1 概述

中继选择简化了信号的发送模式，降低了同步的难度，可望保留使用多个中继时的分集增益。在多中继网络中，协同通信可按参与协同的节点数分为两类：一类是所有中继节点参与协同，另一类是选择部分中继节点参与协同。所有中继节点参与协同时，每个中继节点接收到源节点的信号后，采用一定的协同转发方式在给定的时隙或频段内转发信号到目的节点，这种方法无须调度，但是资源利用率不高，因为并非所有中继节点都适合参与协同。选择部分节点协同时，传输前选出满足单个或多个条件最好的中继节点参与协同，这种方式称为机会协同[1]（Opportunistic Cooperation），也称为机会中继[2]（Opportunistic Relaying）。尽管选择中继节点增加了一定的开销，但机会协同可在不降低协同性能的情况下，减少中继的数目，降低接收机的复杂度。

已有大量文献对中继选择算法进行了研究，这些研究分别从不同的角度建立中继选择模型，并在此基础上提出了不同的中继选择算法。

图 2-1 中给出的算法准则和执行方式可以用来解决不同的问题，每种方法都各自对应不同的应用场景。因此，为了更全面深入地了解中继选择算法的规则和标准，本章将先讨论中继选择算法的评价标准，然后再对中继选择算法的分类进行介绍。

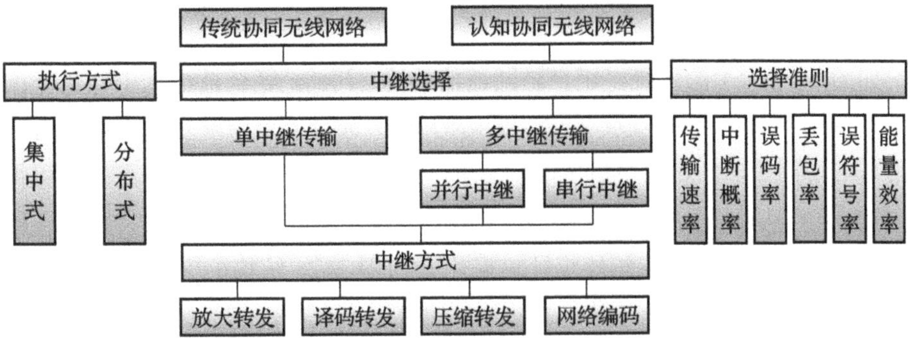

图 2-1　中继选择分类框图

2.1.1　中继选择算法的评价标准

为了对各种不同的中继节点选择算法进行比较和分析，首先应给出正确、有效的性能评价标准[3]来定性地评价中继选择算法的性能。

（1）算法效果

协同通信系统设计的主要目标是增加网络容量，减少功率消耗以及增加网络覆盖。这也理所当然地成为中继选择算法的考核标准。值得注意的是，网络容量、功率消耗以及网络覆盖三者之间存在折中，因此中继选择算法也要根据不同系统的需求来选择不同的优化目标进行优化。

（2）算法复杂度

协同通信的本质思想是从网络角度来优化整个系统的性能，然而这也引入了更多的优化元素，导致算法复杂度的增加。因此，如何控制中继的算法复杂度并达到理想的系统性能，是评价中继选择算法的重要标尺。

（3）算法带来的通信开销

在协同通信系统中，节点间需要交互更多的信息（例如源信息、信道信息、能量信息等）来共同完成信息传递，从而增加了系统的通信开销，这给系统性能带来了负面影响。因此，中继选择算法也要充分考虑这一点，仅仅当协同增益大于额外开销的性能损失时才选择协同。中继选择算法的执行过程也应尽量减少开销。

（4）算法的自适应和容错性

由于无线信道的时变特性以及节点的移动性，信道信息、节点状态信息均无法精确获知，这使得中继选择算法需要具备鲁棒性，从而能够自适应地调整选择策略，并对信道环境变差以及中继无法响应等状况具有容错特性。

2.1.2　中继选择算法的分类

如前所述，中继选择与应用场景、中继方式、选择准则等密切相关，下面分别予以介绍。

1. 应用场景

针对如图 2-2a 所示的传统多用户协同通信系统，Bletas 等从最小化中断概率的角度建立了中继选择模型，并证明在放大转发的中继节点中选择单个中继参与协同，可以获得与所有中继节点协同传输的相同中断性能[3]；对于采用译码转发的中继节点，也可得出类似结论。文献［4］从最小化误符号率的角度建模，并采用最优单中继放大转发，得到了比多中继协同更低的误符号率。此外，针对采用类似图 2-2a 结构的无线传感器网络，文献［5］从最大化能量效率的角度建模，提出了一种能量有效的中继选择算法。

认知无线电（Cognitive Radio，CR）技术[6]能够与传统的固定频谱分配方式兼容，充分利用已授权频谱的复用潜力以满足多媒体业务的带宽需求，旨在解决无线频谱利用率低的问题。为了进一步扩大认知无线网络的可覆盖面和提高其系统性能，协同中继技术在认知网络中得到了研究和应用，如图 2-2b 所示。不少文献已经分析了频谱共享下的中继译码转发（Decode-and-Forward，DF）和放大转发（Amplify-and-Forward，AF）的性能。

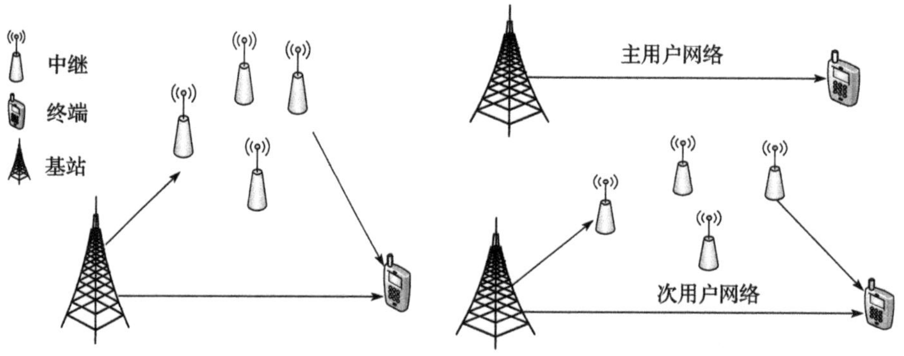

a）传统多用户协同通信系统　　b）认知多用户协同通信系统

图 2-2　多用户协同通信系统

2. 算法执行方式

算法的执行方式主要分为集中式和分布式。集中式算法是指将所需要的信息传送到某一中心节点（例如基站、接入点等），中心节点利用这些信息执行中继选择算法并将结果反馈给源节点和相应的中继。分布式算法则是依赖节点间的信息交换和协调，由节点自行判断是否协同和与谁协同。

集中式算法的优点在于从全局角度统筹规划，使得系统工作在全局最优状态。然而由于需要搜集相关的信息以及计算全局最优，会引入较大的通信开销和计算开销，分布式算法往往获得的是局部最优解，但是分布式算法分散了通信开销和计算复杂度，故它更加适用于无固定基础设施支持的网络，如 Ad Hoc 网络。

3. 参与中继节点个数

中继节点个数的确定是中继节点选择算法的热点问题之一，使用单个中继节点还是使用多个中继节点仍然是一个开放性问题。使用单个中继节点进行协同使得接收端的硬件简单易于实现，并且没有损失分集阶数，但单个中继节点选择需要知道各个信道的信道信息，并按照某种规则进行排序，从中选出最优的节点。然而单个节点的处理能力和支持的功率是有限的，当信道处于深度衰落时，单个中继节点无法完成源节点的服务质量要求。

使用多个中继节点作为并行中继时也可以增加系统的复用增益，同时多个串行中继能扩大传输范围，因而根据信道和中继节点的状态调整节点选择个数的算法更加合理。

4. 中继方式

中继方式是协同通信系统中的重要参数，不同的中继方式也对中继选择算法产生很大影响。例如：在译码转发中，节点只有正确解码后才能参与到协同传输；而在放大转发中，中继对源节点的信号不做任何处理且所有中继都能传输该信息，这直接影响了中继选择算法的备选集合。在压缩转发和网络编码中，中继节点要分别对收到的信息进行压缩编码和网络编码，因此对于不同的协同方式要采用不同的中继选择算法。另外，可把协同方式选择和中继选择相结合，在同一个系统中自适应地使用不同的协同方式和中继选择算法。

5. 选择准则

选择准则是协同通信系统中的目标函数，选择的标准是使目标函数最优化，基于中断概率、误符号率、传输速率的准则与信道增益（在信道系数为 h 时，信道增益定义为信道幅值的二次方，即 $|h|^2$）有关，能量效率准则除关注其性能外，还注重了节点的耗能情况。基于不同的选择准则，选用的中继节点可能不同。在确定选择准则时，应注重与协同方式和中继的联合考虑，在多方面因素的作用下，选择最好的折中方案。

2.2 传统协同通信网络的中继选择

在进行部分中继节点选择的过程中，会碰到机会中继这个名词。传统中继选择中，机会中继应包含两个方面：中继选择和机会协同。本部分讨论中继选择策略，重点考虑确定参与中继的方法，具体有基于链路质量的中继选择、基于位置信息的中继选择、基于能量/功率约束的中继选择和基于模糊综合评判的中继选择等方案。

2.2.1 基于链路质量的中继选择

以考虑信道幅值（若 h 表示信道系数，则信道幅值为 $|h|$）的中继选择为例，核心思想是源节点根据先验已知的信道幅度信息，选出最佳中继节点协同[7]。本节基于中断性能

指标进行中继节点选择，且中继节点采用译码转发策略，分别分析了固定功率和采用功率分配两种情况下最佳中继节点协同的中断性能和选择策略。

1. 固定功率的机会协同

当源节点和中继节点的发送功率固定时，在所有可译码的中继节点中，选取到目的节点信道幅度值 $|h_{rd}|$ 最大的中继节点参与协同传输，可以使目的节点的中断概率最小。对于中继 r_i，它属于可译码集 $\mathcal{D}(s)$ 的条件是它与源节点的信道幅值 $|h_{sr_i}|$ 满足 $|h_{sr_i}|^2 > (2^{2R}-1)/\text{SNR}$。选出最优节点后，基于固定功率下目的节点与源节点之间的互信息可表示为

$$I_{sdf} = \frac{1}{2}\log_2(1 + \text{SNR}\,|h_{sd}|^2 + \text{SNR}\max_{r_i\in\mathcal{D}(s)}|h_{r_id}|^2) \tag{2-1}$$

中断概率可以计算为

$$P_{out-sdf} = \sum_{\mathcal{D}(s)} P[\mathcal{D}(s)]P[I_{sdf} < R\,|\,\mathcal{D}(s)] \tag{2-2}$$

在短期总功率一定的约束条件下，优化源节点和中继节点之间的功率分配后，再评估中继节点的协同性能，可以获得比固定功率节点选择更好的性能。

2. 功率分配的机会协同

当功率可以灵活调整时，在第一时隙给源节点分配较多的功率，可以避免更多的中继节点中断。同时，对于每个中继节点而言，固定功率时协同传输仅为可变功率协同传输的一个特例，因此采用最优功率分配的协同性能总优于固定功率的协同性能。不难看出，实现有效功率分配的必要条件之一是确保第一个时隙源节点的功率能够使得中继节点不中断。

对于与源节点之间信道 h_{sr} 较差的中继节点，在第一个时隙分配给源节点较多的功率可以避免其中断。因此相对于固定功率，采用功率分配可将更多的中继节点作为备选节点，扩大可译码集合的范围。将采用功率分配时可译码节点集合表示为 $\mathcal{D}'(s)$。显然，$\mathcal{D}(s)$ 为 $\mathcal{D}'(s)$ 的子集。

在第一时隙给源节点分配合适功率的条件下，可译码集 $\mathcal{D}'(s)$ 定义为可避免中断的中继节点集合。对于任一中继 r_i，如果下列条件满足

$$\frac{1}{2}\log_2(1 + \alpha_i\text{SNR}\,|h_{sr_i}|^2) \geqslant R \quad 0 \leqslant \alpha_i \leqslant 2 \tag{2-3}$$

则 $r_i \in \mathcal{D}'(s)$，其中 α_i 是被选中第 i 个中继时分配给源节点的功率系数。因此 r_i 属于可译码集 $\mathcal{D}'(s)$ 的条件是它与源节点之间的信道 h_{sr_i} 满足

$$|h_{sr_i}|^2 \geqslant (2^{2R}-1)/2\text{SNR} \tag{2-4}$$

令 $\mu_i = (2^{2R}-1)/(\text{SNR}\,|h_{sr_i}|^2)$。当 $\mu_i > 2$ 时，即使将所有功率在第一个时隙分配给源节点，中继节点 r_i 的中断仍然不可避免。为了确保 $r_i \in \mathcal{D}'(s)$，从式（2-3）和式（2-4）

可以推导出功率分配系数 α_i 应满足 $\mu_i \leqslant \alpha_i \leqslant 2$。考虑对数函数的单调性，最佳功率分配系数可由下式给出：

$$\widetilde{\alpha}_i = \arg \max_{\mu_i < \alpha_i \leqslant 2} [\alpha_i \mathrm{SNR} |h_{\mathrm{sd}}|^2 + (2 - \alpha_i)\mathrm{SNR} |h_{\mathrm{r}_i\mathrm{d}}|^2] \tag{2-5}$$

不难得出

$$\widetilde{\alpha}_i = \begin{cases} 2, & |h_{\mathrm{sd}}|^2 \geqslant |h_{\mathrm{r}_i\mathrm{d}}|^2 \\ \mu_i, & |h_{\mathrm{sd}}|^2 < |h_{\mathrm{r}_i\mathrm{d}}|^2 \end{cases} \tag{2-6}$$

这种功率分配方法的意义在于，如果中继节点到目的节点的信道比源节点到目的节点的信道差，则将所有功率分配给源节点，没有必要通过 r_i 协同传输。如果中继节点到目的节点的信道好，则在第一个时隙分配给源节点尽量少的功率，避免 r_i 的中断即可，而将剩余的功率分配给 r_i 以提高系统传输性能。

从可译码集 $\mathcal{D}'(s)$ 中选择最佳中继节点进行协同，则功率分配下的源节点与目的节点的互信息可表示为

$$I_{\mathrm{sdfp}} = \frac{1}{2}\log_2\{1 + \max_{r_i \in \mathcal{D}'(s)} [\widetilde{\alpha}_i \mathrm{SNR} |h_{\mathrm{sd}}|^2 + (2 - \widetilde{\alpha}_i)\mathrm{SNR} |h_{\mathrm{r}_i\mathrm{d}}|^2]\} \tag{2-7}$$

中断概率可表示为

$$P_{\mathrm{out-sdfp}} = \sum_{\mathcal{D}'(s)} P[\mathcal{D}'(s)] P[I_{\mathrm{sdfp}} < R \mid \mathcal{D}'(s)] \tag{2-8}$$

求取式（2-8）的闭式表达式非常困难，这里只证明 $P_{\mathrm{out-sdfp}}$ 比固定功率时最佳中继节点协同的中断概率小，而在仿真分析部分给出其数值结果。

定理 2-1 基于功率分配的最佳节点协同系统的中断概率 $P_{\mathrm{out-sdfp}}$ 满足 $P_{\mathrm{out-sdfp}} \leqslant P_{\mathrm{out-sdf}}$。

证明：

$$\mathrm{r}_i \in \mathcal{D}'(s) \Rightarrow \mathrm{r}_i \in \mathcal{D}(s)$$

$$\max_{r_i \in \mathcal{D}'(s)} (\widetilde{\alpha}_i \mathrm{SNR} |h_{\mathrm{sd}}|^2 + (2 - \widetilde{\alpha}_i)\mathrm{SNR} |h_{\mathrm{r}_i\mathrm{d}}|^2) \geqslant \mathrm{SNR} |h_{\mathrm{sd}}|^2 + \mathrm{SNR} \max_{r_i \in \mathcal{D}(s)} |h_{\mathrm{r}_i\mathrm{d}}|^2$$

$$I_{\mathrm{sdfp}} \geqslant I_{\mathrm{sdf}} \Rightarrow P(I_{\mathrm{sdfp}} < R) \leqslant P(I_{\mathrm{sdf}} < R) \Rightarrow P_{\mathrm{out-sdfp}} \leqslant P_{\mathrm{out-sdf}}$$

不难看出，基于功率分配的最佳节点协同可以获得一定的性能增益，其原因可归结为以下两点：一是可译码集合 $\mathcal{D}'(s)$ 包含了更多的中继节点作为备选节点，最佳节点可以从一个更大的集合中选取；二是对于每个备选节点，经过功率分配后，其协同性能将得到提高。

3. 节点选择策略

如果中继节点到目的节点信道增益满足 $|h_{\mathrm{r}_i\mathrm{d}}|^2 \leqslant |h_{\mathrm{sd}}|^2$，则所有的功率应该在第一个时隙分配给源节点，因此中继节点 r_i 的协同是没有必要的，可以将信道满足此条件的中继节点排除出可译码集 $\mathcal{D}'(s)$。

协同传输的另一个必要条件是中继节点协同时的传输性能应该优于直接传输的性能。因此，需将直接传输的互信息 I_{dt} 与协同传输的互信息 I_{sdfp} 进行比较，以此判断是否需要所选出的最佳中继节点参与协同传输。

直接传输的互信息为

$$I_{dt} = \log_2(1 + \mathrm{SNR}\,|h_{sd}|^2) \tag{2-9}$$

对于选出的最佳中继节点，定义协同判决参数 ϑ 为

$$\vartheta = \frac{1 + 2\mathrm{SNR}\,|h_{r_{opt}d}|^2 + \dfrac{2^{2R} - 1}{\mathrm{SNR}\,|h_{sr_{opt}}|^2}(|h_{sd}|^2 - |h_{r_{opt}d}|^2)}{(1 + \mathrm{SNR}\,|h_{sd}|^2)^2}$$

可以得出：如果 $\vartheta < 1$，则 $I_{sdfp} < I_{dt}$，最佳中继节点 r_{opt} 不适合参与协同传输。

从上述分析可知，中继选择策略可以归纳为以下几步：

1）确定可译码集 $\mathcal{D}'(s)$，该集合中，中继节点到源节点的信道增益满足 $|h_{sr_i}|^2 > (2^{2R} - 1)/2\mathrm{SNR}$，到目的节点的信道增益满足 $|h_{sd}|^2 < |h_{r_id}|^2$。如果 $\mathcal{D}'(s)$ 为空集，则不采用协同传输。

2）对于可译码集 $\mathcal{D}'(s)$ 中的每个中继节点，计算最优功率分配系数 $\tilde{\alpha}$。

3）从可译码集 $\mathcal{D}'(s)$ 中选出最佳节点 r_{opt}：

$$\mathrm{r}_{opt} = \underset{r_i \in \mathcal{D}'(s)}{\operatorname{argmax}}(\tilde{\alpha}_i \mathrm{SNR}\,|h_{sd}|^2 + (2 - \tilde{\alpha}_i)\mathrm{SNR}\,|h_{r_id}|^2) \tag{2-10}$$

4）计算协同判决参数 ϑ。如果 $\vartheta > 1$，r_{opt} 参与协同。否则，中继节点不参与协同。

在这种节点选择方法中，参与协同的中继节点到目的节点的信道应优于源节点到目的节点的信道，以确保将功率分配给中继节点的传输性能优于分配给源节点的性能。此外，选取的中继节点到源节点的信道应该较好，给源节点分配少量功率即可避免中继节点的中断，这样可分配尽可能多的功率给中继节点，以获得更多的性能增益。从一定意义上说，功率分配和节点选择都属于自适应协同传输方法的范畴，即选择质量较好的信道传输信息，多中继网络提供了比点对点传输和单中继网络更多的传输路径，选择的范围更大。但实际实施时，源节点获取完全信道质量信息比较困难，选择传输信道以及给各节点分配不同的功率会增加网络的信息交换和处理复杂度。

例 2-1 通过数值仿真分析以验证以上所介绍节点选择方法的有效性。仿真中，采用目的节点的中断概率来衡量系统性能，用 SDF（Selection Decode Forward）表示采用中继选择的译码转发中继网络；设定频谱效率 $R = 1\mathrm{bit/s/Hz}$；$|h_{sd}|^2$、$|h_{sr_i}|^2$ 和 $|h_{r_id}|^2$ 为服从指数分布的随机变量，其参数独立，且在区间［0，2］内服从均匀分布，源节点已知信道幅度信息。

图 2-3 给出了基于信道幅值信息的节点选择中断性能，即网络中有 5 个中继节点和 10 个中继节点时，采用功率分配（SDF with PA）和固定功率（SDF）的中断性能。图中画出

了直接传输（direct）的中断概率作为参考，其中的信噪比是发送信号功率与信道加性白噪声之比。从图中可以看出，通过功率分配可以增强系统的中断性能，尤其在高信噪比时，性能增益更大。此外，中继节点数量的变化对协同传输的性能影响较大，这是由于每次信道实现时都会更新最佳中继，增加中继节点数，为每次选择提供更多的备选信道。换言之，节点越多，信道条件好的节点越容易被选，性能就越好。

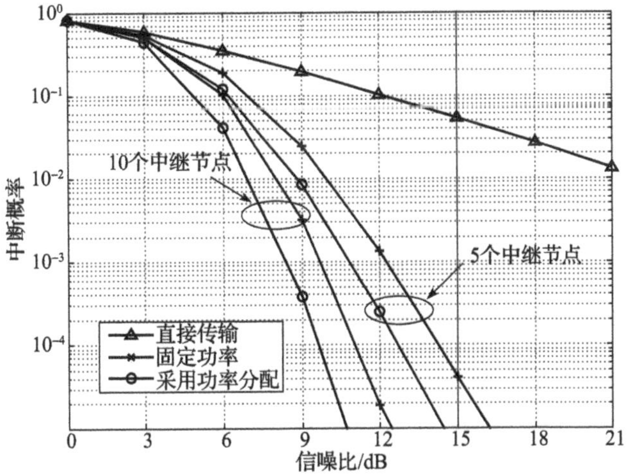

图 2-3　基于信道幅值信息的节点选择中断性能

2.2.2　基于位置信息的中继选择

1. 功率分配的机会协同

在很多实际应用中，源节点难以获取瞬时信道的幅度信息，但获取各节点的位置信息相对容易。为此，这里将 2.2.1 节的中继选择方法扩展到发送端仅已知各节点位置信息的网络场景中。其中固定功率和采用功率分配两种情况下的最佳中继节点选择下的协同网络的中断性能分析，如上节所述。基于位置信息的中继选择算法描述如下：

首先给出信道建模方法。假定任意两个节点之间的距离是先验已知的，则源节点到目的节点的信道增益 $|h_{sd}|^2$ 可表示为

$$|h_{sd}|^2 = KS_{sd}d_{sd}^{-\beta}|a_{sd}|^2 \tag{2-11}$$

式中，K 为任意参考距离的路径损耗；S_{sd} 为阴影衰落，这是由于传播环境中的地形起伏、建筑物及其他障碍物对电波遮蔽所引起的衰落；d_{sd} 为（经参考距离归一化后）源节点到目的节点的距离；$\beta(\beta \geqslant 0)$ 为路径衰落指数；$|a_{sd}|$ 为服从瑞利分布的衰落幅值，其平方均值为 $E\{|a_{sd}|^2\}=1$。为简化分析，记 $\Gamma_{sd}=KS_{sd}d_{sd}^{-\beta}\mathrm{SNR}$，其中 SNR 是没有信道增益时的归一化发送信噪比。采用相同的方法定义 a_{sr_i}、a_{r_id}、Γ_{sr_i} 和 Γ_{r_id}，假定两个节点之间的信道为

准静态衰落信道，β 在单个给定的传输周期内保持恒定。

为了根据距离信息选出最佳中继节点，首先计算各中继节点在采用最佳功率分配后目的节点的中断概率，然后选取使中断概率最小的中继节点，并将其协同传输的中断概率与直接传输的中断概率进行比较，以判断最佳节点的协同是否必要。

由于 $|a_{sd}|^2$ 是指数分布的随机变量，且概率密度满足 $p_{|a_{sd}|^2}(x)=e^{-x}$，直接传输的中断概率可表示为

$$P_{out-dt}=P[I_{dt}<R]=\Pr[\log_2(1+\Gamma_{sd}|a_{sd}|^2)<R]=1-\exp\left(-\frac{2^R-1}{\Gamma_{sd}}\right) \tag{2-12}$$

在第一时隙接收后，中继节点 r_i 的中断概率为

$$P_{out,r_i}=P\left[\frac{1}{2}\log_2(1+\alpha_i\Gamma_{sr_i}|a_{sr_i}|^2)<R\right]=1-\exp\left(-\frac{2^{2R}-1}{\alpha_i\Gamma_{sr_i}}\right) \tag{2-13}$$

式中，α_i 为中继节点 r_i 的功率分配系数。

在中继节点 r_i 协同传输时，目的节点的中断概率为

$$P_{out}^{r_i}=P[I_{dt,r_i}<R]P_{out,r_i}+P[I_{df,r_i}<R](1-P_{out,r_i}) \tag{2-14}$$

式中，I_{dt,r_i}为中继节点 r_i 发生中断时源节点和目的节点之间的互信息；I_{df,r_i}为 r_i 不发生中断时两者之间的互信息。中断概率 $P[I_{dt,r_i}<R]$ 和 $P[I_{df,r_i}<R]$ 可分别计算如下：

$$P[I_{dt,r_i}<R]=P\left[\frac{1}{2}\log_2(1+\alpha_i\Gamma_{sd}|h_{sd}|^2)<R\right]=1-\exp\left(-\frac{2^{2R}-1}{\alpha_i\Gamma_{sd}}\right) \tag{2-15}$$

$$\begin{aligned}P[I_{df,r_i}<R]&=P\left[\frac{1}{2}\log_2(1+\alpha_i\Gamma_{sd}|h_{sd}|^2+(2-\alpha_i)\Gamma_{r_id}|h_{r_id}|^2)<R\right]\\&=\frac{1}{\alpha_i\Gamma_{sd}-(2-\alpha_i)\Gamma_{r_id}}\times\left[(2-\alpha_i)\Gamma_{r_id}\exp\left(-\frac{2^{2R}-1}{(2-\alpha_i)\Gamma_{r_id}}\right)-\alpha\Gamma_{sd}\exp\left(-\frac{2^{2R}-1}{\alpha_i\Gamma_{sd}}\right)\right]+1\end{aligned} \tag{2-16}$$

中继节点 r_i 的最优功率分配系数及其协同传输时的中断概率可分别计算为

$$\widetilde{\alpha}_i=\underset{0\leqslant\alpha_i\leqslant 2}{\operatorname{argmin}}\{P_{out}^{r_i}\} \tag{2-17}$$

$$\widetilde{P}_{out}^{r_i}=\min_{0\leqslant\alpha_i\leqslant 2}\{P_{out}^{r_i}\} \tag{2-18}$$

2. 节点选择策略

推导出$\widetilde{\alpha}_i$ 和$\widetilde{P}_{out}^{r_i}$的具体值比较困难，但是，由于 $P_{out}^{r_i}$为 α_i 的连续函数，$\widetilde{\alpha}_i$ 和 $P_{out}^{r_i}$可以由迭代搜索算法获得数值解。这里采用黄金分割法解决该问题，由此可归纳为基于位置信息的节点选择步骤如下：

1）根据位置信息，为每个中继节点计算功率分配系数$\widetilde{\alpha}_i$ 和中断概率 $P_{out}^{r_i}$。

2）选出最佳中继节点 r_{opt}，该节点为：$r_{opt}=\underset{r_i}{\operatorname{argmin}}\ \{\widetilde{P}_{out}^{r_i}\}$。

3）判断最佳中继节点 r_{opt}是否需要参与协同传输。如果 $P_{out-dt} > \widetilde{P}_{out}^{r_{opt}}$，确定 r_{opt}参与协同；否则，无须协同。

从上述分析可知，基于位置信息的节点选择方法与基于信道幅度信息的节点选择大致相同，两者均采用遍历搜索，其区别在于基于信道幅度信息的节点选择首先确定可译码集合，减少了搜索范围，最佳节点随信道的变化而更新；而基于位置信息的节点选择为每个中继节点计算出中断概率和功率分配值，在节点相对位置变化时更新最佳节点。

例 2-2 验证所介绍节点选择方法的有效性。仿真分析时，采用目的节点的中断概率衡量系统性能，设定频谱效率 $R=1\text{bit/s/Hz}$。此外，将路径损耗 K 和阴影因子 S 归一化为 1，衰落指数β设为 2，中继节点随机分布在半径归一化为 1 的圆形区域内，源节点和目的节点分别位于圆心和圆周上。

图 2-4 给出了基于节点位置信息的节点选择中断性能。所有仿真结果在 100 个网络拓扑结构上取平均，每个拓扑结构中信道仿真实现 10000 次，中继节点数为 5（$M=5$）和 10（$M=10$）。从图中可以看出，功率分配带来的性能增益大约为 1.5dB。在不同信噪比条件下，功率分配的影响几乎相同。根据位置信息选择节点时，节点数量的变化对性能的影响相对较少。由于网络拓扑结构不变，节点之间的相对位置不变，选出的最佳中继是固定的，即使其他节点信道质量较好也不会被选中，因此增加节点数量对提高系统性能贡献较小。

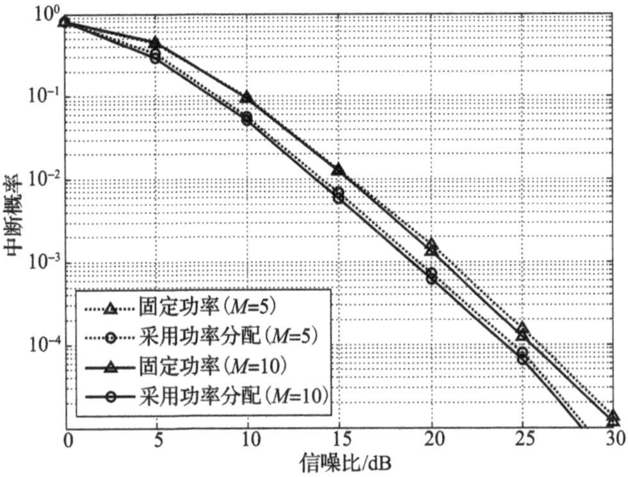

图 2-4 基于节点位置信息的节点选择中断性能

2.2.3 基于能量/功率约束的中继选择

1. 能量有效的中继选择

对于能量受限的网络来说，最小化能耗是网络设计需要考虑的重要因素之一，特别是无线传感器网络（Wireless Sensor Network，WSN）。文献［8］针对能量受限的 WSN，给出了一种能量有效的中继选择方案，该方案先根据预设的能量阈值来确定中继的可选集，再综合考虑可选节点的剩余能量和信道状况，选出最佳节点作为簇头节点的中继。它通过最小化总能耗，获得不同传输距离对应的最优能量阈值；根据簇头节点与数据融合中心间的距离自适应地预设最优能量阈值，使总能耗最小。

中继选择是 WSN 中应用协同传输技术的基础，在现有的中继选择和 3 节点网络的基础上，基于图 2-5 所示的系统模型，综合考虑簇内成员节点（Intra-Cluster Node，ICN）的剩余能量和 ICN 与数据融合中心（Data Fusion Center，DFC）间链路的信道增益，本节介绍了一种中继选择方案。假设簇内有 N 个 ICN，若从较多的 ICN 中选择一个信道质量最好的 ICN 来协助簇头节点（Cluster Head Node，CHN）传输数据，传输性能将获得较大的提升，传输能耗也能明显减小。但是由于此时处于活动状态的节点较多，对应的电路能耗较大。若可选的节点数减少，传输性能可能下降，传输能耗可能增大，但处于活动状态的节点数减少，电路能耗可能减少。可见，传输能耗与电路能耗是一对矛盾。为能在电路能耗和传输能耗间找到一个最佳平衡点，本节在进行中继选择时，设置了一能量阈值 E_{th}，只有剩余能量大于预设能量阈值时，才被列入可选的对象。因此，本节介绍的中继选择方案可分为以下两个阶段：

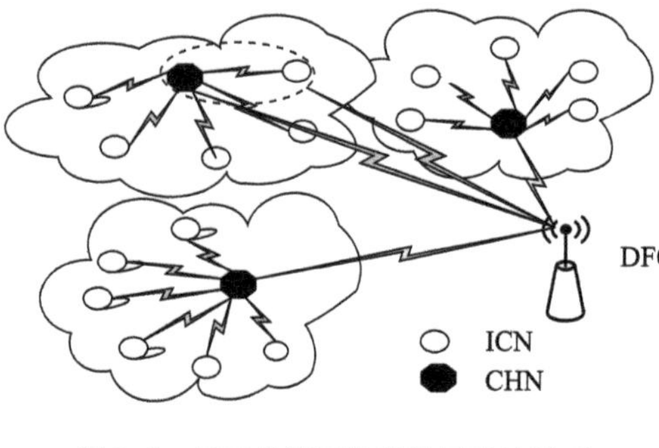

图 2-5　基于分簇网络的协同传输模型

阶段 1：确定可选集：$\mathcal{D}(\alpha)$：$\{r_i \in \mathcal{D}(\alpha): E_{\text{left},i} \geqslant E_{\text{th}}\}$。其中 r_i 为第 i 个 ICN，$E_{\text{left},i}$ 为第 i 个 ICN 的剩余能量初始值。按照低功率自适应分簇拓扑算法（LEACH）协议的思想，在选出 CHN 后，CHN 与其他 ICN 进行信息交互，形成簇。同时，各节点将自己的剩余能量 $E_{\text{left},i}$ 与预设能量阈值 E_{th} 进行比较。若 $E_{\text{left},i} \geqslant E_{\text{th}}$，则将节点 r_i 归为可选集 $\mathcal{D}(\alpha)$，否则，转入睡眠状态以节约能量。

阶段 2：从可选集 $\mathcal{D}(\alpha)$ 中选择最佳节点 $r_k = \arg\max\limits_{r_i \in \mathcal{D}(\alpha)} \dfrac{E_{\text{left},i}}{\max\limits_{r_j \in \mathcal{D}(\alpha)} E_{\text{left},j}} |h_i|^2$ 作为 CHN 的中继（Cooperative Node，CN）。CHN 已获知 ICN 的剩余能量和识别码（ID），只需将能量比值进行编码，然后再发送给可选集里的 ICN，再一起协同发送给 DFC。DFC 通过收到的信息进行信道估计，并译出比值信息，最后按照 $r_k = \arg\max\limits_{r_i \in \mathcal{D}(\alpha)} \dfrac{E_{\text{left},i}}{\max\limits_{r_j \in \mathcal{D}(\alpha)} E_{\text{left},j}} |h_i|^2$ 准则确定最佳 CN，然后再通过反馈信道将最佳节点 ID 反馈给 CHN 和处于可选集里的 ICN，收到自己 ID 的节点将作为 CHN 的 CN，其他节点为节省能量转入睡眠状态。

如果在最佳的 CN 和 CHN 之间选择信道增益较大的来单独发送数据，将会导致单个节点的负担较重，能量消耗较大，节点容易因能量耗尽而死亡，因此在选择出最佳 CN 后，

CHN 与 CN 按照 Alamouti 码联合编码，然后通过多输入单输出（Multiple Input Single Output，MISO）信道进行传输。从以上两个阶段可知，此节点选择方案在信道增益和节点的剩余能量间找到了一个平衡，使得选择出来的节点为全局最佳节点。

例 2-3 比较了本节所介绍方案与基于剩余能量的中继选择方案的性能。为便于说明，将基于剩余能量的中继选择方案简称为传统方案。仿真时假定可选中继数 $N=20$，ICN 的信息长度 $N_{\text{sup}}=16\text{bit}$，节点剩余能量初始值均值为 120J，传输距离为 50m。

图 2-6 给出了本节所介绍的 CN 选择方案传输 1bit 的传输能耗上限随误码率的变化曲线，并与传统方案的 2 发 1 收和 3 发 1 收的协同 MISO 进行了比较。由图 2-6 可知，在相同误码率条件下，传输 1bit 信息时，该方案比传统方案的能耗小，甚至比 3 发 1 收的 MISO 的传输能耗还小，且预设的能量阈值越小，需要的比特能量越少。

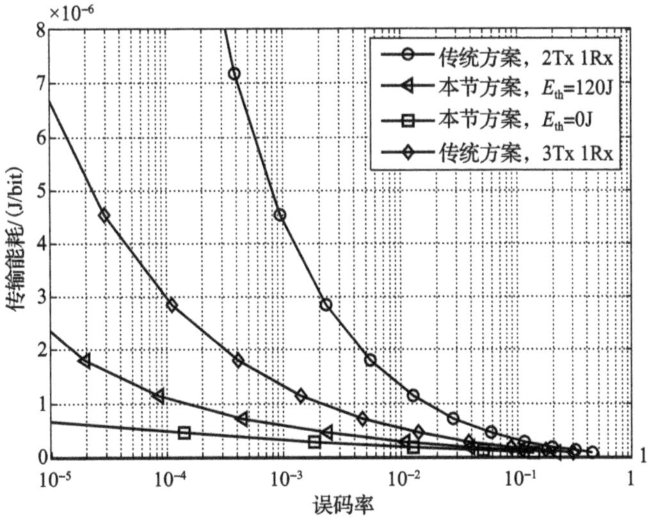

图 2-6 传输 1bit 的传输能耗上限随误码率变化的曲线

2. 基于买方/卖方博弈的中继选择

下面基于买方/卖方博弈，建立一个分布式的中继选择算法数学模型。买方/卖方博弈建模的思路是：源节点建模为买方，购买功率；中继节点建模为卖方，出售功率。买方效用函数为 $U_{\text{B}}=R_{\text{B}}-\Sigma i(\lambda_i \times P_i)$，其中，$R_{\text{B}}$ 为优化目标，如吞吐量或中断概率等；λ_i 为卖方 i 单位功率的价格；P_i 为买方向卖方 i 购买的功率数量。卖方 i 效用函数为 $U_i=(\lambda_i - C_i)\times P_i$，其中 C_i 为卖方 i 的中继成本价格。

博弈的基本原理如图 2-7 所示。买方收到各家报价后，根据最大化效用函数的原则确定购买数量，卖方收到买方购买数量后，根据最大化总收入 U_i 的原则调整价格。买方和卖方经过若干次博弈后，达成买卖协议。整个过程需要交互的信息为价格和数量，没有其他信息交互要求。

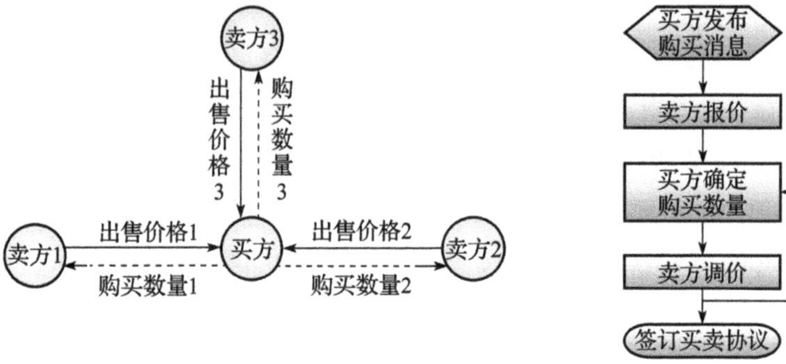

图 2-7　买方/卖方博弈的基本原理

下面给出对应图 2-7 的中继选择思路：拟采用定价机制激励中继传输并进行中继选择，如图 2-8 所示。定价机制的基本原理是：每个节点将由接入点分配带宽，该带宽由信道接入价格决定，使用该带宽将支付相应“费用”，用户节点根据支付的费用调整功率和传输策略。中继节点可以获得补偿（回报），但需要付出带宽和功率代价。当然，如果付出大于补偿，中继就得不偿失。用户节点效用函数为 $U=T(P_i)/P_i$，其中 $T(P_i)$ 为给定发送功率 P_i 情况下用户节点 i 到接入点所能获得的吞吐量，或者丢包率。接入点效用函数为 $U=\Sigma\lambda_i T(P_i)-\Sigma\mu_k T(P_k)$，其中 λ_i 为节点 i 单位信道接入价格；μ_k 为中继节点 k 单位补偿价格。

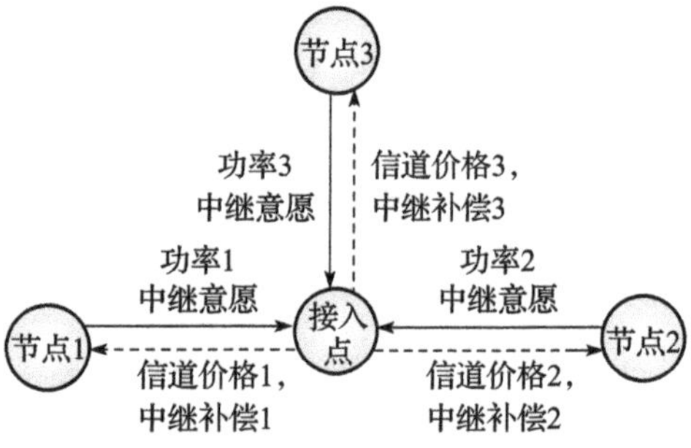

图 2-8　点对多点协同传输的定价机制

2.2.4　基于模糊综合评判的中继选择

在多用户协同通信系统中，中继的好坏取决于节点的位置、能量、负荷和信道状态等多种因素，且这些信息不确定或不可知。考虑到模糊综合评判是对受多种因素影响的事物做出全面评价的一种十分有效的工具，故可用它来解决多用户协同通信系统中的中继选择问题。综合考虑节点的信道信息、位置信息、能量信息和业务负荷等信息，图 2-9 给出了基于模糊综合评判的中继选择模型原理框图。

本节算法综合考虑了节点的信道信息和功率信息，并据此进行模糊综合评判，以选择出最佳的中继。模糊综合评判的具体过程如下：

1）确定因素集 $U=\{x_1, x_2\}$，其中 x_1：信

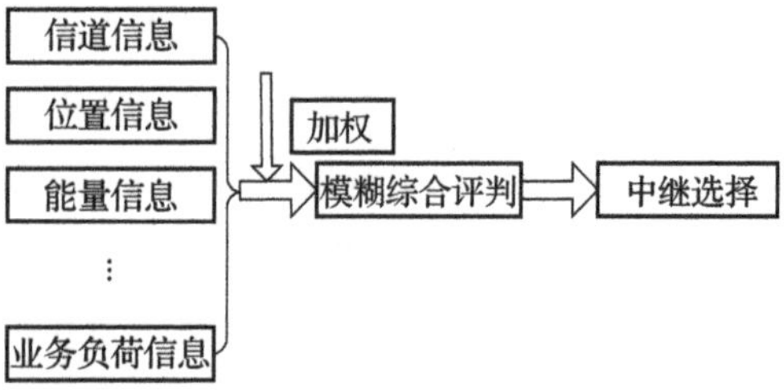

图 2-9　基于模糊综合评判的中继选择模型原理框图

道；x_2：功率。

2）确定评判集 $V=\{v_1, v_2\cdots, v_N\}$，其中，$v_1$，$v_2\cdots$，$v_N$ 分别表示 N 个待选节点。

3）建立单因素评判矩阵。因素与节点之间的对应关系可以通过建立隶属函数，用模糊关系矩阵 $\boldsymbol{R}=(l_{ij})_{2\times N}$表示，其中，$l_{ij}$表示第 j 个节点的第 i 项因素对应的隶属度。

采用文献［9］中定义的策略Ⅰ，定义第 j 个节点的信道度量为

$$h(j) = \min\{|\partial_{\mathrm{sj}}|^2, |\partial_{\mathrm{jd}}|^2\} \tag{2-19}$$

式中，$|\partial_{\mathrm{sj}}|$ 和 $|\partial_{\mathrm{jd}}|$ 分别为源节点到第 j 个节点的信道幅值和第 j 个节点到目的节点的信道幅值。

定义信道的隶属度为

$$C_1(j) = \sqrt{h(j)/\max(h)} \tag{2-20}$$

而功率的隶属度定义为

$$C_2(j) = P_{\mathrm{r}}(j)/\max(P_{\mathrm{r}}) \tag{2-21}$$

式中，$P_{\mathrm{r}}(j)$ 是第 j 个节点的发射功率。

根据式（2-20）、式（2-21）可以得出模糊关系矩阵 $\boldsymbol{R}$。

4）综合评判。对于权重 $\boldsymbol{A}$，使用模型 $M(\cdot, +)$，可得综合评判

$$\boldsymbol{B} = \boldsymbol{AR} \tag{2-22}$$

假设 $N=5$，并且假设根据式（2-20）、式（2-21）得出的模糊关系矩阵如下：

$$\boldsymbol{R} = \begin{pmatrix} 0.6 & 0.9 & 1 & 0.4 & 0.8 \\ 0.8 & 0.6 & 0.3 & 1 & 0.9 \end{pmatrix} \tag{2-23}$$

不失一般性，假设信道和功率两个因素的权重分别为

$$\boldsymbol{A} = (0.7, 0.3) \tag{2-24}$$

根据式（2-22），可得

$$\boldsymbol{B} = \boldsymbol{AR} = (0.66, 0.81, 0.79, 0.58, 0.83) \tag{2-25}$$

$\boldsymbol{B}$ 是对各个节点的评判结果，5 个节点按由好到差的次序排列，依次为节点 5、节点 2、节点 3、节点 1、节点 4，按最大隶属度原则可知，最佳的中继应该是节点 5，而如果仅考虑节点的信道信息，那做出的选择就会是节点 3。至此，模糊综合评判的过程就完成了，从而也就选择出了最佳的中继。

例 2-4 验证基于模糊综合评测的中继选择算法的有效性。在放大转发和译码转发协议下，仿真本节介绍的中继选择算法（简称为模糊选择）中断性能。为了便于分析，假设所有的待选节点都位于源节点和目的节点的连线上，并且将源节点和目的节点之间的距离归一化为 1。信噪比 $\gamma_{\mathrm{s,n}}$ 为源节点处的发送功率与加性高斯白噪声功率之比，且与文献［14］中提出的仅基于信道信息的中继选择算法（简称为信道选择）进行仿真比较。

图2-10所示为$N=10$，$\boldsymbol{A}=(0.7, 0.3)$时中断概率随信噪比的变化曲线，从图中可以看出：①随着信噪比的提高，各种方案下的中断概率都随之降低；②模糊选择算法的性能要明显优于信道选择算法，在同等中断概率水平下，模糊选择要比相同转发协议下的信道选择节省发送信噪比7～8dB。

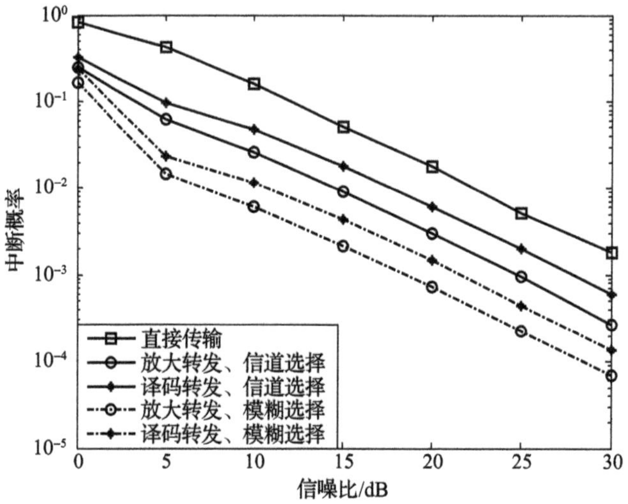

图2-10 中断概率随信噪比的变化曲线［$N=10$，$\boldsymbol{A}=(0.7, 0.3)$］

图2-11所示为信噪比$\gamma_{s,n}=10$dB，$\boldsymbol{A}=(0.7, 0.3)$时中断概率随待选节点数$N$的变化曲线，从图中可以看出：①随着待选节点数的增加，两种节点选择算法的中断概率都随之降低；②模糊选择算法的性能要明显优于信道选择算法，并且随着待选节点数的增加，模糊选择算法的优势越来越大。

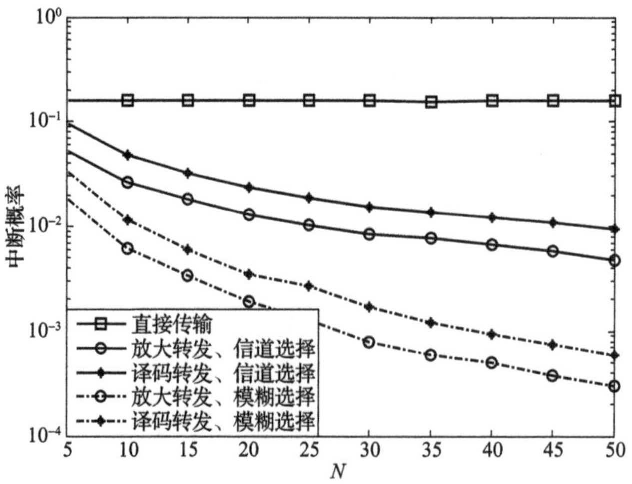

图2-11 中断概率随待选节点数的变化曲线［$\gamma_{s,n}=10$dB，$\boldsymbol{A}=(0.7, 0.3)$］

2.3 认知无线网络的中继选择

认知无线电能有效提高频谱利用率，而协同通信能有效提高抗衰落性能，因此，人们自然将两者结合，以更好地提高系统性能。下面分别针对 Underlay 频谱共享和 Overlay 频谱共享认知无线网络进行讨论。

图 2-12 给出了基于 Underlay 频谱共享方式的认知协同模型，其研究的侧重点主要在于次用户系统内部的协同传输问题，研究的关键问题包括认知协同通信系统的性能分析、协同传输策略的设计与优化、中继的功率控制等。文献［10］主要研究了次用户延时服务质量限制条件下认知中继网络的性能增益，并给出了在瑞利衰落信道环境中单中继、多中继场景下的有效容量表达式。文献［11］则提出了一种基于最优中继选择的认知传输策略，在保证主用户传输 QoS 的条件下，所提策略改善了认知中继系统的性能，并推导了认知中继系统的中断概率表达式。

图 2-13 给出了基于 Overlay 方式的协同传输模型，其研究的侧重点在于解决次用户协同主用户传输的资源优化问题，研究的关键主要有次用户的功率分配、主用户与次用户链路的稳定性、次用户中继的选取等问题。文献［12］研究了博弈论理论框架下，主用户通过拍卖机制来选取协同次用户的问题，被选取的次用户通过协同主用户传输来获取相应的频谱接入机会，然而该博弈框架下主用户在整个网络中充当决策者，导致次用户系统的性能较差。文献［13］从概率论的角度出发，研究了次用户采用译码转发（DF）方案下的系统性能，在保证主用户通信服务质量不受影响的情况下，通过优化功率分配因子和次用户的协同区域来提高次用户的中断性能。文献［14］则研究了时分多址接入方案下，协同网络的吞吐量和时延性能，并提出了一种具有认知能力的中继传输策略用以改善系统吞吐量和时延性能，相比于传统的选择性和递增冗余中继传输策略的性能更优。

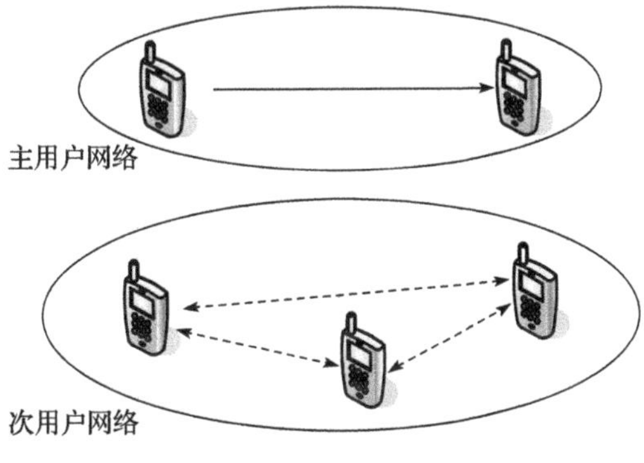

图 2-12　基于 Underlay 频谱共享方式的认知协同模型

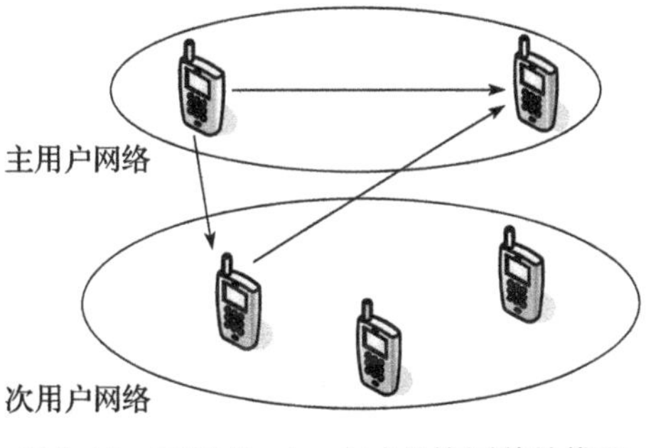

图 2-13　基于 Overlay 方式的协同传输模型

考虑认知无线电网络中存在多个认知中继节点，最直接的方式就是利用所有认知中继节点协助认知源节点与认知目的节点之间的数据通信。尽管让所有认知中继参与协同传输可以获得满分集，但是这种方法需要多个认知中继使用正交信道进行数据转发，增加了数据处理难度，并且随着认知中继数目的增加，系统复杂度将明显增加。本节给出了一种最佳中继选择协议，即从多个认知中继节点中选择最佳的认知中继向认知目的节点转发认知源节点信号，在保证系统满分集增益条件下降低了系统分析复杂度。依据选择准则的差异，从基于平均信道增益控制的最佳中继选择、基于瞬时信道增益控制的最佳中继选择和基于否定确认/确认（Negative ACKnowledge/ACKnowledge，NACK/ACK）的最佳中继选择三个方面展开分析。

2.3.1 基于平均信道增益功率控制的最佳中继选择

本节考虑主网络和次网络共存的认知无线电网络[15]。如图 2-14a 所示，在主网络中，主用户源节点向主用户目的节点发射信号，而在次网络中，次用户源节点使用与主用户通信相同的频段向次用户目的节点发射数据信号。此处，次网络中存在 M 个次中继节点协助次用户进行通信，并且考虑采用解码重传作为中继协议。主次网络之间存在相互干扰问题，为了保证主用户通信服务质量不受影响，必须控制次用户的发射功率以抑制其对主用户的干扰，但这必将牺牲次用户的通信质量。因此，本节在保护主用户通信服务质量的约束下，介绍了基于最佳中继的认知协同通信方案，以改善次用户通信性能。

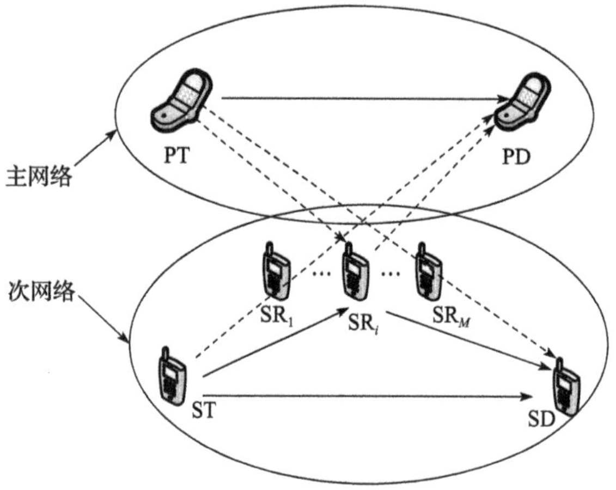

a）认知无线电系统模型

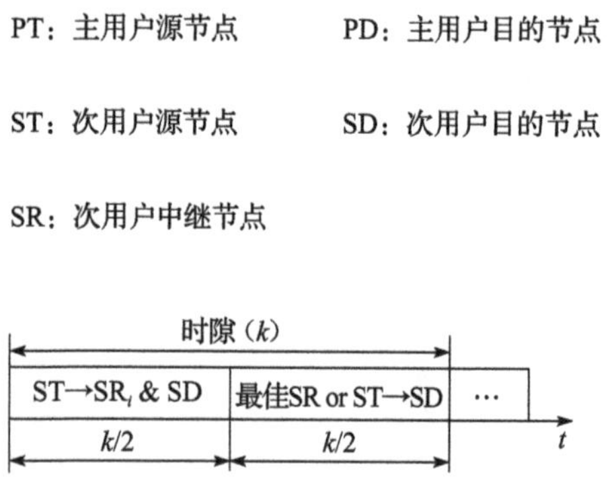

b）基于最佳中继的认知协同通信方案的时隙分配图

图 2-14　认知无线电网络

图 2-14b 给出了基于最佳中继的认知协同通信方案的时隙分配，其中每个时隙被划分为两个相同的子时隙（或称子过程）。在第一个子时隙中，次用户源节点向次用户目的节点和所有候选中继发射数据信号。候选中继节点根据接收到的信号，尝试解码次用户源节点的发送信号，并将所有解码成功的候选中继组成一个解码集合 $\mathcal{D}$。因此，解码集合 $\mathcal{D}$ 可

以是由 M 个次中继节点构成的任意一种组合，即

$$\mathcal{D} = \varnothing \cup \{\mathcal{D}_m | = 1,2,\cdots,2^M - 1\} \tag{2-26}$$

式中，$\varnothing$表示空集；$\mathcal{D}_m$ 表示由 M 个次中继节点组成的一种非空集合。

在第二个子时隙中，如果解码集合 $\mathcal{D}$ 非空，根据相应的最佳中继选择方法，从解码集合中挑选最佳次中继节点向次用户目的节点发送其解码结果。如果解码集合 $\mathcal{D}$ 为空集的话，则允许次用户源节点通过直传链路，重新向次用户目的节点发送一次。最终，次用户目的节点利用最大比合并（Maximum Ratio Combining，MRC）对先后收到的两份信号复制进行合并，并根据最大似然检测（Maximum Likelihood Detection，MLD）估计次用户源节点的发送信号。需注意的是，为了保证主用户通信服务质量，次用户源节点和最佳中继节点的发射功率必须得到有效控制，以抑制其对主用户造成的信号干扰。

假设主用户源节点在时隙 k 以固定功率 P_{PT} 和数据速率 R_P 向主目的节点发送信号 $x_p(k)(E[|x_p(k)|^2=1])$。与此同时，次用户源节点在与主用户源节点相同的信道上以功率 P_{ST} 和数据速率 R_S 向次用户目的节点发送信号 $x_s(k)(E[|x_s(k)|^2=1])$。图 2-14a 中所有的无线信道衰落都建模为独立的复高斯随机变量。同时，接收端具有均值为零和功率谱密度为 N_0 的高斯白噪声。此外，假设接收端可以精确估计来自相应发射机端的信道系数。

本节着重讨论基于最佳中继的认知协同方案对次用户通信的性能改善，但不考虑具体的自适应功率分配算法。因此，为方便起见，考虑一种静态的次用户发射功率控制方法，即次用户源节点利用最大可允许的平均功率发送自身数据，即

$$P_{ST} = \frac{\sigma_{PT-PD}^2 P_{PT}}{\sigma_{ST-PD}^2 \Theta}\rho^+ \tag{2-27}$$

式中，$\rho^+ = \max(\rho,\ 0)$；$\Theta = 2^{R_P} - 1$；$\rho = \frac{1}{1-P_{out}}\exp\left(-\frac{\Theta}{\sigma_{PT-PD}^2\gamma_{PT}}\right) - 1$。

同理，为了保证主用户中断概率不受影响，选中的次用户中继节点的最大可允许的平均功率为

$$P_{SR_i} = \frac{\sigma_{PT-PD}^2 P_{PT}}{\sigma_{SR_i-PD}^2 \Theta}\rho^+ \tag{2-28}$$

如式（2-28）所示，考虑基于平均信道增益的功率控制方法的原因主要包括两个方面。首先，由于主次网络之间通常不存在专有控制信道进行相互协调，因此次用户一般无法获得主用户信道的瞬时衰落增益。与瞬时信道衰落增益不同的是，平均信道衰落增益相对比较稳定，因而次用户更容易估计得到主用户信道衰落的平均增益。其次，与基于瞬时信道衰落的功率控制算法相比，所介绍的基于平均信道衰落增益的功率控制方案工作于具有更长时间尺度上的阴影衰落，而非瞬息万变的瑞利衰落。另外，在高速移动的通信环境下，无线信道增益变化很快。此时，通常很难估计瞬时的信道衰落增益，并且也需要更多

的信道资源用于反馈快速变化的信道衰落增益。

下面给出具体的中继选择过程：

1）$\mathcal{D}=\varnothing$：解码集合为空，即所有候选中继都没能成功解码次用户源节点的发送信号。因此，事件 $\mathcal{D}=\varnothing$ 可以描述为

$$\frac{1}{2}\log_2\left(1+\frac{P_{\mathrm{ST}}\,|h_{\mathrm{ST-SR}_i}|^2}{P_{\mathrm{PT}}\,|h_{\mathrm{PT-SR}_i}|^2+N_0}\right)<R_s \quad i\in\{1,2,\cdots,M\} \tag{2-29}$$

式中，$\log_2(\cdot)$ 函数前的 1/2 主要是由于需要两个子时隙来完成一次信息传输。在 $\mathcal{D}=\varnothing$ 的时候，次用户源节点会在后半个子时隙内通过直传链路向次用户目的节点重发一次原始发送信号 $x_s(k)$。因此，次用户目的节点将接收到的信号进行 MRC，相应的信号噪声干噪比（信干噪比）表示为

$$\mathrm{SINR}_{\mathrm{SD}}(\mathcal{D}=\varnothing)=\frac{2P_{\mathrm{ST}}\,|h_{\mathrm{ST-SD}}|^2}{P_{\mathrm{PT}}\,|h_{\mathrm{PT-SD}}|^2+N_0} \tag{2-30}$$

2）$\mathcal{D}=\mathcal{D}_m$：解码集合不为空，即解码集合 $\mathcal{D}_m$ 中的候选中继可以成功解码次用户源节点的发送信号，而不在集合 $\mathcal{D}_m$ 中的候选中继则不能成功解码。因此，从信息论的角度，事件 $\mathcal{D}_m$ 可以表述如下：

$$\frac{1}{2}\log_2\left(1+\frac{P_{\mathrm{ST}}\,|h_{\mathrm{ST-SR}_i}|^2}{P_{\mathrm{PT}}\,|h_{\mathrm{PT-SR}_i}|^2+N_0}\right)>R_s,\quad i\in\mathcal{D}_m \tag{2-31}$$

$$\frac{1}{2}\log_2\left(1+\frac{P_{\mathrm{ST}}\,|h_{\mathrm{ST-SR}_i}|^2}{P_{\mathrm{PT}}\,|h_{\mathrm{PT-SR}_i}|^2+N_0}\right)<R_s,\quad i\in\overline{\mathcal{D}}_m \tag{2-32}$$

式中，$\overline{\mathcal{D}}_m$ 表示解码中继的补集。不失一般性，考虑解码集合 $\mathcal{D}_m$ 中的候选中继 $SR_i\in\mathcal{D}_m$ 被选作为最佳中继，用来向次用户目的节点转发其解码结果。次用户目的节点将接收到的信号进行 MRC 合并，相应的信干噪比表示为

$$\mathrm{SINR}_{\mathrm{SD}}(\mathcal{D}=\mathcal{D}_m,SR_i)=\frac{P_{\mathrm{ST}}\,|h_{\mathrm{ST-SD}}|^2}{P_{\mathrm{PT}}\,|h_{\mathrm{PT-SD}}|^2+N_0}+\frac{P_{\mathrm{SR}_i}\,|h_{\mathrm{SR}_i\mathrm{-SD}}|^2}{P_{\mathrm{PT}}\,|h_{\mathrm{PT-SD}}|^2+N_0} \tag{2-33}$$

一般来说，最佳中继是既可以正确解码次用户源节点信号，且能使得次用户目的节点获得最大信干噪比的候选中继。因此，相应的最佳中继选择准则为

$$\text{Best relay}=\arg\max_{i\in\mathcal{D}_m}\mathrm{SINR}_{\mathrm{SD}}(\mathcal{D}=\mathcal{D}_m,\mathrm{SR}_i)=\arg\max_{i\in\mathcal{D}_m}\frac{|h_{\mathrm{SR}_i\mathrm{-SD}}|^2}{\sigma^2_{\mathrm{SR}_i\mathrm{-PD}}} \tag{2-34}$$

如式（2-34）所示，所给出的最佳中继选择准则不仅考虑了从次用户源节点到候选中继、再到次用户目的节点之间的两跳链路的信道状态信息，而且还额外考虑了从候选中继到主目的节点之间的链路状况。需要指出的是，这里可以基于式（2-34）进一步给出相应的最佳中继选择的集中式和分布式实现算法。具体来说，对于集中式中继选择实现，次用户源节点需要创建、更新和维护一张储存所有候选中继的相关信道状态信息（如 $|h_{\mathrm{SR}_i\mathrm{-SD}}|^2$、

$\sigma^2_{SR_i-PD}$等）的表格。然后，通过查找这张表格，次用户源节点根据式（2-34）可以确定最佳中继节点。对于分布式中继选择实现，每个候选中继都需要创建一个定时器，并根据式（2-34）来设置各自的定时器初值，以使得最佳中继节点的定时器初值最小。这样的话，最佳中继节点可以率先耗尽其定时器，从而向次用户目的节点和其他所有候选中继广播一定的控制包，以使得整个网络确定相应的最佳中继节点。

2.3.2 基于瞬时信道增益功率控制的最佳中继选择

1. 次用户网络多中继单目的

针对上一节讨论的 Underlay 认知无线网络，次用户网络中的源节点 S－S 和中继节点 S－R_n($n=1$，…，N) 节点允许使用主用户的频率，但必须保证次用户网络产生的干扰低于主用户接收端的干扰阈值。不同之处在于，次用户网络中源节点 S－S 和中继节点 S－R_n 的最大瞬时发射功率约束分别是 $P_S \leqslant \min(\bar{I}/|h_{SP}|^2, P)$ 和 $P_{R_n} \leqslant \min(\bar{I}/|h_{R_nP}|^2, P)$。

在分析时，考虑传统的两时隙传输如图 2-15 所示。在第一阶段中，源节点 S－S 广播信号。在第二阶段中，选中的中继节点 S－R_{n^*} 向目的节点 S－D 转发信号。考虑到目的端对接收信号的不同处理，这里假设两种方案：第一种方案，S－S 和 S－D 之间没有直传链路；第二种方案，存在有直传链路，目的节点通过使用选择合并方式合并两路信号，这两个方案分别表述为：

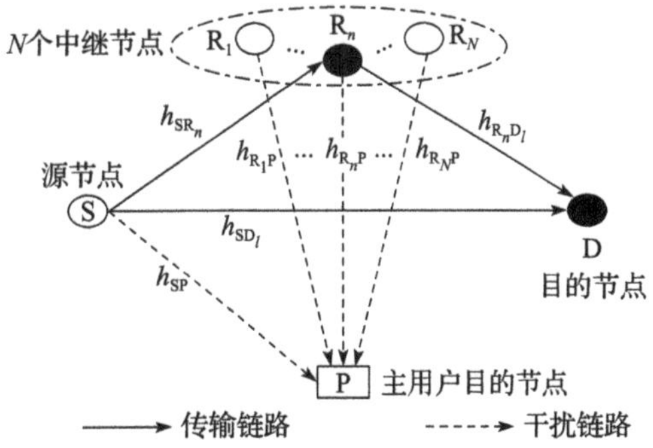

图 2-15 系统模型

(1) 无直传链路

对于译码转发协议，无直传链路时，发送端到接收端的等效信噪比可以表示为

$$\gamma^{NDL} = \max_n[\min(\gamma_{SR_n}, \gamma_{R_nD})] \tag{2-35}$$

式中，$\gamma_{SR_n} = \min(\bar{I}/|h_{SP}|^2, P)|h_{SR_n}|^2/N_0$ 是次用户网络中源节点 S－S 和中继节点 S－R_n 之间的信噪比；$\gamma_{R_nD} = \min(\bar{I}/|h_{R_nP}|^2, P)|h_{R_nD}|^2/N_0$ 是次用户网络中中继节点 S－R_n 和目的节点 S－D 之间的信噪比。

(2) 有直传链路

当直传链路存在时，目的端的接收的信号等效信噪比可以表示为

$$\gamma^{DL} = \max\{\gamma_{SD}, \max_n[\min(\gamma_{SR_n}, \gamma_{R_nD})]\} \tag{2-36}$$

式中，$\gamma_{SD} = \min(\bar{I}/|h_{SP}|^2, P)|h_{SD}|^2/N_0$ 是次用户网络中源节点 S－S 和目的节点 S－D 之间的信噪比。

2. 次用户网络多中继多目的

在上节中分析了次用户网络中源节点 S－S 和中继节点 S－R_n 受最大瞬时发射功率约束的中继节点选择协议，分析时只考虑了次用户网络单目的节点的场景。近年来，多用户接收带来的多用户分集增益受到了人们的关注，如图 2-16 所示。在认知网络中研究多用户多中继的次用户网络性能时，次用户网络中源节点 S－S 和中继节点 S－R_n 的最大瞬时发射功率也要满足 $P_S \leqslant \min(\bar{I}/|h_{SP}|^2, P)$ 和 $P_{R_n} \leqslant \min(\bar{I}/|h_{R_nP}|^2, P)$。

这里考虑以下两种选择协议：一是在每个传输过程中，首先根据文献［16］中的联合目的－中继选择策略选出最好的目的－中继对（D_{m^*}，R_{n^*}）。随后，进行传统的两时隙传输，即在第一阶段，次用户源节点 S－S 广播信号；在第二阶段，选中的次用户中继节点 S－R_{n^*} 向次用户目的节点 S－D_{m^*} 转发信号。另一是考虑了一种高效的目的－中继选择策略，即源节点首先根据直传链路选择目的节点，然后源节点联合选中的目的节点进行中继选择，具体分析如下：

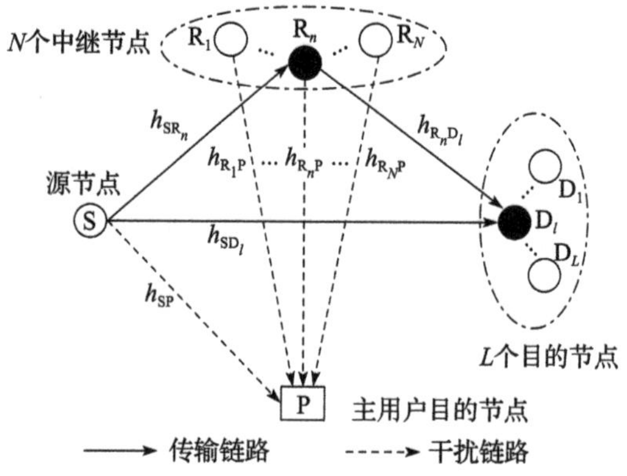

图 2-16　多用户分集增益系统模型

（1）目的－中继联合选择方案

对于译码转发协议，直传链路存在时，借鉴文献［16］中的联合目的－中继选择协议，次用户网络中发送端到接收端的等效信噪比可以表示为

$$\gamma^{DL} = \max_m\{\gamma_{SD_m}, \max_n[\min(\gamma_{SR_n}, \gamma_{R_nD_m})]\} \tag{2-37}$$

（2）目的－中继高效选择方案

基于高效目的－中继节点的选择协议，源节点根据直传链路选择目的节点，然后源节点联合选中的目的节点进行中继选择，选中的目的节点和中继节点分别表示为

$$\begin{aligned} D_{m^*} &= \arg\max_l[\gamma_{SD_l}] \\ &= \arg\max_l\left[\min\left(\frac{I}{|h_{SP}|^2}, P_S\right)\frac{d_{SD_l}^{-\rho}|h_{SD_l}|^2}{N_0}\right] \end{aligned} \tag{2-38}$$

$$\begin{aligned} R_{n^*} &= \arg\max_n[\min[\gamma_{SR_n}, \gamma_{R_nD_{m^*}}]] \\ &= \arg\max_n[\min[\Delta_1, \Delta_2]] \end{aligned} \tag{2-39}$$

式中，$\Delta_1 = \min\left(\frac{I}{|h_{SP}|^2}, P_S\right)\frac{d_{SR_n}^{-\rho}|h_{SR_n}|^2}{N_0}$；$\Delta_2 = \min\left(\frac{I}{|h_{R_nP}|^2}, P_S\right)\frac{d_{R_nD^*}^{-\rho}|h_{R_nD^*}|^2}{N_0}$。

此时，次用户网络中发送端到接收端的等效信噪比可以表示为

$$\gamma^{\text{new}} = \max_m\{\gamma_{\text{SD}_m}, \Pr(D_{m^*} = D_m)\max_n[\min(\gamma_{\text{SR}_n}, \gamma_{\text{R}_n\text{D}_{m^*}})]\} \tag{2-40}$$

本节分析时考虑了基于瞬时信道增益的功率控制方法。与瞬时信道增益相比，平均信道增益虽然相对比较稳定，但此时的分析是一种多次统计下的平均解，不能保证每一次发送时次用户源节点的发送功率都能小于主用户接收端的干扰门限，主用户的性能不能百分百保证。在主次用户非高速运动情况下，次用户通过发送训练序列同时周期性地侦听主用户接收端的反馈信息，为其瞬时地控制自身的发送功率提供了保证。

2.3.3 基于 NACK/ACK 的最佳中继选择

在无需 ACK 的选择式最佳中继通信方案中，认知目的节点不需要向认知源节点确认是否正确解码，此时的选择式中继策略仅考虑利用认知中继节点是否能够正确解码认知源节点信号。具体来讲，认知源节点首先向认知目的节点和所有认知中继节点广播数据信息，并且将所有可以正确解码的认知中继节点记作为解码集合。此处，可以利用循环冗余校验（Cyclic Redundancy Check，CRC）码来确定认知中继节点是否正确解码认知源节点信息，即如果认知中继节点的解码结果通过 CRC，则将其加入解码集合。如果解码集合非空，则从解码集合中选择最佳的认知中继节点向认知目的节点发送其解码结果。如果解码集合为空，则让认知源节点向认知目的节点发送新的数据信息。

与无需 ACK 的最佳中继选择方案的不同之处是，基于 ACK 的最佳中继选择方案需要认知目的节点向认知源节点和所有认知中继节点广播 ACK 信号，以确认其是否正确解码认知源节点信息。具体来说，如果认知目的节点正确解码认知源节点信息，则向认知源节点和认知中继节点广播 ACK 信号，以便认知源节点向认知目的节点发送新的数据信息，从而避免认知中继节点发送重复信息。否则，如果认知目的节点不能正确解码认知源节点信息的话，余下的传输过程则和无需 ACK 的最佳中继选择方案一样。

为了方便表述，将授权频段在时隙 k 是否空闲记作 $H_{\text{p}}(k)$，即 $H_{\text{p}}(k)=H_0$ 表示授权频段空闲，$H_{\text{p}}(k)=H_1$ 表示授权频段被主用户占用。此外，将认知源节点对授权频段的检测结果记作 $\widehat{H}_{\text{p}}(k)$，即 $\widehat{H}_{\text{p}}(k)=H_0$ 表示认知源节点检测到频谱空洞，$\widehat{H}_{\text{p}}(k)=H_1$ 则表示认知源节点检测到授权频段在时隙 k 被主用户占用。

认知源节点以功率 P_{s} 和数据速率 R 向认知中继节点和认知目的节点广播自身数据信息 $x_{\text{s}}(k)$。因此，从认知源节点到认知中继节点之间的瞬时互信息 $I_{\text{s}i}(k)$ 可以表示为

$$I_{\text{s}i}(k) = \frac{1}{2}\log_2\left(1 + \frac{|h_{\text{s}i}(k)|^2\gamma_{\text{s}}}{|h_{\text{p}i}(k)|^2\gamma_{\text{p}}|\theta(k,1)|^2 + 1}\right) \tag{2-41}$$

式中，$|h_{\text{s}i}(k)|$ 和 $|h_{\text{p}i}(k)|$ 分别表示从认知源节点到认知中继节点 CR_i 和从主用户到认知中继节点 CR_i 的信道幅值。$\theta(k,1)$ 表示为

$$\theta(k,1)=\begin{cases}x_{\mathrm{p}}(k), & H_{\mathrm{p}}(k)=H_1\\ 0, & H_{\mathrm{p}}(k)=H_0\end{cases} \tag{2-42}$$

式中，$x_{\mathrm{p}}(k)$ 表示主用户在时隙 k 中的第一个子阶段的发射信号。根据式（2-41），可以将认知中继节点是否落在解码集合中的问题描述为

$$\begin{aligned}&I_{si}(k)>R,\quad i\in\mathcal{D}_m\\&I_{si}(k)<R,\quad i\in\overline{\mathcal{D}_m}\end{aligned} \tag{2-43}$$

式中，$\overline{\mathcal{D}_m}$ 表示解码集合的补集。

如果采用最佳中继传输方案的话，将在解码集合 $\mathcal{D}_m$ 中选择最佳的认知中继节点向认知目的节点转发其解码结果。一般来说，最佳认知中继是能够使得认知目的节点端获得最大的接收信干噪比的认知中继节点。因此，当采用最大比合并时，可以求得从认知源节点经由最佳认知中继节点到认知目的节点的瞬时互信息为

$$I_{\text{best-relay}}=\frac{1}{2}\log_2\left(\frac{|h_{\mathrm{sd}}(k)|^2\gamma_{\mathrm{s}}}{|h_{\mathrm{pd}}(k)|^2\gamma_{\mathrm{p}}|\theta(k,1)|^2+1}+\max_{i\in\mathcal{D}_m}\frac{|h_{\mathrm{id}}(k)|^2\gamma_{\mathrm{s}}}{|h_{\mathrm{pd}}(k)|^2\gamma_{\mathrm{p}}|\theta(k,2)|^2+1}\right) \tag{2-44}$$

1）基于 NACK 的最佳中继选择协同方案。如前文所述，如果解码集合非空的话，基于 NACK 的最佳中继选择协同方案将采用最佳中继分集传输模式；否则，将采用非中继直接传输模式。因此，基于 NACK 的最佳中继选择协同方案的中断概率为

$$\begin{aligned}P_{\mathrm{out_{NACK}}}=&\sum_{m=1}^{2^M-1}\Pr[I_{\text{best-relay}}(k)<R,\mathcal{D}=\mathcal{D}_m\,|\,\widehat{H}_{\mathrm{s}}(k)=H_0]+\\&\Pr[I_{\text{direct}}(k)<R,\mathcal{D}=\varnothing\,|\,\widehat{H}_{\mathrm{s}}(k)=H_0]\end{aligned} \tag{2-45}$$

2）基于 ACK 的选择最佳中继协同方案。当且仅当解码中继集合非空且认知目的节点未能成功解码认知源节点信号时，该方案才采用最佳中继分集传输模式；否则，将采用非中继直接传输模式。因此，基于 ACK 的选择最佳中继协同方案的中断概率为

$$\begin{aligned}P_{\mathrm{out_{ACK}}}=&\sum_{m=1}^{2^M-1}\Pr[I_{\text{best-relay}}(k)<R,\mathcal{D}=\mathcal{D}_m,I_{\text{direct}}(k)<R\,|\,\widehat{H}_{\mathrm{s}}(k)=H_0]+\\&\Pr[I_{\text{direct}}(k)<R,\mathcal{D}=\varnothing\,|\,\widehat{H}_{\mathrm{s}}(k)=H_0]\end{aligned} \tag{2-46}$$

参考文献

[1] Y Zou, B Zheng, W Zhu. An opportunistic cooperation scheme and its BER analysis[J]. IEEE Transactions on Wireless Communications, 2009, 8(9): 4492-4497.

[2] H Y Lateef, V Dyo, B Allen. Performance analysis of opportunistic relaying and opportunistic hybrid incremental relaying over fading channels[J]. IET Communications, 2015, 9 (9): 1154-1163.

[3] 张琰，盛敏，李建东. 协同通信网络中的中继节点选择技术[J]. 中兴通讯技术，2010，16(1)：23-27.

[4] Y Zhao, R Adve, T Joon Lim. Symbol error rate of selection amplify-and-forward relay systems[J]. IEEE Communication Letters, 2006, 10(11): 757-759.

[5] L Simić, S M Berber, K W Sowerby. Partner choice and power allocation for energy efficient cooperation in wireless sensor networks[C]. in Proc. of IEEE ICC 2008, Beijing, China.

[6] M Sherman, A N Mody, R Martinez, et al. IEEE standards supporting cognitive radio and networks, dynamic spectrum access, and coexistence[J]. IEEE Communications Magazine, 2008, 7(1): 72-79.

[7] 张勇. 无线多中继网络中的机会协同技术研究 [D]. 南京: 解放军理工大学, 2008.

[8] 张余, 蔡跃明, 潘成康, 徐友云. WSN 中一种能量有效的自适应中继选择方案[J]. 电子与信息学报, 2009, 31(9): 2193-2198.

[9] A Bletsas, D P Reed, A Lippman. A simple cooperative diversity method based on network path selection [J]. IEEE Journal on Selected Areas in Communications, 2006, 24(3): 659-672.

[10] L Musavian, S Aissa. Cross layer analysis of cognitive radio relay networks under quality of service constraints[C]. in Proc. of IEEE VTC-Spring 2009, Barcelona, Spain.

[11] Y Zou, J Zhu, B Zheng, Y-D Yao. An adaptive cooperation diversity scheme with best relay selection in cognitive radio networks[J]. IEEE Transactions on Signal Processing, 2010, 58(10): 5438-5445.

[12] O. Simeone, I. Stanojev, S. Savazzi, Y. Bar-Ness, U. Spagnolini, and R. Pickholtz. Spectrum leasing to cooperating secondary ad hoc networks[J]. IEEE Journal on Selected Areas in Communications, 2008, 26(1): 203-213.

[13] Y Han, S H Ting, A Pandharipande. Cooperative spectrum sharing protocol with secondary user selection [J]. IEEE Transactions on Wireless Communications, 2010, 9(9): 2914-2923.

[14] A K Sadek, K J R Liu, A Ephremides. Cognitive multiple access via cooperation: Protocol design and performance analysis[J]. IEEE Transactions on Information Theory, 2007, 53(10): 3677-3695.

[15] 邹玉龙. 认知无线电网络中协作中继技术研究[D]. 南京: 南京邮电大学, 2012.

[16] L Sun, T Zhang, L Lu, et al. On the combination of cooperative diversity and multiuser diversity in multi-source multi-relay wireless networks[J]. IEEE Signal Processing Letters, 2010, 17(6): 535-538.

第 3 章

协同通信系统的信道估计

众所周知，传输信道是无线通信系统区别于有线通信系统最重要的一个方面，也是影响通信系统性能的一个重要因素。无线发射机与接收机之间的传播路径非常复杂，从简单的视距传输到反射、折射和散射路径都可能存在，而且无线信道不像有线信道那样固定并可预见，它具有很大的随机性，导致接收信号的幅度、相位和频率失真，难以进行分析。所有这些问题都对接收机的设计提出了很大的挑战。而在接收机中，信道估计器是非常重要的组成部分。信道估计的主要任务就是估计出发送信号所经过无线信道的时域或频域响应，对接收到的数据进行修正。如果不进行信道估计或是信道估计不准确，接收端就难以正确地解调出有用信号或是解调出的有用信号难以满足系统的性能要求。新一代无线通信系统，由于传输速率较高，分集接收需要进行最佳合并，并且需要使用相干检测技术来获得较好的性能，更是需要获得精确的信道状态信息（Channel State Information，CSI）来作为数据处理的必要参数，从而更好地跟踪无线信道的变化，提高接收机性能。因此，信道估计技术是影响无线通信系统性能的关键因素之一。

自协同通信被提出以来，人们研究了各种各样的协同通信系统，鉴于正交频分复用（OFDM）技术在当前和未来无线网络中的重要地位，将 OFDM 技术和协同通信相结合已经成为当前一个新的研究热点，人们把基于 OFDM 的协同通信系统称为协同 OFDM 系统。本章将以协同 OFDM 系统为例，讨论协同通信系统的信道估计问题。

3.1 协同 OFDM 系统概述

3.1.1 系统模型

在协同 OFDM 系统中，当直传信道质量不能满足一定要求时，就需要通过中继节点进行协同传输，从而提高系统的传输性能。目前较为熟知的中继转发策略包括放大转发（AF）、译码转发（DF）和编码协同（CC）。以下行传输为例，在放大转发策略下，中继节点将基站发送来的遭受信道多径衰落和噪声干扰的信号直接放大，然后转发给用户端。用户端可以将来自基站和中继节点的两路信号进行合并，也可以只选择其中一路信号，然后进行数据检测。在译码转发策略下，中继节点对来自基站的信号进行译码，获得原始信息比特，然后重新编码并发送给用户端。编码协同是译码转发的一个变形，它通过让基站与中继节点分别发送用户码字的不同部分来工作。其中前两种策略 AF 和 DF 比较简单，因而应用最多，而第三种策略 CC 比较复杂，但也更具开发潜力。

关于协同通信系统的研究一般都假设中继工作在半双工模式下，即中继不能同时进行收发。这样整个通信过程就由两个时隙组成，即源节点广播信号和中继协同传输。图 3-1 给出了协同 OFDM 系统的原理框图，图中的点画线框表示的是在中继节点处进行的操作，信道估计用虚线框是因为并非所有的中继都会采用这种技术，而子载波配对（Subcarrier Pairing）用虚线框则是因为并非所有的系统都会采用这种技术；在目的节点处的OFDM接收机模块里，信道估计模块用虚线椭圆框标出，它是OFDM接收机的一个子模块，也是本章对于协同OFDM系统的讨论重点，即协同OFDM系统目的节点处的信道估计。

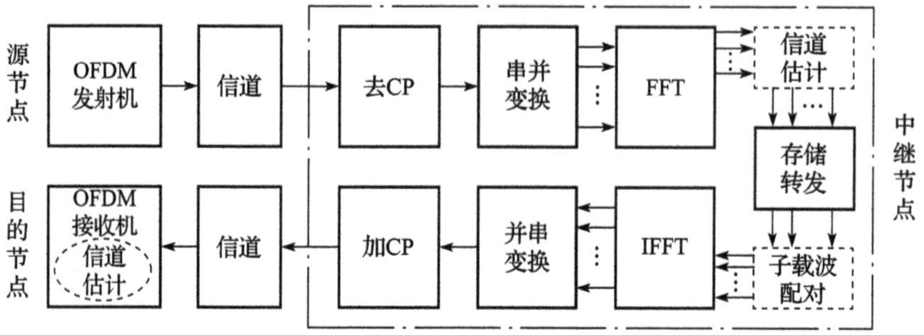

图3-1　协同OFDM系统的原理框图

3.1.2　常用信道估计方法

对于协同通信系统而言，其实现中的重点与难点问题，如协同策略和协议、中继选择、资源分配等已经得到了大量的讨论。但很多研究都是假设接收端完全已知CSI，这在实际应用中受到很大限制，如何估计源节点、中继节点以及目的节点之间的CSI就成为一项极具挑战性和必要性的工作。因此，近年来，关于协同通信系统的信道估计问题日益受到关注[1]。但由于协同信道估计问题尚处于研究发展阶段，大部分研究仍是针对平坦衰落信道进行的，离真正实用还很远。在实际的无线传输中，由反射、散射和延迟等因素造成的多径传输，使得信道往往具有频率选择性。因此，协同OFDM系统就成为一个研究热点，而探讨其信道估计问题就具有较大的理论和现实意义[2-5]。

目前，关于协同OFDM信道估计还没有一个统一的分类，本章根据协同通信系统中的一些实际问题，将协同OFDM信道估计按以下几种情况进行分类。

（1）根据传输协议进行划分

正如前面所提到的，目前最常用的是AF和DF方式的协同通信系统，因此，根据传输协议可以将协同OFDM信道估计划分为AF协同OFDM信道估计和DF协同OFDM信道估计两种。一般来说，DF协同OFDM信道估计问题可以退化为两段传统点对点传输的信道估计问题，因此讨论比较少，目前出现了一些零星的文献对其进行讨论，这些文献主要是在同时考虑总功率约束和每个中继节点各自功率约束的前提下，对源节点和中继节点进行优化导频设计。目前大部分研究都是针对AF协同OFDM系统的信道估计问题进行讨论的。总体来说，AF协同OFDM信道估计与传统OFDM信道估计的最大差别在于以下几点。

1）从源节点经过中继到目的节点的等效信道不再具有高斯特性。

2）在中继节点引入的噪声被放大转发到目的节点，因此对目的节点来说，来自中继节点的接收信号的等效噪声也不具有高斯特性。

正是由于这些区别，使得传统 OFDM 信道估计在 AF 协同 OFDM 信道估计问题中不再适用。在文献［2］中，作者针对频率选择性信道，将 OFDM 技术用于协同通信系统中，提出了一种最小二乘（Least Square，LS）信道估计。文献［3］则比较了协同 OFDM 系统中 LS、线性最小均方误差（Linear Minimum Mean Square Error，LMMSE）以及低秩 LMMSE 三种信道估计算法的性能。在文献［4］中，作者提出了一种直接估计源到目的节点之间等效信道的 LMMSE 信道估计器，并设计了一种低复杂度的次优训练序列。可以说，无论是 DF 还是 AF，协同 OFDM 信道估计算法性能的优劣，直接影响整个系统的性能。

（2）根据中继节点数量进行划分

在协同通信研究过程中，人们往往将系统划分为单中继系统和多中继系统两类（见图 3-2）。从直观上讲，由于多个中继进行转发操作，无论从中继选择角度考虑还是从接收机处理复杂度角度考虑，多中继系统需要解决的问题都要比单中继系统复杂得多。对于信道估计问题也是如此，在单中继系统中，由于目的节点只收到连续两个时隙的接收信号（分别来自源节点和中继节点），而其中，源到目的节点的直传信道可以通过传统 OFDM 信道估计算法进行估计，因此整个单中继系统的信道估计可以简化为对源节点经过中继到目的节点的等效信道进行估计。而在多中继系统中，如果多个中继不是以时分复用（Time Division Multiplexing，TDM）方式进行转发，而是同时发送信号至目的节点，那么将造成目的节点上多个信号的混叠，估计出每条等效信道的 CSI 将变得更加困难。因此，在接收端如何从多个中继发送来的信号中有效、准确地对每条等效信道进行信道估计，是一项具有挑战性的工作。在文献［2］中，作者提出了一种 LS 信道估计，但它仅适用于单中继协同 OFDM 系统。同样，在文献［6］中，作者针对单中继协同 OFDM 系统提出了一种基于最大后验概率（Maximum A Posteriori，MAP）的信道估计算法，并与传统的梳状导频辅助信道估计算法进行了比较。针对多中继 AF 协同 OFDM 系统，文献［1］结合中继节点的线性预编码设计，对 LS 和 LMMSE 信道估计进行了优化导频设计，从而最小化信道估计误差。文献［7］则提出了一种基于训练序列的 LMMSE 信道估计器，复杂度大大降低，适用于多

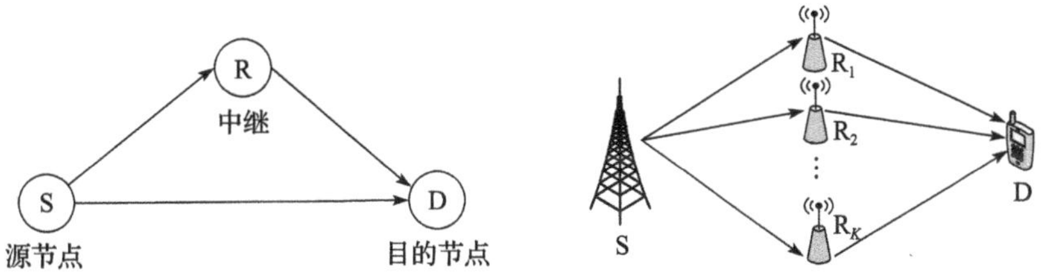

a）单中继系统　　b）多中继系统

图 3-2　协同通信系统结构示意图

中继协同 OFDM 系统。可以说，无论是单中继还是多中继系统，协同 OFDM 信道估计都有其研究的必要性和挑战性。

（3）根据导频数量进行划分

这其实与直传 OFDM 信道估计的分类相同。目前，协同 OFDM 信道估计主要有两种，即非盲信道估计和半盲信道估计，而类似于直传 OFDM 盲信道估计的讨论在协同 OFDM 信道估计中则非常鲜见。非盲信道估计即利用导频信号对协同 OFDM 系统进行信道估计，这种研究相对来说比较多，如前面提到的文献［1，3，4］；而协同 OFDM 半盲信道估计方面的文献则比较少，还没有得到广泛研究。文献［8］提出了一种叠加导频信道估计算法，并以最小化误比特率（Bit Error Rate，BER）为准则，讨论了叠加导频和用户信号之间的最优功率比值。在文献［9］中，作者研究了协同分集系统中的信道估计和符号检测技术，提出了一种基于期望最大化（Expectation-Maximization，EM）算法的半盲信道估计与迭代检测接收方案，减少了系统的导频开销。

尽管已有不少关于协同 OFDM 信道估计问题的研究，然而关于该问题的研究还不是很完善，仍有不少问题还没有得到很好的解决，例如，目前很多文献都是从基于导频辅助的频域信道估计角度进行讨论的，而关于协同 OFDM 系统叠加导频以及时域信道估计的问题涉及的并不多。直传 OFDM 信道估计的研究表明，无论是基于叠加导频的频域信道估计还是利用频域导频进行时域信道估计，都可以从一定程度上提高 OFDM 信道估计的性能。因此可以相信，对于协同 OFDM 系统而言，如果从叠加导频或者时域信道估计角度进行讨论，也同样可以为信道估计问题的研究提供新的思路。

正如前文所述，由于译码转发协同信道估计问题一般都可以转化为传统的点对点信道估计问题，因此，关于协同通信系统信道估计问题的研究大都集中在放大转发协同通信系统上。本章将针对 AF 协同 OFDM 信道估计进行讨论，首先讨论基于叠加导频的 AF 协同 OFDM 信道估计算法，然后介绍一种利用特殊频域导频的 AF 协同 OFDM 时域信道估计算法。

3.2 基于叠加导频的频域信道估计

基于叠加导频的信道估计是一种半盲信道估计，通过在发送数据上叠加导频序列的操作，系统不需要用额外的时隙发送导频，有效提高了系统频谱利用率。在 OFDM 叠加导频信道估计算法中，往往会利用一阶统计量进行估计，这种算法非常简单，但需要假设信道在进行一阶统计平均的数据范围内是不变的。对于高速传输的移动通信环境，一次估计可以用的统计量是有限的。与此同时，虽然叠加导频可以节约带宽资源，但系统分配给叠加导频的功率也是非常有限的。因此在统计量有限和导频功率有限的约束下，基于一阶统计量的信道估计性能并不是很理想。近来，接收端“迭代”处理的思想得到了广泛应用，文献［10］表明，迭代的联合信道估计与信号检测是改善系统性能的一种有效手段。

因此，本节针对源节点和目的节点之间没有直传路径的 AF 协同 OFDM 系统，利用叠加导频对等效信道进行估计。考虑到初始信道估计性能不够理想，我们联合最大比合并（Maximum Ratio Combining，MRC）接收机，利用迭代的联合信道估计和信号检测算法来改善系统性能。

3.2.1 系统模型

图 3-3 描述了一个半双工 AF 协同 OFDM 系统，它由一个源节点 S、一个目的节点 D 以及 K 个随机放置的中继节点 $\{R_1, \cdots, R_K\}$ 组成。每个节点均配备一根天线，并且不能同时发送和接收。本节考虑这样一种场景：由于障碍物阻挡、非视距环境或者是距离太远等客观原因，源节点和目的节点之间没有直传路径存在。假设每个节点之间的链路经历频率选择性衰落，由于采用了 OFDM 技术，故而可以克服频率选择性衰落带来的符号间干扰（Inter-Symbol Interference，ISI）。在不考虑子载波配对等问题的前提下，从简化分析的目的出发，每条子信道可以被认为是独立的平坦衰落信道。因此本节的讨论也将是针对每个子信道进行的。将子载波 n 上源节点与中继 k、中继 k 与目的节点之间的信道系数分别用 $H_{SR_k}(n)$ 和 $H_{R_kD}(n)$ 表示，两者均包含了路径损耗、阴影衰落和小尺度衰落的影响。假设在一个传输周期内（Q 个连续的 OFDM 符号），$H_{SR_k}(n)$ 和 $H_{R_kD}(n)$ 均保持不变，为瑞利平坦衰落，分别表示为 $H_{SR_k}(n) \sim CN(0, \sigma^2_{SR_k})$，$H_{R_kD}(n) \sim CN(0, \sigma^2_{R_kD})$。假设严格的时间和频率同步，并且假设循环前缀（Cyclic Prefix，CP）能完全消除 ISI。

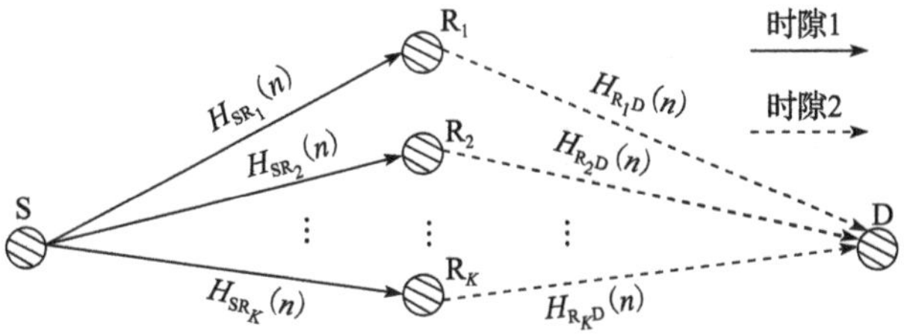

图 3-3　AF 协同 OFDM 系统模型

整个传输过程可以分成两个传输周期，每个周期包含 Q 个连续时隙。为了便于阐述，下面将针对 OFDM 符号第 n 个子载波上的传输过程进行分析，而其他子载波上的讨论是类似的，这里就不再赘述。如图 3-3 所示，在第一个传输周期内，源节点将导频信号 $\boldsymbol{P}(n)$ 叠加在经过调制的发送信号 $\widetilde{\boldsymbol{X}}(n)$ 上，形成一个新的发送信号 $\boldsymbol{X}(n) = [\widetilde{\boldsymbol{X}}(n) + \alpha\boldsymbol{P}(n)]/\sqrt{1+\alpha^2}$，其中 α 表示导频的相对功率（$\widetilde{\boldsymbol{X}}(n)$ 的功率归一化为 1）。源节点将 $\boldsymbol{X}(n)$ 通过无线信道广播给 K 个中继节点。在第二个传输周期内，K 个中继节点分别将各自接收到的信号放大转发给目的节点。下面将详细讨论这个过程。

1. 参数 α 的选择

在本节中，α 的选择决定了数据和导频以何种功率比例进行叠加。这里，由于采用 QPSK 调制，发送数据 $\widetilde{\boldsymbol{X}}(n)$ 中每个元素的星座点都有 4 个可能值，而导频只有 2 个可能值。因此，对应于一对 $\widetilde{\boldsymbol{X}}(n)$ 和 $\boldsymbol{P}(n)$，经过叠加后形成的 $\boldsymbol{X}(n)$ 中的每个元素具有 8 个可能值。图 3-4 给出了 $\boldsymbol{X}(n)$ 星座图的一个简化表示。

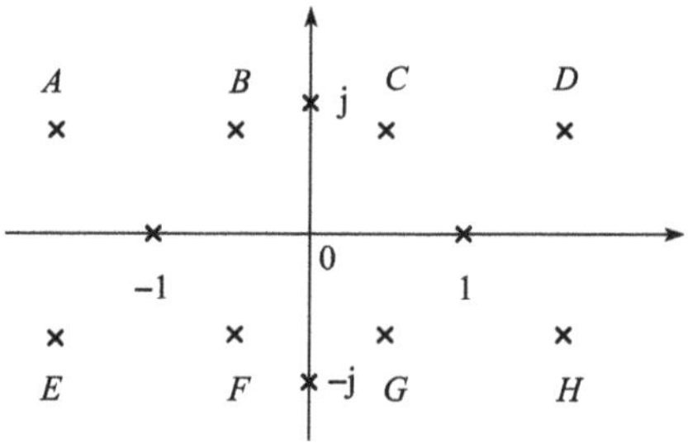

图 3-4 $X(n)$ 的星座图

如果图 3-4 中的星座点可以尽可能地分开，将有利于提高数据检测的正确性。因此，就希望通过选择合适的 α 来最大化图 3-4 中所有相邻星座点之间距离的最小值。也就是说，α 必须满足下列条件：

$$\alpha_{\mathrm{opt}} = \underset{\alpha}{\operatorname{argmax}}\{\min(AB, BC, CD, AE, AF, AG, AH)\} \tag{3-1}$$

通过观察，易知 $AH > AG > AF > AE$，并且 $AB = CD$，因此式（3-1）可以简化为

$$\alpha_{\mathrm{opt}} = \underset{\alpha}{\operatorname{argmax}}\{\min(AB, BC, AE)\} \tag{3-2}$$

从图 3-4 中可以得到点 A、B、C 和 E 的坐标，因此，AB、BC 和 AE 分别表示为

$$AB = \frac{2\alpha}{\sqrt{1+\alpha^2}},\quad BC = \frac{2-2\alpha}{\sqrt{1+\alpha^2}},\quad AE = \frac{2}{\sqrt{1+\alpha^2}} \tag{3-3}$$

由于 $0 < \alpha < 1$，从式（3-3）中可以看出 AE 是三者之中的最大值。因此只需要比较 AB 和 BC 之间的大小。根据两者的表达式可以知道，当 α^2 从 0 增加到 1 时，AB 呈单调递增，而 BC 呈单调递减。很容易理解，两条曲线的交点即为 α 的最优值，即 $\alpha_{\mathrm{opt}} = 0.5$。因此，经过叠加后的发送数据可以表示为

$$\boldsymbol{X}(n) = \frac{\widetilde{\boldsymbol{X}}(n) + 0.5\boldsymbol{P}(n)}{\sqrt{1+0.25}} = \sqrt{0.8}\,\widetilde{\boldsymbol{X}}(n) + \sqrt{0.2}\boldsymbol{P}(n) \tag{3-4}$$

这里，假设 $E[\,|\boldsymbol{X}(n)|^2] = 1$。

2. 放大转发过程

在第一个时隙内，源节点将信号 $\boldsymbol{X}(n) = [X_1(n), \cdots, X_Q(n)]$ 广播给 K 个中继节点，其中 $X_q(n)$，$q \in [1, Q]$ 表示第 q 个 OFDM 符号的第 n 个子载波上的发送数据。因此，第 k 个中继节点上第 n 个子载波上的接收信号可以表示为

$$\boldsymbol{Y}_{\mathrm{r},k}(n) = H_{\mathrm{SR}_k}(n)\sqrt{P_{\mathrm{S}}(n)}\boldsymbol{X}(n) + \boldsymbol{W}_{\mathrm{r},k}(n) \tag{3-5}$$

式中，$\boldsymbol{Y}_{\mathrm{r},k}(n) = [Y_{k,1}(n), \cdots, Y_{k,Q}(n)]$，$Y_{k,q}(n)$ 表示在第 k 个中继节点上第 q 个 OFDM 符号的第 n 个子载波上的接收数据，$q \in [1, Q]$；$\boldsymbol{W}_{\mathrm{r},k}(n) = [W_{k,1}(n), \cdots, W_{k,Q}(n)]$，$W_{k,q}(n) \sim CN(0, \sigma_{\mathrm{r},k}^2)$ 表示第 k 个中继节点上的加性高斯白噪声；$P_{\mathrm{S}}(n)$ 表示源节点上第

n 个子载波的发送功率。

在第二个时隙内，第 k 个中继节点将 $\boldsymbol{Y}_{\mathrm{r},k}(n)$ 通过放大因子 $A_k(n)$ 放大，形成新的发送信号 $\boldsymbol{Y}_{\mathrm{send},k}(n)$，然后将其转发给目的节点。在第 k 个中继节点上形成的发送信号为

$$\boldsymbol{Y}_{\mathrm{send},k}(n) = A_k(n)\boldsymbol{Y}_{\mathrm{r},k}(n) \tag{3-6}$$

式中，$\boldsymbol{Y}_{\mathrm{send},k}(n)=[Y_{k,1}(n), \cdots, Y_{k,Q}(n)]$，$Y_{k,q}(n)$ 表示第 k 个中继节点上第 q 个 OFDM 符号第 n 个子载波上的发送信号。

在 AF 模式下，放大因子可以分为两种：固定增益和可变增益。对于可变增益来说，它的取值将依赖于系统对源到中继节点 CSI 的估计，是一个随机变量，而固定增益则是根据信道的长期统计信息得到的，是一个常量，两者各有优势。本节选用如下式所示的固定增益模式：

$$A_k(n) = \sqrt{\frac{P_{\mathrm{r},k}(n)}{\sigma_{\mathrm{SR}_k}^2 P_{\mathrm{S}}(n) + \sigma_{\mathrm{r},k}^2}} \tag{3-7}$$

式中，$P_{\mathrm{r},k}(n)$ 为第 k 个中继节点的发送功率。

在目的节点处，来自第 k 个中继节点第 n 个子载波上的接收信号可以表示为

$$\begin{aligned}\boldsymbol{Y}_{\mathrm{D},k}(n) &= H_{\mathrm{R}_k\mathrm{D}}(n)\boldsymbol{Y}_{\mathrm{send},k}(n) + \boldsymbol{N}_{\mathrm{D},k}(n)\\ &= A_k(n)H_{\mathrm{R}_k\mathrm{D}}(n)H_{\mathrm{SR}_k}(n)\sqrt{P_{\mathrm{S}}(n)}\boldsymbol{X}(n) + A_k(n)H_{\mathrm{R}_k\mathrm{D}}(n)\boldsymbol{W}_{\mathrm{r},k}(n) + \boldsymbol{W}_{\mathrm{D},k}(n)\end{aligned} \tag{3-8}$$

式中，$\boldsymbol{Y}_{\mathrm{D},k}(n)=[Y_{\mathrm{D}_k,1}(n), \cdots, Y_{\mathrm{D}_k,Q}(n)]$，$Y_{\mathrm{D}_k,q}(n)$ 表示目的节点处来自第 k 个中继节点第 q 个 OFDM 符号第 n 个子载波上的接收信号；$\boldsymbol{W}_{\mathrm{D},k}=[W_{\mathrm{D}_k,1}(n), \cdots, W_{\mathrm{D}_k,Q}(n)]$，$W_{\mathrm{D}_k,q}(n) \sim CN(0, \sigma_{\mathrm{d}}^2)$ 表示目的节点上的加性高斯白噪声（Additive White Gaussian Noise, AWGN）。

将 K 个中继节点联合起来考虑，式（3-8）可写成一个矩阵形式

$$\boldsymbol{Y}(n) = \boldsymbol{A}(n)\boldsymbol{H}(n)\sqrt{P_{\mathrm{S}}(n)}\boldsymbol{X}(n) + \boldsymbol{W}(n) \tag{3-9}$$

式中，$\boldsymbol{Y}(n)=[\boldsymbol{Y}_{\mathrm{D},1}^{\mathrm{T}}(n), \cdots, \boldsymbol{Y}_{\mathrm{D},K}^{\mathrm{T}}(n)]^{\mathrm{T}}$，$\boldsymbol{H}(n)=[H_{\mathrm{R}_1\mathrm{D}}(n)H_{\mathrm{SR}_1}(n), \cdots, H_{\mathrm{R}_K\mathrm{D}}(n)H_{\mathrm{SR}_K}(n)]^{\mathrm{T}}$，$\boldsymbol{W}(n)=\{[A_1(n)H_{\mathrm{R}_1\mathrm{D}}(n)\boldsymbol{W}_{\mathrm{r},1}(n)+\boldsymbol{W}_{\mathrm{D},1}(n)]^{\mathrm{T}}, \cdots, [A_K(n)H_{\mathrm{R}_K\mathrm{D}}(n)\boldsymbol{W}_{\mathrm{r},K}(n)+\boldsymbol{W}_{\mathrm{D},K}(n)]^{\mathrm{T}}\}^{\mathrm{T}}$，$\boldsymbol{A}(n)=\mathrm{diag}\{[A_1(n), \cdots, A_K(n)]\}$。

将式（3-4）代入式（3-9），可以得到

$$\boldsymbol{Y}(n) = \boldsymbol{A}(n)\boldsymbol{H}(n)\sqrt{P_{\mathrm{S}}(n)}\sqrt{0.8}\,\widetilde{\boldsymbol{X}}(n) + \boldsymbol{A}(n)\boldsymbol{H}(n)\sqrt{P_{\mathrm{S}}(n)}\sqrt{0.2}\boldsymbol{P}(n) + \boldsymbol{W}(n) \tag{3-10}$$

式中，$\widetilde{\boldsymbol{X}}(n)=[\widetilde{X}_1(n), \cdots, \widetilde{X}_Q(n)]$；$\boldsymbol{P}(n)=[P_1(n), \cdots, P_Q(n)]$。在下面的分析中，我们将对整个等效信道 $\boldsymbol{H}(n)$ 进行估计，而不是分别估计 $H_{\mathrm{R}_k\mathrm{D}}(n)$ 和 $H_{\mathrm{SR}_k}(n)$。

3.2.2 基于叠加导频的信道估计

从式（3-10）中可以看出，接收信号 $\boldsymbol{Y}(n)$ 包含两部分数据，一个是需要被检测出来的发送数据 $\widetilde{\boldsymbol{X}}(n)$，另一个是导频信号 $\boldsymbol{P}(n)$。从接收数据角度看来，此时叠加导频似乎成为 $\widetilde{\boldsymbol{X}}(n)$ 的一种干扰。但实际上，这种“干扰”对数据检测是有益的，因为叠加发送的形式使得 $\boldsymbol{P}(n)$ 和 $\widetilde{\boldsymbol{X}}(n)$ 经历了相同的信道衰落，可以利用这种“干扰”去估计等效信道 $\boldsymbol{H}(n)$。

1. 白化滤波器

在协同 AF 模式下，整个等效信道 $\boldsymbol{H}(n)$ 不再是高斯分布的，而噪声 $\boldsymbol{W}(n)$ 也不再是 AWGN，包括最小均方误差（Minimum Mean Square Error，MMSE）在内的传统信道估计将不能获得其最优估计性能。为了解决这个问题，考虑首先将 $\boldsymbol{Y}(n)$ 通过一个白化滤波器，形成等效接收信号。为了设计这个白化滤波器，取式（3-10）中一个 OFDM 符号的情况进行分析。因此式（3-10）可以重新写为

$$\widehat{\boldsymbol{Y}}_{\mathrm{D}}(n) = \boldsymbol{A}(n)\boldsymbol{H}(n)\sqrt{P_{\mathrm{S}}(n)}\sqrt{0.8}\,\widetilde{\boldsymbol{X}}(n) + \boldsymbol{A}(n)\boldsymbol{H}(n)\sqrt{P_{\mathrm{S}}(n)}\sqrt{0.2}P(n) + \widehat{\boldsymbol{W}}(n) \tag{3-11}$$

式中，$\widehat{\boldsymbol{Y}}_{\mathrm{D}}(n) = [Y_{\mathrm{D}_1,1}(n),\cdots,Y_{\mathrm{D}_K,1}(n)]^{\mathrm{T}}$；$\widehat{\boldsymbol{W}}(n) = \boldsymbol{A}(n)\boldsymbol{H}_{\mathrm{RD}}(n)\boldsymbol{W}_1(n) + \boldsymbol{W}_{\mathrm{D},1}(n)$，$\boldsymbol{H}_{\mathrm{RD}}(n) = \mathrm{diag}([H_{\mathrm{R}_1\mathrm{D}}(n),\cdots,H_{\mathrm{R}_K\mathrm{D}}(n)])$，$\boldsymbol{W}_1(n) = [W_{1,1}(n),\cdots,W_{K,1}(n)]^{\mathrm{T}}$，$\boldsymbol{W}_{\mathrm{D},1}(n) = [W_{\mathrm{D}_1,1}(n),\cdots,W_{\mathrm{D}_K,1}(n)]^{\mathrm{T}}$。

噪声 $\widehat{\boldsymbol{W}}(n)$ 的自相关矩阵 $\boldsymbol{R}_{\widehat{\boldsymbol{W}}(n)}$ 可以表示为

$$\boldsymbol{R}_{\widehat{\boldsymbol{W}}(n)} = E[\widehat{\boldsymbol{W}}(n)\widehat{\boldsymbol{W}}(n)^{\mathrm{H}}] = \sigma_{\mathrm{d}}^2\left(\boldsymbol{A}(n)\boldsymbol{R}_{\boldsymbol{H}_{\mathrm{RD}(n)}}\boldsymbol{A}(n)^{\mathrm{H}}\frac{\sigma_{\mathrm{r}}^2}{\sigma_{\mathrm{d}}^2} + \boldsymbol{I}_K\right) = \sigma_{\mathrm{d}}^2\boldsymbol{R}'(n) \tag{3-12}$$

式中，$\boldsymbol{R}_{\boldsymbol{H}_{\mathrm{RD}(n)}} = E[\boldsymbol{H}_{\mathrm{RD}}(n)\boldsymbol{H}_{\mathrm{RD}}(n)^{\mathrm{H}}]$。当 $H_{\mathrm{R}_k\mathrm{D}}(n)(k\in[1,K])$ 非独立时，$\boldsymbol{R}'(n)$ 是非对角矩阵，需要使用白化滤波器对角化 $\boldsymbol{R}_{\widehat{\boldsymbol{W}}(n)}$；而当 $H_{\mathrm{R}_k\mathrm{D}}(n)(k\in[1,K])$ 相互独立时，则要用白化滤波器归一化对角阵 $\boldsymbol{R}_{\widehat{\boldsymbol{W}}(n)}$。类似于文献［11］中的分析，无论 $\boldsymbol{R}'(n)$ 是否为对角矩阵，都可以得到白化滤波器的一个统一表达形式为

$$\boldsymbol{U}_{\mathrm{Tran}} = \boldsymbol{D}^{-1/2}\boldsymbol{V}^{\mathrm{H}} \tag{3-13}$$

其中，$\boldsymbol{R}'(n) = \boldsymbol{V}\boldsymbol{D}\boldsymbol{V}^{\mathrm{H}}$，$\boldsymbol{V}\boldsymbol{V}^{\mathrm{H}} = \boldsymbol{V}^{\mathrm{H}}\boldsymbol{V} = \boldsymbol{I}_k$，$\boldsymbol{D}$ 为一对角阵。将接收信号经过白化滤波器后，因为

$$E[(\boldsymbol{U}_{\mathrm{Tran}}\widehat{\boldsymbol{W}}(n))(\boldsymbol{U}_{\mathrm{Tran}}\widehat{\boldsymbol{W}}(n))^{\mathrm{H}}] = \boldsymbol{U}_{\mathrm{Tran}}\boldsymbol{R}_{\widehat{\boldsymbol{W}}(n)}\boldsymbol{U}_{\mathrm{Tran}}^{\mathrm{H}} = \sigma_{\mathrm{d}}^2\boldsymbol{I}_K \tag{3-14}$$

可以得到一个等效接收信号，其噪声 $\widehat{\boldsymbol{W}}_{\mathrm{eq}}(n) = \boldsymbol{U}_{\mathrm{Tran}}\widehat{\boldsymbol{W}}(n) \in \mathrm{CN}(0,\sigma_{\mathrm{d}}^2\boldsymbol{I}_K)$ 为高斯白噪声。经过白化处理后，接收信号的特性将有利于使用传统的信道估计算法估计整个等效信道。将 $\boldsymbol{Y}(n)$ 通过白化滤波器，可以得到如下的等效接收信号：

$$
\begin{aligned}
\boldsymbol{Y}_{\mathrm{eq}}(n) = \boldsymbol{U}_{\mathrm{Tran}}\boldsymbol{Y}(n) &= \boldsymbol{U}_{\mathrm{Tran}}[\boldsymbol{A}(n)\boldsymbol{H}(n)\sqrt{P_{\mathrm{S}}(n)}\boldsymbol{X}(n) + \boldsymbol{W}(n)] \\
&= \boldsymbol{U}_{\mathrm{Tran}}\boldsymbol{A}(n)\boldsymbol{H}(n)\sqrt{P_{\mathrm{S}}(n)}\boldsymbol{X}(n) + \boldsymbol{U}_{\mathrm{Tran}}\boldsymbol{W}(n) \\
&= \boldsymbol{H}_{\mathrm{eq}}(n)\sqrt{P_{\mathrm{S}}(n)}\boldsymbol{X}(n) + \boldsymbol{W}_{\mathrm{eq}}(n)
\end{aligned} \tag{3-15}
$$

在下面的分析中，都是针对这个等效接收信号 $\boldsymbol{Y}_{\mathrm{eq}}(n)$ 进行处理的。

2. MMSE 信道估计

根据文献［12］，可以得到一个线性估计器，从而最小化 $\boldsymbol{H}_{\mathrm{eq}}(n)$ 的均方误差（Mean Squarc Error，MSE），这里的信道估计可以表示为

$$
\boldsymbol{H}_{\mathrm{eq,est}}(n) = \boldsymbol{Y}_{\mathrm{eq}}(n)\boldsymbol{B}(n) \tag{3-16}
$$

式中，$\boldsymbol{B}(n) \in \mathbb{C}^{Q\times 1}$是一个 MMSE 信道估计器。因此信道估计误差可以表示为

$$
\begin{aligned}
\varepsilon = E\{\|\boldsymbol{H}_{\mathrm{eq}}(n) - \boldsymbol{Y}_{\mathrm{eq}}(n)\boldsymbol{B}(n)\|_F^2\} &= \mathrm{tr}\{\boldsymbol{R}_{\boldsymbol{H}_{\mathrm{eq}}}(n)\} - \mathrm{tr}\{\boldsymbol{R}_{\boldsymbol{H}_{\mathrm{eq}}}(n)\boldsymbol{X}(n)\boldsymbol{B}(n)\} - \\
&\mathrm{tr}\{\boldsymbol{B}(n)^{\mathrm{H}}\boldsymbol{X}(n)^{\mathrm{H}}\boldsymbol{R}_{\boldsymbol{H}_{\mathrm{eq}}}(n)\} + \mathrm{tr}\{\boldsymbol{B}(n)^{\mathrm{H}}(\boldsymbol{X}(n)^{\mathrm{H}}\boldsymbol{R}_{\boldsymbol{H}_{\mathrm{eq}}}(n)\boldsymbol{X}(n) + \sigma_{\mathrm{d}}^2K\boldsymbol{I}_Q)\boldsymbol{B}(n)\}
\end{aligned} \tag{3-17}
$$

式中，$\boldsymbol{R}_{\boldsymbol{H}_{\mathrm{eq}}}(n) = E[\boldsymbol{H}_{\mathrm{eq}}^{\mathrm{H}}(n)\boldsymbol{H}_{\mathrm{eq}}(n)]$。

通过 $\partial\varepsilon/\partial\boldsymbol{B} = 0$，可以获得优化解 $\boldsymbol{B}_{\mathrm{opt}}(n) = \arg\min_{\boldsymbol{B}(n)}\varepsilon$。因此 $\boldsymbol{B}_{\mathrm{opt}}(n)$ 表示为

$$
\boldsymbol{B}_{\mathrm{opt}}(n) = [\boldsymbol{X}(n)^{\mathrm{H}}\boldsymbol{R}_{\boldsymbol{H}_{\mathrm{eq}}}(n)\boldsymbol{X}(n) + \sigma_{\mathrm{d}}^2K\boldsymbol{I}_Q]^{-1}\boldsymbol{X}(n)^{\mathrm{H}}\boldsymbol{R}_{\boldsymbol{H}_{\mathrm{eq}}}(n) \tag{3-18}
$$

如果能够在目的节点获知 $\boldsymbol{X}(n)$，那么 $\boldsymbol{H}_{\mathrm{eq}}(n)$ 的线性 MMSE 估计就可以写为

$$
\begin{aligned}
\boldsymbol{H}_{\mathrm{MMSE}}(n) &= \boldsymbol{Y}_{\mathrm{eq}}(n)\boldsymbol{B}_{\mathrm{opt}}(n) \\
&= \boldsymbol{Y}_{\mathrm{eq}}(n)[\boldsymbol{X}(n)^{\mathrm{H}}\boldsymbol{R}_{\boldsymbol{H}_{\mathrm{eq}}}(n)\boldsymbol{X}(n) + \sigma_{\mathrm{d}}^2K\boldsymbol{I}_Q]^{-1}\boldsymbol{X}(n)^{\mathrm{H}}\boldsymbol{R}_{\boldsymbol{H}_{\mathrm{eq}}}(n)
\end{aligned} \tag{3-19}
$$

但是，在目的节点数据检测前 $\boldsymbol{X}(n)$ 并不能完全获知。需要使用 $\boldsymbol{P}(n)$ 获得一个初始信道估计，然后根据式（3-19）更新信道估计值。初始信道估计可以通过很多算法得到，这里根据文献［13］的算法，利用 $\boldsymbol{P}(n)$ 得到一个次优线性 MMSE 估计：

$$
\begin{aligned}
\widetilde{\boldsymbol{H}}_{\mathrm{MMSE}} &= \boldsymbol{Y}_{\mathrm{eq}}(n)[(\sqrt{0.2}\boldsymbol{P}(n))^{\mathrm{H}}\boldsymbol{R}_{\boldsymbol{H}_{\mathrm{eq}}}(n)(\sqrt{0.2}\boldsymbol{P}(n)) + \boldsymbol{R}_{\sqrt{0.8}\widetilde{\boldsymbol{X}}(n)\boldsymbol{H}_{\mathrm{eq}}(n)}(n) + \sigma_{\mathrm{d}}^2K\boldsymbol{I}_Q]^{-1} \times \\
&\quad (\sqrt{0.2}\boldsymbol{P}(n))^{\mathrm{H}}\boldsymbol{R}_{\boldsymbol{H}_{\mathrm{eq}}}(n) \\
&= \boldsymbol{Y}_{\mathrm{eq}}[0.2\boldsymbol{P}(n)^{\mathrm{H}}\boldsymbol{R}_{\boldsymbol{H}_{\mathrm{eq}}}(n)\boldsymbol{P}(n) + 0.8\boldsymbol{R}_{\widetilde{\boldsymbol{X}}(n)\boldsymbol{H}_{\mathrm{eq}}(n)} + \sigma_{\mathrm{d}}^2K\boldsymbol{I}_Q]^{-1}(\sqrt{0.2}\boldsymbol{P}(n))^{\mathrm{H}}\boldsymbol{R}_{\boldsymbol{H}_{\mathrm{eq}}}(n)
\end{aligned} \tag{3-20}
$$

式中，$\boldsymbol{R}_{\widetilde{\boldsymbol{X}}(n)\boldsymbol{H}_{\mathrm{eq}}(n)} = E[\hat{\widetilde{\boldsymbol{X}}}(n)^{\mathrm{H}}\boldsymbol{H}_{\mathrm{eq}}^{\mathrm{H}}(n)\boldsymbol{H}_{\mathrm{eq}}(n)\hat{\widetilde{\boldsymbol{X}}}(n)]$，$\hat{\widetilde{\boldsymbol{X}}}(n)$ 是对 $\widetilde{\boldsymbol{X}}(n)$ 的估计值。

3.2.3 迭代信道估计和数据检测

从式（3-20）中可以得到一个初始信道估计值，但这个估计值通常很不精确，因为发送数据 $\widetilde{\boldsymbol{X}}(n)$ 此时成为一种干扰，这种干扰将严重影响式（3-20）中信道估计的性能。因此考

虑将基于判决反馈的迭代思想应用到信道估计中，利用 MRC 接收机的优势，形成 AF 协同 OFDM 系统中的联合信道估计和信号检测（见图 3-5），具体流程可以表示如下。

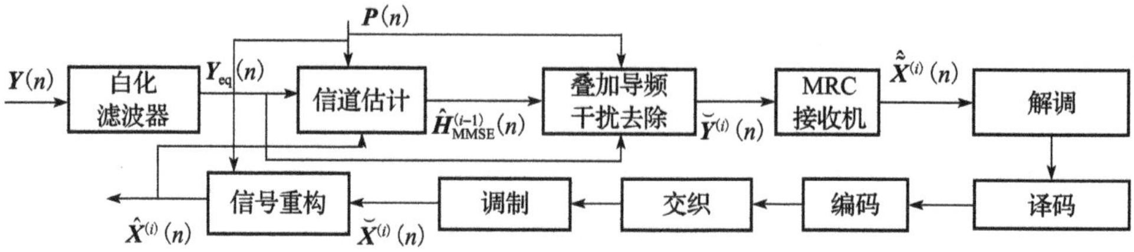

图 3-5　叠加导频辅助信道估计和联合数据检测

第一步：在第 1 次迭代中，根据式（3-20）获得初始信道估计 $\hat{\boldsymbol{H}}^{(1)}_{\text{MMSE}}(n)$。

第二步：在第 i 次迭代中（$i\geqslant 2$），利用 $\hat{\boldsymbol{H}}^{(i-1)}_{\text{MMSE}}(n)$ 从 $\boldsymbol{Y}_{\text{eq}}(n)$ 中去除叠加导频的干扰，即

$$\begin{aligned}\breve{\boldsymbol{Y}}^{(i)}(n) &= \boldsymbol{Y}_{\text{eq}}(n)-\hat{\boldsymbol{H}}^{(i-1)}_{\text{MMSE}}(n)(\sqrt{0.2}\boldsymbol{P}(n))\\&=\hat{\boldsymbol{H}}^{(i-1)}_{\text{MMSE}}(n)\sqrt{0.8}\,\tilde{\boldsymbol{X}}(n)+[\boldsymbol{H}_{\text{eq}}(n)-\hat{\boldsymbol{H}}^{(i-1)}_{\text{MMSE}}(n)]\boldsymbol{X}(n)+\boldsymbol{W}_{\text{eq}}(n)\\&=\hat{\boldsymbol{H}}^{(i-1)}_{\text{MMSE}}(n)\sqrt{0.8}\,\tilde{\boldsymbol{X}}(n)+\breve{\boldsymbol{W}}(n)\end{aligned}\tag{3-21}$$

第三步：在式（3-21）中，$\breve{\boldsymbol{Y}}^{(i)}(n)$ 和 $\hat{\boldsymbol{H}}^{(i-1)}_{\text{MMSE}}(n)$ 都是已知的，因此使用 MRC 接收机估计 $\tilde{\boldsymbol{X}}(n)$ 为

$$\hat{\tilde{\boldsymbol{X}}}^{(i)}(n)=\sum_{k=1}^{K}\frac{(\hat{\boldsymbol{H}}^{(i-1)}_{\text{MMSE},k}(n))^{\text{H}}\sqrt{P_{\text{S}}(n)}}{\sigma_{\text{d}}^{2}}\breve{\boldsymbol{Y}}^{(i)}_{k}(n)\tag{3-22}$$

式中，$\hat{\boldsymbol{H}}^{(i-1)}_{\text{MMSE},k}(n)$ 和 $\breve{\boldsymbol{Y}}^{(i)}_{k}(n)$ 分别表示 $\hat{\boldsymbol{H}}^{(i-1)}_{\text{MMSE}}(n)$ 和 $\breve{\boldsymbol{Y}}^{(i)}(n)$ 的第 k 行矢量，$\hat{\boldsymbol{H}}^{(i-1)}_{\text{MMSE},k}(n)$ 表示第 $i-1$ 次迭代后等效信道 $\boldsymbol{H}_{\text{eq}}(n)$ 的估计值，而 $\breve{\boldsymbol{Y}}^{(i)}_{k}(n)$ 则表示第 i 次迭代后来自第 k 个中继节点第 n 个子载波上去除导频干扰后的等效接收信号。

第四步：获得 $\hat{\tilde{\boldsymbol{X}}}^{(i)}(n)$ 后，通过解调和译码重新获得二进制数据 $\hat{d}^{(i)}$。对 $\hat{d}^{(i)}$ 进行和发送端同样的编码和调制过程，得到 $\breve{\boldsymbol{X}}^{(i)}(n)$。将导频叠加到 $\breve{\boldsymbol{X}}^{(i)}(n)$ 上，重构发送符号 $\hat{\boldsymbol{X}}^{(i)}(n)$ 为

$$\hat{\boldsymbol{X}}^{(i)}(n)=\sqrt{0.8}\,\breve{\boldsymbol{X}}^{(i)}(n)+\sqrt{0.2}\boldsymbol{P}(n)\tag{3-23}$$

第五步：用式（3-19）更新信道估计值 $\hat{\boldsymbol{H}}^{(i)}_{\text{MMSE}}(n)$，即

$$\hat{\boldsymbol{H}}^{(i)}_{\text{MMSE}}(n)=\boldsymbol{Y}_{\text{eq}}(n)((\hat{\boldsymbol{X}}^{(i)}(n))^{\text{H}}\boldsymbol{R}_{\boldsymbol{H}_{\text{eq}}}(n)\hat{\boldsymbol{X}}^{(i)}(n)+\sigma_{\text{d}}^{2}K\boldsymbol{I}_{Q})^{-1}(\hat{\boldsymbol{X}}^{(i)}(n))^{\text{H}}\boldsymbol{R}_{\boldsymbol{H}_{\text{eq}}}(n)\tag{3-24}$$

第六步：回到第二步，做下一次迭代，更新 $\hat{\boldsymbol{H}}^{(i)}_{\text{MMSE}}(n)$。

3.2.4 平均误符号率分析

由于使用 MRC 接收机［见式（3-22）］获得了判决值 $\hat{\hat{\boldsymbol{X}}}^{(i)}(n)$，根据文献［14］，目的节点处的瞬时信噪比（Signal-to-Noise Ratio，SNR）可以表示为

$$\gamma(n) = \sum_{k=1}^{K} \gamma_k(n) \tag{3-25}$$

式中，$\gamma_k(n)$ 表示从源节点经过第 k 个中继到达目的节点的第 n 个子信道上的等效端到端瞬时 SNR。根据式（3-15）可以得到

$$\gamma_k(n) = \frac{\boldsymbol{U}_{\mathrm{Tran}}^2(n,n)A_k^2(n)\,|H_{\mathrm{R}_k\mathrm{D}}(n)|^2\,|H_{\mathrm{SR}_k}(n)|^2 P_{\mathrm{S}}(n)}{\sigma_{\mathrm{d}}^2} \tag{3-26}$$

将式（3-7）和式（3-13）代入式（3-26），可将式（3-26）简化为

$$\begin{aligned}
\gamma_k(n) &= \frac{\dfrac{P_{\mathrm{r},k}(n)}{P_{\mathrm{S}}(n)\sigma_{\mathrm{SR}_k}^2 + \sigma_{\mathrm{r},k}^2}\,|H_{\mathrm{R}_k\mathrm{D}}(n)|^2\,|H_{\mathrm{SR}_k}(n)|^2 P_{\mathrm{S}}(n)}{\sigma_{\mathrm{d}}^2\left(A_k^2(n)\sigma_{\mathrm{R}_k\mathrm{D}}^2\dfrac{\sigma_{\mathrm{r},k}^2}{\sigma_{\mathrm{d}}^2} + 1\right)} \\
&= \frac{\dfrac{P_{\mathrm{r},k}(n)\,|H_{\mathrm{R}_k\mathrm{D}}(n)|^2}{\sigma_{\mathrm{d}}^2}\,\dfrac{P_{\mathrm{S}}(n)\,|H_{\mathrm{SR}_k}(n)|^2}{\sigma_{\mathrm{r},k}^2}}{\dfrac{P_{\mathrm{r},k}(n)\sigma_{\mathrm{R}_k\mathrm{D}}^2}{\sigma_{\mathrm{d}}^2} + \dfrac{P_{\mathrm{S}}(n)\sigma_{\mathrm{SR}_k}^2}{\sigma_{\mathrm{r},k}^2} + 1} \\
&= \frac{\gamma_{k1}(n)\gamma_{k2}(n)}{\bar{\gamma}_{k1}(n) + \bar{\gamma}_{k2}(n) + 1}
\end{aligned} \tag{3-27}$$

式中，$\gamma_{k1}(n) = P_{\mathrm{S}}(n)\,|H_{\mathrm{SR}_k}(n)|^2/\sigma_{\mathrm{r},k}^2$ 是源节点到第 k 个中继节点的第 n 个子信道上的瞬时 SNR，其均值为 $\bar{\gamma}_{k1}(n) = P_{\mathrm{S}}(n)\sigma_{\mathrm{SR}_k}^2/\sigma_{\mathrm{r},k}^2$；$\gamma_{k2}(n) = P_{\mathrm{r},k}(n)\,|H_{\mathrm{R}_k\mathrm{D}}(n)|^2/\sigma_{\mathrm{d}}^2$ 则表示第 k 个中继节点到目的节点的第 n 个子信道上的瞬时 SNR，其均值为 $\bar{\gamma}_{k2}(n) = P_{\mathrm{r},k}(n)\sigma_{\mathrm{R}_k\mathrm{D}}^2/\sigma_{\mathrm{d}}^2$。$\gamma_{k1}(n)$ 和 $\gamma_{k2}(n)$ 均服从独立的指数分布，其概率密度函数（Probability Density Function，PDF）分别为 $f_{\gamma_{k1}(n)}(\gamma_{k1}(n)) = \exp[-\gamma_{k1}(n)/\bar{\gamma}_{k1}(n)]/\bar{\gamma}_{k1}(n)$ 和 $f_{\gamma_{k2}(n)}(\gamma_{k2}(n)) = \exp[-\gamma_{k2}(n)/\bar{\gamma}_{k2}(n)]/\bar{\gamma}_{k2}(n)$。为了分析本节中固定增益 AF 协同 OFDM 系统的平均误符号率（Symbol Error Ratio，SER），需要首先知道 $\gamma_k(n)$ 的 PDF。

从式（3-27）可知，由于 $\bar{\gamma}_{k1}(n)$ 和 $\bar{\gamma}_{k2}(n)$ 均为常数，仅需要获得 $\bar{\gamma}_{k1}(n)\bar{\gamma}_{k2}(n)$ 的 PDF 即可。根据文献［15］对两个广义伽马（Gamma）变量乘积的分析结果，下面给出本节所需要的两个指数分布变量乘积的概率分布。

假设两个独立指数分布变量 X_1 和 X_2，其 PDF 分别为 $f_1(x_1;\ \alpha_1)$ 和 $f_2(x_2;\ \alpha_2)$，这里，$f(x;\ \alpha) = \alpha^{-1}\exp(-x/\alpha)$。令 $X = X_1X_2$，则 X 的 PDF 可以表示为 $f(x) = \int_0^{\infty} f_1(y)f_2(x/y)\mathrm{d}y/y$。

经过文献 [15] 中的数学推导和简化，$f(x)$ 可以表示为

$$f(x) = 2(\alpha_1\alpha_2)^{-1}\mathrm{K}_0[2\sqrt{x/(\alpha_1\alpha_2)}] \tag{3-28}$$

式中，$\mathrm{K}_0(z)$ 表示第二类改进的零阶贝塞尔（Bessel）函数。

因此 $\gamma_t(n)=\gamma_{k1}(n)\gamma_{k2}(n)$ 的 PDF 可以表示为

$$f_{\gamma_t(n)}(\gamma_t(n)) = 2[\bar{\gamma}_{k1}(n)\bar{\gamma}_{k2}(n)]^{-1}\mathrm{K}_0[2\sqrt{\gamma_t(n)/(\bar{\gamma}_{k1}(n)\bar{\gamma}_{k2}(n))}] \tag{3-29}$$

因为 $\gamma_k(n)=\gamma_{k1}(n)\gamma_{k2}(n)/[\bar{\gamma}_{k1}(n)+\bar{\gamma}_{k2}(n)+1]=\gamma_t(n)/[\bar{\gamma}_{k1}(n)+\bar{\gamma}_{k2}(n)+1]$，由式（3-29）可得 $\gamma_k(n)$ 的 PDF 为

$$\begin{aligned} f_{\gamma_k(n)}(\gamma_k(n)) &= [\bar{\gamma}_{k1}(n)+\bar{\gamma}_{k2}(n)+1]f_{\gamma_t(n)}\{[\bar{\gamma}_{k1}(n)+\bar{\gamma}_{k2}(n)+1]\gamma_k(n)\} \\ &= \frac{2[\bar{\gamma}_{k1}(n)+\bar{\gamma}_{k2}(n)+1]}{\bar{\gamma}_{k1}(n)\bar{\gamma}_{k2}(n)}\mathrm{K}_0\left\{2\sqrt{\frac{[\bar{\gamma}_{k1}(n)+\bar{\gamma}_{k2}(n)+1]\gamma_k(n)}{\bar{\gamma}_{k1}(n)\bar{\gamma}_{k2}(n)}}\right\} \\ &= 2p_k\mathrm{K}_0[2\sqrt{p_k\gamma_k(n)}] \end{aligned} \tag{3-30}$$

式中，$p_k=[\bar{\gamma}_{k1}(n)+\bar{\gamma}_{k2}(n)+1][\bar{\gamma}_{k1}(n)\bar{\gamma}_{k2}(n)]^{-1}$。

因此 $\gamma_k(n)$ 的矩生成函数（Moment Generating Function，MGF）可以写为

$$\begin{aligned} M_{\gamma_k(n)}(s) &= \int_0^\infty f_{\gamma_k(n)}(\gamma_k(n))\mathrm{e}^{s\gamma_k(n)}\mathrm{d}\gamma_k(n) \\ &= 2p_k\int_0^\infty \mathrm{K}_0[2\sqrt{p_k\gamma_k(n)}]\mathrm{e}^{s\gamma_k(n)}\mathrm{d}\gamma_k(n) \end{aligned} \tag{3-31}$$

经过若干数学变化后（具体过程见本章附录 A），$M_{\gamma_k(n)}(s)$ 可以表示为下式所示的闭式表达形式：

$$M_{\gamma_k(n)}(s) = -\frac{p_k}{s}\int_0^\infty \frac{\mathrm{e}^{-t}}{t-p_k/s}\mathrm{d}t = -\frac{p_k}{s}\mathrm{e}^{-\frac{p_k}{s}}\Gamma\left(0,-\frac{p_k}{s}\right) \tag{3-32}$$

式中，$\Gamma(x, y)$ 是文献 [16] 中定义的不完全伽马（Gamma）函数。利用 MGF，使用 M-PSK调制的第 n 个子载波上的 SER 可以表示为

$$\begin{aligned} P_{\mathrm{SER}}(n) &= \frac{1}{\pi}\int_0^{(M-1)\pi/M} M_{\gamma(n)}\left(-\frac{g_{\mathrm{PSK}}}{\sin^2\theta}\right)\mathrm{d}\theta = \frac{1}{\pi}\int_0^{(M-1)\pi/M}\prod_{k=1}^{K}M_{\gamma_k(n)}\left(-\frac{g_{\mathrm{PSK}}}{\sin^2\theta}\right)\mathrm{d}\theta \\ &= \frac{1}{\pi}\int_0^{(M-1)\pi/M}\prod_{k=1}^{K}\frac{p_k\sin^2\theta}{g_{\mathrm{PSK}}}\mathrm{e}^{\frac{p_k\sin^2\theta}{g_{\mathrm{PSK}}}}\Gamma\left(0,\frac{p_k\sin^2\theta}{g_{\mathrm{PSK}}}\right)\mathrm{d}\theta \end{aligned} \tag{3-33}$$

式中，$g_{\mathrm{PSK}}=\sin^2(\pi/M)$。

整个 AF 协同 OFDM 系统的 SER 可以表示为 $P_{\mathrm{SER}}=1/N\sum_{n=1}^{N}P_{\mathrm{SER}}(n)$。由于 $H_{\mathrm{SR}_k}(n)$ 和 $H_{\mathrm{R}_k\mathrm{D}}(n)$ 是独立同分布的，所以每个子载波上的 $P_{\mathrm{SER}}(n)$ 均相等，因此整个系统的 SER，P_{SER}可以表示为

$$P_{\mathrm{SER}} = P_{\mathrm{SER}}(n) \tag{3-34}$$

3.2.5 仿真结果

1. 仿真参数

本节通过计算机仿真验证基于叠加导频信道估计和联合信号检测算法的性能。考虑一个 AF 协同 OFDM 系统，其中继节点数为 $K=2$，子载波数为 $N=512$，采用 QPSK 调制。考虑到通用移动通信系统（Universal Mobile Telecommunications System，UMTS）标准使用的是速率为 1/2、生成多项式为（561，753）的卷积编码器，在仿真中，源节点也使用这种编码器，在目的节点则使用维特比（Viterbi）译码器。每个子信道被认为是平坦衰落信道，并且在一个传输周期（Q 个连续的 OFDM 符号）内保持不变，但在传输周期之间是独立变化的。由于同时考虑了大尺度衰落和小尺度衰落，信道可以表示为 $H_{\mathrm{SR}_k}(n)\sim CN(0,\ \sigma_{\mathrm{SR}_k}^2)$ 和 $H_{\mathrm{R}_k\mathrm{D}}(n)\sim CN(0,\ \sigma_{\mathrm{R}_k\mathrm{D}}^2)$，其中 $\sigma_{\mathrm{SR}_k}^2=(d_{s,k})^{-\mu}$，$\sigma_{\mathrm{R}_k\mathrm{D}}^2=(1-d_{s,k})^{-\mu}$，$\mu=2$ 表示路径损耗因子，其中 $d_{s,k}$ 和 $d_{k,d}$ 分别是（用源节点和目的节点之间距离归一化过的）源节点和第 k 个中继以及第 k 个中继和目的节点之间的距离。在本节的仿真中，假设每个中继节点具有同样的发射功率 P_r，并且系统受到总功率约束，即 $P_r=P_S/K$。假设所有的噪声方差 $\sigma_{r,k}^2$ 和 σ_d^2 均为 1。在下面的仿真图中 x 坐标轴所示的 SNR 定义为 $P_S/\sigma_{r,k}^2$。

2. 性能分析

图 3-6 比较了当 $Q=32$ 时算法经过不同迭代次数后的 BER 性能。为了便于比较，将目的节点完全已知 CSI 的情况作为性能上界。图中标记为“初始”的曲线表示根据式(3-20)得到的初始 CSI 进行 MRC，直接获得判决值而不经过迭代过程的 BER 性能。从图 3-6 中可以看出，对于不同迭代次数，系统可以获得不同的 BER 性能。随着迭代次数的增加，BER 性能逐渐得到改善，特别是在 1 次迭代和 2 次迭代之间，这种性能的改善尤为显著。当 SNR > 14dB 时，10 次迭代后的 BER 性能已经非常接近目的节点完全已知 CSI 时的 BER 性能。仿真结果表明，基于叠加导频的信道估计算法能够在改善频谱效率的同时，在一定次数的迭代操作之后，获得令人满意的系统性能。

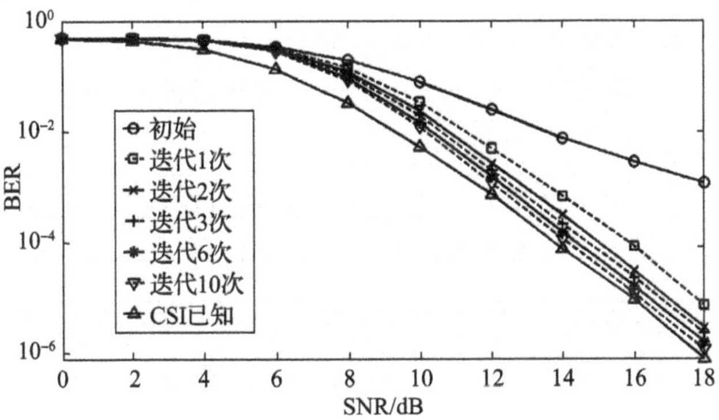

图 3-6 算法 BER 性能随 SNR 的变化曲线

图 3-7 描述了当 $Q=32$ 时不同迭代次数下的信道估计 MSE 随 SNR 的变化情况。为了便于比较算法的性能，图中同时给出了全导频和 2×2 维导频辅助信道估计算法[13]的 MSE 性能曲线。其中标记为“初始”的曲线和 5 根“迭代”曲线分别是根据式（3-20）和式（3-24）得到的。“初始”曲线代表基于叠加导频信道估计算法，但不包括纠错编码和判决迭代操作。通过观察可以发现，与 2×2 维导频辅助信道估计算法相比，当 SNR≤12dB 时，“初始”曲线的 MSE 较低，而当 SNR > 12dB 后，导频辅助信道估计算法的 MSE 性能就逐渐优于“初始”曲线。这是由于“初始”曲线的信道估计误差包含噪声和未知信号（需要检测的发送信号）的干扰两部分，当 SNR 增大到一定值时，主要的估计误差将来自未知信号的干扰，因此 SNR 的不断增大不会对信道估计产生积极作用。尽管在低信噪比区域内，迭代过程中的译码误差会对信道估计产生很大影响，但迭代操作仍可以改进 MSE 性能。当 SNR > 8dB 时，基于叠加导频的信道估计算法（经过两次迭代）和全导频估计算法（性能界）之间的差距已经小于 1dB。结合图 3-6 和图 3-7，可以得出这样的结论：AF 协同 OFDM 系统中基于叠加导频信道估计和联合信号检测算法，在需要较少系统资源的前提下，可以获得与传统导频辅助信道估计相近的系统性能。

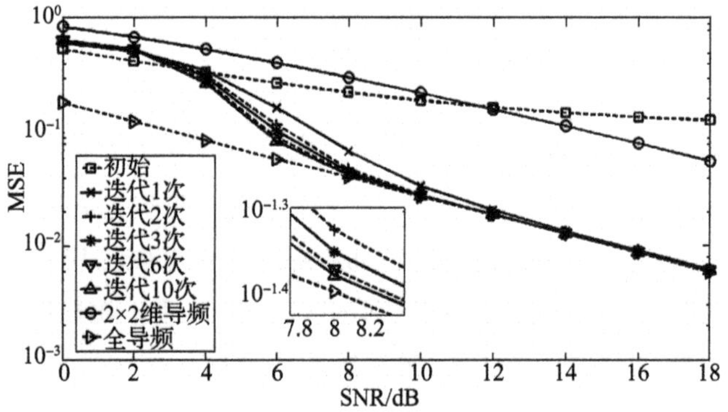

图 3-7　不同迭代次数下算法 MSE 随 SNR 的变化曲线

图 3-8 比较了当 SNR = 16dB 时，信道估计 MSE 随 Q 的变化情况。从图中可以看到，三种信道估计算法的 MSE 都随着 Q 的增加不断减小。尽管“初始”曲线的 MSE 性能比全导频辅助估计的性能差，但是当 $Q\geqslant16$ 时，叠加导频辅助信道估计在一次迭代以后的 MSE 性能几乎和全导频辅助下的 MSE 性能相同。

图 3-9 中给出了当 SNR = 12dB 时，算法的 SER 仿真曲线及其理论曲线。由式（3-34）得到的理论曲线表示了固定增益模式下使用白化滤波器后 AF 协同 OFDM 系统 SER 性能的理论值，它是本节所使用的基于叠加导频信道估计和联合信号检测算法的一个理论下界。从图 3-9 中可以发现，随着中继数量 K 的增加，系统 SER 不断降低。这充分说明中继节点在 AF 协同 OFDM 系统中对 SER 性能改善起到了很好的作用。

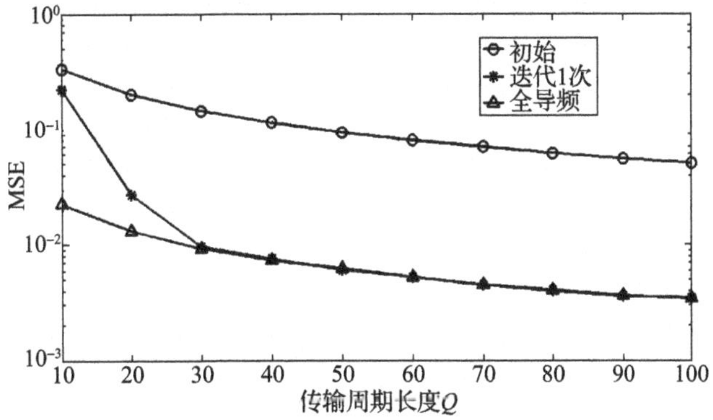

图 3-8　不同迭代次数下算法 MSE 随传输周期长度 Q 的变化曲线

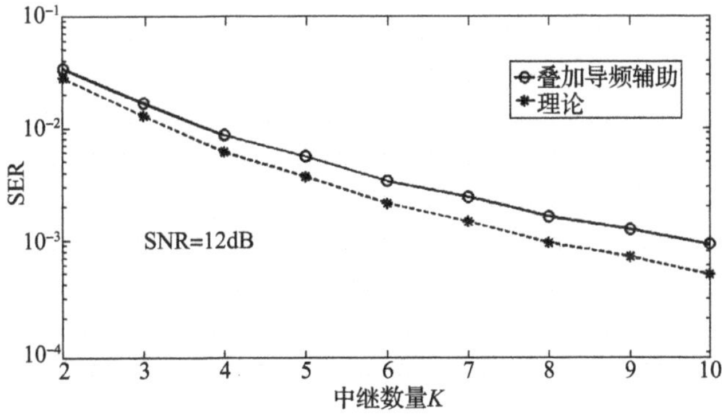

图 3-9　算法 SER 性能随中继数量 K 的变化曲线

图 3-10 比较了不同中继数量 K 下，系统 SER 性能的差异，相应的理论曲线作为系统性能下界给出。从图中可以看出：①对于固定数量的中继节点，系统 SER 随着 SNR 的增加而不断降低；②对于固定 SNR，中继数量越多，系统 SER 性能越好。可以发现，对于任意 K 个中继节点，算法（经过 10 次迭代）与相应理论曲线相比，两者之间的差距逐渐减小，当 SNR≥10dB 时，这个差距明显小于低信噪比的情况。

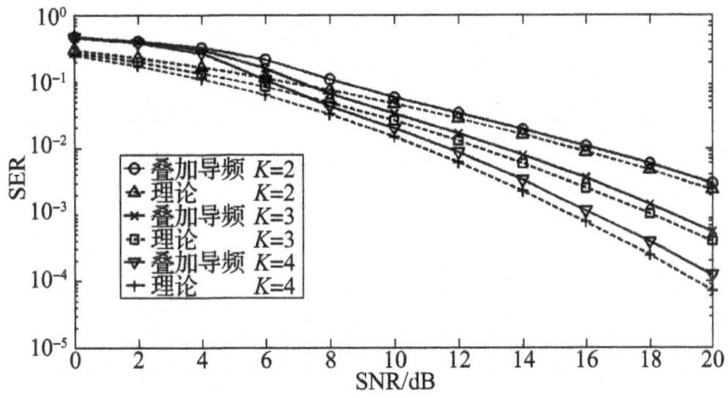

图 3-10　不同中继个数下算法 SER 性能及其理论值随 SNR 的变化曲线

为了验证 3.2.1 节中参数 α 选择方法的正确性，图 3-11 给出了叠加导频按不同比例叠加在数据上时，本节算法 BER 曲线的变化趋势。为了便于比较，根据式（3-4）将导频叠加方式表示为 $\boldsymbol{X}(n)=\sqrt{1-\beta}\widetilde{\boldsymbol{X}}(n)+\sqrt{\beta}\boldsymbol{P}(n)$，其中 $\beta=\alpha^2/(1+\alpha^2)$。从图中可以看出，当导频按照相对功率 $\beta=0.2$ 的比例叠加在数据上时，本节算法的 BER 性能最优，这个结论与 3.2.1 节中的推导相符，即 $\alpha_{\rm opt}=0.5[\beta_{\rm opt}=\alpha_{\rm opt}^2/(1+\alpha_{\rm opt}^2)=0.2]$ 时系统 BER 性能最优。

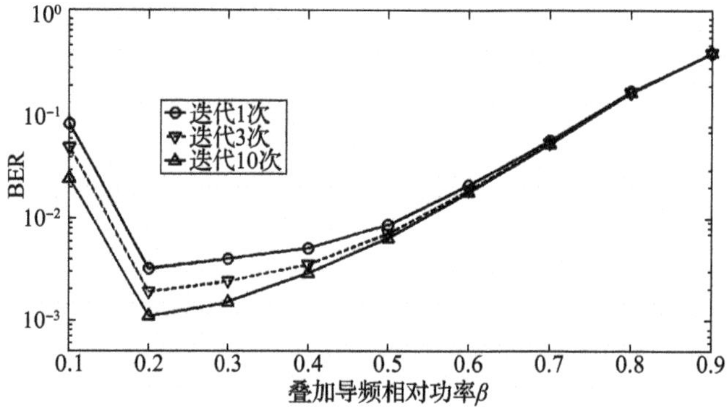

图 3-11　算法 BER 性能随叠加导频相对功率 β 的变化曲线

3. 复杂度分析

本节所构造的基于叠加导频信道估计和联合数据检测算法的关键部分是白化滤波器、MMSE 信道估计、MRC 接收机的结合。就一个子载波上的一次迭代而言，当 $H_{\mathrm{R}_k\mathrm{D}}(n)$ $(k\in[1,K])$ 相互独立时，白化滤波器只需 $O(K)$ 的运算量进行自相关矩阵的归一化，$O(QK^2)$ 的运算量对接收信号进行白化，也就是说，进行白化滤波需要 $O(QK^2+K)$ 的运算量；对于 MMSE 估计而言，无论是式（3-20）还是式（3-24），都需要 $O(K^2Q+Q^3+Q^2K)$ 的运算量；MRC 接收机只需要 $O(QK)$ 的运算量即可。考虑整个 OFDM 符号 N 个子载波上的运算量，若迭代次数为 R，当 $Q>>K$ 时，算法总运算量约为 $O(RNQ^3)$。相对于传统导频 MMSE 信道估计算法 $O(N^3)$ 的运算量而言，算法在复杂度降低的前提下，仍能获得较好的系统性能。例如，当 $Q=32$，$R=2$，$N=512$ 时，算法的总运算量约为传统导频 MMSE 信道估计算法运算量的 1/4。虽然使用了 10 次迭代与理论性能进行比较，但从仿真图中可以看出，当算法迭代 2 次以上后，系统性能已经比较接近理想值。因此，只要选取合适的 Q 值，就可以在算法性能和实现复杂度之间做一个较好的折中。

3.3　基于频域导频的时域信道估计

一般来说，导频就是频域的训练序列，通常应该在频域进行信道估计。但是，利用导频在时域上的信号特征，也可以在时域进行信道估计。尽管对于 OFDM 技术来说，在频域利用信道估计结果进行均衡比较容易实现，但频域信道估计算法往往需要在频域导频符号点进行大量的矩阵运算，复杂度较高，并且受插值算法的限制以及噪声影响较大。相较而言，时域信道估计[17]算法以较少的多径信道参数（例如 L 条多径参数）来获取整个 OFDM 符号块内的信道特性，受噪声影响较小，能够获得较为满意的估计性能，因此越来越受到关注。

本节针对一个多中继 AF 协同 OFDM 系统，讨论了一种时域信道估计算法，用来估计端到端等效信道冲激响应（Channel Impulse Response，CIR），该方法能够利用目的节点上来自不同中继节点的叠加信号有效估计出每条等效信道的 CIR。在此基础上，考虑了精确和近似两种时域 LMMSE 估计，从而有效减小中继和目的端噪声对信道估计的影响。

3.3.1 系统模型

类似于 3.2.1 节所讨论的系统模型，图 3-12 描述了一个多中继 AF 协同 OFDM 系统模型，它由一个源节点 S、一个目的节点 D 以及 K 个随机放置的中继节点 $\{R_1, \cdots, R_K\}$ 组成。每个节点均配备一根天线，并且工作在半双工模式。本节考虑这样一种场景：在街区环境里，源节点和目的节点之间由于障碍物阻挡、视距（Line-of-Sight，LoS）环境或者距离太远等客观原因，造成两节点之间没有直传路径存在，因此需要通过多个中继进行协同传输。

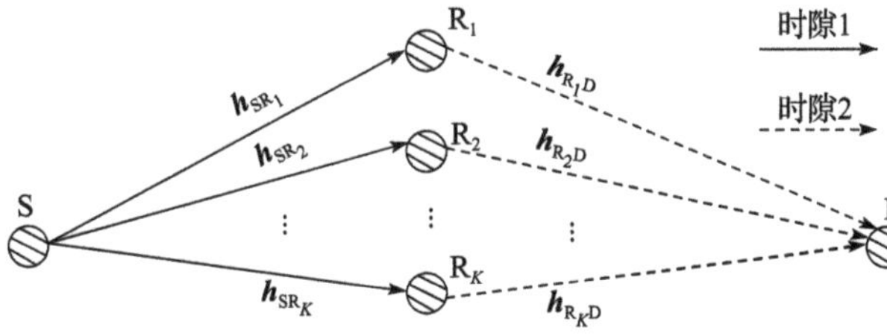

图 3-12　多中继 AF 协同 OFDM 系统模型

由于多条独立可分辨路径的存在，每个节点之间的链路均为频率选择性衰落信道。将源节点与中继 k、中继 k 与目的节点之间第 l 条多径信道的瑞利衰落系数分别用 $h_{SR_k}(l) \sim CN(0, \sigma^2_{SR_{k,l}})$ 和 $h_{R_kD}(l) \sim CN(0, \sigma^2_{R_{k,l}D})$ 表示。假设任意两个节点之间的多径信道均为独立不相关的，则可以将各节点之间的 CIR 矢量表示如下：

$$\boldsymbol{h}_{SR_k} = [h_{SR_k}(0), h_{SR_k}(1), \cdots, h_{SR_k}(L_1 - 1)]^T \tag{3-35}$$

$$\boldsymbol{h}_{R_kD} = [h_{R_kD}(0), h_{R_kD}(1), \cdots, h_{R_kD}(L_2 - 1)]^T \tag{3-36}$$

式中，L_1 和 L_2 分别表示源节点与中继 k 以及中继 k 与目的节点之间的信道路径数。这里，假设 $E[\boldsymbol{h}^H_{SR_k}\boldsymbol{h}_{SR_k}] = \sigma^2_{SR_k}$ 和 $E[\boldsymbol{h}^H_{R_kD}\boldsymbol{h}_{R_kD}] = \sigma^2_{R_kD}$，其中 $\sigma^2_{SR_k} = \sum_{l=1}^{L_1} \sigma^2_{SR_{k,l}}$，$\sigma^2_{R_kD} = \sum_{l=1}^{L_2} \sigma^2_{R_{k,l}D}$。

在本节中，每个节点上都使用 OFDM 技术，从而克服频率选择性衰落引入的符号间干扰（Inter Symbol Interference，ISI）。假设所有节点时间和频率完全同步，整个传输过程可以分成两个传输时隙。如图 3-12 所示，在第一个时隙，在源节点上首先将导频序列按照一定的导频图案（将在 3.3.2 节讨论）插入信息序列，经串并变换后形成 OFDM 符号 $\boldsymbol{X}=[X(0),\cdots,X(N-1)]^{\mathrm{T}}$，这里 N 表示一个 OFDM 符号所包含的子载波个数。在经过 N 点逆离散傅里叶变换（Inverse Discrete Fourier Transform，IDFT）形成时域符号 s 后，插入长度 $L_{\mathrm{cp},1}$ 大于源节点和任意中继节点之间最大信道多径时延的循环前缀（Cyclic Prefix，CP）。最后将这个新的发送信号广播给 K 个中继节点。

在第二个时隙，当中继 $k(k=1,2,\cdots,K)$ 收到源节点发送的信号后，首先将其 CP 移除，然后在频域分别乘以两个因子 $\boldsymbol{T}_k$ 和 α_k（详见 3.3.2 节）。在完成变换之后，再次插入长度 $L_{\mathrm{cp},2}$ 大于任意中继节点和目的节点之间最大信道多径时延的 CP，从而形成新的发送信号。这种在中继节点上进行简单处理的场景也同样出现在文献［18］中，但它主要讨论了空时编码对系统的影响，故而假设所有链路的信道状态信息是已知的。在经过这些简单处理之后，K 个中继节点以时分复用（Time Division Multiplexing，TDM）的方式将信号依次转发给目的节点。3.3.2 节将具体讨论这个放大转发的过程。

3.3.2 时域信道估计

文献［17］指出：基于频域导频时域相关（Frequency Domain Pilot Time Domain Correlation，FPTC）的信道估计算法可实现与频域导频内插方法相近的性能，且实现较为简单。因此，本节将在文献［17］的基础上，针对 AF 协同 OFDM 系统的特点，设计时域信道估计算法。

1. 导频信号设计

一般来说，频域信道估计算法需要估计 N 个未知参数（n 为子载波数）。当 N 增大时，计算量随之增大，甚至有些算法的计算量将达到 $O(N^3)$（如 MMSE）。为了简化信道估计的复杂度，本节选用一种时域连续、频域等间隔分布的梳状导频进行时域信道估计，假设导频与数据符号功率相等。将导频子载波间隔表示为 Δp。令导频起始子载波序号为 0，共有 $N_{\mathrm{p}}=N/\Delta p$ 个导频。为了简化分析，本节省略了 CP 的插入和移除步骤的讨论，并且假设 CP 的使用已完全消除任意两个节点之间的 ISI。因此，源节点处的频域发送信号可以表示为

$$\boldsymbol{X}=\boldsymbol{P}+\boldsymbol{D} \tag{3-37}$$

式中，$\boldsymbol{P}=[P(0),\cdots,P(N-1)]^{\mathrm{T}}$ 和 $\boldsymbol{D}=[D(0),\cdots,D(N-1)]^{\mathrm{T}}$ 分别表示导频符号和数据符号。假设导频子载波的集合为 $S=\{0,\Delta p,\cdots,(N_{\mathrm{p}}-1)\Delta p\}$，则 $\boldsymbol{P}$ 和 $\boldsymbol{D}$ 可以分别表示为

$$\boldsymbol{P}(n)=\begin{cases}\boldsymbol{X}(n), & n\in S\\ 0, & n\notin S\end{cases}=\begin{cases}X_{\mathrm{P}}(i), & n=(i-1)\Delta p \quad i=1,\cdots,N_{\mathrm{p}}\\ 0, & \text{其他}\end{cases} \tag{3-38}$$

$$\boldsymbol{D}(n)=\begin{cases}0, & n\in S\\ \boldsymbol{X}(n), & n\notin S\end{cases}=\begin{cases}0, & n=(i-1)\Delta p\quad i=1,\cdots,N_{\mathrm{p}}\\ X_{\mathrm{D}}(n'), & 其他\quad n'=1,\cdots,N-N_{\mathrm{p}}\end{cases}\tag{3-39}$$

式中，$X_{\mathrm{P}}(i)$ 和 $X_{\mathrm{D}}(n')$ 分别表示导频序列和数据序列。将 $X_{\mathrm{P}}(i)$ 设计为

$$X_{\mathrm{P}}(i)=X(k_i)=\frac{A}{\sqrt{N_{\mathrm{p}}}}C(i)=\frac{A}{\sqrt{N_{\mathrm{p}}}}\sum_{q=0}^{N_{\mathrm{p}}-1}c(q)\mathrm{e}^{-\mathrm{j}\frac{2\pi iq}{N_{\mathrm{p}}}}\tag{3-40}$$

式中，$c(q)$ 为长度 N_{p} 的正交多项序列；$k_i=i\Delta p$，$i=0$，…，$N_{\mathrm{p}}-1$；A 是一个常量；$C(i)$ 是 $c(q)$ 的离散傅里叶变换（Discrete Fourier Transform，DFT）。

由于正交多项序列 $c(q)$ 可以表示为

$$c(q)=\begin{cases}\mathrm{e}^{\mathrm{j}\pi rq^2/N_{\mathrm{p}}} & N_{\mathrm{p}}\ 为偶数\\ \mathrm{e}^{\mathrm{j}\pi rq(q+1)/N_{\mathrm{p}}} & N_{\mathrm{p}}\ 为奇数\end{cases}\quad q=0,\cdots,N_{\mathrm{p}}-1\tag{3-41}$$

式中，r 和 N_{p} 互为质数。因此 $c(q)$ 具有以下自相关特性：

$$R_{\mathrm{cc}}(q)=\sum_{l'=0}^{N_{\mathrm{p}}-1}c(l')c^{*}((l'-q)_{N_{\mathrm{p}}})=N_{\mathrm{p}}\delta(q),\quad q=0,\cdots,N_{\mathrm{p}}-1\tag{3-42}$$

2. 放大转发过程

在第一个时隙，源节点将信号 $\boldsymbol{X}$ 广播给 K 个中继节点。因此，在中继 k 上的频域接收信号可以表示为

$$\boldsymbol{Y}_{\mathrm{r},k}=\sqrt{P_{\mathrm{S}}}\boldsymbol{H}_{\mathrm{SR}_k}\boldsymbol{X}+\boldsymbol{W}_{\mathrm{r},k}\tag{3-43}$$

式中，$\boldsymbol{Y}_{\mathrm{r},k}=[Y_{\mathrm{r},k}(0),\ \cdots,\ Y_{\mathrm{r},k}(N-1)]^{\mathrm{T}}$；$P_{\mathrm{S}}$ 表示源节点上 OFDM 符号的发送功率，从源节点到中继节点 k 的频域信道响应表示为 $\boldsymbol{H}_{\mathrm{SR}_k}=\mathrm{diag}[H_{\mathrm{SR}_k}(0),\ \cdots,\ H_{\mathrm{SR}_k}(N-1)]$，$\boldsymbol{W}_{\mathrm{r},k}=[W_{\mathrm{r},k}(0),\ \cdots,\ W_{\mathrm{r},k}(N-1)]^{\mathrm{T}}$ 以及 $W_{\mathrm{r},k}(n)\in CN(0,\ \sigma_{\mathrm{r},k}^2)$ 表示了中继 k 上的 AWGN。

考虑到来自所有中继节点的信号在目的节点上将被叠加处理，为了能够利用导频估计出每条等效链路（从源节点经中继 k 到目的节点）的 CIR，在每个中继节点对收到的信号做一些简单变换。由于只对导频子载波上的导频符号做改变，而数据子载波上的符号不做任何处理，因此中继 k 上的变换因子 $\boldsymbol{T}_k$ 可以表示为

$$\boldsymbol{T}_k=\begin{pmatrix}T_k(0) & \cdots & 0\\ \vdots & \ddots & \vdots\\ 0 & \cdots & T_k(N-1)\end{pmatrix}\tag{3-44}$$

$$T_k(n)=\begin{cases}\mathrm{e}^{\mathrm{j}\frac{2\pi i\lfloor N_{\mathrm{p}}/K\rfloor(k-1)}{N_{\mathrm{p}}}}, & n=i\Delta p\quad i=0,\cdots,N_{\mathrm{p}}-1\\ 1, & 其他\end{cases}\tag{3-45}$$

式中，$\lfloor x\rfloor$ 表示不大于 x 的最大整数。$\boldsymbol{T}_k$ 的作用其实就是便于目的节点能够从叠加的符号中分辨出来自中继 k 的导频符号。

经过上述简单变换以后，中继 k 利用放大因子 α_k 对 OFDM 符号 $\boldsymbol{T}_k\boldsymbol{Y}_{r,k}$进行放大，然后转发给目的节点。本节将 α_k 表示为

$$\alpha_k = \sqrt{\frac{P_{r,k}}{P_S\sigma_{SR_k}^2 + \sigma_{r,k}^2}} \tag{3-46}$$

式中，$P_{r,k}$表示中继 k 上 OFDM 符号的发送功率。

假设 K 个中继节点以 TDM 方式将信号依次放大转发给目的节点，那么目的节点上所有信号叠加后可以表示为

$$\boldsymbol{Y}_D = \sum_{k=1}^{K}(\boldsymbol{H}_{R_kD}\alpha_k\boldsymbol{T}_k\boldsymbol{Y}_{r,k} + \boldsymbol{W}_{D,k}) \tag{3-47}$$

式中，$\boldsymbol{Y}_D = [Y_D(0), \cdots, Y_D(N-1)]^T$；$\boldsymbol{H}_{R_kD} = \text{diag}[H_{R_kD}(0), \cdots, H_{R_kD}(N-1)]$ 表示中继 k 到目的节点的频域信道响应；$\boldsymbol{W}_{D,k} = [W_{D,k}(0), \cdots, W_{D,k}(N-1)]^T(W_{D,k}(n) \in CN(0, \sigma_d^2))$ 表示目的节点接收来自中继 k 的信号时引入的 AWGN。

将式（3-43）代入式（3-47），可以得到

$$\begin{aligned}\boldsymbol{Y}_D &= \sum_{k=1}^{K}[\boldsymbol{H}_{R_kD}\alpha_k\boldsymbol{T}_k(\sqrt{P_S}\boldsymbol{H}_{SR_k}\boldsymbol{X} + \boldsymbol{W}_{r,k}) + \boldsymbol{W}_{D,k}] \\ &= \sqrt{P_S}\sum_{k=1}^{K}\alpha_k\boldsymbol{H}_{R_kD}\boldsymbol{T}_k\boldsymbol{H}_{SR_k}\boldsymbol{X} + \sum_{k=1}^{K}\alpha_k\boldsymbol{H}_{R_kD}\boldsymbol{T}_k\boldsymbol{W}_{r,k} + \sum_{k=1}^{K}\boldsymbol{W}_{D,k} \\ &= \sqrt{P_S}\sum_{k=1}^{K}\alpha_k\boldsymbol{H}_{R_kD}\boldsymbol{H}_{SR_k}\boldsymbol{T}_k\boldsymbol{X} + \sum_{k=1}^{K}\alpha_k\boldsymbol{H}_{R_kD}\boldsymbol{T}_k\boldsymbol{W}_{r,k} + \boldsymbol{W}_D \\ &= \sqrt{P_S}\sum_{k=1}^{K}\alpha_k\boldsymbol{H}_k\boldsymbol{X}_k + \boldsymbol{W}\end{aligned} \tag{3-48}$$

式中，$\boldsymbol{X}_k = \boldsymbol{T}_k\boldsymbol{X}$；$\boldsymbol{H}_k = \boldsymbol{H}_{R_kD}\boldsymbol{H}_{SR_k}$表示源到目的节点的等效频域信道响应，等效频域噪声可以表示为 $\boldsymbol{W} = \sum_{k=1}^{K}\alpha_k\boldsymbol{H}_{R_kD}\boldsymbol{T}_k\boldsymbol{W}_{r,k} + \boldsymbol{W}_D$，$\boldsymbol{W}_D = \sum_{k=1}^{K}\boldsymbol{W}_{D,k}$。

从式（3-48）可以发现，经过变换，从源到目的节点的等效端到端传输可以被看成一个多输入单输出（Multiple-Input Single-Output，MISO）的传输过程。考虑到本节所进行的信道估计是在时域进行处理的，因此将式（3-48）变成时域表示。实际上，在接收信号经过 FFT 模块之前，本身就是时域表示，它可以表示为

$$\begin{aligned}\boldsymbol{r}_D &= \boldsymbol{F}_N^H\boldsymbol{Y}_D = \boldsymbol{F}_N^H\left(\sqrt{P_S}\sum_{k=1}^{K}\alpha_k\boldsymbol{H}_k\boldsymbol{X}_k + \boldsymbol{W}\right) \\ &= \sqrt{P_S}\sum_{k=1}^{K}\alpha_k\boldsymbol{F}_N^H\boldsymbol{H}_k\boldsymbol{F}_N\boldsymbol{s}_k + \boldsymbol{w} = \sqrt{P_S}\sum_{k=1}^{K}\alpha_k\widetilde{\boldsymbol{H}}_k\boldsymbol{s}_k + \boldsymbol{w}\end{aligned} \tag{3-49}$$

式中，$\boldsymbol{F}_N$ 表示 N 点 DFT 矩阵；$\boldsymbol{w}$ 表示等效时域噪声；$\widetilde{\boldsymbol{H}}_k = \boldsymbol{F}_N^H\boldsymbol{H}_k\boldsymbol{F}_N$ 是一个 $N \times N$ 维的循环 Toeplitz 矩阵，其第一列为 $[h_k(0), \cdots, h_k(L-1), 0, \cdots, 0]^T$，这里 $L = L_1 + L_2 - 1$。

为了便于信道估计部分的分析，这里将式（3-49）写成如下形式：

$$r_{\mathrm{D}}(n)=\sqrt{P_{\mathrm{S}}}\sum_{k=1}^{K}\sum_{l=0}^{L-1}\alpha_k h_k(l)s_k((n-l)_N)+w(n) \tag{3-50}$$

式中，$n=0$，…，$N-1$。

3. 时域信道估计算法

为了估计源到目的节点的等效 CIR，在接收端将时域接收信号与本地生成的正交多项序列进行循环相关处理，具体的计算过程详见本章附录 B 中式（3-77）。循环相关函数 $R_{r_{\mathrm{D}}c}(l)$ 表示为

$$\begin{aligned}R_{r_{\mathrm{D}}c}(l)&=\sum_{n=0}^{N-1}r_{\mathrm{D}}(n)\cdot c^*((n-l)_{N_{\mathrm{p}}})\\&=\sqrt{P_{\mathrm{S}}}\sum_{k=1}^{K}R_{\mathrm{pilot},k}(l)+\sqrt{P_{\mathrm{S}}}\sum_{k=1}^{K}R_{\mathrm{data},k}(l)+R_{\mathrm{w}}(l)\end{aligned} \tag{3-51}$$

因为

$$\begin{aligned}p_k(l)&=\frac{1}{\Delta p}\frac{A}{\sqrt{N_{\mathrm{p}}}}\frac{1}{N_{\mathrm{p}}}\sum_{i=0}^{N_{\mathrm{p}}-1}C(i)\mathrm{e}^{\mathrm{j}\frac{2\pi i\lfloor N_{\mathrm{p}}/K\rfloor(k-1)}{N_{\mathrm{p}}}}\mathrm{e}^{\mathrm{j}\frac{2\pi il}{N_{\mathrm{p}}}}\\&=\frac{1}{\Delta p}\frac{A}{\sqrt{N_{\mathrm{p}}}}c(l+\lfloor N_{\mathrm{p}}/K\rfloor(k-1))_{N_{\mathrm{p}}}\end{aligned} \tag{3-52}$$

可以将式（3-51）中的 $R_{\mathrm{pilot},k}(l)$ 和 $R_{\mathrm{data},k}(l)$ 分别表示如下［具体推导过程见附录 B 中式（3-78）、式（3-79）］：

$$R_{\mathrm{pilot},k}(l)=\alpha_k A\sqrt{N_{\mathrm{p}}}\sum_{l'=0}^{L-1}h_k(l')\cdot\delta(l-l'+\lfloor N_{\mathrm{p}}/K\rfloor(k-1))_{N_{\mathrm{p}}} \tag{3-53}$$

$$R_{\mathrm{data},k}(l)=0 \tag{3-54}$$

因此

$$\begin{aligned}R_{r_{\mathrm{D}}c}(l)=&\sqrt{P_{\mathrm{S}}}\sum_{k=1}^{K}\alpha_k A\sqrt{N_{\mathrm{p}}}\sum_{l'=0}^{L-1}h_k(l')\cdot\delta(l-l'+\lfloor N_{\mathrm{p}}/K\rfloor(k-1))_{N_{\mathrm{p}}}+\\&\sum_{n=0}^{N-1}w(n)\cdot c^*((n-l)_{N_{\mathrm{p}}})\end{aligned} \tag{3-55}$$

如果满足条件 $L<N_{\mathrm{p}}$，那么每条等效链路（从源节点经中继 k 到目的节点）的 CIR 可以通过下式求得：

$$\hat{h}_k(l)=R_{r_{\mathrm{D}}c}(l-\lfloor N_{\mathrm{p}}/K\rfloor(k-1))/(\alpha_k\sqrt{P_{\mathrm{S}}}A\sqrt{N_{\mathrm{p}}}) \tag{3-56}$$

式中，$l=0$，…，$L-1$；$k=1$，…，K。对于采样间隔信道而言，在时域大部分能量都集中在有限的几条多径上，其余的大部分项都只包含噪声而不包含信道功率。因此，在时域对 L 条多径以外的项做简单的置零处理，去除噪声影响（本节假设已知 L，实际系统可通过具体算法估计出信道多径数）。

在实际系统中，多径数 L 通常远远小于 OFDM 符号的子载波个数。如果用式（3-56）估计等效 CIR，仅需要估计 LK 个未知参数，而使用频域信道估计时，则需要估计 NK 个未知参数。因此，从估计参数的数量上来说，当 $L<N$ 时，式（3-56）具有较少的估计参数。

但是当使用式（3-56）估计等效 CIR 时，人们忽略了 $\sum_{n=0}^{N-1} w(n)\cdot c^*((n-1)_{N_p})$ 这项对估计值的影响。当中继数量逐渐增加时，总噪声 $w(n)$ 也将随之增大，如果忽略 $\sum_{n=0}^{N-1} w(n)\cdot c^*((n-1)_{N_p})$ 这项，将对信道估计的 MSE 性能产生严重影响。因此在下面的分析中，将讨论并设计一个时域 LMMSE 估计器，从而抑制噪声项的影响。

从式（3-55）和式（3-56）可以看出

$$\hat{h}_k(l) = h_k(l) + n'(l) \tag{3-57}$$

式中，$n'(l) = \dfrac{1}{\alpha_k \sqrt{P_S}A\sqrt{N_p}}\sum_{n=0}^{N-1} w(n)\cdot c^*((n-l)_{N_p})$。

由式（3-48）可知 $\boldsymbol{w} = \sum_{k=1}^{K}\alpha_k \boldsymbol{h}_{R_kD}\widetilde{\boldsymbol{w}}_{r,k} + \boldsymbol{w}_D$，其中 $\widetilde{\boldsymbol{w}}_{r,k}$ 是 $\boldsymbol{T}_k\boldsymbol{W}_{r,k}$ 的 IFFT，$\widetilde{w}_{r,k}(n) \sim CN(0,\ \sigma_{r,k}^2/N)$。由中心极限定理（Central Limit Theorem，CLT）可知，对于 N 相对比较大的情况（一般来说，大部分 OFDM 系统都满足该条件），可以将 $\sum_{k=1}^{K}\alpha_k \boldsymbol{h}_{R_kD}\widetilde{\boldsymbol{w}}_{r,k} + \boldsymbol{w}_D$ 近似为高斯随机矢量，其方差矩阵为

$$\boldsymbol{R}_{ww} = \left(\sum_{k=1}^{K}\alpha_k^2\sigma_{R_kD}^2\sigma_{r,k}^2/N + \sigma_d^2/N\right)\boldsymbol{I}_N \tag{3-58}$$

基于以上假设，并考虑到相关运算使噪声方差扩大 N 倍，可以给出式（3-57）中噪声项 $n'(l)$ 的方差，即 $\boldsymbol{n}' \in CN\left[0,\left(\sum_{k=1}^{K}\alpha_k^2\sigma_{R_kD}^2\sigma_{r,k}^2 + \sigma_d^2\right)\Big/(\alpha_k\sqrt{P_S}A\sqrt{N_p})^2\boldsymbol{I}_{N\times N}\right]$。

令 $\boldsymbol{h}_k = [h_k(0),\ \cdots,\ h_k(L-1),\ 0,\ \cdots,\ 0]^T$，$\hat{\boldsymbol{h}}_k = [\hat{h}_k(0),\ \cdots,\ \hat{h}_k(L-1),\ 0,\ \cdots,\ 0]^T$，两者都是 $N\times 1$ 维矢量，则 $\boldsymbol{h}_k$ 和 $\hat{\boldsymbol{h}}_k$ 的互相关矩阵为

$$\boldsymbol{R}_{\boldsymbol{h}_k\hat{\boldsymbol{h}}_k} = E[\boldsymbol{h}_k\hat{\boldsymbol{h}}_k^H] = E[\boldsymbol{h}_k(\boldsymbol{h}_k+\boldsymbol{n}')^H] = E[\boldsymbol{h}_k\boldsymbol{h}_k^H] = \boldsymbol{R}_{\boldsymbol{h}_k\boldsymbol{h}_k} \tag{3-59}$$

而 $\hat{\boldsymbol{h}}_k$ 的自相关矩阵可以表示为

$$\begin{aligned}\boldsymbol{R}_{\hat{\boldsymbol{h}}_k\hat{\boldsymbol{h}}_k} &= E[\hat{\boldsymbol{h}}_k\hat{\boldsymbol{h}}_k^H] = E[(\boldsymbol{h}_k+\boldsymbol{n}')(\boldsymbol{h}_k+\boldsymbol{n}')^H] \\ &= E[\boldsymbol{h}_k\boldsymbol{h}_k^H + \boldsymbol{n}'\boldsymbol{n}'^H] \\ &= E[\boldsymbol{h}_k\boldsymbol{h}_k^H] + E[\boldsymbol{n}'\boldsymbol{n}'^H] = \boldsymbol{R}_{\boldsymbol{h}_k\boldsymbol{h}_k} + \boldsymbol{R}_{ww}\end{aligned} \tag{3-60}$$

式中，$\boldsymbol{R}_{\boldsymbol{h}_k\boldsymbol{h}_k}$ 是 $\boldsymbol{h}_k$ 的自相关矩阵，并且

$$\boldsymbol{R}_{\boldsymbol{h}_k\boldsymbol{h}_k} = E[\boldsymbol{h}_k\boldsymbol{h}_k^H] = E[\boldsymbol{F}^H\boldsymbol{H}_k\boldsymbol{H}_k^H\boldsymbol{F}] = \boldsymbol{F}^H E[\boldsymbol{H}_k\boldsymbol{H}_k^H]\boldsymbol{F}$$

$$= \boldsymbol{F}^{\mathrm{H}} E[\boldsymbol{H}_{\mathrm{R}_k\mathrm{D}} \boldsymbol{H}_{\mathrm{SR}_k} (\boldsymbol{H}_{\mathrm{R}_k\mathrm{D}} \boldsymbol{H}_{\mathrm{SR}_k})^{\mathrm{H}}] \boldsymbol{F} = \boldsymbol{F}^{\mathrm{H}} \boldsymbol{R}_{\boldsymbol{H}_{\mathrm{SR}_k}} \boldsymbol{R}_{\boldsymbol{H}_{\mathrm{R}_k\mathrm{D}}} \boldsymbol{F} \tag{3-61}$$

因此可以得到等效信道时域脉冲响应的 LMMSE 估计为

$$\begin{aligned} \hat{\boldsymbol{h}}_{k,\mathrm{LMMSE1}} &= \boldsymbol{R}_{\boldsymbol{h}_k \hat{\boldsymbol{h}}_k} \boldsymbol{R}_{\hat{\boldsymbol{h}}_k \hat{\boldsymbol{h}}_k}^{-1} \hat{\boldsymbol{h}}_k = \boldsymbol{R}_{\boldsymbol{h}_k \boldsymbol{h}_k} (\boldsymbol{R}_{\boldsymbol{h}_k \boldsymbol{h}_k} + \boldsymbol{R}_{\boldsymbol{ww}})^{-1} \hat{\boldsymbol{h}}_k \\ &= \boldsymbol{F}^{\mathrm{H}} \boldsymbol{R}_{\boldsymbol{H}_{\mathrm{SR}_k}} \boldsymbol{R}_{\boldsymbol{H}_{\mathrm{R}_k\mathrm{D}}} \boldsymbol{F} \left(\boldsymbol{F}^{\mathrm{H}} \boldsymbol{R}_{\boldsymbol{H}_{\mathrm{SR}_k}} \boldsymbol{R}_{\boldsymbol{H}_{\mathrm{R}_k\mathrm{D}}} \boldsymbol{F} + \left(\sum_{k=1}^{K} \alpha_k^2 \sigma_{\mathrm{R}_k\mathrm{D}}^2 \sigma_{\mathrm{r},k}^2 / N + \sigma_{\mathrm{d}}^2 / N \right) \boldsymbol{I}_N \right)^{-1} \hat{\boldsymbol{h}}_k \end{aligned} \tag{3-62}$$

式中，$\hat{\boldsymbol{h}}_{k,\mathrm{LMMSE1}} = [\hat{h}_{k,\mathrm{LMMSE1}}(0), \cdots, \hat{h}_{k,\mathrm{LMMSE1}}(L-1), 0, \cdots, 0]^{\mathrm{T}}$。

通常很多文献都是假设接收机已事先获知信道的一些长期特性，如信道相关矩阵 $\boldsymbol{R}_{\boldsymbol{H}_{\mathrm{SR}_k}}$、$\boldsymbol{R}_{\boldsymbol{H}_{\mathrm{R}_k\mathrm{D}}}$以及噪声方差等。在将来的研究工作中，可以进一步讨论如何获知这些特性，但本节暂不考虑这个问题。考虑到在 AF 协同 OFDM 系统中，接收机并不是很容易获知 $\boldsymbol{R}_{\boldsymbol{H}_{\mathrm{SR}_k}}$和 $\boldsymbol{R}_{\boldsymbol{H}_{\mathrm{R}_k\mathrm{D}}}$（中继节点是随机放置的），考虑利用 $\hat{\boldsymbol{h}}_k$ 近似计算出等效信道的相关矩阵 $\boldsymbol{R}_{\boldsymbol{h}_k\boldsymbol{h}_k} \cong \widetilde{\boldsymbol{R}}_{\boldsymbol{h}_k\boldsymbol{h}_k} = E[\hat{\boldsymbol{h}}_k \hat{\boldsymbol{h}}_k^{\mathrm{H}}]$。因此等效时域 CIR 的近似 LMMSE 估计可以表示为

$$\begin{aligned} \hat{\boldsymbol{h}}_{k,\mathrm{LMMSE2}} &= \boldsymbol{R}_{\boldsymbol{h}_k \hat{\boldsymbol{h}}_k} \boldsymbol{R}_{\hat{\boldsymbol{h}}_k \hat{\boldsymbol{h}}_k}^{-1} \hat{\boldsymbol{h}}_k = \boldsymbol{R}_{\boldsymbol{h}_k \boldsymbol{h}_k} (\boldsymbol{R}_{\boldsymbol{h}_k \boldsymbol{h}_k} + \boldsymbol{R}_{\boldsymbol{ww}})^{-1} \hat{\boldsymbol{h}}_k \\ &= \widetilde{\boldsymbol{R}}_{\boldsymbol{h}_k \boldsymbol{h}_k} \left(\widetilde{\boldsymbol{R}}_{\boldsymbol{h}_k \boldsymbol{h}_k} + \left(\sum_{k=1}^{K} \alpha_k^2 \sigma_{\mathrm{R}_k\mathrm{D}}^2 \sigma_{\mathrm{r},k}^2 / N + \sigma_{\mathrm{d}}^2 / N \right) \boldsymbol{I}_N \right)^{-1} \hat{\boldsymbol{h}}_k \end{aligned} \tag{3-63}$$

因为 $\boldsymbol{R}_{\boldsymbol{h}_k\boldsymbol{h}_k}$是估计出来的，存在一定的误差，所以由式（3-63）得到的信道估计算法性能比式（3-62）的算法性能要差一些，但是在实际系统中，它比式（3-62）更易实现。

3.3.3 Cramér-Rao 界

众所周知，在估计理论中，Cramér-Rao 界（CRB）是一个非常有效的评价估计精度的理论工具，它是在同等假设前提下任何估计算法的下界。因此本节将推导出 AF 协同 OFDM 系统时域信道估计的 CRB，用来衡量本节算法的性能。

假设数据符号是独立同分布（Independent and Identically Distributed，IID）的零均值随机变量，并且导频符号与数据符号不相关。将式（3-49）改写成如下形式：

$$\boldsymbol{r}_{\mathrm{D}} = \sqrt{P_{\mathrm{S}}} \sum_{k=1}^{K} \alpha_k (\widetilde{\boldsymbol{p}}_k + \widetilde{\boldsymbol{d}}_k) \boldsymbol{h}_k + \boldsymbol{w} = \sqrt{P_{\mathrm{S}}} \widehat{\boldsymbol{p}} \widehat{\boldsymbol{h}} + \sqrt{P_{\mathrm{S}}} \widehat{\boldsymbol{d}} \widehat{\boldsymbol{h}} + \boldsymbol{w} \tag{3-64}$$

式中，$\widetilde{\boldsymbol{p}}_k = \begin{pmatrix} p_k(0) & p_k(N-1) & \cdots & p_k(1) \\ p_k(1) & p_k(0) & \cdots & p_k(2) \\ \vdots & \vdots & \vdots & \vdots \\ p_k(N-1) & p_k(N-2) & \cdots & p_k(0) \end{pmatrix}$，$\widetilde{\boldsymbol{d}}_k = \begin{pmatrix} d_k(0) & d_k(N-1) & \cdots & d_k(1) \\ d_k(1) & d_k(0) & \cdots & d_k(2) \\ \vdots & \vdots & \vdots & \vdots \\ d_k(N-1) & d_k(N-2) & \cdots & d_k(0) \end{pmatrix}$，$\widehat{\boldsymbol{p}} = [\alpha_1 \widetilde{\boldsymbol{p}}_1, \cdots, \alpha_K \widetilde{\boldsymbol{p}}_K]$，$\widehat{\boldsymbol{d}} = [\alpha_1 \widetilde{\boldsymbol{d}}_1, \cdots, \alpha_K \widetilde{\boldsymbol{d}}_K]$，$\widehat{\boldsymbol{h}} = [\boldsymbol{h}_1^{\mathrm{T}}, \boldsymbol{h}_2^{\mathrm{T}}, \cdots, \boldsymbol{h}_K^{\mathrm{T}}]^{\mathrm{T}} = [\widehat{h}(0), \widehat{h}(1), \cdots, \widehat{h}(KN-1))]^{\mathrm{T}}$。

根据中心极限定理，对于 N 相对比较大的情况，将 $\boldsymbol{r}_\mathrm{D}$ 近似为高斯随机矢量。因此关于 $\hat{\boldsymbol{h}}$ 的条件期望和协方差可以表示为

$$\boldsymbol{\mu}(\boldsymbol{r}_\mathrm{D}\mid\hat{\boldsymbol{h}}) = \sqrt{P_\mathrm{S}}\hat{\boldsymbol{p}}\hat{\boldsymbol{h}} + \sqrt{P_\mathrm{S}}\hat{\boldsymbol{d}}\hat{\boldsymbol{h}} \tag{3-65}$$

$$\boldsymbol{C}(\boldsymbol{r}_\mathrm{D}\mid\hat{\boldsymbol{h}}) = \boldsymbol{R}_\mathrm{ww} \tag{3-66}$$

而概率密度函数 $\boldsymbol{P}(\boldsymbol{r}_\mathrm{D}\mid\hat{\boldsymbol{h}})$ 为

$$\begin{aligned}\boldsymbol{P}(\boldsymbol{r}_\mathrm{D}\mid\hat{\boldsymbol{h}}) &= \frac{1}{(2\pi)^{N/2}\mid\boldsymbol{C}(\boldsymbol{r}_\mathrm{D}\mid\hat{\boldsymbol{h}})\mid^{1/2}}\exp\left\{-\frac{[\boldsymbol{r}_\mathrm{D}-\boldsymbol{\mu}(\boldsymbol{r}_\mathrm{D}\mid\hat{\boldsymbol{h}})]^\mathrm{H}\boldsymbol{C}^{-1}(\boldsymbol{r}_\mathrm{D}\mid\hat{\boldsymbol{h}})[\boldsymbol{r}_\mathrm{D}-\boldsymbol{\mu}(\boldsymbol{r}_\mathrm{D}\mid\hat{\boldsymbol{h}})]}{2}\right\}\\ &= \frac{1}{(2\pi)^{N/2}\mid\boldsymbol{C}(\boldsymbol{r}_\mathrm{D}\mid\hat{\boldsymbol{h}})\mid^{1/2}}\exp\left\{-\frac{[\boldsymbol{r}_\mathrm{D}-\sqrt{P_\mathrm{S}}(\hat{\boldsymbol{p}}\hat{\boldsymbol{h}}+\hat{\boldsymbol{d}}\hat{\boldsymbol{h}})]^\mathrm{H}\boldsymbol{C}^{-1}(\boldsymbol{r}_\mathrm{D}\mid\hat{\boldsymbol{h}})(\boldsymbol{r}_\mathrm{D}-\sqrt{P_\mathrm{S}}(\hat{\boldsymbol{p}}\hat{\boldsymbol{h}}+\hat{\boldsymbol{d}}\hat{\boldsymbol{h}}))}{2}\right\}\end{aligned} \tag{3-67}$$

因此，Fisher 信息矩阵 $\boldsymbol{I}(\hat{\boldsymbol{h}})_{i,j}$ 可以表示为

$$\boldsymbol{I}(\hat{\boldsymbol{h}})_{i,j} = E\left[\frac{\partial\ln\boldsymbol{P}(\boldsymbol{r}_\mathrm{D}\mid\hat{\boldsymbol{h}})}{\partial\hat{h}(i)}\frac{\partial\ln\boldsymbol{P}(\boldsymbol{r}_\mathrm{D}\mid\hat{\boldsymbol{h}})}{\partial\hat{h}(j)}\right] \tag{3-68}$$

式中，$\dfrac{\partial\ln\boldsymbol{P}(\boldsymbol{r}_\mathrm{D}\mid\hat{\boldsymbol{h}})}{\partial\hat{h}(i)}$ 表示对概率密度函数 $\boldsymbol{P}(\boldsymbol{r}_\mathrm{D}\mid\hat{\boldsymbol{h}})$ 的第 i 个变量取偏导数。

根据文献［12］，$\boldsymbol{I}(\hat{\boldsymbol{h}})_{i,j}$ 可以通过下式计算得到：

$$\begin{aligned}\boldsymbol{I}(\hat{\boldsymbol{h}})_{i,j} =& 2\mathrm{Re}\left[\frac{\partial\boldsymbol{\mu}^\mathrm{H}(\boldsymbol{r}_\mathrm{D}\mid\hat{\boldsymbol{h}})}{\partial\hat{h}(i)}\boldsymbol{C}^{-1}(\boldsymbol{r}_\mathrm{D}\mid\hat{\boldsymbol{h}})\frac{\partial\boldsymbol{\mu}(\boldsymbol{r}_\mathrm{D}\mid\hat{\boldsymbol{h}})}{\partial\hat{h}(j)}\right]+\\ &\mathrm{tr}\left[\boldsymbol{C}^{-1}(\boldsymbol{r}_\mathrm{D}\mid\hat{\boldsymbol{h}})\frac{\partial\boldsymbol{C}(\boldsymbol{r}_\mathrm{D}\mid\hat{\boldsymbol{h}})}{\partial\hat{h}(i)}\boldsymbol{C}^{-1}(\boldsymbol{r}_\mathrm{D}\mid\hat{\boldsymbol{h}})\frac{\partial\boldsymbol{C}(\boldsymbol{r}_\mathrm{D}\mid\hat{\boldsymbol{h}})}{\partial\hat{h}(i)}\right]\end{aligned} \tag{3-69}$$

从式（3-66）中可以发现，$\boldsymbol{C}(\boldsymbol{r}_\mathrm{D}\mid\hat{\boldsymbol{h}})$ 与 $\hat{\boldsymbol{h}}$ 相互独立，即 $\dfrac{\partial\boldsymbol{C}(\boldsymbol{r}_\mathrm{D}\mid\hat{\boldsymbol{h}})}{\partial\hat{h}(i)}=0$。因此

$$\begin{aligned}\boldsymbol{I}(\hat{\boldsymbol{h}})_{i,j} &= 2\mathrm{Re}\left[\frac{\partial\boldsymbol{\mu}^\mathrm{H}(\boldsymbol{r}_\mathrm{D}\mid\hat{\boldsymbol{h}})}{\partial\hat{h}(i)}\boldsymbol{C}^{-1}(\boldsymbol{r}_\mathrm{D}\mid\hat{\boldsymbol{h}})\frac{\partial\boldsymbol{\mu}(\boldsymbol{r}_\mathrm{D}\mid\hat{\boldsymbol{h}})}{\partial\hat{h}(j)}\right]\\ &= 2P_\mathrm{S}\mathrm{Re}\left[\frac{\hat{\boldsymbol{p}}_i^\mathrm{H}\hat{\boldsymbol{p}}_j+\hat{\boldsymbol{p}}_i^\mathrm{H}\hat{\boldsymbol{d}}_j+\hat{\boldsymbol{d}}_i^\mathrm{H}\hat{\boldsymbol{p}}_j+\hat{\boldsymbol{d}}_i^\mathrm{H}\hat{\boldsymbol{d}}_j}{\boldsymbol{R}_\mathrm{ww}}\right]\end{aligned} \tag{3-70}$$

式中，$\hat{\boldsymbol{p}}_i$ 和 $\hat{\boldsymbol{d}}_i$ 分别表示矩阵 $\tilde{\boldsymbol{p}}_k$ 和 $\tilde{\boldsymbol{d}}_k$ 的第 i 列矢量。

根据式（3-52），利用前面给出的导频序列性质，可以得到

$$
\boldsymbol{I}(\hat{\boldsymbol{h}})_{i,j}=\begin{cases}2P_{\mathrm{S}}\alpha_i^2\left(1-\dfrac{1}{\Delta p}+\dfrac{A^2}{\Delta p}\right)\Big/\left(\sum\limits_{k=1}^{K}\alpha_k^2\sigma_{\mathrm{R}_k\mathrm{D}}^2\sigma_{\mathrm{r},k}^2/N+\sigma_{\mathrm{d}}^2/N\right), & i=j\\ 2P_{\mathrm{S}}\alpha_i\alpha_j\left(1-\dfrac{1}{\Delta p}\right)\Big/\left(\sum\limits_{k=1}^{K}\alpha_k^2\sigma_{\mathrm{R}_k\mathrm{D}}^2\sigma_{\mathrm{r},k}^2/N+\sigma_{\mathrm{d}}^2/N\right), & i\neq j,(\,|i-j|\,)_N=0\\ 0, & \text{其他}\end{cases}
\tag{3-71}
$$

因此，无偏信道估计 $\hat{\boldsymbol{h}}$ 的 Cramér- Rao 界为

$$
\mathrm{Var}(\hat{h}(i))\geqslant \boldsymbol{I}^{-1}(\hat{\boldsymbol{h}})_{i,i}=(\alpha_i^2\Phi_K)^{-1}
\tag{3-72}
$$

式中，$\Phi_{K+1}=\Phi_K-(\Phi_K-Q_1+Q_2)^2/\Phi_K$，$\Phi_1=2P_{\mathrm{S}}\left(1-\dfrac{1}{\Delta p}+\dfrac{A^2}{\Delta p}\right)\Big/(\alpha_1^2\sigma_{\mathrm{R_1D}}^2\sigma_{\mathrm{r},1}^2/N+\sigma_{\mathrm{d}}^2/N)$，$Q_1=2P_{\mathrm{S}}\left(1-\dfrac{1}{\Delta p}+\dfrac{A^2}{\Delta p}\right)\Big/\left(\sum\limits_{k=1}^{K}\alpha_k^2\sigma_{\mathrm{R}_k\mathrm{D}}^2\sigma_{\mathrm{r},k}^2/N+\sigma_{\mathrm{d}}^2/N\right)$，$Q_2=2P_{\mathrm{S}}\left(1-\dfrac{1}{\Delta p}\right)\Big/\left(\sum\limits_{k=1}^{K}\alpha_k^2\sigma_{\mathrm{R}_k\mathrm{D}}^2\sigma_{\mathrm{r},k}^2/N+\sigma_{\mathrm{d}}^2/N\right)$。

从式（3-72）可以发现，通过增加子载波个数、减小导频子载波间隔或者增加导频序列中的 A，都可提高算法估计性能。

3.3.4 仿真结果

1. 仿真参数

本节通过计算机仿真验证了 AF 协同 OFDM 时域信道估计算法的性能。考虑一个子载波数为 $N=256$ 的 AF 协同 OFDM 系统，采用 QPSK 调制方式。导频子载波数为 $N_{\mathrm{p}}=64$，并且导频子载波间隔为 $\Delta p=4$。导频序列中参数 A 设为 1。假设任意两节点之间的信道为频率选择性衰落信道，且各信道均为独立不相关的。源节点与中继 k 以及中继 k 与目的节点之间的信道路径数分别取 $L_1=4$ 和 $L_2=4$，并且假设 $\sigma_{\mathrm{SR}_{k,1}}^2=\sigma_{\mathrm{R}_{k,1}\mathrm{D}}^2=1$。在本节的仿真过程中，假设每个节点具有同样的发射功率，即 $P_{\mathrm{S}}=P_{\mathrm{r},1}=\cdots P_{\mathrm{r},K}$。假设所有的噪声 $\sigma_{\mathrm{r},k}^2$和 σ_{d}^2 均为 1。在本节的仿真图中，x 坐标轴所示的 SNR 定义为 $P_{\mathrm{S}}/\sigma_{\mathrm{r},k}^2$。

2. 性能分析

图 3-13 给出了三种时域信道估计算法的 MSE 随 SNR 的变化情况。这里假设中继节点的个数为 $K=2$。图中标记为“直接估计”、“精确 LMMSE”以及“近似 LMMSE”的曲线分别由式（3-56）、式（3-62）以及式（3-63）得到，同时为了衡量算法的性能，根据式（3-72)给出了相应的 CRB 曲线以及两种传统的频域信道估计算法的 MSE 性能曲线作为比较。从图中可以看到，三种算法的 MSE 都随着 SNR 的增加而逐渐减小，其中“直接估计”算法性能最差，“精确 LMMSE”性能最优，特别是在低信噪比的情况下，“精确 LMMSE”和“近似 LMMSE”的性能更是远远优于“直接估计”。这主要是因为在低信噪

比时，噪声对系统的影响不可忽略，而“直接估计”直接忽略了噪声项，必然带来严重的估计误差；而“精确 LMMSE”有最优的性能是因为它利用了精确的信道统计特性；“近似 LMMSE”的性能介于两者之间，且接近于“精确 LMMSE”，在 SNR 较高时，其性能更是逼近“精确 LMMSE”，这是因为当 SNR 较高时，噪声的影响逐渐变小，因此利用 $\hat{\boldsymbol{h}}_k$ 近似计算等效信道的相关矩阵所带来的误差也相应减小，从而使得“近似 LMMSE”的性能更加接近于“精确 LMMSE”。通过与频域信道估计算法比较后可以发现，在相同的 SNR 和信道利用率（如相同的导频数量）条件下，“直接估计”算法性能优于频域 LS 信道估计算法，“精确 LMMSE”和“近似 LMMSE”的性能优于频域 MMSE 信道估计算法。通过与 CRB 曲线的比较，可以得出这样的结论：三种算法都离 CRB 理论曲线有一定的差距，在低 SNR 区域内，“精确 LMMSE”和“近似 LMMSE”的性能比较接近于 CRB。造成这种差距的原因除了算法本身存在估计误差外，还因为在推导 CRB 时，利用了中心极限定理，认为 N 相对比较大时，接收信号和等效噪声都近似为高斯随机矢量，但在实际仿真时，取子载波数为 $N=256$，因此这时的近似假设必然存在一定的误差，特别是当 SNR 增加、噪声影响减小时，这种现象更为明显，因此通过增大子载波的个数，算法估计性能将得到提高。

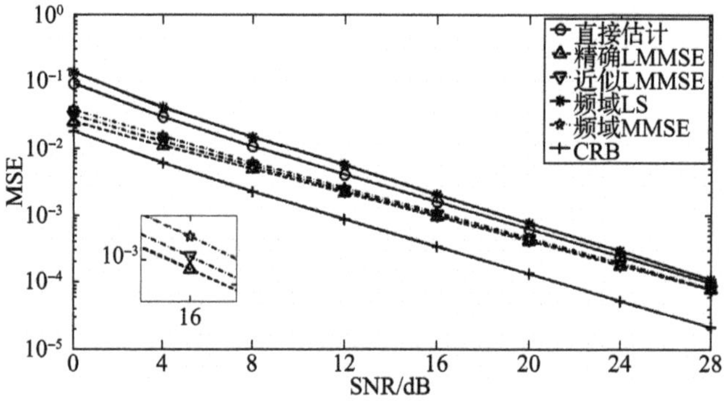

图 3-13 算法 MSE 随 SNR 的变化曲线

图 3-14 比较了中继个数 K 不同的情况下，本节给出的两种算法，即式（3-56）和式（3-63）［由于“近似 LMMSE”与“精确 LMMSE”性能比较接近，这里省略对式（3-62）的比较］性能的差异。通过比较可以发现，随着中继个数的增加，两种算法的 MSE 性能都逐渐变差，这主要是因为中继个数的增加，势必会带来节点之间导频的干扰以及等效噪声的增加，因此降低了估计算法的 MSE 性能。但同时也会发现，当中继个数增大时，“直接估计”和“近似 LMMSE”的性能差异也随之增大，相比于“直接估计”，“近似 LMMSE”的 MSE 性能优势逐渐明显，尤其是在低信噪比的情况下。这是由于中继节点的增加带来了更多不可忽略的噪声影响，“直接估计”完全忽略噪声项的影响，而“近似 LMMSE”对噪声项进行了抑制处理，因此两者的差距会随着中继节点数的增多而变大。

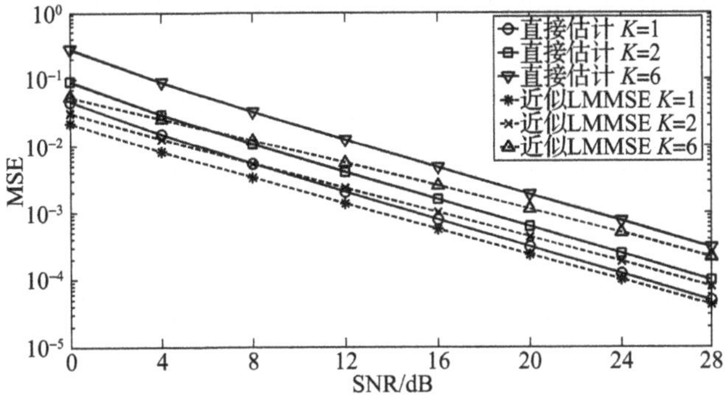

图 3-14　不同中继个数下算法 MSE 随 SNR 的变化曲线

当 SNR = 4dB 时，三种信道估计算法（“直接估计”“精确 LMMSE”以及“近似 LMMSE”）的 MSE 性能曲线及其 CRB 理论曲线分别在图 3-15 中给出。从图中可以看到，随着中继个数 K 的增加，三种估计算法的 MSE 性能都有所下降，这和 CRB 理论曲线给出的变化趋势是相符的。当中继节点数不断增加时，“精确 LMMSE”和“近似 LMMSE”的 MSE 性能逐渐逼近于 CRB 理论曲线，造成这种现象的一个主要原因类似于图 3-13 分析中所提到的，即在实际仿真中，当子载波个数一定时，中继节点数的增加，会使得接收信号和等效噪声更接近于高斯随机矢量，这就使得推导 CRB 时的假设条件能够成立，因此，“精确 LMMSE”和“近似 LMMSE”给出的 LMMSE 估计能够接近 CRB 曲线。

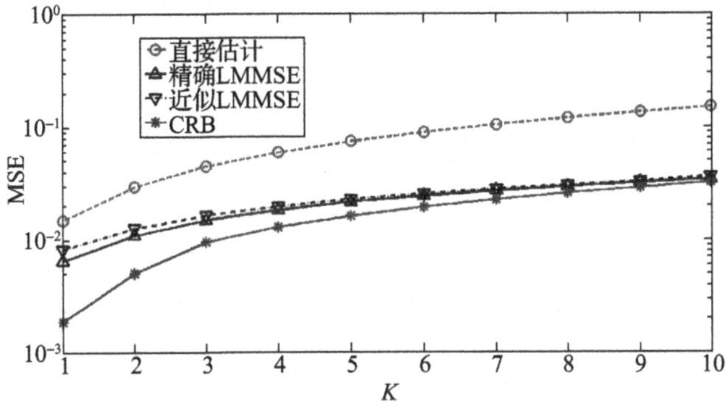

图 3-15　算法 MSE 随中继个数变化曲线

图 3-16 比较了三种时域信道估计算法的 BER 性能。本节采用最大比合并接收机进行检测（本节信道估计算法同样适用于其他检测）。为了便于比较，将目的节点完全已知 CIR 的情况作为性能下界。图中标记为“直接估计”“精确 LMMSE”以及“近似 LMMSE”的曲线分别利用式（3-56）、式（3-62）以及式（3-63）估计得到的 CIR 进行 MRC 检测。通过比较可以看到，用式（3-56）估计的 CIR 进行 MRC 得到的 BER 性能最差，而用式（3-62）以及式（3-63）得到的 BER 性能十分接近，且与用理想信道估计进行检测相比，

具有相近的 BER 性能。仿真结果表明，三种信道估计算法与 MRC 结合后，得到的 BER 性能都比较令人满意，尤其是式（3-63）在复杂度和精度之间做了很好的折中，具有较强的实用性。

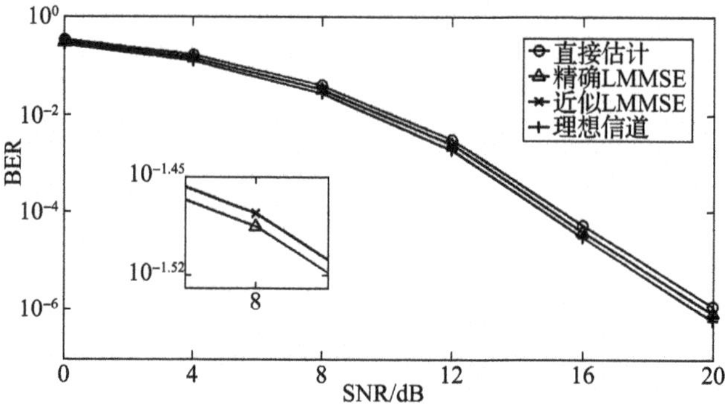

图 3-16　算法 BER 性能随 SNR 的变化曲线

3. 复杂度分析

从以上分析可知，第一种信道估计算法［式（3-56）］的计算复杂度主要来源于时域相关估计，而第二种［式（3-62）］和第三种［式（3-63）］信道估计算法的计算复杂度主要来源于时域相关估计和 LMMSE 估计两部分。由于复加对计算量的影响较小，这里复杂度分析主要考虑复乘的次数。对于第一种信道估计算法而言，接收端时域相关处理需要 LN 次乘法，一般来说 $L << N$，因此算法复杂度为 $O(N)$，复杂度较低。而对于第二种和第三种信道估计算法而言，其本身的 LMMSE 估计复杂度较高，约为 $O(N^3)$，结合算法复杂度为 $O(N)$ 的时域相关估计部分，因此总的算法复杂度约为 $O(N^3)$，但第三种信道估计算法利用估计平均值近似代替等效信道的相关矩阵，从而降低了系统的实现复杂度。

而对于频域信道估计算法而言，最简单的 LS 信道估计算法复杂度为 $O(N)$，性能较好的 MMSE 信道估计算法复杂度为 $O(N^3)$。从前面的仿真分析中可以看出，在复杂度相当的前提下，第一种信道估计算法的性能优于频域 LS 信道估计算法，而第二种和第三种信道估计算法的性能也优于频域 MMSE 信道估计算法。

3.4　研究展望

虽然目前已有很多关于协同 OFDM 系统信道估计问题的研究，但是这方面的研究工作远未结束，还有很多问题有待解决。

在所有的信道估计研究中，信道模型是一个非常重要的问题，如何建立一个既符合实际又易于估计的模型还有待研究，尤其是协同信道模型，现在研究的还比较少，没有形成一个统一成熟的信道模型，因此更符合真实信道的协同信道模型是值得进一步研究的问题。

理想情况下 OFDM 系统各子载波间是完全正交的，但是在实际应用中，有很多因素会引起子载波间干扰（ICI），例如相位噪声、载波频偏、信道时变等。目前很多文献在消除 ICI 时都只考虑了某一个因素，并不全面，也不太符合实际情况，如何在考虑尽可能多的因素引起 ICI 的条件下进行有效信道估计将更有意义。

协同 OFDM 系统在传输过程中往往还涉及中继选择、子载波配对和功率分配等问题，以使得整个系统性能达到最优。因此，在综合考虑这些内容中的一个或多个的情况下，如何进行联合信道估计是值得进一步研究的内容。

多用户协同 OFDM 系统是一个非常复杂的通信系统，它不仅包含子载波间干扰、中继节点间干扰等，还引入了用户间的干扰。因此，如何在多种干扰存在的情况下进行有效的干扰消除和信道估计，将是一个非常棘手的问题。

此外，MIMO 和 OFDM 技术都是4G 移动通信系统中的关键技术，结合两者优势的协同 MIMO - OFDM 系统目前也有不少研究，其中的信道估计问题由于涉及更为复杂的矩阵处理，是一个非常有挑战性的工作，而这样的问题在未来的大规模矩阵（Massive MIMO）系统里将尤为突出。

第 3 章附录

附录 A

使用文献［16］中给出的积分结果，式（3-31）可以写为

$$M_{\gamma_k(n)}(s) = \sqrt{p_k}\mathrm{e}^{-\frac{p_k}{2s}}(-s)^{-\frac{1}{2}}W_{-\frac{1}{2},0}\left(-\frac{p_k}{s}\right) \tag{3-73}$$

利用文献［16，Equ. 9. 222. 2］，$W_{-\frac{1}{2},0}\left(-\frac{p_k}{s}\right)$可以表示为

$$W_{-\frac{1}{2},0}\left(-\frac{p_k}{s}\right) = (p_k)^{-\frac{1}{2}}(-s^{-1})^{-\frac{1}{2}}\mathrm{e}^{\frac{p_k}{2s}}\int_0^{\infty}\mathrm{e}^{-t}\left(1-\frac{s}{p_k}t\right)^{-1}\mathrm{d}t \tag{3-74}$$

因此式（3-73）中的 $M_{\gamma_k(n)}(s)$ 可以重新写成

$$\begin{aligned} M_{\gamma_k(n)}(s) &= \sqrt{p_k}\mathrm{e}^{-\frac{p_k}{2s}}(-s)^{-\frac{1}{2}}(p_k)^{-\frac{1}{2}}(-s^{-1})^{-\frac{1}{2}}\mathrm{e}^{\frac{p_k}{2s}}\int_0^{\infty}\mathrm{e}^{-t}\left(1-\frac{s}{p_k}t\right)^{-1}\mathrm{d}t \\ &= \int_0^{\infty}\frac{\mathrm{e}^{-t}}{1-\frac{s}{p_k}t}\mathrm{d}t \end{aligned} \tag{3-75}$$

利用文献［16，Equ. 3. 382. 4］中给出的积分结果，式（3-75）可以简化为

$$M_{\gamma_k(n)}(s) = -\frac{p_k}{s}\int_0^{\infty}\frac{\mathrm{e}^{-t}}{t-\frac{p_k}{s}}\mathrm{d}t = -\frac{p_k}{s}\mathrm{e}^{-\frac{p_k}{s}}\Gamma\left(0,-\frac{p_k}{s}\right) \tag{3-76}$$

附录 B

$$
\begin{aligned}
R_{r_{\mathrm{D}}c}(l) &= \sum_{n=0}^{N-1} r_{\mathrm{D}}(n) \cdot c^{*}((n-l)_{N_{\mathrm{p}}}) \\
&= \sum_{n=0}^{N-1} \left\{ \sqrt{P_{\mathrm{S}}} \sum_{k=1}^{K} \sum_{l'=0}^{L-1} \alpha_k h_k(l') s_k[(n-l')_N] + w(n) \right\} c^{*}[(n-l)_{N_{\mathrm{p}}}] \\
&= \sqrt{P_{\mathrm{S}}} \sum_{n=0}^{N-1} \sum_{k=1}^{K} \sum_{l'=0}^{L-1} \alpha_k h_k(l') \{p_k[(n-l')_N] + d_k[(n-l')_N]\} \cdot c^{*}[(n-l)_{N_{\mathrm{p}}}] + \\
&\quad \sum_{n=0}^{N-1} w(n) \cdot c^{*}[(n-l)_{N_{\mathrm{p}}}] \\
&= \sqrt{P_{\mathrm{S}}} \sum_{k=1}^{K} \sum_{n=0}^{N-1} \sum_{l'=0}^{L-1} \alpha_k h_k(l') p_k[(n-l')_N] \cdot c^{*}[(n-l)_{N_{\mathrm{p}}}] + \\
&\quad \sqrt{P_{\mathrm{S}}} \sum_{k=1}^{K} \sum_{n=0}^{N-1} \sum_{l'=0}^{L-1} \alpha_k h_k(l') d_k[(n-l')_N] \cdot c^{*}[(n-l)_{N_{\mathrm{p}}}] + \\
&\quad \sum_{n=0}^{N-1} w(n) \cdot c^{*}[(n-l)_{N_{\mathrm{p}}}] \\
&= \sqrt{P_{\mathrm{S}}} \sum_{k=1}^{K} R_{\mathrm{pilot},k}(l) + \sqrt{P_{\mathrm{S}}} \sum_{k=1}^{K} R_{\mathrm{data},k}(l) + R_{\mathrm{w}}(l)
\end{aligned} \tag{3-77}
$$

其中，

$$
\begin{aligned}
R_{\mathrm{pilot},k}(l) &= \sum_{n=0}^{N-1} \sum_{l'=0}^{L-1} \alpha_k h_k(l') p_k[(n-l')_N] \cdot c^{*}[(n-l)_{N_{\mathrm{p}}}] \\
&= \alpha_k \sum_{n=0}^{N-1} \sum_{l'=0}^{L-1} h_k(l') \frac{1}{\Delta p} \frac{A}{\sqrt{N_{\mathrm{p}}}} c[(n-l')_N + \lfloor N_{\mathrm{p}}/K \rfloor (k-1)]_{N_{\mathrm{p}}} \cdot c^{*}[(n-l)_{N_{\mathrm{p}}}] \\
&= \frac{\alpha_k}{\Delta p} \frac{A}{\sqrt{N_{\mathrm{p}}}} \sum_{l'=0}^{L-1} h_k(l') \sum_{n=0}^{N-1} c[(n-l')_N + \lfloor N_{\mathrm{p}}/K \rfloor (k-1)]_{N_{\mathrm{p}}} \cdot c^{*}[(n-l)_{N_{\mathrm{p}}}] \\
&= \frac{\alpha_k}{\Delta p} \frac{A}{\sqrt{N_{\mathrm{p}}}} \sum_{l'=0}^{L-1} h_k(l') \cdot N \cdot \delta[l-l' + \lfloor N_{\mathrm{p}}/K \rfloor (k-1)]_{N_{\mathrm{p}}} \\
&= \alpha_k A \sqrt{N_{\mathrm{p}}} \sum_{l'=0}^{L-1} h_k(l') \cdot \delta[l-l' + \lfloor N_{\mathrm{p}}/K \rfloor (k-1)]_{N_{\mathrm{p}}}
\end{aligned} \tag{3-78}
$$

$$
\begin{aligned}
R_{\mathrm{data},k}(l) &= \sum_{n=0}^{N-1} \sum_{l'=0}^{L-1} \alpha_k h_k(l') d_k[(n-l')_N] \cdot c^{*}[(n-l)_{N_{\mathrm{p}}}] \\
&= \alpha_k \sum_{n=0}^{N-1} \sum_{l'=0}^{L-1} h_k(l') \frac{1}{N} \sum_{b=0}^{N-1} D_k(b) \mathrm{e}^{\mathrm{j}2\pi b(n-l')/N} \frac{1}{N_{\mathrm{p}}} \sum_{d=0}^{N_{\mathrm{p}}-1} C^{*}(d) \mathrm{e}^{-\mathrm{j}2\pi d(n-l)/N_{\mathrm{p}}}
\end{aligned}
$$

$$= \frac{\alpha_k \sqrt{N_p}}{NA} \sum_{n=0}^{N-1} \sum_{l'=0}^{L-1} h_k(l') \sum_{b=0}^{N-1} D_k(b) e^{j2\pi b(n-l')/N} \frac{\Delta p}{N} \sum_{d=0}^{N-1} P^*(d) e^{-j2\pi d(n-l)/N}$$

$$= \frac{\alpha_k}{NA \sqrt{N_p}} \sum_{l'=0}^{L-1} h_k(l') \sum_{n=0}^{N-1} \sum_{b=0}^{N-1} \sum_{d=0}^{N-1} D_k(b) P^*(d) e^{j2\pi((b-d)n-bl'+dl)/N}$$

$$= \frac{\alpha_k}{NA \sqrt{N_p}} \sum_{l'=0}^{L-1} h_k(l') \sum_{n=0}^{N-1} \sum_{b=0}^{N-1} \left[\sum_{\substack{d=0 \\ d \neq b}}^{N-1} D_k(b) P^*(d) e^{j2\pi[(b-d)n-bl'+dl]/N} + D_k(b) P^*(b) e^{j2\pi(-bl'+dl)/N} \right] \quad (3\text{-}79)$$

从式（3-38）和式（3-39），可以得到 $D_k(b)P^*(b)=0$。因为 $\sum_{n=0}^{N-1} e^{j2\pi[(b-d)n]/N} = 0$，式（3-79）可以改写为

$$R_{data,k}(l) = \frac{\alpha_k}{NA \sqrt{N_p}} \sum_{l'=0}^{L-1} h_k(l') \sum_{b=0}^{N-1} \sum_{\substack{d=0 \\ d \neq b}}^{N-1} D_k(b) P^*(d) e^{j2\pi(-bl'+dl)/N} \times \sum_{n=0}^{N-1} e^{j2\pi[(b-d)n]/N} = 0 \quad (3\text{-}80)$$

参考文献

[1] F F Gao, T Cui, A Nallanathan. On channel estimation and optimal training design for amplify and forward relay networks[J]. IEEE Transactions on Wireless Communications, 2008,7(5): 1907-1916.

[2] K S Woo, H I Yoo, Y J Kim, et al. Channel estimation for OFDM systems with transparent multi-hop relay [J]. IEICE Transactions on Communications, 2007,90(6): 1555-1558.

[3] F Liu, Z Chen, X Zhang, D C Yang. Channel estimation for amplify and forward relay in OFDM system [C]. Wireless Communications, Networking and Mobile Computing, 2008: 1-4.

[4] B Jiang, H Wang, X Q Gao, et al. Preamble-based channel estimation for amplify-and-forward OFDM relay networks[C]. IEEE Conference on Global Telecommunications 2009: 1-5.

[5] 屠佳. 协同 OFDM 系统的信道估计及性能分析[D]. 南京：解放军理工大学, 2010.

[6] H Dogan. Maximum a posteriori channel estimation for cooperative diversity orthogonal frequency-division multiplexing systems in amplify-and-forward mode[J]. IET Communicaitons,2009,3(4): 501-511.

[7] K Yang, S Ding, Y Qiu, Y Wang, et al. A low complexity LMMSE channel estimation method for OFDM-based cooperative diversity systems with multiple amplify-and-forward relays[J]. EURASIP Journal on Wireless Communications and Networks, 2008.

[8] G P Wang and C. Tellambura. Super-imposed pilot-aided channel estimation and power allocation for relay systems[C]. WCNC 2009.

[9] 侯晓赟, 崔景伍, 郑宝玉. 协同通信系统中基于 EM 算法的半盲信道估计与迭代检测[J]. 南京邮电大学学报(自然科学版), 2008, 28(2): 30-39.

[10] S Y Park, Y G Kim, C G Kang, et al. Iterative receiver with joint detection and channel estimation for

OFDM system with multiple receiver antennas in mobile radio channels[C]. IEEE GLOBECOM, 2001, 5: 3085-3089.

[11] A Wittneben, B Rankov. Impact of cooperative relays on the capacity of rank-deficient MIMO channels [C]. Proceedings of IST Summit on Mobile & Wireless Communications, 2003: 421-425.

[12] S M Kay. Fundamentals of statistical signal processing: estimation theory[M]. Englewood Cliffs, NJ: Prentice-Hall, 1993.

[13] J Zhao, M Kuhn, A Wittneben, G Bauch. Self-interference aided channel estimation in two-way relaying systems[C]. IEEE GLOBECOM. 2008: 1-6.

[14] J G Proakis. Digital communications[M]. 5th ed. New York: McGraw Hill, 2009.

[15] H J Malik. Exact distribution of the product of independent generalized Gamma variables with the same shape parameter[J]. Ann Math Statist,1968, 39: 1751-1752.

[16] I S Gradshteyn, I M Ryzhik. Table of integrals, series and products [M]. San Diego, CA: Academic, 1980.

[17] B W Song, L Gui, W J Zhang. Comb type pilot aided channel estimation in OFDM systems with transmit diversity[J]. IEEE Transactions on Broadcasting, 2006, 52(1): 50-57.

[18] W Zhang, Y B Li, et al. Distributed space-frequency coding for cooperative diversity in broadband wireless ad hoc networks[J]. IEEE Transactions on Wireless Communications, 2008, 7(3): 995-1003.

第 4 章

协同无线网络中分布式空时频编码

空时编码技术可以获得分集增益和复用增益，显著提高系统性能，已被广泛应用于各种 MIMO 无线通信系统中。将空时编码技术引入有虚拟 MIMO 系统之称的协同无线网络中，可以充分发掘系统的空间分集增益，受到了业界的广泛关注。将协同无线网络中的每个用户节点，当作多天线系统中一个发射天线，就可以在这些单天线节点上引入空时码，称为分布式空时码。随着以 OFDM 为代表的宽带无线系统的广泛应用，将空时编码技术进一步拓展，深入挖掘频率分集，可以有效改善宽带协同无线网络的性能。在协同无线网络中，对分布式空时/空时频编解码方案进行合理的设计可以获得空间分集和频率分集增益。为便于理解，本章以最为简单的 Alamouti 空时分组码为主线，介绍分布式空时/空时频编码技术在协同无线网络中的应用。

4.1 Alamouti 空时分组码概述

空时编码是一种能够提高频谱利用率和有效抗信道衰落的 MIMO 技术。空时编码有三种典型的编码结构：空时分层码、空时格码和空时分组码，其中空时分层码是基于空间复用的技术，空时分组码是基于空间分集的技术，空时格码则将信道编码、调制和收发分集进行联合优化。以 Alamouti 编码为代表的空时分组码由于其具有高分集增益和较简单的编译码方法，是研究和应用最为广泛的空时编码。

Alamouti 空时编码是空时分组编码中最简单的一种编码方案，是 Alamouti S. M. 于 1998 年提出的适用于两发射天线的空时分组码[1]。Alamouti 空时分组码是最早的真正意义的空时码，它的提出在空时码的发展历史上具有里程碑意义。最初，Alamouti 空时编码方案是为两根发射天线设计的，但随后很快被推广到多根天线的 MIMO 系统，通常统称为空时分组码，也有文献称为空时块编码。

Alamouti 空时分组码的两天线发射分集方案能够提供与接收机最大比合并方法所具有的相同分集增益，其原理框图如图 4-1 所示。

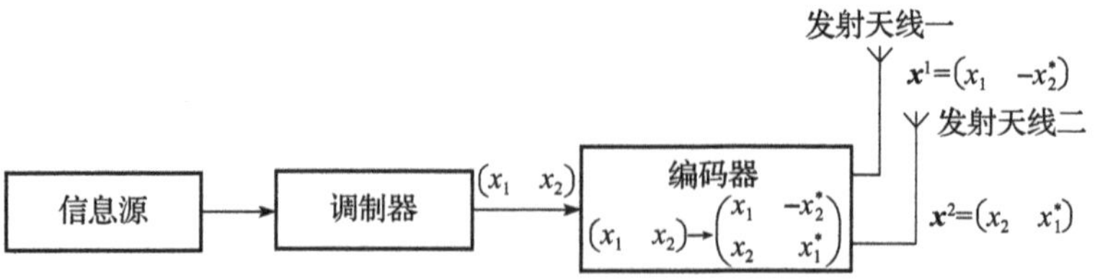

图 4-1　Alamouti 编码原理框图

在 Alamouti 空时编码中，编码器在每一次编码操作中取两个调制符号 x_1 和 x_2 作为一个分组，并根据如下给出的编码矩阵将它们映射到发射天线上：

$$X = \begin{pmatrix} x_1 & -x_2^* \\ x_2 & x_1^* \end{pmatrix} \tag{4-1}$$

编码器的输出 $\boldsymbol{x}^1 = (x_1 \quad -x_2^*)$ 和 $\boldsymbol{x}^2 = (x_2 \quad x_1^*)$ 在两个连续发射周期里从两根发射天线发射出去。在第一个发射周期中，信号 x_1 和 x_2 同时从天线 1 和天线 2 分别发射。在第二个发射周期中，信号 $-x_2^*$ 从天线 1 发射，而 x_1^* 从天线 2 发射，其中 x_1^* 是 x_1 的复共轭，x_2^* 是 x_2 的复共轭。很显然，这种方案既在空间（天线）域又在时间域进行编码。

Alamouti 空时编码的主要特征是两根发射天线的发射序列是正交的，也就是说，序列 $\boldsymbol{x}^1 = (x_1 \quad -x_2^*)$ 和 $\boldsymbol{x}^2 = (x_2 \quad x_1^*)$ 的内积为 0，即

$$\boldsymbol{x}^1 \cdot \boldsymbol{x}^2 = x_1 \cdot x_2^* - x_2^* \cdot x_1 = 0 \tag{4-2}$$

因此，编码矩阵具有如下特性：

$$\boldsymbol{X} \cdot \boldsymbol{X}^{\mathrm{H}} = \begin{pmatrix} |x_1|^2 + |x_2|^2 & 0 \\ 0 & |x_1|^2 + |x_2|^2 \end{pmatrix} = (|x_1|^2 + |x_2|^2)\boldsymbol{I}_2 \tag{4-3}$$

式中，$\boldsymbol{I}_2$ 是一个 2×2 的单位矩阵。

假设接收端采用单根接收天线，Alamouti 空时编码方案接收机的原理框图如图 4-2 所示。

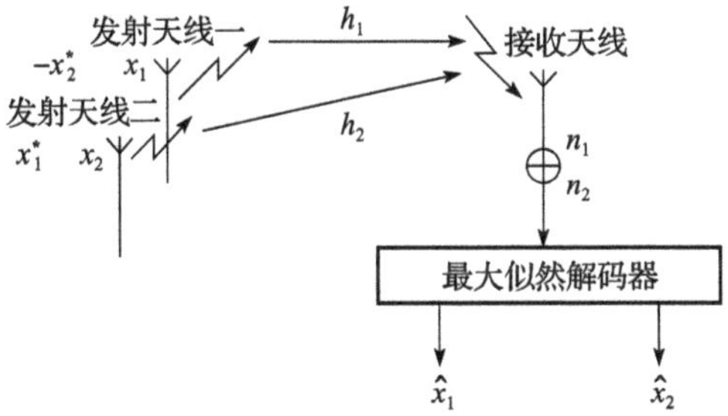

图 4-2　Alamouti 空时编码方案译码原理框图

若在 t 时刻从第一根和第二根发射天线到接收天线的信道系数分别用 $h_1(t)$ 和 $h_2(t)$ 表示。假定信道系数在两个连续符号发射周期内保持不变，则可以表示为

$$\begin{aligned} h_1(t) &= h_1(t+T) = h_1 \\ h_2(t) &= h_2(t+T) = h_2 \end{aligned} \tag{4-4}$$

式中，T 为发射周期。

在接收天线端，两个连续符号周期中的接收信号（t 时刻和 $t+T$ 时刻的接收信号分别表示为 r_1 和 r_2）可以表示为

$$r_1 = h_1 x_1 + h_2 x_2 + n_1$$

$$r_2 = -h_1x_2^* + h_2x_1^* + n_2 \tag{4-5}$$

式中，n_1 和 n_2 是均值为 0 且功率密度为 N_0 的复高斯随机变量，分别表示 t 时刻和 $t+T$ 时刻上加性高斯白噪声的取样。

假设接收端已知信道系数 h_1 和 h_2，最大似然译码等效为从信号调制星座图中选择一对信号（$\hat{x}_1 \quad \hat{x}_2$）使下面的距离量度最小：

$$\begin{aligned} & d^2(r_1, h_1\hat{x}_1 + h_2\hat{x}_2) + d^2(r_2, -h_1\hat{x}_2^* + h_2\hat{x}_1^*) \\ &= |r_1 - h_1\hat{x}_1 - h_2\hat{x}_2|^2 + |r_2 + h_1\hat{x}_2^* - h_2\hat{x}_1^*|^2 \end{aligned} \tag{4-6}$$

将 $r_1 = h_1x_1 + h_2x_2 + n_1$ 和 $r_2 = -h_1x_2^* + h_2x_1^* + n_2$ 代入式（4-6）中，最大似然译码可以表示为

$$(\widehat{x}_1, \widehat{x}_2) = \arg\min_{(\hat{x}_1,\hat{x}_2)\in C}(|h_1|^2 + |h_2|^2 - 1)(|\hat{x}_1|^2 + |\hat{x}_2|^2) + d^2(\widetilde{x}_1, \hat{x}_1) + d^2(\widetilde{x}_2, \hat{x}_2) \tag{4-7}$$

式中，C 为调制符号对（$\hat{x}_1$，$\hat{x}_2$）所有可能的集合。$\widetilde{x}_1$ 和 $\widetilde{x}_2$是通过联合接收信号和信道状态信息构造产生的两个判决统计量，表示为

$$\begin{aligned} \widetilde{x}_1 &= h_1^* r_1 + h_2 r_2^* \\ \widetilde{x}_2 &= h_2^* r_1 - h_1 r_2^* \end{aligned} \tag{4-8}$$

将 $r_1 = h_1x_1 + h_2x_2 + n_1$ 和 $r_2 = -h_1x_2^* + h_2x_1^* + n_2$ 代入式（4-8）中，可进一步简化为

$$\begin{aligned} \widetilde{x}_1 &= (|h_1|^2 + |h_2|^2)x_1 + h_1^* n_1 + h_2 n_2^* \\ \widetilde{x}_2 &= (|h_1|^2 + |h_2|^2)x_2 - h_1^* n_2 + h_2 n_1^* \end{aligned} \tag{4-9}$$

由此可知，在接收端信道已知情况下，两个判决统计量都只与各自的发送信号相关。因此，符号对（$\hat{x}_1$，$\hat{x}_2$）最大似然译码可以分解成两个符号独立的检测，即

$$\begin{aligned} \widehat{x}_1 &= \arg\min_{\hat{x}_1\in C}(|h_1|^2 + |h_2|^2 - 1)|\hat{x}_1|^2 + d^2(\widetilde{x}_1, \hat{x}_1) \\ \widehat{x}_2 &= \arg\min_{\hat{x}_2\in C}(|h_1|^2 + |h_2|^2 - 1)|\hat{x}_2|^2 + d^2(\widetilde{x}_2, \hat{x}_2) \end{aligned} \tag{4-10}$$

研究表明，采用上述简单的最大似然译码算法，Alamouti 空时分组码就可以获得完全的分集增益。这种编码的关键在于使得两根发射天线的发射序列是正交的，该设计思想可以非常容易地推广到多个发送天线的 MIMO 系统中，被称为正交空时分组码设计。

4.2 分布式空时分组编码

可以将 Alamouti 空时分组码直接应用到采用译码转发协议的单中继协同无线网络中[2]，通过源节点和中继节点构成虚拟 2 发 1 收的多天线系统，实现分布式 Alamouti 码传输。考虑如图 4-3 所示的单中继协同网络，信源 S 在译码转发中继节点 R 的辅助下向目的

节点D发送信号，所有节点都配置单天线，采用半双工模式发送。信源S每次发送两个符号，假设两个符号发送周期内中信道保持不变，各个节点收到的噪声是独立的加性高斯白噪声。

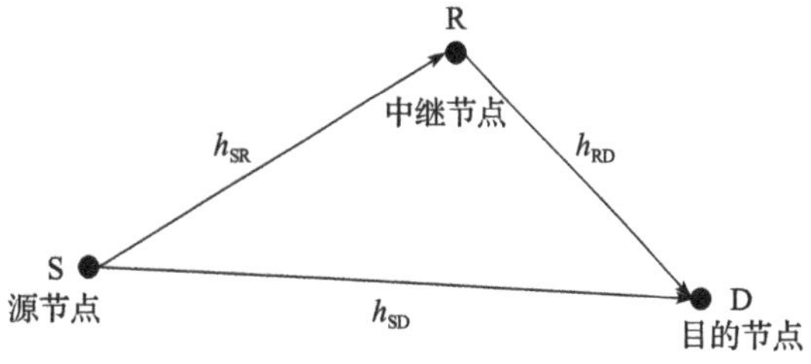

图4-3　单中继协同无线网络模型

信源S到目的节点D的通信分为两个子时隙。信源S在第一子时隙发射两个符号到中继R，在中继R处进行译码判决，若判决结果正确，即R所接收的信号是无误的，则在第二子时隙中继R与信源S进行协同通信，利用分布式Alamouti码进行信号的传输；若判决结果为错，即R所接收的信号是有误的，则在第二时隙信源S发送重复信号给目的节点D。信号发送时隙见表4-1。

表4-1　译码转发单中继分布式Alamouti码方案传输协议

第一子时隙			第二子时隙
S发送两个符号到中继	判决	对	$(x_1 \quad x_2) \rightarrow \begin{pmatrix} x_1 & -x_2^* \\ x_2 & x_1^* \end{pmatrix}$ 分布式Alamouti码发送
		错	S发送重复信号到D

在第二子时隙，按照式（4-1）所示的Alamouti空时编码方案，中继节点R发送$(x_1 \quad x_2)$，源节点S发送$(-x_2^* \quad x_1^*)$，则目的节点D接收的符号可以表示为

$$\begin{aligned} r_1 &= h_1 x_1 - h_2 x_2^* + n_1 \\ r_2 &= h_1 x_2 + h_2 x_1^* + n_2 \end{aligned} \tag{4-11}$$

类似地，采用如图4-2所示的方式进行空时译码。

4.3　DF单中继协同OFDM系统中分布式空时频编码

鉴于以OFDM为代表的宽带传输技术在无线通信中的重要地位，人们已将OFDM技术和协同通信的优势相结合，提出了协同OFDM系统。在如图4-4所示的协同OFDM系统中，当直传信道质量不满足一定条件时，需要通过中继节点进行协同传输，从而提高系统的传输性能。

文献［3］针对频率选择性信道下两跳单中继放大转发OFDM系统，设计了分布式空时分组编码方案，并通过成对差错概率分析证明了该方案能获得满协同分集增益，但不能获取频率分集增益。文献［4］设计了基于子载波分组预编码的分布式空时频编码方案，该方案能够同时获得协同分集增益和频率分集增益，明显地改进了系统性能。文献［5］

设计了一种分布式空频编码方案，不仅能够获得协同分集增益和频率分集增益，还能实现满速率传输，可以应用于任意中继个数的协同 OFDM 系统。文献［6］将循环时延分集的思想应用到多中继协同 OFDM 系统，设计了一种分布式循环时延编码方案，能够获得协同分集增益和频率分集增益，但其频率分集增益是通过前向信道编码实现的，难以在满速率传输的同时获得满频率分集增益。对于采用译码转发方式的协同 OFDM 系统来说，文献［7］假设所有中继能够成功译码，在第二跳传输中所有中继节点联合进行空频编码，并考虑了各中继节点在非理想同步条件下的编码设计。

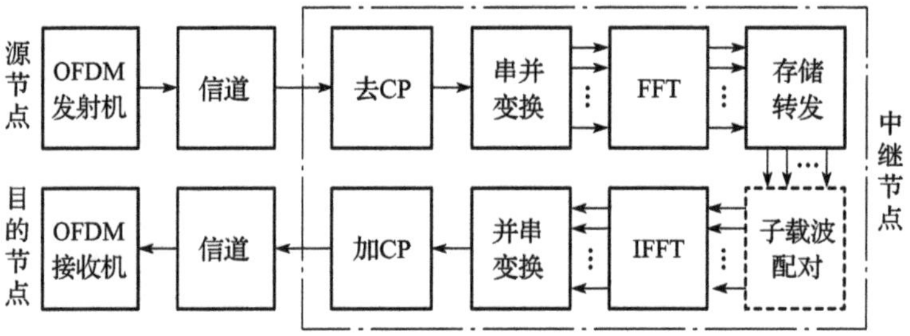

图 4-4　协同 OFDM 网络的原理框图

4.3.1　DF 单中继协同 OFDM 系统模型

考虑如图 4-4 所示的 DF 单中继协同 OFDM 系统，源节点 S 在中继节点 R 的帮助下向目的节点 D 传输信息。系统中每个节点都仅配置单根天线，且采用半双工方式工作，即每个节点不能同时收发信号。假设系统中子载波数为 N，采用译码转发方式协同传输，所有的节点都能同步工作。源节点到中继节点、源节点到目的节点和中继节点到目的节点之间的无线链路假设经历频率选择性衰落，可以用抽头数分别为 L_{SR}、L_{SD}和 L_{RD}的有限冲激响应滤波器来建模，信道冲激响应包含了发送滤波器、多径传播和接收滤波器的影响，可分别表示为 $\boldsymbol{h}_{\mathrm{SR}}=[h_{\mathrm{SR}}(0),\ \cdots,\ h_{\mathrm{SR}}(L_{\mathrm{SR}}-1)]^{\mathrm{T}}$、$\boldsymbol{h}_{\mathrm{SD}}=[h_{\mathrm{SD}}(0),\ \cdots,\ h_{\mathrm{SD}}(L_{\mathrm{SD}}-1)]^{\mathrm{T}}$ 和 $\boldsymbol{h}_{\mathrm{RD}}=[h_{\mathrm{RD}}(0),\ \cdots,\ h_{\mathrm{RD}}(L_{\mathrm{RD}}-1)]^{\mathrm{T}}$。假设 $\boldsymbol{h}_{\mathrm{SR}}$、$\boldsymbol{h}_{\mathrm{SD}}$和 $\boldsymbol{h}_{\mathrm{RD}}$是零均值复高斯随机向量，它们的每个元素都是相互独立的，并且两两之间是不相关的，其功率时延包络分别为 $\boldsymbol{v}_{\mathrm{SR}}=[\sigma_{\mathrm{SR}}^2(0),\ \cdots,\ \sigma_{\mathrm{SR}}^2(L_{\mathrm{SR}}-1)]^{\mathrm{T}}$、$\boldsymbol{v}_{\mathrm{SD}}=[\sigma_{\mathrm{SD}}^2(0),\ \cdots,\ \sigma_{\mathrm{SD}}^2(L_{\mathrm{SD}}-1)]^{\mathrm{T}}$ 和 $\boldsymbol{v}_{\mathrm{RD}}=[\sigma_{\mathrm{RD}}^2(0),\ \cdots,\ \sigma_{\mathrm{RD}}^2(L_{\mathrm{RD}}-1)]^{\mathrm{T}}$，且具有归一化信道增益，即 $\sum_{l_\zeta=0}^{L_\zeta-1}\sigma_\zeta^2(l_\zeta)=1,\ \zeta\in\{\mathrm{SR},\ \mathrm{SD},\ \mathrm{RD}\}$。节点 p 到节点 q 之间的第 n 子载波的信道频率响应可以表示

$$H_{pq}(n)=\sum_{l_{pq}=0}^{L_{pq}-1}h_{pq}(l_{pq})\mathrm{e}^{-\mathrm{j}2\pi nl_{pq}/N}=\boldsymbol{h}_{pq}^{\mathrm{T}}\boldsymbol{f}_{pq}(n),\quad p\in\{\mathrm{S,R}\},q\in\{\mathrm{R,D}\},p\neq q \tag{4-12}$$

式中，$\boldsymbol{f}_{\mathrm{pq}}(n)=[1,\ \mathrm{e}^{-\mathrm{j}2\pi n},\ \cdots,\ \mathrm{e}^{-\mathrm{j}2\pi nL_{\mathrm{pq}}-1}]$。

4.3.2 分布式空时频编码方案[8]

信息的传输分成两个时隙完成，如图 4-5 所示。在第一个时隙中，源节点向目的节点和中继节点广播两个 OFDM 符号块的数据。在第二个时隙中，如果中继节点能够成功译码第一个时隙收到的数据，则源节点和中继节点形成 2 发 1 收的虚拟多天线系统，按照空时频编码方案对接收到的数据进行编码后转发给目的节点，这种空时频编码在空间上分散的源节点和中继节点之间进行，是一种分布式信号处理。如果中继节点不能正确译码，则中继节点保持静默，仅源节点重传。

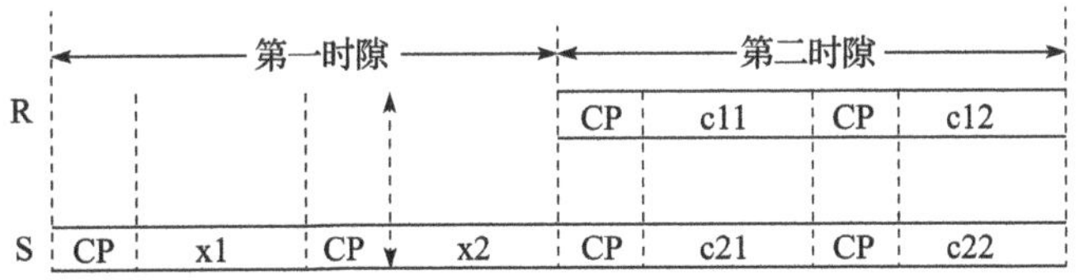

图 4-5　分布式空时频编码方案时隙结构

假设频率选择性衰落信道是准静止的，其相干时间是一个 OFDM 块传输时间的 4 倍，即考虑信道在 4 个 OFDM 块的传输时间内是不变的，且每 4 个 OFDM 块之间的信道是独立的变化的。

在第一时隙，源节点先将信息比特进行差错检测编码，如采用循环冗余编码，值得注意的是人们在中断概率分析中假设采用差错检测编码不会影响数据传输速率，这是因为采用循环冗余编码等差错检测编码技术虽然会增加冗余，降低数据传输速率，但这种降低在子载波数较多的实际 OFDM 系统中是可以忽略的，更为关键的是这种数据传输速率降低的大小是确定的，即使忽略也不会影响系统的分集增益。源节点将差错检测编码后的比特流经串并变换和符号映射后构成 OFDM 块，用向量 $\boldsymbol{s}_t=[s_t(0),\cdots,s_t(N-1)]^{\mathrm{T}}$ 表示，其中 t 表示 OFDM 块的时间索引，$s_t(n)$，$n=0,\cdots,N-1$ 是由调制星座集 $\mathcal{A}$（如 PSK 或 QAM）映射得到的第 n 个子载波数据符号。然后对 $\boldsymbol{s}_t\in\mathcal{A}^N$ 进行预编码，得到编码后的输出为 $\boldsymbol{x}_t=[x_t(0),\cdots,x_t(N-1)]^{\mathrm{T}}$。每次信息传输中，源节点在第一时隙中发送两个 OFDM 块，不失一般性，假设为 $\boldsymbol{x}_1$ 和 $\boldsymbol{x}_2$。$\boldsymbol{x}_1$ 和 $\boldsymbol{x}_2$ 经过 N 点 IFFT 和插入循环前缀后发送出去。为了消除频率选择性信道造成的符号间串扰（ISI），循环前缀的长度 $L_{\mathrm{cp}}^{\mathrm{SR}}$ 必须满足 $L_{\mathrm{cp}}^{\mathrm{SR}}\geqslant L_{\mathrm{SR}}$。中继节点和目的节点接收到源节点发送的信号后，去除循环前缀后进行 FFT 得到频域接收信号。中继节点和目的节点收到的频域接收信号可以分别表示为

$$\boldsymbol{y}_{\mathrm{R}}=\sqrt{P_1}\boldsymbol{H}_{\mathrm{SR}}\boldsymbol{x}_{\mathrm{S}}+\boldsymbol{w}_{\mathrm{R}} \tag{4-13}$$

$$\boldsymbol{y}_{\mathrm{D}}^{1}=\sqrt{P_1}\boldsymbol{H}_{\mathrm{SD}}\boldsymbol{x}_{\mathrm{S}}+\boldsymbol{w}_{\mathrm{D}}^{1} \tag{4-14}$$

式中，P_1 是源节点的发送功率；$\boldsymbol{H}_{\mathrm{SR}}=\mathrm{diag}([H_{\mathrm{SR}}(0),\cdots,H_{\mathrm{SR}}(N-1)]^{\mathrm{T}})$；$\boldsymbol{H}_{\mathrm{SD}}=\mathrm{diag}$

$([H_{\mathrm{SD}}(0), \cdots, H_{\mathrm{SD}}(N-1)]^{\mathrm{T}})$；$\boldsymbol{x}_{\mathrm{S}}=[\boldsymbol{x}_1, \boldsymbol{x}_2]^{\mathrm{T}}$；$\boldsymbol{w}_{\mathrm{R}}$ 和 $\boldsymbol{w}_{\mathrm{D}}^1$ 都是零均值单位方差的复高斯噪声变量。

中继节点采用最大似然检测。如果中继节点可以正确译码，则在第二个时隙中继节点和源节点采用分布式空时频编码技术同时发送信号。如果中继节点不能正确译码，则中继节点保持静默，仅源节点重新发送信息数据。根据中继节点译码的两种情况，分下面两种情况进行讨论：

情况 1（E1）：中继节点可以正确译码，则中继节点和源节点构成虚拟的 2 发 1 收天线阵列，可以采用分布式空时频编码技术协同发送信息。中继节点和源节点采用同样的高斯码本对发送信号 $\boldsymbol{s}=[\boldsymbol{s}_1^{\mathrm{T}}, \boldsymbol{s}_2^{\mathrm{T}}]^{\mathrm{T}}$ 进行预编码，假设得到预编码输出为 $\boldsymbol{s}'=[\boldsymbol{s}_1'^{\mathrm{T}}, \boldsymbol{s}_2'^{\mathrm{T}}]^{\mathrm{T}}$，经过预编码后的数据进行空时频编码。采用的空时频编码定义为如下的一一映射：

$$\Psi:\boldsymbol{s}' \to \boldsymbol{C} = [\boldsymbol{c}_1, \boldsymbol{c}_2] \tag{4-15}$$

式中，$\boldsymbol{c}_1=[\boldsymbol{c}_{11}, \boldsymbol{c}_{12}]^{\mathrm{T}}$，$\boldsymbol{c}_2=[\boldsymbol{c}_{21}, \boldsymbol{c}_{22}]^{\mathrm{T}}$，$\boldsymbol{c}_{ij}=[c_{ij}(0), \cdots, c_{ij}(N-1)]^{\mathrm{T}}$。

可以看出，空时频编码 $\boldsymbol{\Psi}$ 可以将发送信号 $\boldsymbol{x}_{\mathrm{S}}$ 在空间、时间和频率上同时编码，以提高目的节点的检测性能。

目的节点在第二个时隙收到的频域接收信号可以表示为

$$\boldsymbol{y}_{\mathrm{D}}^2 = \sqrt{P_2}\boldsymbol{H}_{\mathrm{SD}}\boldsymbol{c}_1 + \sqrt{P_3}\boldsymbol{H}_{\mathrm{RD}}\boldsymbol{c}_2 + \boldsymbol{w}_{\mathrm{D}}^2 \tag{4-16}$$

式中，$\boldsymbol{H}_{\mathrm{RD}}=\mathrm{diag}([H_{\mathrm{RD}}(0), \cdots, H_{\mathrm{RD}}(N-1)]^{\mathrm{T}})$；$\boldsymbol{w}_{\mathrm{D}}^2$ 是零均值单位方差的复高斯噪声向量。

假设目的节点完全已知信道 $\boldsymbol{H}_{\mathrm{SD}}$、$\boldsymbol{H}_{\mathrm{SR}}$ 和 $\boldsymbol{H}_{\mathrm{RD}}$，联合式（4-14）和式（4-16）采用最大似然检测器进行译码。

情况 2（E2）：中继节点不能正确译码，则第二个时隙仅源节点发送信号，中继节点不发送信息。目的节点在第二个时隙收到的频域接收信号可以表示为

$$\boldsymbol{y}_{\mathrm{D}}^2 = \sqrt{P_4}\boldsymbol{H}_{\mathrm{SD}}\boldsymbol{c}_1 + \boldsymbol{w}_{\mathrm{D}}^2 \tag{4-17}$$

式中，$\boldsymbol{w}_{\mathrm{D}}^2$ 是零均值单位方差的复高斯噪声变量。

假设系统总功率约束，令 P 表示整个系统的总功率消耗。由于源节点和中继节点不知道信道状态信息，考虑 $P_1=P/2$，$P_2=P_3=P/4$，$P_4=P/2$。

4.3.3 中断概率分析

本节通过推导所提的分布式空时频编码方案的中断概率表达式，研究其分集增益性能。令 R 表示系统传输速率，I 表示端到端信道互信息量，当 $I<R$ 时通信中断。中断事件发生的概率定义为中断概率，即 $P\{I<R\}$。根据中继节点是否能够正确译码，协同传输过程可以分成两种情况，因此可以通过全概率公式求系统的中断概率，即

$$P\{I<R\}=\sum_{i=1}^{2}P\{I<R\mid E_i\}P\{E_i\} \tag{4-18}$$

式中，$P\{E_1\}$ 是中继节点可以正确译码的概率；$P\{E_2\}$ 是中继节点不能正确译码的概率；$P\{I<R\mid E_1\}$ 是中继节点可以正确译码的情况下系统采用分布式空时频编码后系统的中断概率；$P\{I<R\mid E_2\}$ 是中继节点不能正确译码的情况下系统源节点重传后系统的中断概率。

假设在第一时隙和第二时隙的传输中采用独立的高斯码本。因此对于情况 1，当中继节点可以正确译码时，采用分布式空时频编码后信道互信息量可以表示为

$$\begin{aligned}I^{E_1}&=\frac{1}{2N}\log\{\det(\boldsymbol{I}_N+\rho\boldsymbol{H}_{\mathrm{SD}}\boldsymbol{H}_{\mathrm{SD}}^{H})\}+\frac{1}{2N}\log\left\{\det\left(\boldsymbol{I}_N+\frac{\rho}{2}\boldsymbol{H}_{\mathrm{SD}}\boldsymbol{H}_{\mathrm{SD}}^{\mathrm{H}}+\frac{\rho}{2}\boldsymbol{H}_{\mathrm{RD}}\boldsymbol{H}_{\mathrm{RD}}^{\mathrm{H}}\right)\right\}\\&=\frac{1}{2N}\sum_{n=0}^{N-1}\log\{1+\rho\mid H_{\mathrm{SD}}(n)\mid^2\}+\frac{1}{2N}\sum_{n=0}^{N-1}\log\left\{1+\frac{\rho}{2}\mid H_{\mathrm{SD}}(n)\mid^2+\frac{\rho}{2}\mid H_{\mathrm{RD}}(n)\mid^2\right\}\end{aligned} \tag{4-19}$$

式中，ρ 表示系统的等效信噪比；$\boldsymbol{I}_N$ 是 $N\times N$ 的单位矩阵。

对于情况 2，中继节点不能正确译码，第二个时隙仅源节点发送信号，中继节点不发送信息，则信道容量可以表示为

$$\begin{aligned}I^{E_2}&=\frac{1}{2N}\log\{\det(\boldsymbol{I}_N+\rho\boldsymbol{H}_{\mathrm{SD}}\boldsymbol{H}_{\mathrm{SD}}^{\mathrm{H}})\}+\frac{1}{2N}\log\{\det(\boldsymbol{I}_N+\rho\boldsymbol{H}_{\mathrm{SD}}\boldsymbol{H}_{\mathrm{SD}}^{\mathrm{H}})\}\\&=\frac{1}{N}\sum_{n=0}^{N-1}\log\{1+\rho\mid H_{\mathrm{SD}}(n)\mid^2\}\end{aligned} \tag{4-20}$$

为了计算系统的中断概率，需要先计算两种情况各自的发生概率。为此，第一时隙源节点到中继节点链路的信道互信息量可以表示为

$$\begin{aligned}I_{\mathrm{SR}}&=\frac{1}{2N}\log\{\det(\boldsymbol{I}_N+\rho\boldsymbol{H}_{\mathrm{SR}}\boldsymbol{H}_{\mathrm{SR}}^{\mathrm{H}})\}\\&=\frac{1}{2N}\sum_{n=0}^{N-1}\log\{1+\rho\mid H_{\mathrm{SR}}(n)\mid^2\}\end{aligned} \tag{4-21}$$

假设信道发生中断则中继节点不能正确译码。因此，根据中断概率的定义，两种情况各自的发生概率可以表示为

$$\begin{aligned}P\{E_1\}&=1-P\{I_{\mathrm{SR}}<R\}\\&=1-P\left\{\frac{1}{2N}\sum_{n=0}^{N-1}\log(1+\rho\mid H_{\mathrm{SR}}(n)\mid^2)<R\right\}\end{aligned} \tag{4-22}$$

$$\begin{aligned}P\{E_2\}&=P\{I_{\mathrm{SR}}<R\}\\&=P\left\{\frac{1}{2N}\sum_{n=0}^{N-1}\log(1+\rho\mid H_{\mathrm{SR}}(n)\mid^2)<R\right\}\end{aligned} \tag{4-23}$$

因此，可以得到系统的中断概率为

$$P\{I<R\}=\left(1-P\left\{\frac{1}{2N}\sum_{n=0}^{N-1}\log(1+\rho|H_{\mathrm{SR}}(n)|^2)<R\right\}\right)\times P\left\{\left(\frac{1}{2N}\sum_{n=0}^{N-1}\log(1+\rho|H_{\mathrm{SD}}(n)|^2)+\right.\right.$$
$$\left.\left.\frac{1}{2N}\sum_{n=0}^{N-1}\log\left(1+\frac{\rho}{2}|H_{\mathrm{SD}}(n)|^2+\frac{\rho}{2}|H_{\mathrm{RD}}(n)|^2\right)\right)<R\right\}+$$
$$\left(P\left\{\frac{1}{2N}\sum_{n=0}^{N-1}\log(1+\rho|H_{\mathrm{SR}}(n)|^2)<R\right\}\right)\left(P\left\{\frac{1}{N}\sum_{n=0}^{N-1}\log(1+\rho|H_{\mathrm{SD}}(n)|^2)<R\right\}\right) \tag{4-24}$$

从式（4-24）中可以看出，对于给定的信道，中断概率$P\{I<R\}$是信噪比ρ和传输速率R的函数。式（4-24）可以用来数值计算对于给定的信道时系统的中断概率，但无法直接揭示提出的分布式空时频编码方案的分集增益性能。

利用 Jensen 不等式，根据式（4-19）可得

$$I^{E_1}=\frac{1}{2}\log\prod_{n=0}^{N-1}(1+\rho|H_{\mathrm{SD}}(n)|^2)^{1/N}+\frac{1}{2}\log\prod_{n=0}^{N-1}\left(1+\frac{\rho}{2}|H_{\mathrm{SD}}(n)|^2+\frac{\rho}{2}|H_{\mathrm{RD}}(n)|^2\right)^{1/N}$$
$$\leqslant\frac{1}{2}\log\left(1+\frac{\rho}{N}\sum_{n=0}^{N-1}|H_{\mathrm{SD}}(n)|^2\right)+\frac{1}{2}\log\left(1+\frac{\rho}{2N}\sum_{n=0}^{N-1}|H_{\mathrm{SD}}(n)|^2+\frac{\rho}{2N}\sum_{n=0}^{N-1}|H_{\mathrm{RD}}(n)|^2\right)$$
$$\leqslant\log\left(1+\frac{3\rho}{4N}\sum_{n=0}^{N-1}|H_{\mathrm{SD}}(n)|^2+\frac{\rho}{4N}\sum_{n=0}^{N-1}|H_{\mathrm{RD}}(n)|^2\right) \tag{4-25}$$

类似地，式（4-20）和式（4-21）的上界可以表示为

$$I^{E_2}\leqslant\log\left(1+\frac{\rho}{N}\sum_{n=0}^{N-1}|H_{\mathrm{SD}}(n)|^2\right) \tag{4-26}$$

$$I_{\mathrm{SR}}\leqslant\log\left(1+\frac{\rho}{2N}\sum_{n=0}^{N-1}|H_{\mathrm{SR}}(n)|^2\right) \tag{4-27}$$

进而可以得到

$$P\{I^{E_1}<R\}\geqslant P\left\{\log\left(1+\frac{3\rho}{4N}\sum_{n=0}^{N-1}|H_{\mathrm{SD}}(n)|^2+\frac{\rho}{4N}\sum_{n=0}^{N-1}|H_{\mathrm{RD}}(n)|^2\right)<R\right\}$$
$$=P\left\{\frac{3}{4N}\sum_{n=0}^{N-1}|H_{\mathrm{SD}}(n)|^2+\frac{1}{4N}\sum_{n=0}^{N-1}|H_{\mathrm{RD}}(n)|^2<\eta\right\} \tag{4-28}$$

$$P\{I^{E_2}<R\}\geqslant P\left\{\log\left(1+\frac{\rho}{N}\sum_{n=0}^{N-1}|H_{\mathrm{SD}}(n)|^2\right)<R\right\}$$
$$=P\left\{\frac{1}{N}\sum_{n=0}^{N-1}|H_{\mathrm{SD}}(n)|^2<\eta\right\} \tag{4-29}$$

$$P\{I_{\mathrm{SR}}<R\}\geqslant P\left\{\log\left(1+\frac{\rho}{2N}\sum_{n=0}^{N-1}|H_{\mathrm{SR}}(n)|^2\right)<R\right\}$$

$$= P\left\{\frac{1}{2N}\sum_{n=0}^{N-1} |H_{SR}(n)|^2 < \eta\right\} \tag{4-30}$$

式中，$\eta = (2^R - 1)/\rho$。

令$\boldsymbol{F}_{SD} = [\boldsymbol{f}_{SD}^T(0),\cdots,\boldsymbol{f}_{SD}^T(N-1)]^T$，$\boldsymbol{F}_{RD} = [\boldsymbol{f}_{RD}^T(0),\cdots,\boldsymbol{f}_{RD}^T(N-1)]^T$，$\boldsymbol{F}_{SR} = [\boldsymbol{f}_{SR}^T(0),\cdots,\boldsymbol{f}_{SR}^T(N-1)]^T$，可得

$$\begin{aligned}\Xi_1 &= \frac{3}{4N}\sum_{n=0}^{N-1}|H_{SD}(n)|^2 + \frac{1}{4N}\sum_{n=0}^{N-1}|H_{RD}(n)|^2 \\ &= \frac{3}{4N}\sum_{n=0}^{N-1}\boldsymbol{h}_{SD}^H\boldsymbol{f}_{SD}^H(n)\boldsymbol{f}_{SD}(n)\boldsymbol{h}_{SD} + \frac{1}{4N}\sum_{n=0}^{N-1}\boldsymbol{h}_{RD}^H\boldsymbol{f}_{RD}^H(n)\boldsymbol{f}_{RD}(n)\boldsymbol{h}_{RD} \\ &= \frac{3}{4N}\boldsymbol{h}_{SD}^H\boldsymbol{F}_{SD}^H\boldsymbol{F}_{SD}\boldsymbol{h}_{SD} + \frac{1}{4N}\boldsymbol{h}_{RD}^H\boldsymbol{F}_{RD}^H\boldsymbol{F}_{RD}\boldsymbol{h}_{RD}\end{aligned} \tag{4-31}$$

定义$\boldsymbol{\Omega}_{SD} = \mathrm{diag}(\boldsymbol{v}_{SD})$，$\boldsymbol{\Omega}_{RD} = \mathrm{diag}(\boldsymbol{v}_{RD})$，$\boldsymbol{\mu}_{SD} = \left(\frac{\boldsymbol{\Omega}_{SD}}{2}\right)^{-1/2}\boldsymbol{h}_{SD}$和$\boldsymbol{\mu}_{RD} = \left(\frac{\boldsymbol{\Omega}_{RD}}{2}\right)^{-1/2}\boldsymbol{h}_{RD}$，可得

$$\Xi_1 = \frac{3}{4N}\boldsymbol{\mu}_{SD}^H\boldsymbol{\Gamma}_{SD}\boldsymbol{\mu}_{SD} + \frac{1}{4N}\boldsymbol{\mu}_{RD}^H\boldsymbol{\Gamma}_{RD}\boldsymbol{\mu}_{RD} \tag{4-32}$$

式中，$\boldsymbol{\Gamma}_{SD} = \left(\frac{\boldsymbol{\Omega}_{SD}}{2}\right)^{-1/2H}\boldsymbol{F}_{SD}^H\boldsymbol{F}_{SD}\left(\frac{\boldsymbol{\Omega}_{SD}}{2}\right)^{-1/2}$，$\boldsymbol{\Gamma}_{RD} = \left(\frac{\boldsymbol{\Omega}_{RD}}{2}\right)^{-1/2H}\boldsymbol{F}_{RD}^H\boldsymbol{F}_{RD}\left(\frac{\boldsymbol{\Omega}_{RD}}{2}\right)^{-1/2}$。

显然，$\boldsymbol{\Gamma}_{SD}$和$\boldsymbol{\Gamma}_{RD}$都是 Hermitian 矩阵，因此存在酉矩阵$\boldsymbol{U}_{SD}$和$\boldsymbol{U}_{RD}$使得$\boldsymbol{U}_{SD}^H\boldsymbol{\Gamma}_{SD}\boldsymbol{U}_{SD} = \boldsymbol{\Lambda}_{SD}$，$\boldsymbol{U}_{RD}^H\boldsymbol{\Gamma}_{RD}\boldsymbol{U}_{RD} = \boldsymbol{\Lambda}_{RD}$，其中$\boldsymbol{\Lambda}_{SD}$和$\boldsymbol{\Lambda}_{RD}$分别是大小为$L_{SD}\times L_{SD}$和$L_{RD}\times L_{RD}$的非负实对角矩阵。方便的是，$\boldsymbol{U}_{SD}$、$\boldsymbol{U}_{RD}$、$\boldsymbol{\Lambda}_{SD}$和$\boldsymbol{\Lambda}_{RD}$可以通过对$\boldsymbol{\Gamma}_{SD}$和$\boldsymbol{\Gamma}_{RD}$分别进行特征值分解得到。因此，式（4-32）可以改写成

$$\begin{aligned}\Xi_1 &= \frac{3}{4N}\boldsymbol{\beta}_{SD}\boldsymbol{\Lambda}_{SD}\boldsymbol{\beta}_{SD}^H + \frac{1}{4N}\boldsymbol{\beta}_{SD}\boldsymbol{\Lambda}_{SD}\boldsymbol{\beta}_{SD}^H \\ &= \frac{3}{4N}\sum_{l=0}^{L_{SD}-1}\lambda_{SD}(l)|\boldsymbol{\beta}_{SD}(l)|^2 + \frac{1}{4N}\sum_{l=0}^{L_{RD}-1}\lambda_{RD}(l)|\boldsymbol{\beta}_{RD}(l)|^2\end{aligned} \tag{4-33}$$

式中，$\boldsymbol{\beta}_{SD} = \boldsymbol{\mu}_{SD}^H\boldsymbol{U}_{SD}$和$\boldsymbol{\beta}_{SD} = \boldsymbol{\mu}_{RD}^H\boldsymbol{U}_{RD}$是均值为零、协方差均值为$\frac{1}{2}\boldsymbol{I}_{L_{SD}}$和$\frac{1}{2}\boldsymbol{I}_{L_{RD}}$的复高斯随机向量；$\lambda_{SD}(l)$ 和 $\lambda_{RD}(l)$ 分别是$\boldsymbol{\Lambda}_{SD}$和$\boldsymbol{\Lambda}_{RD}$的第$l$个对角元素，也就是$\boldsymbol{\Gamma}_{SD}$和$\boldsymbol{\Gamma}_{RD}$的特征值。显然，$|\boldsymbol{\beta}_{SD}(l)|$和$|\boldsymbol{\beta}_{RD}(l)|$服从参数为 1 的瑞利分布。同理可得

$$\Xi_2 = \frac{1}{N}\sum_{n=0}^{N-1}|H_{SD}(n)|^2 = \frac{1}{N}\sum_{l=0}^{L_{SD}-1}\lambda_{SD}(l)|\boldsymbol{\beta}_{SD}(l)|^2 \tag{4-34}$$

$$\Xi_{SR} = \frac{1}{2N}\sum_{n=0}^{N-1}|H_{SR}(n)|^2 = \frac{1}{2N}\sum_{l=0}^{L_{SR}-1}\lambda_{SR}(l)|\boldsymbol{\beta}_{SR}(l)|^2 \tag{4-35}$$

式中，$|\boldsymbol{\beta}_{SR}(l)|$和$\lambda_{SR}(l)$ 定义类似于$|\boldsymbol{\beta}_{SD}(l)|$和$\lambda_{SD}(l)$。

定义 $\Xi = \sum_{l=0}^{L} \lambda(l) |\boldsymbol{\beta}(l)|^2$，$\boldsymbol{\beta}(l)$ 是相互独立的均值为零方差为1/2的复高斯随机变量，$\lambda(l)$ 是非负实数。下面采用特征函数方法计算随机变量 Ξ 的累积分布函数和概率密度函数。显然，随机变量 $\lambda(l)|\boldsymbol{\beta}(l)|^2$ 服从参数为$\frac{1}{2}\lambda(l)$ 的指数分布，特征函数和概率密度函数可以表示为

$$\varphi(\mathrm{j}t) = \frac{1}{1 - \mathrm{j}t\lambda(l)} \tag{4-36}$$

$$p_{\lambda(l)|\beta(l)|^2}(y) = \frac{1}{\lambda(l)} \mathrm{e}^{-\frac{y}{\lambda(l)}} \tag{4-37}$$

式中，$\mathrm{j} = \sqrt{-1}$。

因此，根据特征函数的性质，随机变量 $\Xi = \sum_{l=0}^{L} \lambda(l) |\boldsymbol{\beta}(l)|^2$ 的特征函数可以表示为

$$\varphi_{\Xi}(\mathrm{j}t) = \prod_{l=0}^{L} \frac{1}{1 - \mathrm{j}t\lambda(l)} \tag{4-38}$$

令 $s = \mathrm{j}t$，则

$$\varphi_{\Xi}(s) = \prod_{l=0}^{L} \frac{1}{1 - s\lambda(l)} = \prod_{l=0}^{L} \frac{\frac{-1}{\lambda(l)}}{s - \frac{1}{\lambda(l)}} \tag{4-39}$$

一般地，如果 $\lambda(p) \neq \lambda(q)$，$\forall p \neq q$，利用公式 $\prod_{k=0}^{K} \frac{1}{s - \frac{1}{\lambda(k)}} = \sum_{k=0}^{K} \frac{a_k}{s - \frac{1}{\lambda(k)}}$，$a_k = \prod_{l=0, k\neq l}^{K} \frac{1}{\frac{1}{\lambda(k)} - \frac{1}{\lambda(l)}}$，可以将式（4-39）改写为

$$\begin{aligned}
\varphi_{\Xi}(s) &= \sum_{l=0}^{L} \frac{\prod_{k=0,k\neq l}^{L} \frac{-1}{\lambda(l)} \prod_{k=0,k\neq l}^{L} \frac{1}{\frac{1}{\lambda(l)} - \frac{1}{\lambda(k)}}}{s - \frac{-1}{\lambda(l)}} \\
&= \sum_{l=0}^{L} \frac{\prod_{k=0,k\neq l}^{L} \frac{\lambda(l)}{\lambda(l) - \lambda(k)}}{1 - s\lambda(l)} \\
&= \sum_{l=0}^{L} \frac{b(l)}{1 - s\lambda(l)}
\end{aligned} \tag{4-40}$$

式中，$b(l) = \prod_{k=0,k\neq l}^{L} \frac{\lambda(l)}{\lambda(l) - \lambda(k)}$。因此，式（4-38）可以写成

$$\varphi_{\Xi}(\mathrm{j}t) = \sum_{l=0}^{L} \frac{\frac{-1}{\lambda(l)} \prod_{k=0,k\neq l}^{L} \frac{1}{\frac{1}{\lambda(l)} - \frac{1}{\lambda(k)}}}{s - \frac{-1}{\lambda(l)}} = \sum_{l=0}^{L} \frac{\prod_{k=0,k\neq l}^{L} \frac{\lambda(l)}{\lambda(l) - \lambda(k)}}{1 - s\lambda(l)} = \sum_{l=0}^{L} \frac{b(l)}{1 - \mathrm{j}t\lambda(l)} \tag{4-41}$$

应用拉普拉斯反变换，可以得到随机变量 Ξ 的累积分布函数和概率密度函数分别为

$$F_{\Xi}(y) = \sum_{l=0}^{L} \lambda(l) b(l) [1 - \mathrm{e}^{-\frac{y}{\lambda(l)}}] \tag{4-42}$$

$$p_{\Xi}(y) = \sum_{l=0}^{L} b(l) \mathrm{e}^{-\frac{y}{\lambda(l)}} \tag{4-43}$$

最终，将式（4-43）代入式（4-33）、式（4-33）和式（4-35），可得

$$P\{I^{E_1} < R\} \geqslant \sum_{l=0}^{L_{\mathrm{SD}}+L_{\mathrm{SD}}-1} \lambda(l) b(l) [1 - \mathrm{e}^{-\frac{\eta}{\lambda(l)}}] \tag{4-44}$$

$$P\{I^{E_2} < R\} \geqslant \sum_{l=0}^{L_{\mathrm{SD}}-1} \lambda'_{\mathrm{SD}}(l) b_{\mathrm{SD}}(l) [1 - \mathrm{e}^{-\frac{\eta}{\lambda_{\mathrm{SD}}(l)}}] \tag{4-45}$$

$$P\{I_{\mathrm{SR}} < R\} \geqslant \sum_{l=0}^{L_{\mathrm{SR}}-1} \lambda'_{\mathrm{SR}}(l) b_{\mathrm{SR}}(l) [1 - \mathrm{e}^{-\frac{\eta}{\lambda_{\mathrm{SR}}(l)}}] \tag{4-46}$$

式中，$\lambda(l) = \begin{cases} \frac{3}{4N}\lambda_{\mathrm{SD}}(l), & l=0, \cdots, L_{\mathrm{SD}}-1 \\ \frac{1}{4N}\lambda_{\mathrm{RD}}(l-L_{\mathrm{SD}}), & l=L_{\mathrm{SD}}, \cdots, L_{\mathrm{SD}}+L_{\mathrm{RD}}-1 \end{cases}$，

$$b(l) = \begin{cases} \prod_{k=0,k\neq l}^{L_{\mathrm{SD}}-1} \frac{\lambda_{\mathrm{SD}}(l)}{\lambda_{\mathrm{SD}}(l) - \lambda_{\mathrm{SD}}(k)}, & l = 0,\cdots,L_{\mathrm{SD}}-1 \\ \prod_{k=0,k\neq l}^{L_{\mathrm{RD}}-1} \frac{\lambda_{\mathrm{RD}}(l-L_{\mathrm{SD}})}{\lambda_{\mathrm{RD}}(l-L_{\mathrm{SD}}) - \lambda_{\mathrm{RD}}(k)}, & l = L_{\mathrm{SD}},\cdots,L_{\mathrm{SD}}+L_{\mathrm{RD}}-1 \end{cases},$$

$\lambda'_{\mathrm{SD}}(l) = \frac{1}{N}\lambda_{\mathrm{SD}}(l)$，$\lambda'_{\mathrm{SR}}(l) = \frac{1}{2N}\lambda_{\mathrm{SR}}(l)$，$b_{\mathrm{SD}}(l) = \prod_{k=0,k\neq l}^{L_{\mathrm{SD}}} \frac{\lambda_{\mathrm{SD}}(l)}{\lambda_{\mathrm{SD}}(l) - \lambda_{\mathrm{SD}}(k)}$，$b_{\mathrm{SR}}(l) = \prod_{k=0,k\neq l}^{L_{\mathrm{SR}}} \frac{\lambda_{\mathrm{SR}}(l)}{\lambda_{\mathrm{SR}}(l) - \lambda_{\mathrm{SR}}(k)}$。

注意到，源节点到中继节点链路的中断概率随信噪比增大而减小。在高信噪比情况下，可以忽略源节点到目的节点链路中断，即 $P\{I_{\mathrm{SR}} > R\} \approx 1$。事实上，这种近似在中高信噪比情况下是较为精确的。因此在高信噪比情况下，中断概率 $P\{I<R\}$ 的下界可以表示为

$$P_{\mathrm{L}}\{I < R\} \approx P\{I^{E_1} < R\} + P\{I^{E_2} < R\} P\{I_{\mathrm{SR}} < R\} \tag{4-47}$$

因此

$$P_{\mathrm{L}}\{I < R\} \geqslant \sum_{l=0}^{L_{\mathrm{SD}}+L_{\mathrm{RD}}-1} \lambda(l) b(l)\left(1 - \mathrm{e}^{-\frac{\eta}{\lambda(l)}}\right) + \left\{\sum_{l=0}^{L_{\mathrm{SD}}-1} \lambda'_{\mathrm{SD}}(l) b_{\mathrm{SD}}(l)\left(1 - \mathrm{e}^{-\frac{\eta}{\lambda_{\mathrm{SD}}(l)}}\right)\right\}\left\{\sum_{l=0}^{L_{\mathrm{SR}}-1} \lambda'_{\mathrm{SR}}(l) b_{\mathrm{SR}}(l)\left(1 - \mathrm{e}^{-\frac{\eta}{\lambda_{\mathrm{SR}}(l)}}\right)\right\} \tag{4-48}$$

特别地，如果频率选择性衰落信道具有等功率时延包络，即 $\boldsymbol{v}_{\mathrm{SR}} = [1/L_{\mathrm{SR}}, \cdots, 1/L_{\mathrm{SR}}]^{\mathrm{T}}$，$\boldsymbol{v}_{\mathrm{SD}} = [1/L_{\mathrm{SD}}, \cdots, 1/L_{\mathrm{SD}}]^{\mathrm{T}}$ 和 $\boldsymbol{v}_{\mathrm{RD}} = [1/L_{\mathrm{RD}}, \cdots, 1/L_{\mathrm{RD}}]^{\mathrm{T}}$，且它们中的每一个元素都是独立的高斯随机变量，则

$$\Xi_1 = \frac{3}{4N}\sum_{l=0}^{L_{\mathrm{SD}}-1} |h_{\mathrm{SD}}(l)|^2 + \frac{1}{4N}\sum_{l=0}^{L_{\mathrm{RD}}-1} |h_{\mathrm{RD}}(l)|^2 \tag{4-49}$$

$$\Xi_2 = \frac{1}{N}\sum_{l=0}^{L_{\mathrm{SD}}-1} |h_{\mathrm{SD}}(l)|^2 \tag{4-50}$$

$$\Xi_{\mathrm{SR}} = \frac{1}{2N}\sum_{l=0}^{L_{\mathrm{SR}}-1} |h_{\mathrm{SR}}(l)|^2 \tag{4-51}$$

令 $X = \frac{3}{4N}\sum_{l=0}^{L_{\mathrm{SD}}-1} |h_{\mathrm{SD}}(l)|^2$，$Y = \frac{1}{4N}\sum_{l=0}^{L_{\mathrm{RD}}-1} |h_{\mathrm{RD}}(l)|^2$，则 X 和 Y 分别服从自由度为 $2L_{\mathrm{SD}}$ 和 $2L_{\mathrm{RD}}$ 的卡方分布，其概率密度函数分别表示为

$$f_X(x) = \frac{1}{2^{L_{\mathrm{SD}}}\Gamma(L_{\mathrm{SD}})\left(\frac{3}{8NL_{\mathrm{SD}}}\right)^{L_{\mathrm{SD}}}} x^{L_{\mathrm{SD}}-1}\mathrm{e}^{-\frac{4NL_{\mathrm{SD}}}{3}x}, x > 0 \tag{4-52}$$

$$f_Y(x) = \frac{1}{2^{L_{\mathrm{RD}}}\Gamma(L_{\mathrm{RD}})\left(\frac{1}{8NL_{\mathrm{SD}}}\right)^{L_{\mathrm{RD}}}} x^{L_{\mathrm{RD}}-1}\mathrm{e}^{-4NL_{\mathrm{SD}}x}, x > 0 \tag{4-53}$$

则随机变量 $\Xi_1 = X + Y$ 的概率密度函数可以表示为

$$\begin{aligned} f_{\Xi_1}(y) &= \frac{\int_0^{\infty}(y-x)^{L_{\mathrm{SD}}-1}\mathrm{e}^{-\frac{4NL_{\mathrm{SD}}}{3}(y-x)}x^{L_{\mathrm{RD}}-1}\mathrm{e}^{-4NL_{\mathrm{RD}}x}\mathrm{d}x}{2^{L_{\mathrm{SD}}+L_{\mathrm{RD}}}\Gamma(L_{\mathrm{SD}})\Gamma(L_{\mathrm{RD}})\left(\frac{3}{8NL_{\mathrm{SD}}}\right)^{L_{\mathrm{SD}}}\left(\frac{1}{8NL_{\mathrm{RD}}}\right)^{L_{\mathrm{RD}}}} \\ &= \frac{\mathrm{e}^{-\frac{4NL_{\mathrm{SD}}}{3}y}\sum_{m=0}^{L_{\mathrm{SD}}-1}\binom{L_{\mathrm{SD}}-1}{m}y^m(-1)^{L_{\mathrm{SD}}-1-m}(L_{\mathrm{SD}}+L_{\mathrm{RD}}-2-m)!\left(\frac{8NL_{\mathrm{RD}}}{3}\right)^{-L_{\mathrm{SD}}-L_{\mathrm{RD}}+1+m}}{2^{L_{\mathrm{SD}}+L_{\mathrm{RD}}}\Gamma(L_{\mathrm{SD}})\Gamma(L_{\mathrm{RD}})\left(\frac{3}{8NL_{\mathrm{SD}}}\right)^{L_{\mathrm{SD}}}\left(\frac{1}{8NL_{\mathrm{RD}}}\right)^{L_{\mathrm{RD}}}} \end{aligned} \tag{4-54}$$

进而可得累积分布函数表示为

$$F_{\Xi_1}(x) = \int_0^x \frac{e^{-\frac{4NL_{RD}}{3}y}\sum\limits_{m=0}^{L_{SD}-1}\binom{L_{SD}-1}{m} y^m(-1)^{L_{SD}-1-m}(L_{SD}+L_{RD}-2-m)!\left(\frac{8NL_{RD}}{3}\right)^{-L_{SD}-L_{RD}+1+m}}{2^{L_{SD}+L_{RD}}\Gamma(L_{SD})\Gamma(L_{RD})\left(\frac{3}{8NL_{SD}}\right)^{L_{SD}}\left(\frac{1}{8NL_{RD}}\right)^{L_{RD}}} dy$$

$$= \frac{\sum\limits_{m=0}^{L_{SD}-1}\binom{L_{SD}-1}{m}(-1)^{L_{SD}-1-m}(L_{SD}+L_{RD}-2-m)!\left(\frac{8NL_{RD}}{3}\right)^{-L_{SD}-L_{RD}+1+m}\left(\frac{m!}{\left(\frac{4NL_{SD}}{3}\right)^{m+1}} - e^{-\frac{4NL_{RD}}{3}x}\sum\limits_{k=0}^{m}\frac{m!}{k!}\frac{x^k}{\left(\frac{4NL_{SD}}{3}\right)^{m-k+1}}\right)}{2^{L_{SD}+L_{RD}}\Gamma(L_{SD})\Gamma(L_{RD})\left(\frac{3}{8NL_{SD}}\right)^{L_{SD}}\left(\frac{1}{8NL_{RD}}\right)^{L_{RD}}} \tag{4-55}$$

Ξ_2 和 Ξ_{SR}分别服从自由度为 $2L_{SD}$和 $2L_{SR}$的卡方分布，其概率密度函数和累积分布函数可以分别表示为

$$f_{\Xi_{SD}}(x) = \frac{1}{2^{L_{SD}}\Gamma(L_{SD})\left(\frac{1}{2NL_{SD}}\right)^{L_{SD}}} x^{L_{SD}-1}e^{-NL_{SD}x}, \quad x > 0 \tag{4-56}$$

$$F_{\Xi_2}(x) = 1 - e^{-NL_{SD}x}\sum_{k=0}^{L_{SD}-1}\frac{1}{k!}(NL_{SD}x)^k, \quad x > 0 \tag{4-57}$$

$$f_{\Xi_{SR}}(x) = \frac{1}{2^{L_{SR}}\Gamma(L_{SR})\left(\frac{1}{4NL_{SR}}\right)^{L_{SR}}} x^{L_{SR}-1}e^{-2NL_{SR}x}, \quad x > 0 \tag{4-58}$$

$$F_{\Xi_{SR}}(x) = 1 - e^{-2NL_{SR}x}\sum_{k=0}^{L_{SR}-1}\frac{1}{k!}(2NL_{SR}x)^k, \quad x > 0 \tag{4-59}$$

则中断概率 $P\{I<R\}$ 的下界可以表示为

$$P_L\{I < R\} \approx F_{\Xi_1}(\eta) + F_{\Xi_2}(\eta)F_{\Xi_{SR}}(\eta) \tag{4-60}$$

最终，将式（4-55）、式（4-57）和式（4-59）代入式（4-60），可以得到中断概率下界 $P_L\{I<R\}$ 的闭式表达式。

为了便于观测分布式空时频编码方案的分集增益性能，进一步推导高信噪比情况下中断概率的渐近下界。在高信噪比情况下，$\rho\to\infty$，则 $\eta\to 0$，因此 $1 - e^{-\frac{\eta}{\lambda(l)}} \approx \frac{\eta}{\lambda(l)} \to \frac{1}{\rho}$，然后可以直接得到

$$\begin{aligned} P_L^A\{I < R\} &\to \rho^{-(L_{SD}+L_{RD})} + \rho^{-(L_{SD}+L_{SR})} \\ &= \rho^{-L_{SD}-\min\{L_{SR},L_{RD}\}} \end{aligned} \tag{4-61}$$

显然，从式（4-61）中容易看出提出的分布式空时频编码方案可以获得的分集度为 $L_{SD}+\min\{L_{SR}, L_{RD}\}$，既获得了空间分集增益又获得了频率分集增益。同时，如前面所述，提出的分布式空时频编码方案还能实现满速率传输。

4.3.4 分组空时频块编码方案

从前一节分析中可以看出，所提分布式空时频编码方案能够实现满分集满速率传输。本节给出一种低复杂度的编译码实例：基于子载波分组和线性星座预编码技术的分布式分组空时频块编码方案。子载波分组技术最初被应用于多用户系统中实现多用户干扰消除，随后被引入 OFDM 系统中用来降低发送信号的峰均功率比。Liu Z. 等将子载波分组技术应用于单天线线性星座预编码 OFDM 系统中，既降低了目的节点译码复杂度，又获得了很好的频率分集增益和编码分集增益[9]。将子载波分组技术应用于协同 OFDM 系统，可以设计低复杂度的分布式分组空时频块编译码方案。该方案分两步执行，在第一时隙，源节点对发送信号进行子载波分组和线性星座预编码；在第二时隙，如果中继节点能够成功译码第一时隙收到的信息，则源节点和中继节点进行分布式空时编码。

若中继节点能够成功译码第一时隙收到的信息，则中继节点和源节点采用同样的高斯码本对发送信号 $\boldsymbol{s}=[\boldsymbol{s}_1^{\mathrm{T}},\ \boldsymbol{s}_2^{\mathrm{T}}]^{\mathrm{T}}$ 进行编码，假设得到编码输出为 $\boldsymbol{s}'=[\boldsymbol{s}_1'^{\mathrm{T}},\ \boldsymbol{s}_2'^{\mathrm{T}}]^{\mathrm{T}}$。然后，中继节点和源节点按照第一时隙的线性星座预编码方案对$\boldsymbol{s}'$进行编码。将信息符号块 $\boldsymbol{s}'=[\boldsymbol{s}_1'^{\mathrm{T}},\ \boldsymbol{s}_2'^{\mathrm{T}}]^{\mathrm{T}}$ 进行分组，假设分为 K 个分组$\boldsymbol{s}_{\mathrm{g}}'=[\boldsymbol{s}_{\mathrm{g}}'^{\mathrm{T}}(0),\ \cdots,\ \boldsymbol{s}_{\mathrm{g}}'^{\mathrm{T}}(l),\ \cdots,\ \boldsymbol{s}_{\mathrm{g}}'^{\mathrm{T}}(L-1)]^{\mathrm{T}}$，$g=1,\ \cdots,\ K$，$\boldsymbol{s}_{\mathrm{g}}'(l)=[s_1(Kl+g),\ s_2(Kl+g)]$，这里我们假设 N 能够被 K 整除，$K=N/L$，$L=\max(L_{\mathrm{SD}},\ L_{\mathrm{RD}},\ L_{\mathrm{SR}})$ 是分组大小。

线性星座预编码可以表示为

$$\boldsymbol{x}_{\mathrm{g}}' = \boldsymbol{\Phi}\boldsymbol{s}_{\mathrm{g}}' \tag{4-62}$$

式中，$\boldsymbol{\Phi}\in\mathbb{C}^{L\times L}$表示线性星座预编码矩阵。关于线性星座预编码矩阵 $\boldsymbol{\Phi}$ 的优化设计已有学者进行了深入探讨，这里直接采用文献［5］中的编码器结构，即

$$\boldsymbol{\Phi} = \boldsymbol{F}_K^{\mathrm{H}}\mathrm{diag}(1,\theta,\cdots,\theta^{K-1}) \tag{4-63}$$

式中，$\boldsymbol{F}_K^{\mathrm{H}}$ 是大小为 $L\times L$ 的 FFT 矩阵，$\theta=\exp(\mathrm{j}2\pi/4K)$。

空时编码可以采用文献［10］提出的广义复正交设计准则进行设计。对于 2 发 1 收的 MISO 系统来说，Alamouti 编码是优化的。编码过程可以表示为

$$\boldsymbol{C}_{\mathrm{g}}(l) = \sum_{i=1}^{2}\boldsymbol{A}_i\widetilde{x}_i(Kl+g) + \boldsymbol{B}_i\widetilde{x}_i^*(Kl+g) \tag{4-64}$$

式中，$\boldsymbol{A}_1=\begin{pmatrix}1 & 0\\ 0 & 0\end{pmatrix}$，$\boldsymbol{A}_2=\begin{pmatrix}0 & 1\\ 0 & 0\end{pmatrix}$，$\boldsymbol{B}_1=\begin{pmatrix}0 & 0\\ 0 & 1\end{pmatrix}$，$\boldsymbol{B}_2=\begin{pmatrix}0 & 0\\ -1 & 0\end{pmatrix}$。

与编码过程相反，在目的节点先进行空时解码再进行预编码检测。

因此，在第一个时隙，目的节点收到的第 g 组频域信号为

$$\boldsymbol{y}_{\mathrm{Dg}}^1 = \sqrt{P_1}\boldsymbol{H}_{\mathrm{SDg}}\boldsymbol{x}_{\mathrm{Sg}} + \boldsymbol{w}_{\mathrm{Dg}}^1$$

$$= \sqrt{P_1}\boldsymbol{H}_{\mathrm{SD}g}\boldsymbol{\Phi}\boldsymbol{s}_{\mathrm{S}g} + \boldsymbol{w}_{\mathrm{D}g}^1 \tag{4-65}$$

式中，$\boldsymbol{H}_{\mathrm{SD}g} = \mathrm{diag}\{[H_{\mathrm{SD}}(g), \cdots, H_{\mathrm{SD}}(Kl+g), \cdots, H_{\mathrm{SD}}(K(L-1)+g)]^{\mathrm{T}}\}$，

$\boldsymbol{y}_{\mathrm{D}g}^1 = [\boldsymbol{y}_{\mathrm{D}}^{1\mathrm{T}}(g), \cdots, \boldsymbol{y}_{\mathrm{D}}^{1\mathrm{T}}(Kl+g), \cdots, \boldsymbol{y}_{\mathrm{D}}^{1\mathrm{T}}(K(L-1)+g)]^{\mathrm{T}}$，$\boldsymbol{y}_{\mathrm{D}}^1(i) = [y_{\mathrm{D}}^1(i), y_{\mathrm{D}}^1(i)]$，

$\boldsymbol{x}_{\mathrm{S}g}^1 = [\boldsymbol{x}_{\mathrm{S}}^{1\mathrm{T}}(g), \cdots, \boldsymbol{x}_{\mathrm{S}}^{1\mathrm{T}}(Kl+g), \cdots, \boldsymbol{x}_{\mathrm{S}}^{1\mathrm{T}}(K(L-1)+g)]^{\mathrm{T}}$，$\boldsymbol{x}_{\mathrm{S}}^1(i) = [x_{\mathrm{S}}^1(i), x_{\mathrm{S}}^1(i)]$，

$\boldsymbol{w}_{\mathrm{D}g}^1 = [\boldsymbol{w}_{\mathrm{D}}^{1\mathrm{T}}(g), \cdots, \boldsymbol{w}_{\mathrm{D}}^{1\mathrm{T}}(Kl+g), \cdots, \boldsymbol{w}_{\mathrm{D}}^{1\mathrm{T}}(K(L-1)+g)]^{\mathrm{T}}$，$\boldsymbol{w}_{\mathrm{D}}^1(i) = [w_{\mathrm{D}}^1(i), w_{\mathrm{D}}^1(i)]$。

同理，在第二个时隙，目的节点收到的第 g 组频域信号为

$$\boldsymbol{y}_{\mathrm{D}g}^2 = \sqrt{P_2}\boldsymbol{H}_{\mathrm{SD}g}\boldsymbol{c}_{1g} + \sqrt{P_3}\boldsymbol{H}_{\mathrm{RD}g}\boldsymbol{c}_{2g} + \boldsymbol{w}_{\mathrm{D}g}^2 \tag{4-66}$$

式中，$\boldsymbol{H}_{\mathrm{RD}g} = \mathrm{diag}\{[H_{\mathrm{RD}}(g), \cdots, H_{\mathrm{RD}}(Kl+g), \cdots, H_{\mathrm{RD}}(K(L-1)+g)]^{\mathrm{T}}\}$，

$\boldsymbol{y}_{\mathrm{D}g}^2 = [\boldsymbol{y}_{\mathrm{D}}^{2\mathrm{T}}(g), \cdots, \boldsymbol{y}_{\mathrm{D}}^{2\mathrm{T}}(Kl+g), \cdots, \boldsymbol{y}_{\mathrm{D}}^{2\mathrm{T}}(K(L-1)+g)]^{\mathrm{T}}$，$\boldsymbol{y}_{\mathrm{D}}^2(i) = [y_{\mathrm{D}}^2(i), y_{\mathrm{D}}^2(i)]$，

$\boldsymbol{c}_{1g} = [\boldsymbol{c}_1^{\mathrm{T}}(g), \cdots, \boldsymbol{c}_1^{\mathrm{T}}(Kl+g), \cdots, \boldsymbol{c}_1^{\mathrm{T}}(K(L-1)+g)]^{\mathrm{T}}$，$\boldsymbol{c}_{1g}(i) = [c_1^2(i), c_1^2(i)]$，

$\boldsymbol{c}_{2g} = [\boldsymbol{c}_2^{\mathrm{T}}(g), \cdots, \boldsymbol{c}_2^{\mathrm{T}}(Kl+g), \cdots, \boldsymbol{c}_2^{\mathrm{T}}(K(L-1)+g)]^{\mathrm{T}}$，$\boldsymbol{c}_{2g}(i) = [c_2^2(i), c_2^2(i)]$

$\boldsymbol{w}_{\mathrm{D}g}^2 = [\boldsymbol{w}_{\mathrm{D}}^{2\mathrm{T}}(g), \cdots, \boldsymbol{w}_{\mathrm{D}}^{2\mathrm{T}}(Kl+g), \cdots, \boldsymbol{w}_{\mathrm{D}}^{2\mathrm{T}}(K(L-1)+g)]^{\mathrm{T}}$，$\boldsymbol{w}_{\mathrm{D}}^2(i) = [w_{\mathrm{D}}^2(i), w_{\mathrm{D}}^2(i)]$。

根据式（4-64），可以将式（4-66）改写为

$$\begin{aligned}\boldsymbol{y}_g^{\mathrm{T}}(l) &= \boldsymbol{C}_g(l)\boldsymbol{H}_g^{\mathrm{T}}(l) + \boldsymbol{w}_g^{\mathrm{T}}(l) \\ &= \left(\sum_{i=1}^{2}\boldsymbol{A}_i\widetilde{x}_i(Kl+g) + \boldsymbol{B}_i\widetilde{x}_i^*(Kl+g)\right)\boldsymbol{H}_g^{\mathrm{T}}(l) + \boldsymbol{w}_g^{\mathrm{T}}(l)\end{aligned} \tag{4-67}$$

进行空时译码，可得

$$\hat{\boldsymbol{x}}_g'^{\mathrm{T}}(l) = Y_g(l)\begin{pmatrix} y_1(Kl+g) \\ y_2^*(Kl+g) \end{pmatrix} \tag{4-68}$$

式中，$Y_g(l) = \sum_{i=1}^{2}[[\boldsymbol{A}_1]_i, [\boldsymbol{A}_2]_i]^{\mathrm{T}}H_i^*(Kl+g) + \sum_{i=1}^{2}[[\boldsymbol{B}_1]_i, [\boldsymbol{B}_2]_i]^{\mathrm{T}}H_i(Kl+g)$，$[\boldsymbol{A}_1]_i$、$[\boldsymbol{A}_2]_i$、$[\boldsymbol{B}_1]_i$ 和 $[\boldsymbol{B}_2]_i$ 分别表示矩阵 $\boldsymbol{A}_1$、$\boldsymbol{A}_2$、$\boldsymbol{B}_1$ 和 $\boldsymbol{B}_2$ 的第 i 列。

令 $\hat{\boldsymbol{x}}_g' = [\hat{\boldsymbol{x}}_g'^{\mathrm{T}}(0), \cdots, \hat{\boldsymbol{x}}_g'^{\mathrm{T}}(l), \cdots, \hat{\boldsymbol{x}}_g'^{\mathrm{T}}(L-1)]^{\mathrm{T}}$，则最大似然检测器可以表示为

$$\hat{\boldsymbol{s}}_g = \underset{\forall \boldsymbol{s}_g \in \mathcal{A}^{2L}}{\arg\min}\{|\hat{\boldsymbol{x}}_g' - \boldsymbol{\Phi}\boldsymbol{s}_g'|_F^2 + |\boldsymbol{y}_{\mathrm{D}g}^1 - \sqrt{P_1}\boldsymbol{H}_{\mathrm{SD}g}\boldsymbol{\Phi}\boldsymbol{s}_g|_F^2\} \tag{4-69}$$

注意到对于式（4-69）来说，两个时隙 $t=1, 2$ 的输入输出是独立的，因此

$$\hat{\boldsymbol{s}}_{tg} = \underset{\forall \boldsymbol{s}_{tg} \in \mathcal{A}^{L}}{\arg\min}\{|\hat{\boldsymbol{x}}_{tg}' - \boldsymbol{\Phi}\boldsymbol{s}_{tg}'|_F^2 + |\boldsymbol{y}_{\mathrm{D}tg}^1 - \sqrt{P_1}\boldsymbol{H}_{\mathrm{SD}g}\boldsymbol{\Phi}\boldsymbol{s}_{tg}|_F^2\} \tag{4-70}$$

式中，$\hat{\boldsymbol{s}}_{tg}$ 是 $\hat{\boldsymbol{s}}_g$ 的第 $t(t=1, 2)$ 列，$\hat{\boldsymbol{x}}_{tg}'$、$\boldsymbol{s}_{tg}'$ 和 $\boldsymbol{s}_{tg}$ 定义类似。

显然，从式（4-70）可以看出，提出的分布式空时频编码方案最大似然检测的译码复杂度与调制星座尺寸以及 L 相关。例如，对于 QPSK 调制，最大似然检测的译码复杂度正比于 4^L。

4.3.5 仿真与讨论

考虑子载波数为 $N=64$ 的 DF 单中继译码转发协同 OFDM 系统，循环前缀长度 $L_{cp}^{SR}=L_{cp}^{RD}=16$。假设节点间的无线链路经历频率选择性衰落，不失一般性，假设信道时域冲激响应具有等功率时延包络，即 $\boldsymbol{v}_{SR}=[1/L_{SR},\ \cdots,\ 1/L_{SR}]^{T}$，$\boldsymbol{v}_{SD}=[1/L_{SD},\ \cdots,\ 1/L_{SD}]^{T}$ 和 $\boldsymbol{v}_{RD}=[1/L_{RD},\ \cdots,\ 1/L_{RD}]^{T}$。信噪比（dB）定义为 $SNR=10\log\rho$dB，目的节点采用最大似然检测器译码。

图 4-6 验证了高信噪比情况下近似中断概率下界的准确性。采用蒙特卡罗方法进行计算机仿真，随机产生 100000 组信道，$L_{SR}=L_{SD}=L_{RD}=4$，统计中断事件发生的概率，中断概率曲线在图 4-6 标记为 $P_{out\text{-}Exact}$。按照 4.3.3 节中所述，高信噪比情况下 $P\{I_{SR}>R\}\approx 1$，可以忽略其对中断概率的影响，可以统计中断概率的下界，中断概率下界的曲线在图 4-6 中标记为 $P_{out\text{-}Appro}$。在 4.3.3 节中给出了高信噪比情况下中断概率的下界的理论值，该理论值曲线在图 4-6 中标记为 $P_{out\text{-}Theory}$。基于式（4-61）画出渐近中断概率曲线，在图 4-6 中标记为 $P_{out\text{-}Asymp}$。在高信噪比情况下，式（4-60）给出的中断概率的下界是比较紧的。当信噪比较高时，4 条曲线的斜率一致，这说明了 4 条曲线代表的分集增益相同，式（4-61）给出的渐近中断概率曲线是正确的，能够反映提出的分布式空时频编码方案的分集增益性能。

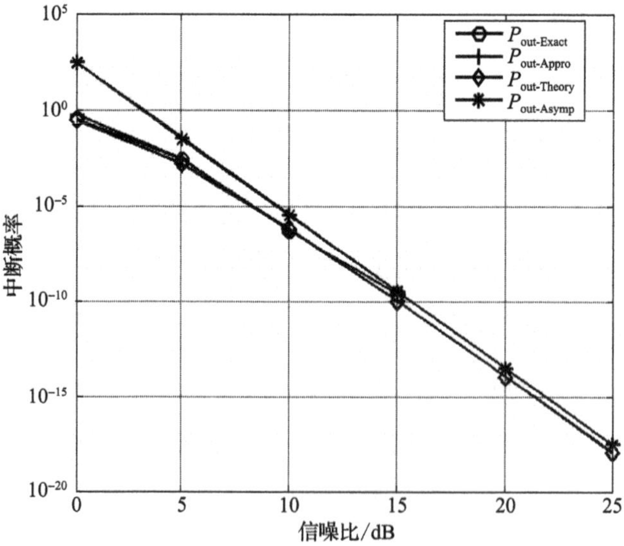

图 4-6 中断概率公式验证

图 4-7 和图 4-8 比较了不同信道条件下 DF 单中继协同 OFDM 系统中分布式空时编码和分布式空时频编码方案的中断概率性能和误码性能。仿真中采用 4.3.4 节中所述的分布式

分组空时频块编码方案，考虑三种信道条件：$L_{SR}=1$，$L_{SD}=4$，$L_{RD}=4$；$L_{SR}=2$，$L_{SD}=4$，$L_{RD}=2$；$L_{SR}=4$，$L_{SD}=4$，$L_{RD}=3$。子载波分组大小为 $L=\max(L_{SD}, L_{RD}, L_{SR})=4$，$K=N/L=16$。图4-7中分别给出了中断概率精确值和理论下界近似值，分别标记为 $P_{out\text{-}Exact}$ 和 $P_{out\text{-}Theory}$。图4-8给出了三种信道条件下系统的误比特率曲线，并与分布式空时块编码进行了比较。从图中可以看出，分布式空时频编码方案的误比特率性能明显优于分布式空时块编码，然而，由于目的节点需要进行最大似然检测，因此复杂度更高。

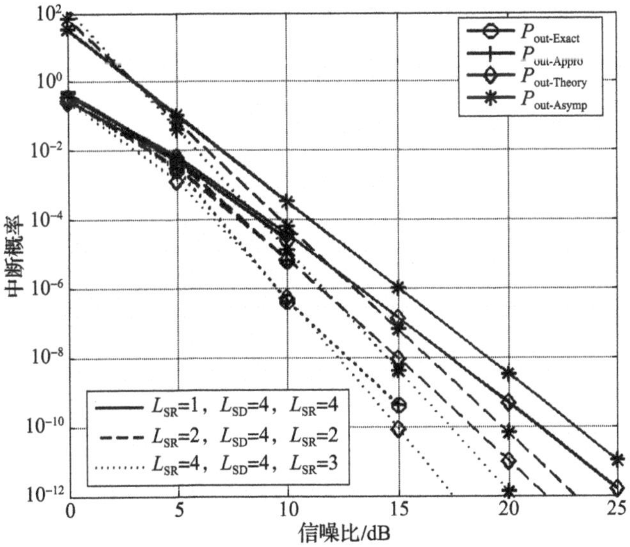

图4-7　不同信道条件下中断概率性能比较

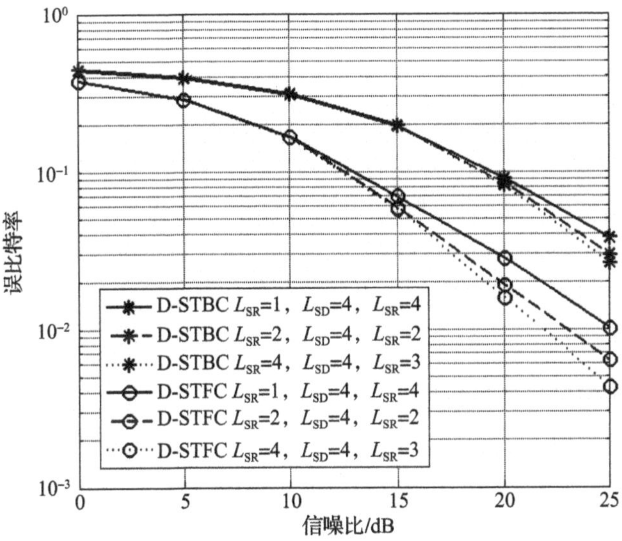

图4-8　不同信道条件下误比特率性能比较

图 4-9 比较了子载波分组大小 L 对分布式空时频编码方案误码性能的影响。考虑 $L_{SR}=4$，$L_{SD}=4$，$L_{RD}=4$，子载波分组大小分别为 $L=2$，4，8。图 4-9 给出了三种子载波分组大小情况下系统的误比特率曲线，从图中可以看出，$L=2$ 时性能最差，$L=8$ 时得到的误比特率略优于 $L=4$ 时的误比特率，这是因为 $L=8$ 能获得更优的编码分集增益，但 $L=8$ 时接收机复杂度大大高于 $L=4$，因此适当地选择子载波分组大小是实际应用中需要考虑到的。

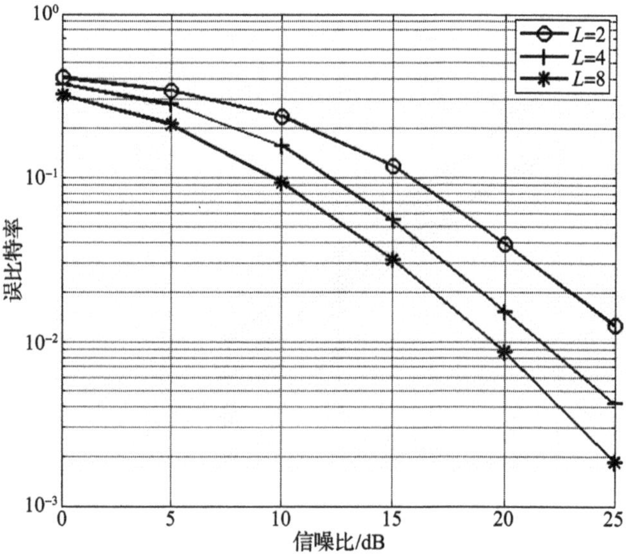

图 4-9　不同分组大小 L 对误比特率性能的影响

4.4　AF 多中继协同 OFDM 中空时频编码

4.4.1　AF 多中继协同 OFDM 系统模型

如图 4-10 所示的 AF 多中继协同 OFDM 系统模型，由一个源节点 S、M 个中继节点 $R_i(i=1, \cdots, M)$ 和一个目的节点 D 构成。系统中每个节点都仅配置单根天线，且采用时分半双工方式工作，即每个节点不能同时收发信号。假设源节点 S 和目的节点 D 之间没有直传路径。

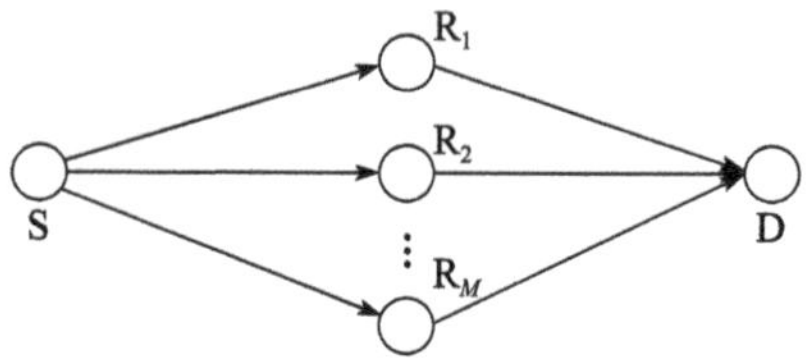

图 4-10　AF 多中继协同 OFDM 系统模型

任意两个节点（$S \rightarrow R_i$ 或 $R_i \rightarrow D$）之间的信道假设为频率选择性衰落信道。$\boldsymbol{h}_{SR_i}=[h_{SR_i}(0), \cdots, h_{SR_i}(L_{SR}-1)]^T$ 和 $\boldsymbol{h}_{R_iD}=[h_{R_iD}(0), \cdots, h_{R_iD}(L_{RD}-1)]^T$ 分别表示 $S \rightarrow R_i$ 和 $R_i \rightarrow D$ 链路的信道冲激响应，其中 L_{SR} 和 L_{RD} 表示相应的信道冲激响应的抽

头数。信道冲激响应包含了发送滤波器、多径传播和接收滤波器的影响。假设 $\boldsymbol{h}_{\mathrm{SR}_i}$ 和 $\boldsymbol{h}_{\mathrm{R}_i\mathrm{D}}$ 是零均值复高斯随机向量，它们的每个元素都是相互独立的，并且任意两个节点之间的信道是不相关的。

信息的传输分为两个时隙。在第一时隙，源节点 S 广播信息数据给所有的中继节点 $R_i(i=1,\cdots,M)$。在第二时隙，每个中继节点采用放大转发方式将收到的信号转发到目的节点 D。目的节点 D 完全已知信道状态信息，采用最大似然检测译码。

4.4.2 分布式空时频编译码方案[11]

分布式空时频编码分为两步执行：在第一时隙，源节点对发送信号进行子载波分组和线性星座预编码，在第二时隙，所有的中继节点形成虚拟多天线系统，按照空时编码方案对接收到的数据进行编码后转发给目的节点，这种空时频编码在空间上分散的各个中继节点之间进行，是一种分布式信号处理，即每个中继节点分布式的执行线性疏散编码。通过优化设计子载波分组大小和线性星座预编码矩阵，可以在获得满频率分集增益的同时尽可能降低目的节点的检测复杂度。通过优化设计每个中继节点上用于分布式编码的线性疏散矩阵，可以获得满空间分集。

假设信道是准静止的，其相干时间是一个 OFDM 块传输时间的 Y 倍，即 $\boldsymbol{h}_{\mathrm{SR}_i}$ 和 $\boldsymbol{h}_{\mathrm{R}_i\mathrm{D}}$ 在 Y 个 OFDM 符号块传输时间内基本保持不变。在第一时隙，源节点先将信息比特映射成 $\Gamma(\Gamma\leqslant Y)$ 个 OFDM 块的符号向量 $\boldsymbol{s}(t)=[s_0(t),\cdots,s_{N-1}(t)]^{\mathrm{T}}$，这里 $s_n(t)$，$n=1,\cdots,N$，来源于符号集 $\mathcal{A}$，例如 PSK 或 QAM 星座集，N 是系统子载波数，$t=1,\cdots,\Gamma$ 是 OFDM 块的时间索引。然后，源节点采用子载波分组和线性星座预编码技术对 $\boldsymbol{S}=[\boldsymbol{s}(1),\cdots,\boldsymbol{s}(\Gamma)]\in\mathcal{A}^{\Gamma N}$ 进行编码，得到编码后的 OFDM 块 $\boldsymbol{X}=[\boldsymbol{x}(1),\cdots,\boldsymbol{x}(\Gamma)]\in\mathbb{C}^{\Gamma N}$。与文献［5］的子载波分组不同，我们在进行子载波分组的同时进行了子载波交织，将 Γ 个连续 OFDM 块 $\boldsymbol{S}=[\boldsymbol{s}(1),\cdots,\boldsymbol{s}(\Gamma)]$ 分成 J 个子块，每个子块表示为 $\boldsymbol{S}_g=[\boldsymbol{s}_g(1),\cdots,\boldsymbol{s}_g(\Gamma)]$，其中 $\boldsymbol{s}_g(t)=[s_g(t),\cdots,s_{(K-1)J+g}(t)]^{\mathrm{T}}$，$g=1,\cdots,J$。

线性星座预编码过程可以矩阵表示为用编码矩阵 $\boldsymbol{\Phi}$ 左乘每个子块 $\boldsymbol{S}_g$，即

$$\boldsymbol{X}_g=\boldsymbol{\Phi}\boldsymbol{S}_g \tag{4-71}$$

式中，$\boldsymbol{\Phi}\in\mathbb{C}^{K\times K}$ 表示线性星座预编码矩阵，线性星座预编码输出 $\boldsymbol{X}_g=[\boldsymbol{x}_g(1),\cdots,\boldsymbol{x}_g(\Gamma)]$。仍采用文献［5］中的编码器结构，即

$$\boldsymbol{\Phi}=\boldsymbol{F}_{\mathrm{K}}^{\mathrm{H}}\mathrm{diag}(1,\theta,\cdots,\theta^{K-1}) \tag{4-72}$$

式中，$\boldsymbol{F}_{\mathrm{K}}^{\mathrm{H}}$ 是大小为 $K\times K$ 的 FFT 矩阵；$\theta=\exp(\mathrm{j}2\pi/4K)$。

每个编码后的 OFDM 块 $\boldsymbol{x}(t)$，$t=1,\cdots,\Gamma$，经过 N 点 IFFT 和插入循环前缀后发送出去。为了消除频率选择性信道造成的符号间串扰（ISI），循环前缀的长度 L_{cp}^{SR} 必须满足

$L_{cp}^{SR} \geqslant L_{SR}$。

第 $i(i=1, \cdots, M)$ 个中继节点 R_i 收到的第 $t(t=1, \cdots, \Gamma)$ 个 OFDM 块的第 n 个子载波信号可以表示为

$$r_n^i(t) = \sqrt{P_1} H_{SR_i}(n) x_n(t) + v_n^i(t) \tag{4-73}$$

式中，P_1 是源节点的发送功率；$v_n^i(t)$ 是零均值单位方差的复高斯噪声变量；$H_{SR_i}(n)$ 是源节点 S 到中继节点 R_i 第 n 个子载波的频域信道响应。令 $\boldsymbol{f}_{L_{SR}}(n) = [1, e^{-j2\pi n/N}, e^{-j2\pi n(L_{SR}-1)/N}]$，$H_{SR_i}(n)$ 可以表示为

$$H_{SR_i}(n) = \boldsymbol{f}_{L_{SR}}(n) \boldsymbol{h}_{SR_i} \tag{4-74}$$

令 $\boldsymbol{r}_n^i = [r_n^i(1), \cdots, r_n^i(\Gamma)]^T$，$\boldsymbol{x}_n = [x_n(1), \cdots, x_n(\Gamma)]^T$，$\boldsymbol{v}_n^i = [v_n^i(1), \cdots, v_n^i(\Gamma)]^T$，则 Γ 个 OFDM 块周期内第 $i(i=1, \cdots, M)$ 个中继节点 R_i 在第 n 个子载波收到的频域信号可以矩阵表示为

$$\boldsymbol{r}_n^i = \sqrt{P_1} \boldsymbol{H}_{SR_i}(n) \boldsymbol{x}_n + \boldsymbol{v}_n^i \tag{4-75}$$

在第二时隙，每个中继节点先采用分布式线性疏散编码技术对接收的频域信号 $\boldsymbol{r}^i(t) = [r_0^i(t), \cdots, r_{N-1}^i(t)]^T (i=1, \cdots, M, t=1, \cdots, \Gamma)$ 编码。线性疏散编码可以表示为中继节点 R_i 用一个矩阵 $\boldsymbol{A}_n^i$ 左乘接收信号 $\boldsymbol{r}_n^i$：

$$\boldsymbol{y}_n^i = \sqrt{\frac{P_2}{P_1+1}} \boldsymbol{A}_n^i \boldsymbol{r}_n^i = \sqrt{\frac{P_1 P_2}{P_1+1}} H_{SR_i}(n) \boldsymbol{A}_n^i \boldsymbol{x}_n + \sqrt{\frac{P_2}{P_1+1}} \boldsymbol{A}_n^i \boldsymbol{v}_n^i \tag{4-76}$$

式中，P_2 是每个中继节点 R_i 的发送功率；$\boldsymbol{y}_n^i = [y_n^i(1), \cdots, y_n^i(\Gamma)]^T$；$\boldsymbol{A}_n^i = \begin{pmatrix} a_{n,11}^i & \cdots & a_{n,1\Gamma}^i \\ \vdots & \ddots & \vdots \\ a_{n,\Gamma 1}^i & \cdots & a_{n,\Gamma\Gamma}^i \end{pmatrix}$。为了简化分析，考虑 $\boldsymbol{A}_n^i$ 是 $\Gamma \times \Gamma$ 的酉矩阵，如当 $\Gamma = M = 2$ 时，可以选择

$$\boldsymbol{A}_n^1 = \begin{pmatrix} 1 & 0 \\ 0 & 1 \end{pmatrix}, \quad \boldsymbol{A}_n^2 = \begin{pmatrix} 0 & 1 \\ -1 & 0 \end{pmatrix}$$

然后，在第二时隙中每个中继节点同时将编码后的 Γ 个 OFDM 块 $\boldsymbol{y}^i(t) = [y_0^i(t), \cdots, y_{N-1}^i(t)]^T (t=1, \cdots, \Gamma)$ 经过 N 点 IFFT 和插入循环前缀后发送出去。为了消除频率选择性信道造成的符号间串扰（ISI），循环前缀的长度 L_{cp}^{RD} 必须满足 $L_{cp}^{RD} \geqslant L_{SR}$。

在所有节点能够同步的假设下，目的节点同时收到 M 个中继节点 $R_i(i=1, \cdots, M)$ 发送的信号，然后将该接收信号去除循环前缀后经过 N 点 FFT 的得到频域接收信号。目的节点收到的第 $t(t=1, \cdots, \Gamma)$ 个 OFDM 块的第 n 个子载波信号可以表示为

$$z_n(t) = \sum_{i=1}^{M} H_{R_iD}(n) y_n^i(t) + w_n(t) \tag{4-77}$$

式中，$w_n^i(t)$ 是零均值单位方差的复高斯噪声变量；$H_{\mathrm{R}_i\mathrm{D}}(n)$ 是中继节点 R_i 到目的节点 D 第 n 个子载波的频域信道响应。令 $\boldsymbol{f}_{L_{\mathrm{RD}}}(n)=[1, \mathrm{e}^{-\mathrm{j}2\pi n/N}, \cdots, \mathrm{e}^{-\mathrm{j}2\pi n(L_{\mathrm{RD}}-1)/N}]$，$H_{\mathrm{R}_i\mathrm{D}}(n)$ 可以表示为

$$H_{\mathrm{R}_i\mathrm{D}}(n)=\boldsymbol{f}_{L_{\mathrm{RD}}}(n)\boldsymbol{h}_{\mathrm{R}_i\mathrm{D}} \tag{4-78}$$

令 $\boldsymbol{z}_n=[z_n(1), \cdots, z_n(\Gamma)]^{\mathrm{T}}$，可以将式（4-77）表示成矩阵形式：

$$\boldsymbol{z}_n=\sqrt{\frac{P_1P_2}{P_1+1}}\boldsymbol{X}_n\boldsymbol{H}(n)+\sqrt{\frac{P_2}{P_1+1}}\boldsymbol{V}_n\boldsymbol{H}_{\mathrm{RD}}(n)+\boldsymbol{w}_n \tag{4-79}$$

式中，$\boldsymbol{X}_n=[\boldsymbol{A}_n^1\boldsymbol{x}_n, \cdots, \boldsymbol{A}_n^M\boldsymbol{x}_n]$，$\boldsymbol{V}_n=[\boldsymbol{A}_n^1\boldsymbol{v}_n^i, \cdots, \boldsymbol{A}_n^M\boldsymbol{v}_n^i]$，$\boldsymbol{w}_n=[w_n(1), \cdots, w_n(\Gamma)]^{\mathrm{T}}$，$\boldsymbol{H}_{\mathrm{RD}}(n)=[H_{\mathrm{R}_1\mathrm{D}}(n), \cdots, H_{\mathrm{R}_M\mathrm{D}}(n)]^{\mathrm{T}}$，$\boldsymbol{H}(n)=[H_{\mathrm{SR}_1}(n)H_{\mathrm{R}_1\mathrm{D}}(n), \cdots, H_{\mathrm{SR}_M}(n)H_{\mathrm{R}_M\mathrm{D}}(n)]^{\mathrm{T}}$。

定义 $\boldsymbol{Z}=[\boldsymbol{z}_0^{\mathrm{T}}, \cdots, \boldsymbol{z}_{N-1}^{\mathrm{T}}]^{\mathrm{T}}$，因此

$$\boldsymbol{Z}=\sqrt{\frac{P_1P_2}{P_1+1}}\boldsymbol{X}\boldsymbol{H}+\boldsymbol{W} \tag{4-80}$$

式中，$\boldsymbol{X}=\mathrm{diag}\{[\boldsymbol{X}_0, \cdots, \boldsymbol{X}_{N-1}]\}$，$\boldsymbol{H}=[\boldsymbol{H}^{\mathrm{T}}(0), \cdots, \boldsymbol{H}^{\mathrm{T}}(N-1)]^{\mathrm{T}}$，$\boldsymbol{W}=\sqrt{\frac{P_2}{P_1+1}}\boldsymbol{V}\boldsymbol{H}_{\mathrm{RD}}+\boldsymbol{W}$，$\boldsymbol{W}=[\boldsymbol{w}_0^{\mathrm{T}}, \cdots, \boldsymbol{w}_{N-1}^{\mathrm{T}}]^{\mathrm{T}}$，$\boldsymbol{V}=\mathrm{diag}\{[\boldsymbol{V}_0, \cdots, \boldsymbol{V}_{N-1}]\}$，$\boldsymbol{H}_{\mathrm{RD}}=[\boldsymbol{H}_{\mathrm{RD}}^{\mathrm{T}}(0), \cdots, \boldsymbol{H}_{\mathrm{RD}}^{\mathrm{T}}(N-1)]^{\mathrm{T}}$。

假设目的节点精确已知所有的信道状态信息，信道状态信息的获取可以通过信道估计算法实现。因此，最大似然（ML）检测可以通过下式实现：

$$\hat{\boldsymbol{S}}=\max_{\forall \boldsymbol{S}}\left\|\boldsymbol{Z}-\sqrt{\frac{P_1P_2}{P_1+1}}\boldsymbol{X}\boldsymbol{H}\right\|_F^2 \tag{4-81}$$

这种空时频编码在源节点采用子载波分组交织和线性星座预编码技术，在中继节点采用分布式线性疏散编码技术，在目的节点通过最大似然检测器对每个子载波分组进行最优解调，不仅能够获得协同分集增益和频率分集增益，还能实现满速率传输，可以应用于任意中继个数的协同 OFDM 系统。

4.4.3 仿真与讨论

仿真中，考虑子载波数为 $N=64$ 的放大转发协同 OFDM 系统，循环前缀长度 $L_{cp}^{\mathrm{SR}}=L_{cp}^{\mathrm{RD}}=16$，中继节点数 $M=2$，信道长度设置为 $L_{\mathrm{SR}}=L_{\mathrm{RD}}=2$ 和 $L_{\mathrm{SR}}=L_{\mathrm{RD}}=4$ 两种情况。图 4-11 比较了不同的子载波分组大小下所提分布式空时频编码方案的误比特率性能。在高信噪比情况下，当 $K=4$、$L_{\mathrm{SR}}=L_{\mathrm{RD}}=2$，$K=8$、$L_{\mathrm{SR}}=L_{\mathrm{RD}}=2$ 和 $K=4$、$L_{\mathrm{SR}}=L_{\mathrm{RD}}=4$ 三种情况下所提分布式空时频编码方案的误比特率性能曲线具有相同的斜率，这说明这三种参数配置下该编码方案具有相同的分集增益。当 $K=8$、$L_{\mathrm{SR}}=L_{\mathrm{RD}}=4$ 时，分布式空时频编码方案的误比特率性能最好，这是因为在这种参数设置下可以获得 $ML_{\min}=8$ 的分集增益。但是子载波分组大小 K 的增大会

导致目的节点最大似然检测的复杂度指数上升。当 $K=2$ 时，分布式空时频编码方案的误比特率性能最差，这是因为在这种参数设置下仅可以获得 $ML_{\min}=4$ 的分集增益。

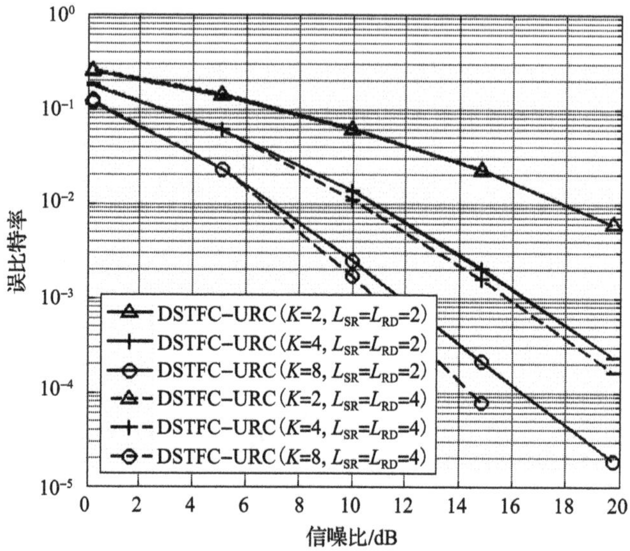

图 4-11 分布式空时频编码方案的误比特率性能比较

参考文献

[1] Alamouti S M. A simple transmit diversity technique for wireless communications [J]. IEEE Journal on Selected Areas in Communications, 1998, 16(8): 1451-1458.

[2] Y Jing, B Hassibi. Distributed space-time coding in wireless relay networks [J]. IEEE Transactions on Wireless Communications, 2006, 5(12): 3524-3536.

[3] H Mheidat, M Uysal, N Al-Dhahir. Equalization techniques for distributed space-time block codes with amplify-and-forward relaying [J]. IEEE Transactions on Signal Processing, 2007, 55, (1): 1839-1852.

[4] H V Nam, H N Ha, L Tho. Distributed space-time block coded OFDM with subcarrier grouping [C]. IEEE Global Telecommunications Conference, 2008: 1-5.

[5] W Zhang, Y Li, X-G Xia, P C Ching, B L Khaled. Distributed space-frequency coding for cooperative diversity in broadband wireless ad hoc networks [J]. IEEE Transactions Wireless Communication, 2008, 7 (3): 995-1003.

[6] N Abdul Razak, F Said, A H Aghvami. Performance of relay cyclic delay diversity in multicarrier system [C]. IEEE PIMRC, Sep. 2009.

[7] Y Li, W Zhang, X-G Xia. Distributive high-rate space-frequency codes achieving full cooperative and multipath diversities for asynchronous cooperative communications [J]. IEEE Transactions on Vehicular Technology, 2009, 58(1): 207-217.

[8] W Yang, Y Cai, L Wang. Distributed space-time-frequency coding for cooperative OFDM [J]. Science in China(F):Information Sciences, 2009, 52(12): 2424-2432.

[9] Z Liu, Y Xin, G B Giannakis. Space-time-frequency coded OFDM over frequency-selective fading channels [J]. IEEE Transactions on Signal Processing, 2002, 50(10): 2465-2476.

[10] V Tarokh, H Jafarkhani, A R Calderbank. Space-time block codes from orthogonal designs [J]. IEEE Transactions Information Theory, 1999, 45(2): 1456-1467.

[11] W Yang, Y Cai, B Zheng. Distributed space-time-frequency coding for broadband wireless relay networks [J]. IEEE Transactions on Vehicular Technology, 2012, 52(1): 15-20.

第 5 章

协同 MAC 及协同 ARQ 技术

物理层的协同是利用无线链路的广播特性来获得分集增益，提高系统性能，但是传统的媒体接入控制（Media Access Control，MAC）协议往往将无关的广播信号视为干扰而加以避免，而不是视其为可以利用的因素。所以，如果沿用传统 MAC 协议，就会抵消物理层协同所获得的性能增益，严重时甚至会恶化整体系统性能。因此，有必要对协同传输方式下的无线网络 MAC 协议，即无线网络中的协同 MAC 协议进行研究。可以发现，协同传输的研究往往伴随着协同重传来展开，协同 MAC 协议研究亦是如此，它离不开可靠的传输保证和有效的重传机制，自然就离不开有效自动重传请求（Automatic Repeat reQuest，ARQ）协议的支持。因此，在协同 MAC 研究的同时展开对协同 ARQ 协议的研究也是非常有必要的。进一步说，如何合理利用协同传输技术，结合有效的 ARQ 机制，并充分利用物理层信息，基于跨层设计的思想来设计高效的 MAC 协议，是利用协同传输技术提升系统整体性能的必需，也是构建协同无线网络迫切需要解决的关键问题之一。

协同传输技术与 MAC 协议相结合，能有效改善现有诸如 ALOHA、载波侦听多址接入（Carrier Sense Multiple Access，CSMA）等 MAC 层接入协议的性能，为无线通信业务提供更加可靠和高效的接入保证，从而为新一代无线网络架构提供相应的高效接入协议[1]。此外，Lin 和 Petropulu 等人提出将协同通信与网络辅助分集多址接入（Network-assisted Diversity Multiple Access，NDMA）相结合，通过协同传输获得空间和时间分集增益，从而更有效地解决分组冲突问题，显著地改善了系统性能[2,3]。上述研究成果表明，协同 MAC 技术能显著提升系统性能，具有广泛的研究潜力和应用前景。

ARQ 协议是一种重要的数据链路层差错控制机制，将协同通信技术与 ARQ 相结合能够综合利用协同通信和 ARQ 带来的分集增益，提高无线传输的可靠性，为未来高速高质量宽带无线通信业务提供相应的服务质量保证。ARQ 技术因其在差错控制、可靠通信等方面的优越性能，已被写入 4G 和无线局域网/个域网等不同类型的网络标准[4,5]；协同传输技术作为一种非常有应用前景的增强型技术，也已被写进了下一代无线网络的技术标准。可以预见，有效结合协同传输和 ARQ 的技术机制，必将在下一代无线网络中具有广阔的应用空间和市场前景。

5.1 概述

参照 OSI 七层协议模型，图 5-1 给出了无线网络协议栈的分层结构，将无线网络协议分为应用层、传输层、网络层、数据链路层和物理层。上层的应用服务和传输服务为终端的应用程序提供相应的服务。网络层主要提供分组转发和路由的功能。数据链路层位于第二层，主要解决的问题包括媒体接入控制，数据的传送、同步、纠错以及流量控制等。基于此，数据链路层又分为 MAC 子层和逻辑链路控制（Logic Link Control，LLC）子层。

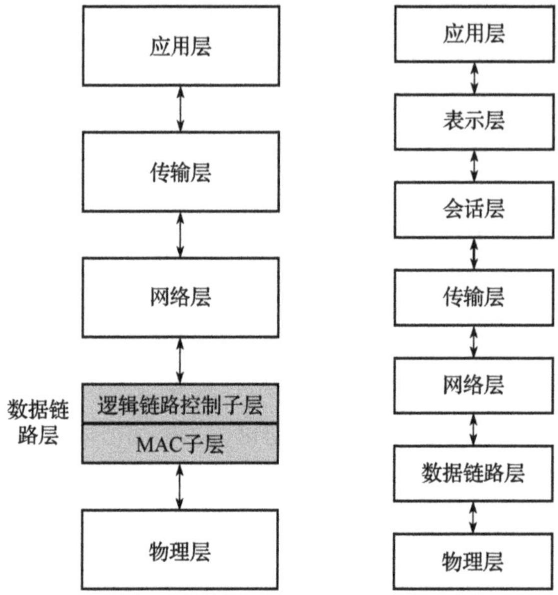

a）无线网络协议栈结构　　b）OSI协议栈结构

图 5-1　网络协议栈结构示意图

媒体接入控制子层主要解决多个用户动态共享信道资源的问题，控制节点接入无线信道，为上层提供快速、可靠的帧传送支持；链路控制子层主要解决在不太可靠的物理信道上实现可靠数据传输的问题，完成连接控制、分群等与信道无关的链路层功能。MAC 协议决定了数据链路层的绝大部分功能，是无线网络协议的重要组成部分，是分组在无线信道上发送和接收的直接控制者。而 LLC 协议能否有效地使用无线信道的有限带宽，将对无线网络的性能起着决定性作用。

5.1.1　MAC 协议分类

无线网络中，MAC 协议根据不同的分类方式有很多种类型。如果根据节点获得信道的方式不同来分，主要有三类：固定分配、随机接入和轮替接入。固定分配是利用 TDMA/FDMA/CDMA 等多址方式将信道分为若干个子信道，预先为每个用户指配一定数量的子信道。虽然这种方式开销小，但是不适于突发业务，对于具体环境和业务变化不具有自适应性，只适用于特殊场合或者与其他技术结合使用。随机接入是当前无线自组网中的主流信道接入技术，也是本章讨论的重点。随机接入协议中用户根据自身业务需要抢占信道资源来发送信息，并通知其他用户不得使用该资源。因此，当同一通信区域内多个用户同时需要发送信息时，就会造成冲突。如何有效解决冲突问题，是随机接入被广泛应用的前提之一。轮替接入可分为两种类型：轮询方式和令牌传递方式。蓝牙使用的 MAC 协议及

802.11 中的 PCF 机制都属于轮询方式，有主节点或是接入点（Access Point，AP）依次轮询其他节点，以控制信道的使用。令牌传递方式的本质是一种分布式的轮询方式。如果更粗略地根据节点接入信道的方式不同来划分，又可以归纳为两类：基于竞争的 MAC 协议和非竞争的 MAC 协议。其具体关系如图 5-2 所示。

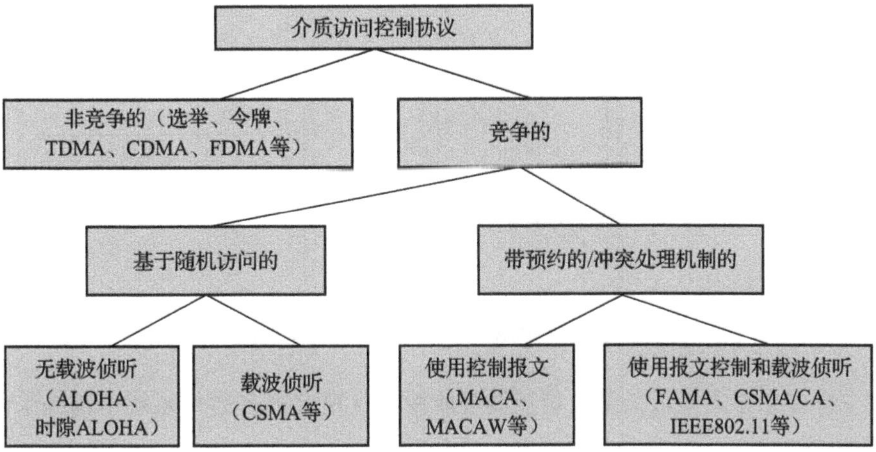

图 5-2　无线网络 MAC 协议分类

按照同步网络、异步网络来分，还可以将 MAC 协议分成同步 MAC 协议和异步 MAC 协议。这里所谓的同步网络是指网络中所有节点遵守同一个时隙划分标准，时隙长度相同，时隙起点也相同。而异步网络则是每个节点都有自己的时间标准，一般来说不再划分时隙，即使划分为等长时隙，其时间起点也不一样。

本章研究主要涉及固定分配和随机接入两种 MAC 协议，下面重点介绍这两类中的几种典型接入协议。

1. 多址技术

FDMA 是一种发展比较成熟的多址技术，已经研究了几十年。它是以传输信号的载波频率不同来区分信道建立多址接入的，如图 5-3a 所示。

TDMA 是在一个无线载波上，把时间分成周期性的帧，每一帧再分割成若干时隙（无论帧或时隙都是互不重叠的），每个时隙就是一个通信信道，分配给一个用户。如图 5-3b 所示，它是以传输信号存在的时间不同来区分信道建立多址接入的。

当以传输信号的码型不同来区分信道建立多址接入时，称为码分多址（CDMA）方式，如图 5-3c 所示。CDMA 系统为每个用户分配了各自特定的地址码，利用公共信道来传输信息。CDMA 系统的地址码相互正交，用于区别不同地址，而在频率、时间和空间上都可能重叠。系统的接收端必须有完全一致的本地地址码，用来对接收的信号进行相关检测。其他使用不同码型的信号因为和接收机本地产生的码型不同而不能被解调。它们的存在类似于在信道中引入了噪声或干扰，通常称之为多址干扰（Multiple Access Interference，MAI）。

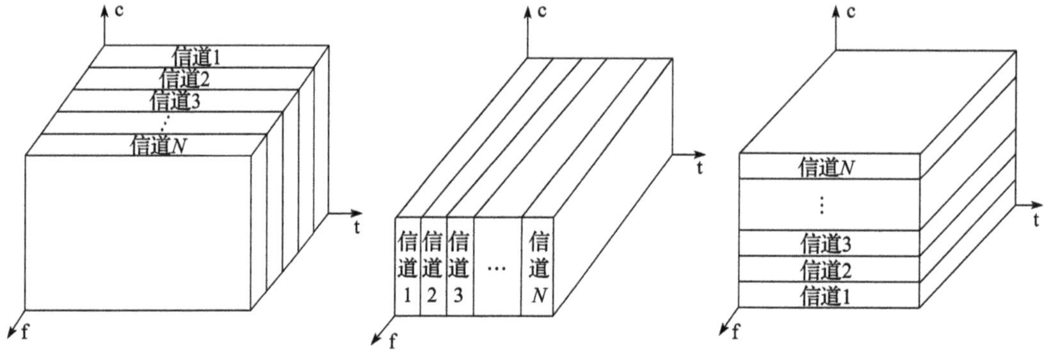

a）FDMA　　b）TDMA　　c）CDMA

图 5-3　FDMA、TDMA 和 CDMA 示意图

上述三种多址方式通常又可以相互结合使用，且现有很多通信系统中都是采用两种或三种结合使用的。

2. ALOHA 协议

最初 ALOHA 协议是在 20 世纪 70 年代初由夏威夷大学的研究小组试验成功的。根据 ALOHA 协议规则，任何一个用户随时有数据分组要发送，它就立刻接入信道进行发送，在相同的信道上或一个单独的反馈信道上等待应答。如果在一个给定的时间区间内，没有收到对方的认可应答，则重发刚发的数据分组。如果分组发生碰撞（收到 NACK），碰撞的分组经过随机时延后重传。在用户数较少的情况下，该协议能够很好地工作；但当用户数量较多，业务比较繁忙时，用户之间产生碰撞的概率大大增加，使得信道的利用率大大降低。

ALOHA 系统分为两种类型：纯（Pure）ALOHA 和时隙 ALOHA。它们的区别在于，是否将时间分为离散的时隙。纯 ALOHA 是一种完全随机的多址方式，无须全局时间同步，各节点发送时间是完全随机的，即只要节点有数据要发送，就尽管让它们发送。通过研究证明，纯 ALOHA 协议的信道利用率最大不超过 18%，并且该协议还存在潜在的不稳定性。

为了提高随机接入系统的吞吐量，1972 年 Roberts 提出可将所有各站在时间上都同步起来（当然这是需要付出代价的），并将时间划分为一段段等长的时隙（slot）。每个时隙正好传送一个数据包，数据包到达后，必须等到下一个时隙才能开始发送，从而避免了用户发送数据的随意性，减少了数据产生冲突的可能性；一旦发送冲突，数据包之间也是 100% 重叠，提高了信道的利用率。经过研究证明，采用时隙 ALOHA 后，系统的吞吐量提高了将近一倍。

3. 载波侦听多址接入（CSMA）协议

ALOHA 协议，特别是纯 ALOHA 信道利用率比较低，容易发生碰撞，一个重要原因是各个节点不管其他节点是否在发送，只要自己有数据要传输，就开始发送。显然，让网络中的节点首先侦听其他节点是否正在发送，然后确定自己是否要发送，这样可以有效提高信道利用率。这种方式又被形象地称为“先听后谈”（Listen Before to Talk，LBT）。网络中的节点通过先侦听信道确定是否有信号存在，然后决定是否接入信道的协议，这就是载波侦听多址接入协议。

目前，对 CSMA 协议的定义及分类多种多样。针对信道划分方式的不同，时隙 CSMA 和非时隙 CSMA。根据节点侦听信道为忙时处理方式的不同，又可分为坚持的 CSMA 和非坚持的 CSMA。根据节点侦听到信道为空闲时处理方式的不同，分为 1 坚持的 CSMA 和 p 坚持的 CSMA。以上各类的组合就构成了 CSMA 协议簇的所有可能情况。

此后，人们又在此基础上研究了 CSMA/CA 协议，四步握手协议（RTS-CTS-DATA-ACK）等各种 MAC 协议。

5.1.2　ARQ 协议分类

1. 传统 ARQ 协议

在传统的通信系统中，发送端和接收端之间只有一条单向数据通路，因此，即使数据不能被接收端正确接收，接收端也只能选择丢弃或者将错误数据汇报给上层，所以这种通信方式无法保证通信的可靠性。自动重传请求是一种双向通信方式，它在发送端和接收端之间引入了反向链路，用来将数据帧是否被接收端正确接收的信息反馈回发送端，从而使得发送端可以根据反馈信息，按照指定的重传策略选择下一帧要发送的数据帧。根据反馈和重传策略的不同，传统 ARQ 主要分为三种标准形式：停止等待 ARQ、连续 ARQ 和选择重传 ARQ。

（1）停止等待（Stop and Wait，SW）ARQ

停止等待 ARQ 是最基本的自动重传协议，图 5-4 描述了其基本的工作流程。其工作原理如下：信源对每个要发送的数据块进行检错码编码，同时将数据块存在存储器中；接收端收到数据块后，先对其进行检错码译码，根据译码结果判断是否正确接收，将正确接收的数据块转到信宿，并通过反馈控制器产生确认信息 ACK，将接收错误的数据块丢弃，并通过反馈控制器产生 NACK。发送端根据接收到的反馈信息进行相应处理，收到 ACK 时，将数据块从存储器中删除，收到 NACK 时，则将该数据块从存储器中取出重新发送。采用停止等待 ARQ，接收缓冲器和发送缓冲器只需存储当前发送的一个数据块，因而所需存储器容量不需要太大，但是空闲时间的存在，使得数据传输时延较大，尤其是当重传频率较高时，系统的时延性能明显下降。

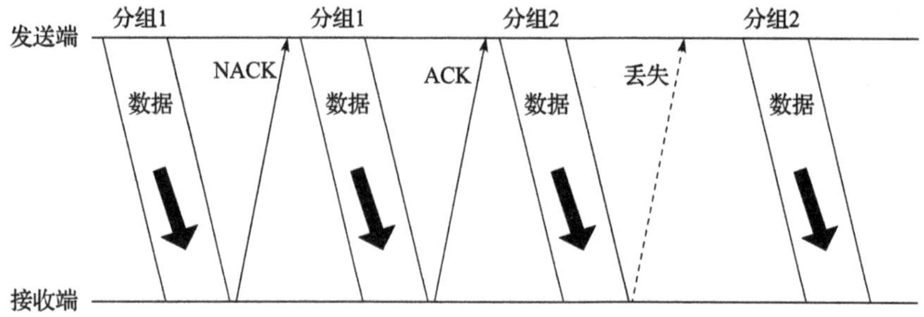

图 5-4　停止等待 ARQ 的基本工作流程

（2）连续 ARQ

连续 ARQ 也称为回退 NARQ 及返回 N 步式（Go Back N-Step，GBN）ARQ，其基本工作流程如图 5-5 所示。其工作原理如下：发送端连续发送数据块，并为每一块数据添加递增的序列号，发送出去的数据块全部存储在存储器中，发送端在每发完一个数据块后，就启动一个内部定时器，若在设置的超时之前收到接收端的 ACK 信息，则将对应序列号的数据块从存储器中删除，如果在定时器超时之前收到 NACK 信息，则将 NACK 指示的序列号 i 之后的数据块全部重发。相比于停止等待 ARQ，连续 ARQ 有效地避免了空闲时间，实现了数据块的连续传送，因而提高了时间利用率，但是当接收端对某一数据块译码失败后，会将其后正确接收的数据块丢弃，导致发送端重新发送已经正确接收的数据块，从而严重影响时延性能和吞吐量。

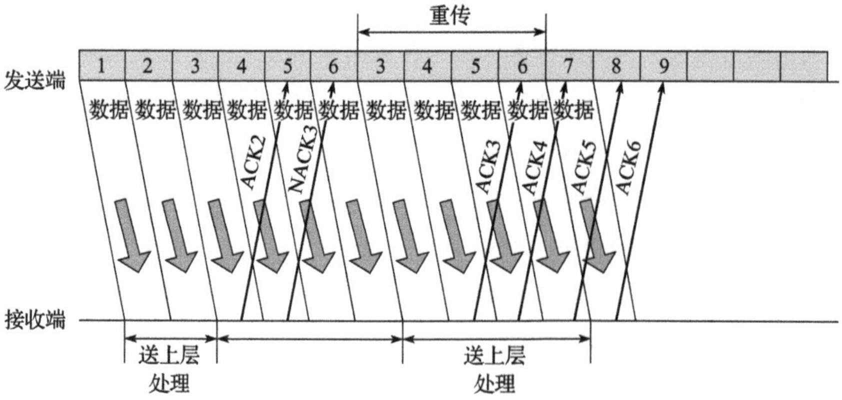

图 5-5　返回 N 步式 ARQ 的基本工作流程

（3）选择重传（Selection Retransmission，SR）ARQ

选择重传也属于一种连续 ARQ 方式，与连续 ARQ 相似，在选择重传中发送端也是不停地发送数据块，接收端根据检错的结果向发送端发送 ACK 或 NACK 应答。不同的是，当发送端收到 NACK 应答时只重传相应的数据块，在错误数据块之后收到的正确的数据块仍暂存在存储器中。相比前面两种 ARQ 方案，选择重传 ARQ 有效地避免了等待时间，而且在某一数据块接收失败后，其后正确接收的数据块不需要丢弃。但是选择重传需要占用更多的存储空间。选择重传的高通过率是以很大的发送缓冲区和更复杂的实现方法为代价的。其具体的工作流程如图 5-6 所示。

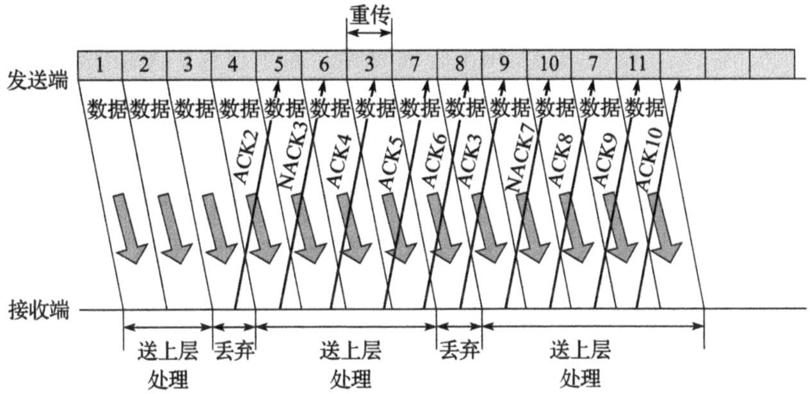

图 5-6　选择重传 ARQ 的基本工作流程

2. 混合 ARQ（Hybrid ARQ，HARQ）

为进一步提高数据传输效率，保证传输可靠性，将 FEC 和 ARQ 相结合，这就是混合 ARQ，其基本思想是用 FEC 来纠正传输中的多数错误，少数不可纠的错误通过重传来纠正，这样既保证了信息传输的可靠性又能兼顾有效性。

在较为恶劣的信道条件下，单独应用纠错编码和自动重传请求都有一定的局限性。纠错编码的局限性主要有以下几点：在误码率较高的条件下，必须加大冗余编码并且使用纠错能力强的码组，这使得编译码器的复杂度过高，同时由于加大了冗余编码导致系统吞吐量下降；而且无线信道状况不稳定，仅靠纠错编码方式无法保证某些重要数据的可靠传输。自动重传请求方式虽然能够保证数据的可靠传输，但是在高误码率条件下，重传频率明显增加，从而严重影响系统吞吐量，而且重传次数的增加会加大时延，导致时延敏感业务传送失败。

混合 ARQ 将纠错编码与自动重传请求相结合，充分利用两种方案的优点。在信道误码率较高的情况下，利用纠错编码纠正尽可能多的错误，从而降低重传频率，提高整个系统的吞吐量；对于纠错编码无法纠正的错误，利用 ARQ 系统的重传功能重传出错的数据，从而保证系统的可信度。因此混合 ARQ 一定程度上避免了自动重传请求较大的时延和前向纠错较大的复杂度的缺点，同时能达到较高的传输成功率。

从上面的介绍可以看出，混合 ARQ 技术是一种高效的差错控制方案，特别是基于协同传输的混合 ARQ 技术能为无线传输提供非常高的可靠性。本章在后续的内容中做了进一步的研究。

5.2 基于分布式节点选择的协同 ALOHA 协议

ALOHA 是无线信道中最早应用的随机接入控制协议，它作为一种基本的接入方案而得到了广泛的研究和应用。以往对 ALOHA 协议的研究大多是基于无差错传输或碰撞模型：当且仅当只有一个用户发射时传输成功，这一模型对于有线通信比较精确适用；而无线通信实际上往往由于衰落和干扰等因素的影响而存在传输误差。针对无线信道中存在衰落等因素而导致传输不可靠的问题，文献［6］将协同传输技术引入时隙 ALOHA（SALOHA）协议中，提出了一种跨层随机接入方案——协同 ALOHA（CALOHA），并建立了一个有效的吞吐量分析模型，仿真证实该方案比 SALOHA 协议吞吐量提高了约 30%。文献［7］将博弈论引入协同时隙 ALOHA 中，提出了一种基于价格的媒体接入协议，并将信道分配给信道质量更好的用户，来获得多用户分集增益，仿真结果显示文中所提协议能获得更高的能效或频谱效率。

在文献［6］中，为了便于理论分析，对所提 CALOHA 协议做了一些简化和理想假设，如①在进行协同重传时，网络中所有正确接收的节点都以概率参与协同；②在目的节点处进行最大比合并时，仅对当前重传的数据包进行合并，而没有考虑之前接收到的重传或直传的数据包，等等。这些都导致该协议开销太大，不适合实际应用。

针对上述问题，本节在已有 CALOHA 协议的基础上，讨论了一种基于分布式协同节点选择的新型协同 ALOHA 协议（NCALOHA）。该协议在 SALOHA 协议的基础上，针对数据包传输出错的问题，采用协同重传来提高数据包的正确接收概率，从而提高了随机接入的可靠性。协议中规定从所有正确译码的协同节点中，以分布式的方式选择一个到目的节点信道质量最好的节点来帮助重传。这样既避免了所有节点参与重传带来的能量浪费，又保证了协同重传一定的质量，相比而言，该协议更加适用于实际应用。同时，本节还探讨了一种新的理论分析模型，并得到了其吞吐量表达式。经过仿真证实，该模型能有效分析 SALOHA 和 NCALOHA 协议的吞吐量性能，且仿真结果显示该协议能获得相比 SALOHA 协议更高的吞吐量性能。

5.2.1 系统模型及协议

1. 系统模型

考虑由一个接入点（AP）和 m 个一般节点（Node）组成的无线网络，如图 5-7 所示，其中每个节点都仅配备单天线，且任意两个节点之间均一跳可达。假设每个节点有两个独立的存储器，每个存储器只能容纳一个数据包；用来存储自己数据的存储器定义为 B_t，而用来存储正确接收的邻居节点数据包的存储器定义为 B_c。如果 B_t 中存储的数据包没有被发射并成功接收，即 B_t 为非空，则新产生的数据包均会被抛弃；而 B_c 中的数据包，只有在该包被目的节点反馈已成功接收后才丢弃，此时 B_c 被清空，直至邻居节点发射的一个新数据包被正确接收。

假设每个节点新产生的数据包服从独立的泊松分布，到达速率为 λ/m。每个数据包的长度相同，为 L_p 个比特，且恰能在一个时隙内传输完毕。假设每个数据包仅在时隙开始时被发射，所有发射机均能保持精确同步。假设任意两个节点之间的信道均服从独立同分布的平坦瑞利衰落，且噪声服从均值为零、方差为 δ^2 的高斯分布。所有节点均采用固定的 BPSK 调制，而目的节点对通过协同重传得到的数据包与直传的数据包采用最大比合并（MRC），因此，可以得到平均误比特率 $\overline{P}_b(\overline{\gamma})$ 为

$$\overline{P}_b(\overline{\gamma}) = \frac{1}{2}\left(1 - \sqrt{\frac{\overline{\gamma}}{1+\overline{\gamma}}}\right) \tag{5-1}$$

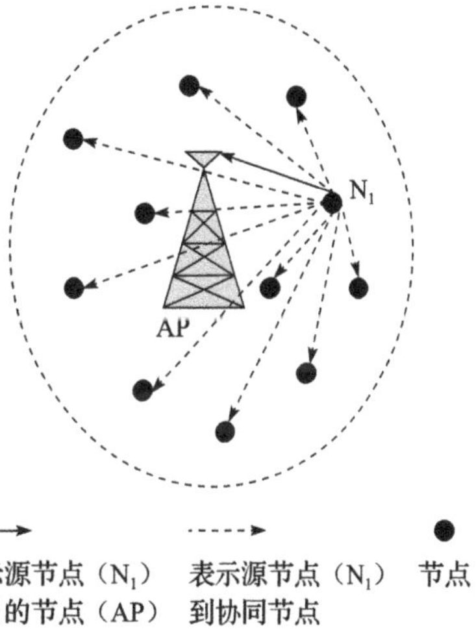

图 5-7　无线网络模型

式中，$\overline{\gamma}$ 表示平均接收信噪比。于是，对于长度为 L_p 的数据包，可以得到其成功传输概率为 $PSR(\overline{\gamma}) = [1-\overline{P}_b(\overline{\gamma})]^{L_p}$，同理，数据包的错误概率为 $PER(\overline{\gamma}) = 1-[1-\overline{P}_b(\overline{\gamma})]^{L_p}$。

2. 协议描述

网络中有数据包需要发送的所有节点，在时隙开始时以概率 q_r 发射。

1）如果没有数据包被发送，则认为该时隙为空时隙，定义为空事件（idle），目的节点反馈 ACK。

2）如果仅有一个数据包被发送，且被正确接收，则认为该时隙为成功时隙，定义为成功事件（success），目的节点反馈 ACK。

3）如果仅有一个数据包被发送，且被检测出错，则认为该时隙为错误时隙，定义为错误事件（error），目的节点反馈 NACK，并将该包缓存；此时启动协同重传，当目的节点反馈 NACK 后，正确接收该包的邻居节点，根据 NACK 信息提供的到目的节点之间的信道质量，选择一个节点来进行协同重传，目的节点将重传后的数据包与之前接收到的缓存数据包进行最大比合并。如果正确接收，则目的节点反馈 ACK 表明该事件结束；如果检测错误，仍由上次被选定的节点进行重传，直至该包被正确接收。需要说明的是，如果没有节点正确接收，则由源节点自己重传。同时，在进行协同重传的过程中，考虑了带重传限制的 ARQ 机制，即当重传次数超过 L 次，不论数据包是否被正确接收，目的节点都将反馈 ACK 表示该事件结束。

4）当有两个以上节点发送数据包时，则认为该时隙为冲突时隙，定义为冲突事件

(collision)，目的节点反馈 ACK，节点在下一个时隙开始时重新竞争发送数据包。可以看出，节点只有在收到 ACK 后，才会在时隙开始前以概率发送自己的数据包，否则进行协同重传或保持静默。这一规则，确保了协议在仅采用 ACK 和 NACK 两种反馈信号情况下，仍能较好地工作，相对文献［6］中需要采用多种反馈而言，协议更加简单易实现。假设反馈信道能确保完全无差错，CRC 校验能做到正确检测而不会出现漏检和错检。由于 ACK/NACK 信号需要表示空时隙、正确接收、错误接收和冲突事件 4 种事件，可以通过两个比特位加以表示。

本节采用文献［8］所提的节点选择方法，来实现协同节点的分布式选择，即协同节点根据接收到的 NACK 信号估计该节点到目的节点之间的信道状态，然后以第 i 个协同节点的信道系数 $|h_i|$ 为参数启动一个倒数计时器，来选择信道质量最好的节点进行协同重传。根据文献［8］的研究，节点的计时器按 $T_i = \frac{\lambda}{|h_i|}$ 来计时，可以通过合理设置参数 λ 来确保这一过程耗时在几十微秒的范围内；同时本节假设数据包包长较大而传输速率相对较低，即一个数据包传输时长（时隙）为毫秒级，因此在这种情形下这一协同节点选择过程对系统吞吐量的影响可以忽略。而且根据文献［8］的研究，不同协同节点得到的 $|h_i|$ 值相近而出现节点在一个较小区间内计时结束导致发生碰撞的概率非常小，甚至可以通过合理设置参数 λ 来消除。因为本节研究重点不在此，故不对其做进一步的讨论。于是信道质量最好的节点首先计时结束，即开始协同发送数据包，而其他节点通过信道侦听机制得知后即停止计时，并在收到目的节点的 ACK 反馈后，将该数据包丢弃，清空存储器。

5.2.2 理论分析

本节将对协议进行吞吐量性能分析，与文献［6］一样，根据全网所有存储器 B_t 中的数据包总数来定义系统状态，即当一个新的事件开始时，如果全网中存储在 B_t 中的数据包总数为 n，则认为系统处在状态 n；定义系统吞吐量为：当系统处于状态 n，单位时隙内被成功接收的平均数据包数。根据前面对协议的描述，可以分 4 种事件来计算系统处在状态 n 时的吞吐量。首先计算 4 种事件的平均吞吐量，然后运用全概率公式来计算系统总的吞吐量。所以系统在状态 n 时的吞吐量可以表示如下

$$\begin{aligned} P_n(s) = & P_n(s \mid \text{idle}) P_n(\text{idle}) + P_n(s \mid \text{success}) P_n(\text{success}) + \\ & P_n(s \mid \text{error}) P_n(\text{error}) + P_n(s \mid \text{collision}) P_n(\text{collision}) \end{aligned} \tag{5-2}$$

式中，$P_n(s \mid \text{idle})$、$P_n(s \mid \text{success})$、$P_n(s \mid \text{error})$、$P_n(s \mid \text{collision})$ 分别表示空事件、成功事件、错误事件和冲突事件发生后，给系统吞吐量带来的贡献，即单位时隙内相应事件发生后分组成功的概率，在此通过求时间平均来计算；而 $P_n(\text{idle})$、$P_n(\text{success})$、$P_n(\text{error})$、

$P_n(\text{collision})$分别表示在系统处在状态 n 时，空事件、成功事件、错误事件和冲突事件发生的概率。

对于每一个事件而言，将事件开始到结束（即目的节点反馈 ACK）的时间，定义为该事件的周期，则该事件对于系统吞吐量的贡献等于成功接收的包数对该事件周期（时隙数）的平均。因此，对于空事件，有 $P_n(s \mid \text{idle})=0$；对于成功事件，有 $P_n(s \mid \text{success})=1$；对于错误事件，则有

$$P_n(s \mid \text{error}) = \begin{cases} \sum_{l=1}^{L} [P(s,l,\text{ST}) + P(s,l,\text{CT})]/(1+l) & 1 \leqslant l \leqslant L \\ 0 & l > L \end{cases} \tag{5-3}$$

式中，$P(s, l, \text{ST})$ 表示源节点自己重传情况下，重传 l 次后分组成功的概率，可以通过下式得出：

$$\begin{aligned} P(s,l,\text{ST}) &= P(s \mid l,\text{ST})P(l \mid \text{ST})P(\text{ST}) \\ &= [1 - PSR_{\text{sr}}(\bar{\gamma})]^{m-1} \prod_{i=1}^{i=l-1} PER_{\text{ST}}(\bar{\gamma}_i) PSR_{\text{ST}}(\bar{\gamma}_l) \end{aligned} \tag{5-4}$$

而 $P(s, l, \text{CT})$ 表示邻居节点协同重传情况下，重传 l 次后分组成功的概率，可以通过下式得出：

$$\begin{aligned} P(s,l,\text{CT}) &= P(s \mid l,\text{CT})P(l \mid \text{CT})P(\text{CT}) \\ &= PSR_{\text{sr}}(\bar{\gamma})^{m-1} \prod_{i=1}^{i=l-1} PER_{\text{CT}}(\bar{\gamma}_i) PSR_{\text{CT}}(\bar{\gamma}_l) \end{aligned} \tag{5-5}$$

其中，$PER_{\text{CT}}(\bar{\gamma}_i)$ 表示通过邻居节点的第 i 次协同重传后，分组错误的概率。

对于冲突事件，则有 $P_n(s \mid \text{collision})=0$。

当系统处于状态 n 时，各个事件发生的概率可以通过下列公式来计算

$$P_n(\text{idle}) = (1 - q_s)^n \tag{5-6}$$

$$P_n(\text{success}) = \binom{n}{1} q_s (1 - q_s)^{n-1} PSR(\bar{\gamma}_{\text{sd}}) \tag{5-7}$$

$$P_n(\text{error}) = \binom{n}{1} q_s (1 - q_s)^{n-1} PER(\bar{\gamma}_{\text{sd}}) \tag{5-8}$$

$$P_n(\text{collision}) = \binom{n}{k} q_s^k (1 - q_s)^{n-k} \quad 2 \leqslant k \leqslant n \tag{5-9}$$

从上述的分析可以看出，基于各种事件在系统处于状态 n 时发生的概率及相应事件发生后带来的系统吞吐量贡献，运用全概率公式可以得到协议的吞吐量表达式。同理，可以运用该模型来计算 SALOHA 协议的吞吐量，基于上述分析，显而易见，只有在一个节点发

送数据包且被正确接收这一事件发生后，才会带来系统的吞吐量贡献，因此有

$$P_n(s)_{\text{SALOHA}} = P_n(1)P_s(\text{success}) = \begin{pmatrix} n \\ 1 \end{pmatrix} q_s(1-q_s)^{n-1}PSR(\overline{\gamma}_{\text{sd}}) \tag{5-10}$$

5.2.3 数值仿真

本节主要对协议的吞吐量性能进行仿真和分析，仿真条件设置如下：所有链路均服从独立同分布的准静态瑞利平稳衰落，噪声为加性高斯白噪声，BPSK 调制，数据包长度为 512bit，ARQ 最大重传次数为 3。首先，基于建立的吞吐量理论模型，分别对 SALOHA 和 NCALOHA 协议的吞吐量进行了仿真，并在相同的条件下与文献［6］所提 CALOHA 协议的吞吐量性能做了比较分析。其次，在源节点到目的节点以及协同节点之间的信噪比保持不变的情况下，仿真讨论了中继节点到目的节点之间信噪比的改变对系统吞吐量的影响。最后，在固定源节点到协同节点之间和协同节点到目的节点之间链路的信噪比的情况下，改变源节点到目的节点之间的信噪比，仿真分析了系统吞吐量的性能。

如图 5-8 所示，在采用与文献［6］相同的仿真条件下，即信道的信噪比为 25dB，仿真了 SALOHA 协议、CALOHA 协议以及 NCALOHA 协议在两种模型下的吞吐量性能。图中模型 1 是指前面建立的模型，而模型 2 是指文献［6］所提出的模型。从仿真结果来看，对于 SALOHA 协议，两种模型所得到的吞吐量结果相同。在协同概率为 0.25 的条件下，NCALOHA 协议基于模型 1 所得到的吞吐量，与文献［6］所提协议基于模型 2 所得吞吐量相比仅降低了约 2.1%；并比其在协同概率为 0.05 的条件下，吞吐量性能稍

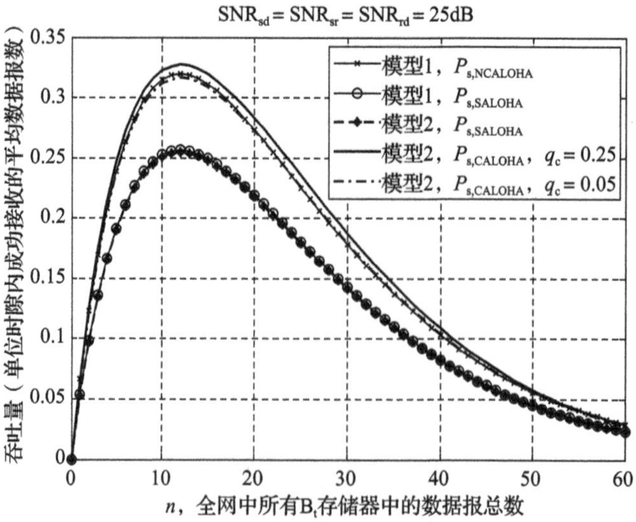

图 5-8　NCALOHA 协议与 CALOHA 协议在两种模型下的吞吐量性能

好。此外，相比 SALOHA 协议，NCALOHA 协议能使系统吞吐量提高约 25.5%。而 NCALOHA 协议仅需选择一个协同节点来重传，且最大重传次数为 L 次（在仿真中设定为 3）；文献［6］需要所有协同节点以概率（0.25 或 0.05）来重传，直至分组被成功接收而没有限定次数，这样在信道条件较差时，文献［6］中所提协议可能导致一遍遍重传而无法成功，甚至出现死锁现象，从而影响其他信道条件较好的节点的传输，出现浪费无线信道资源等问题。

在 $\mathrm{SNR_{sd}}=10\mathrm{dB}$ 和 $\mathrm{SNR_{sr}}=25\mathrm{dB}$ 且保持不变的情况下，本节仿真讨论了 NCALOHA 协议的吞吐量性能随 $\mathrm{SNR_{rd}}$ 的变化情况，如图 5-9 所示。从图中可以看出，当 $\mathrm{SNR_{sd}}=10\mathrm{dB}$ 时，SALOHA 协议的吞吐量性能几乎为零，说明在信道条件较差时，传统时隙ALOHA协议基本无法正常工作；对于 NCALOHA 协议，当 $\mathrm{SNR_{rd}}$ 信道较差（10dB）时，仍能获得 0.143 的系统吞吐量。

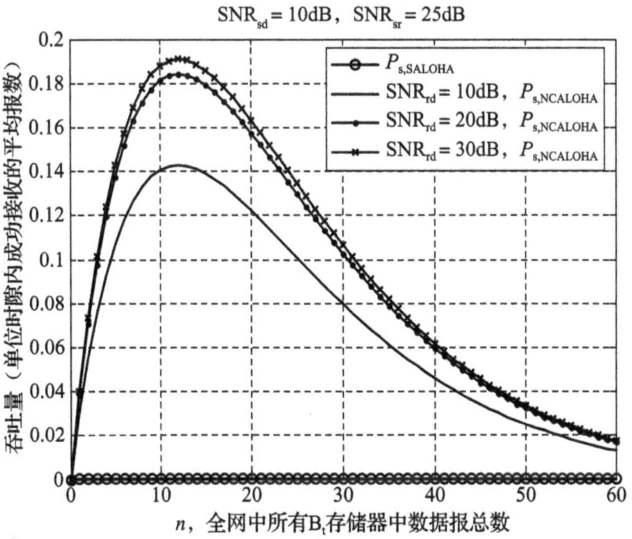

图 5-9　NCALOHA 协议吞吐量随 $\mathrm{SNR_{rd}}$ 的变化情况

在保持 $\mathrm{SNR_{sr}}=25\mathrm{dB}$ 和 $\mathrm{SNR_{rd}}=20\mathrm{dB}$ 不变的情况下，本节仿真讨论了 NCALOHA 协议的吞吐量性能随 $\mathrm{SNR_{sd}}$ 的变化情况，如图 5-10 所示。仿真结果显示，当 $\mathrm{SNR_{sd}}$ 取值从 10dB 增加到 20dB 时，吞吐量从 0.1841 增加到 0.245，提高了 33%；而从图 5-10 可以发现，当保持其他链路信噪比不变，而 $\mathrm{SNR_{rd}}$ 取值从 10dB 增加到 20dB 时，吞吐量从 0.143 增加到 0.1841，仅提高 22.3%。说明在其他链路信噪比一定时，$\mathrm{SNR_{sd}}$ 的改变比同等 $\mathrm{SNR_{rd}}$ 的变化对系统吞吐量的影响要大。因为 $\mathrm{SNR_{sd}}$ 的变化对吞吐量的影响仅需要一个时隙，而改变 $\mathrm{SNR_{rd}}$ 来影响系统吞吐量需要两个时隙来实现，因此，在成功接收数据包数相同的前提下，由 $\mathrm{SNR_{sd}}$ 带来的系统吞吐量变化要比 $\mathrm{SNR_{rd}}$ 大。

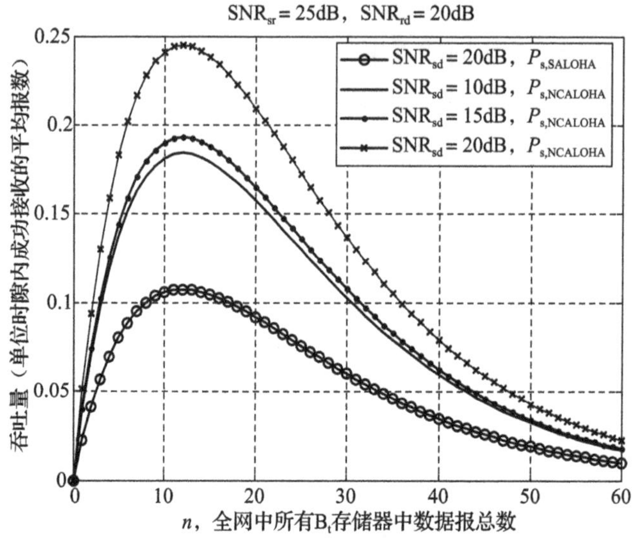

图 5-10　NCALOHA 协议吞吐量随 SNR_{sd} 的变化情况

5.3　具有任意最大重传次数的协同 ARQ 协议

从现有的研究来看，吞吐量性能是衡量 ARQ 协议性能的一个非常重要的标准，但是如何分析任意最大重传次数的协同 ARQ 协议的吞吐量性能还没有比较好的途径。因此，本节针对一种最大重传次数为任意数的协同 ARQ 协议展开研究，建立了一个一般的吞吐量分析模型。该模型对于类似协议的吞吐量性能分析都有一定的指导和参考意义。

因为无线网络中存在各种诸如多径衰落、用户移动、受限的发射功率、强干扰信号等因素的影响，导致无线传输可靠性降低。ARQ 协议作为一种重要的差错控制机制，受到了人们的青睐，并已经成为许多无线网络标准的重要组成部分。而协同传输，因为能通过邻居节点辅助传输获得高的分集增益来有效对抗无线衰落、干扰等影响，成为一种具有广泛应用前景的技术，并已经被写入 4G 标准。近年来，协同传输技术得到了广泛关注和研究，一系列的协同协议、方案等被提出和分析。同时在协同传输的研究中，很多都是结合协同重传来展开的，于是协同 ARQ 协议自然而然地受到了大家的广泛关注[10-12]。这些研究表明协同 ARQ 能有效对抗高误帧率，减少因分组传输错误后重传带来的高开销。

文献［11］中，作者研究了蜂窝无线网络中协同 ARQ 协议的性能。基于马尔科夫链模型给出了系统吞吐量的表达式，分析并仿真了中继重传策略与系统吞吐量之间的关系。文献［10］针对无线 Ad Hoc 网络提出了一种节点协同 ARQ 方案。文中建立了一个两状态的马尔科夫链模型来计算系统吞吐量、平均时延、时延抖动等性能。蒙特卡洛仿真表明，所提协议能显著改善系统的性能。但是这些协议都是针对 ARQ 最大重传次数为无限次时展开讨论的，所得到的结论离实际应用还有差距。对于信道条件较差的通信系统，如果 ARQ 重传次数没有限制，往往会导致很高的系统开销和较大的时延。因此，实际系统中 ARQ 次数都是有限的，这样也便于降低系统开销和时延。文献［12］中，Lingfan Weng 等人从分集复用时延折中的角度分析了协同 ARQ 广播信道的性能。但是没有讨论系统的吞吐量、时延等性能。

本节讨论了一种单中继协同 ARQ 协议，该协议中，ARQ 最大重传次数为一任意数 L，且采用最大比合并（MRC）接收来自直传链路和协同链路的信号。针对该协议，建立了一个马尔科夫链分析模型来计算协议的吞吐量性能。基于一种无线通信场景，进行了蒙特卡洛仿真，并分析比较了数值结果和仿真结果。此外，还仿真讨论了 ARQ 最大重传次数对协议吞吐量性能的影响。

5.3.1 系统模型及信道模型

1. 系统模型

如图 5-11 所示，考虑一个经典的三节点网络模型，即网络由单源节点（S）、单中继节点（R）和单目的节点（D）组成，且每个节点仅配备一根全向天线。假设网络中所有节点均以半双工方式工作，采用 BPSK 调制且不考虑任何编码方式。本节假设一个信息的传输是一个 ARQ 过程，而定义包含相同信息的分组的连续传输为“ARQ 环”。如果目的节点成功接收分组信息，则反馈一个 ACK（ACKnowledgement）信号，否则反馈 NACK（Negative ACKnowledgement）信号。

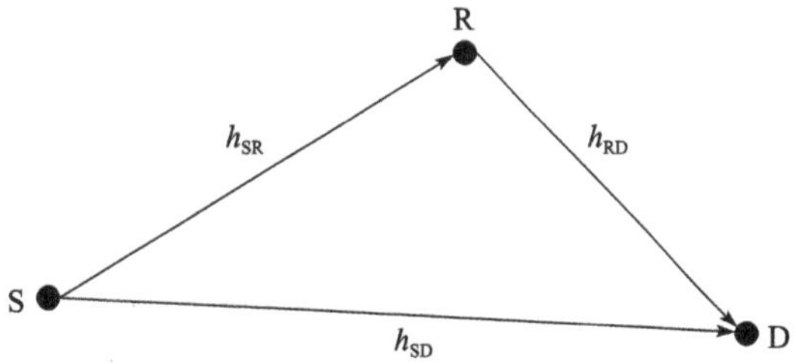

图 5-11　无线网络模型

并假设反馈信号在时隙结束时被立即反馈，且无差错传输，这与现有大多数文献研究中假设一致。与现有的 C-ARQ 协议不同[10,11]，本节定义 ARQ 环的最大次数为 $L \geqslant 1$，如果 $L=1$，则表示信息通过直接传输就被成功接收。ARQ 过程只有在所传输的信息被正确接收或者重传次数达到了最大重传次数的限制后才会结束。

2. 信道模型

本节采用零均值、单位方差的循环对称复高斯信道，如图 5-11 所示，S、R、D 之间的信道系数分别表示为 h_{SD}、h_{SR}、h_{RD}，服从相互独立的瑞利分布。噪声为相互独立的加性高斯白噪声。$x_i(n)$ 表示节点 $i[i \in (S, R)]$ 上的第 n 个传输符号，节点 $j[j \in (D, R)]$ 接收到的等效基带信号可以表示为

$$y_{i,j}(n) = \sqrt{E_i} h_{i,j}(n) x_i(n) + z_j(n) \tag{5-11}$$

式中，$\sqrt{E_i}$等于节点$i[i\in(\mathrm{S},\ \mathrm{R})]$ 发送每个符号的能量；$h_{i,j}(n)$ 是指节点i和节点j之间的信道系数。假设信道是块衰落信道，即在一个传输时隙内信道系数保持不变。因此，连续的 ARQ 环所对应的信道系数是服从独立同分布的瑞利过程。因为 $h_{i,j}(n)$ 服从瑞利分布，所以 $|h_{i,j}(n)|^2$ 服从指数分布，且概率密度函数可以表示为

$$f_{|h_{i,j}(n)|^2}(h) = \frac{1}{\lambda_{i,j}}\exp\left(-\frac{h}{\lambda_{i,j}}\right) \tag{5-12}$$

式中，$\lambda_{i,j}=E\{|h_{i,j}(n)|^2\}$。

而且，假设接收机已知发射端－接收端链路的完全信道系数信息，而发射端未知信道状态信息，即 R 已知 S-R 链路的增益，而 D 已知 S-D 和 R-D 链路的增益。同时认为信道是短期静态分布，且不同时隙的信道相互独立。假设反馈信号能被完全正确接收，且在接收节点译码结束时被立即反馈，并认为节点之间能实现完全同步。

5.3.2 协同 ARQ 协议及其吞吐量分析

1. 协议描述

本节所讨论的协同 ARQ 协议的主要工作过程如下：首先，源节点 S 向目的节点 D 发送数据包，D 接收数据包后，存在两种可能：①如果该分组被 D 正确接收，则广播 ACK 信号。S、R 在接收到反馈信号后，丢弃该分组，同时在新的时隙准备下一个分组的发送；②如果 D 不能正确接收该分组，则反馈 NACK 信号，请求重传。一方面，如果 R 成功接收了该分组，则 R 协同 S 在下一个时隙重传该分组，而 D 采用 MRC 方式接收。需要说明的是，本节假设所有节点通过类似文献［13］的技术能取得精确的同步，即使在不完全同步的情况下，采用文献［14］中所列的方法同样能使 MRC 获得满分集增益。另一方面，如果 R 错误接收了该分组，则由 S 以传统 ARQ 协议的方式重传该分组。如果 D 成功接收了该分组，则反馈 ACK，ARQ 传输过程结束；否则，在下一个时隙继续重传，直至该分组被正确接收，或者达到最大重传次数而该分组被丢弃。在由 S 单独重传的过程中，R 同时也在接收其重传的分组，如果 R 成功接收而 D 没有正确接收，则由 R 与 S 在下一个时隙向 D 协同重传该分组。

2. 系统状态定义

根据本节所讨论的协同 ARQ 协议，分组传输过程可以建模成一个包含 $m=1+\frac{(L+1)L}{2}$个状态的离散时间马尔科夫链过程。为了便于理解分析，定义各状态如下：

1）定义 $S_{0,0}$为分组被目的节点成功接收时的系统状态。因为分组被成功接收后意味着新分组即将在新时隙被发送，所以该状态也可认为是系统的初始状态。

2）定义 $E_{l,0}$为分组经过源节点 S 的 $l(1\leqslant l\leqslant L)$ 次传输后，目的节点 D 和中继节点 R

仍没有正确接收时的系统状态。需要说明的是，当 $l=L$ 时，根据协议规程，分组传输达到最大传输次数限制，ARQ 传输结束。这意味着一个新的分组在新时隙将被发送，所以也可以看成系统处在初始状态。

3）定义：$R_{l,k}$表示分组经过第 $l(1\leqslant l\leqslant L)$ 次重传后，中继节点 R 第 $k(1\leqslant k\leqslant l)$ 次正确接收该分组；为便于分析，在此认为 R 正确接收分组后，如果 ARQ 传输过程没有结束，则 R 将一直保留该分组；且从 R 第一次正确接收该分组后，随着对该分组重传次数的增加，R 正确接收该分组的次数也随之增加。

各状态的相互关系如图 5-12 所示。对于该图还需要说明几点：

1）状态 $S_{0,0}$：可以从任意一个状态转移得到，因为根据协议的规程，每一次传输都可能被正确接收，即转移到 $S_{0,0}$状态。

2）状态 $E_{l,0}(1\leqslant l\leqslant L)$：只能从初始状态转移到状态 $E_{1,0}$、$E_{2,0}$、…、$E_{L,0}$。因为 R 正确接收分组后，在 ARQ 传输结束前不会丢弃，因此，状态 $E_{l,0}$只能是由 S 重传（$1\leqslant l\leqslant L$）次后得到。

3）状态 $R_{l,k}(1\leqslant l\leqslant L，1\leqslant k\leqslant l)$：只能是从初始状态转移到状态 $E_{l-k,0}$后，再转移到 $R_{l-k+1,1}$、$R_{l-k+2,2}$、…、$R_{l,k}$。因为中继节点 R 正确接收分组后，在 ARQ 传输结束之前不会丢弃，且正确接收该分组的次数随着重传次数增加而增加，所以状态 $R_{l,k}$的状态转移关系只能是从初始状态出发，经源节点 S 单独传输 $l-k$ 次，再由 R 协同 S 重传 k 次到达状态。

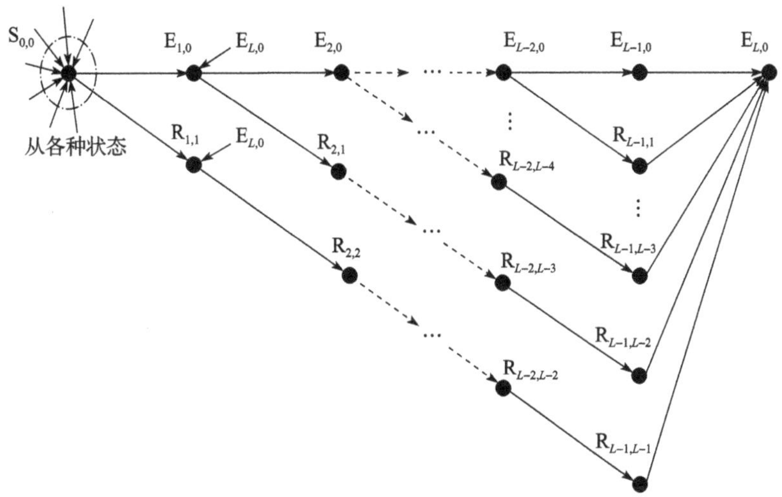

图 5-12　协同 ARQ 状态转移图

3. 转移概率计算

本节主要介绍如何计算各状态之间的转移概率，用中断概率来表示。如果链路没有中断，则认为分组能被正确接收。换句话说，如果信道的容量比相应链路的最小传输速率 r

还小，则链路发生中断，分组不能被正确接收。因此，各状态之间的转移概率可以通过相应链路的中断概率来表示。

定义 $P_{\mathrm{SR}}^{\mathrm{out}}(n)$、$P_{\mathrm{SD}}^{\mathrm{out}}(n)$、$P_{\mathrm{SRD}}^{\mathrm{out}}(n)$ 分别表示链路 S-R、S-D 和协同链路在 n 时隙时的中断概率，在此协同链路是指目的节点 D 采用 MRC 接收来自直传（S-D）和由 R 协同传输到 D(R-D) 两条链路的等效链路。考虑到所采用的信道为块衰落信道，信道系数在一个时隙内保持不变，因此，在计算 n 时隙 $P_{\mathrm{SR}}^{\mathrm{out}}(n)$、$P_{\mathrm{SD}}^{\mathrm{out}}(n)$、$P_{\mathrm{SRD}}^{\mathrm{out}}(n)$ 时，其中 n 均可以省略，即 n 时隙 S-R、S-D 和协同链路的中断概率可以表示为 $P_{\mathrm{SR}}^{\mathrm{out}}$、$P_{\mathrm{SD}}^{\mathrm{out}}$、$P_{\mathrm{SRD}}^{\mathrm{out}}$。下面将分别给出 $P_{\mathrm{SD}}^{\mathrm{out}}$、$P_{\mathrm{SR}}^{\mathrm{out}}$、$P_{\mathrm{SRD}}^{\mathrm{out}}$的计算式，即

$$\begin{aligned} P_{\mathrm{SD}}^{\mathrm{out}} &= \Pr\{I_{\mathrm{SD}} < r\} = \Pr\{\log(1+\mathrm{SNR_S}|h_{\mathrm{SD}}|^2) < r\} \\ &= \Pr\left\{|h_{\mathrm{SD}}|^2 < \frac{2^r-1}{\mathrm{SNR_S}}\right\} = \Pr\{|h_{\mathrm{SD}}|^2 < \gamma_{\mathrm{th}}\} \end{aligned} \tag{5-13}$$

式中，$\mathrm{SNR_S}$ 表示 S 的发送信噪比，并定义 $\gamma_{\mathrm{th}}=\frac{2^r-1}{\mathrm{SNR_S}}$。

同理，可以得到 $P_{\mathrm{SR}}^{\mathrm{out}}$为

$$\begin{aligned} P_{\mathrm{SR}}^{\mathrm{out}} &= \Pr\{I_{\mathrm{SR}} < r\} = \Pr\{\log(1+\mathrm{SNR_S}|h_{\mathrm{SR}}|^2) < r\} \\ &= \Pr\left\{|h_{\mathrm{SR}}|^2 < \frac{2^r-1}{\mathrm{SNR_S}}\right\} = \Pr\{|h_{\mathrm{SR}}|^2 < \gamma_{\mathrm{th}}\} \end{aligned} \tag{5-14}$$

而 $P_{\mathrm{SRD}}^{\mathrm{out}}$与 S-D 和 R-D 链路信道系数均有关，可以计算为

$$\begin{aligned} P_{\mathrm{SRD}}^{\mathrm{out}} &= \Pr\{I_{\mathrm{MRC}} < r\} \\ &= \Pr\left\{\frac{1}{2}\log(1+\mathrm{SNR_S}|h_{\mathrm{SD}}|^2+\mathrm{SNR_R}|h_{\mathrm{RD}}|^2) < r\right\} \\ &= \Pr\{\mathrm{SNR_S}|h_{\mathrm{SD}}|^2+\mathrm{SNR_R}|h_{\mathrm{RD}}|^2 < 2^{2r}-1\} \end{aligned} \tag{5-15}$$

如果 $\mathrm{SNR_S}=\mathrm{SNR_R}$，则 $P_{\mathrm{SRD}}^{\mathrm{out}}=\Pr\left\{|h_{\mathrm{SD}}|^2+|h_{\mathrm{RD}}|^2<\frac{2^{2r}-1}{\mathrm{SNR_S}}=\gamma_{\mathrm{th}}\right\}$，令 $h_{\mathrm{equ}}=|h_{\mathrm{SD}}|^2+|h_{\mathrm{RD}}|^2$，则 h_{equ}服从 2 阶爱尔朗（Erlang）分布，其分布函数为 $F_{h_{\mathrm{equ}}}(z)=1-\exp(-z)-z\exp(-z)$。

而如果 $\mathrm{SNR_S}\neq\mathrm{SNR_R}$，定义 $\Xi=\mathrm{SNR_S}|h_{\mathrm{SD}}|^2+\mathrm{SNR_R}|h_{\mathrm{RD}}|^2$，因为 $|h_{\mathrm{SD}}|$、$|h_{\mathrm{RD}}|$ 服从相互独立的瑞利衰落，因此，可以得到其 PDF 和累积分布函数 CDF 表达式如下，具体的证明过程参见本章附录。

$$p_{\Xi}(z) = \sum_{t=0}^{1}\frac{b(t)}{\lambda(t)}\exp\left[-\frac{z}{\lambda(t)}\right] \tag{5-16}$$

$$F_{\Xi}(z) = \sum_{t=0}^{1}b(t)\left[1-\exp\left(-\frac{z}{\lambda(t)}\right)\right] \tag{5-17}$$

式中，$b(t)=\prod_{t=0,t\neq c}^{1}\frac{\lambda(t)}{\lambda(t)-\lambda(c)}$，$\lambda(0)=\mathrm{SNR_S}$，$\lambda(1)=\mathrm{SNR_R}$。

基于前面的论述，可以给出计算转移概率矩阵 $\boldsymbol{P}$ 的步骤如下：

步骤 1：明确各状态之间的相互关系。

步骤 2：根据图 6.2 即状态集 Ω 中各状态的相互转移关系，计算其中所有元素之间的转移概率，即得到转移概率矩阵 $\boldsymbol{P}$。具体计算如下：

状态 $\mathrm{S_0}$只能转移到 $\mathrm{S_{0,0}}$、$\mathrm{E_{1,0}}$、$\mathrm{R_{1,1}}$这三个状态，对应的转移概率为：$p_{\mathrm{S}_{0,0}\to\mathrm{S}_{0,0}}=p_{1,1}=1-P_{\mathrm{SD}}^{\mathrm{out}}$、$p_{\mathrm{S}_{0,0}\to\mathrm{E}_{1,0}}=p_{1,2}=P_{\mathrm{SD}}^{\mathrm{out}}P_{\mathrm{SR}}^{\mathrm{out}}$、$p_{\mathrm{S}_{0,0}\to\mathrm{R}_{1,1}}=p_{1,3}=P_{\mathrm{SD}}^{\mathrm{out}}(1-P_{\mathrm{SR}}^{\mathrm{out}})$。而从 $\mathrm{S_{0,0}}$转移到 Ω 中其他元素的概率均为 0。

状态 $\mathrm{E}_{l,0}(1\leqslant l<L-1)$ 只能转移到 $\mathrm{S_{0,0}}$、$\mathrm{E}_{l+1,0}$、$\mathrm{R}_{l+1,1}$这三个状态，对应的转移概率为：$p_{\mathrm{E}_{l,0}\to\mathrm{S}_{0,0}}=p_{1+\frac{(l+1)l}{2},1}=1-P_{\mathrm{SD}}^{\mathrm{out}}$、$p_{\mathrm{E}_{1,0}\to\mathrm{E}_{l+1,0}}=p_{1+\frac{(l+1)l}{2},1+\frac{(l+2)(l+1)}{2}}=P_{\mathrm{SD}}^{\mathrm{out}}P_{\mathrm{SR}}^{\mathrm{out}}$、$p_{\mathrm{E}_{l,0}\to\mathrm{R}_{l+1,1}}=p_{1+\frac{(l+1)l}{2},\frac{(l+2)(l+1)}{2}+2}=P_{\mathrm{SD}}^{\mathrm{out}}(1-P_{\mathrm{SR}}^{\mathrm{out}})$。而从 $\mathrm{E}_{l,0}$转移到 Ω 中其他元素的概率均为 0。需要说明的是，当 $l=L-1$ 时，只能转移到 $\mathrm{S_{0,0}}$、E_L这两个状态，对应的转移概率为：$p_{\mathrm{E}_{L-1,0}\to\mathrm{S}_{0,0}}=p_{1+\frac{(L-1)L}{2},1}=1-P_{\mathrm{SD}}^{\mathrm{out}}$、$p_{\mathrm{E}_{L-1,0}\to\mathrm{E}_{L,0}}=p_{1+\frac{(L-1)L}{2},1+\frac{(L+1)L}{2}}=P_{\mathrm{SD}}^{\mathrm{out}}$；而当 $l=L$ 时，只能转移到 $\mathrm{S_{0,0}}$、$\mathrm{E_{1,0}}$、$\mathrm{R_{1,1}}$，相应的转移概率为：$p_{\mathrm{E}_{L,0}\to\mathrm{S}_{0,0}}=p_{1+\frac{(L+1)L}{2},1}=1-P_{\mathrm{SD}}^{\mathrm{out}}$、$p_{\mathrm{E}_{L,0}\to\mathrm{E}_{1,0}}=p_{1+\frac{(L+1)L}{2},2}=P_{\mathrm{SD}}^{\mathrm{out}}P_{\mathrm{SR}}^{\mathrm{out}}$、$p_{\mathrm{E}_{L,0}\to\mathrm{R}_{1,1}}=p_{1+\frac{(L+1)L}{2},3}=P_{\mathrm{SD}}^{\mathrm{out}}(1-P_{\mathrm{SR}}^{\mathrm{out}})$。

状态 $\mathrm{R}_{l,k}(1\leqslant l<L-1,\ 1\leqslant k\leqslant l)$ 只能转移到 $\mathrm{S_{0,0}}$、$\mathrm{R}_{l+1,k+1}$两个状态，其转移概率为：$p_{\mathrm{R}_{l,k}\to\mathrm{S}_{0,0}}=p_{1+\frac{(l+1)l}{2}+k,1}=1-P_{\mathrm{SRD}}^{\mathrm{out}}$、$p_{\mathrm{R}_{l,k}\to\mathrm{R}_{l+1,k+1}}=p_{1+\frac{(l+1)l}{2}+k,\frac{(l+2)(l+1)}{2}+k+2}=P_{\mathrm{SRD}}^{\mathrm{out}}$。而当 $l=L-1$ 时，$\mathrm{R}_{l,k}(l=L-1,\ 1\leqslant k\leqslant L-1)$ 只能转移到 $\mathrm{S_{0,0}}$、E_L两个状态。相应的转移概率为：$p_{\mathrm{R}_{L-1,k}\to\mathrm{S}_{0,0}}=p_{1+\frac{(L-1)L}{2}+k,1}=1-P_{\mathrm{SRD}}^{\mathrm{out}}$、$p_{\mathrm{R}_{L-1,k}\to\mathrm{E}_{L,0}}=p_{1+\frac{(L-1)L}{2}+k,1+\frac{(L+1)L}{2}}=P_{\mathrm{SRD}}^{\mathrm{out}}$。

步骤 3：计算稳态分布概率和系统吞吐量。设 $\vec{\pi}=\{\pi_1,\pi_2,\cdots,\pi_m\}$ 为稳态分布概率。于是，通过解稳态方程可以得到$\vec{\pi}$。

$$\begin{cases}\bar{\pi}=\bar{\pi}\mathrm{P}\\ \sum\bar{\pi}=1\end{cases}\tag{5-18}$$

4. 理想协同 ARQ 协议

作为比较，本节考虑一种没有重传限制的协同 ARQ 协议，即在一个分组被成功接收以前 ARQ 传输过程不会结束，且当中继正确接收了该分组而目的节点没有时，中继和源节点一起协同重传该分组，直至其被正确接收为止。该协议与文献［10，11］中所提协议的不同之处在于该协议中目的节点采用 MRC 来接收直传和中继链路的信号，在此称其为 P-CARQ。基于文献［11］中所给吞吐量计算方法，可以求出 P-CARQ 协议的吞吐量为

$$\pi_{\text{P-CARQ}}=\frac{1-P_{\mathrm{SRD}}^{\mathrm{out}}-P_{\mathrm{SD}}^{\mathrm{out}}P_{\mathrm{SR}}^{\mathrm{out}}+P_{\mathrm{SD}}^{\mathrm{out}}P_{\mathrm{SR}}^{\mathrm{out}}P_{\mathrm{SRD}}^{\mathrm{out}}}{1-P_{\mathrm{SRD}}^{\mathrm{out}}-P_{\mathrm{SD}}^{\mathrm{out}}P_{\mathrm{SR}}^{\mathrm{out}}+P_{\mathrm{SD}}^{\mathrm{out}}}\tag{5-19}$$

5.3.3 仿真分析

本节将仿真所给协同 ARQ 协议的吞吐量性能，并与基于马尔可夫（Markov）链模型所得到的吞吐量理论值进行比较。在此，考虑一个类似于文献［11］中所给的无线蜂窝网络场景，一个用户接入基站或接入点，且有一个被基站很好地覆盖的中继站部署在附近，并认为该中继是作为蜂窝基础设施的一部分而被专用于协同的设备（例如 3G-LTE）。

以 ARQ 最大传输次数 $L=2$ 和 $L=3$ 为例，本节仿真比较了本节所讨论的 C-ARQ 协议的理论吞吐量性能和实际吞吐量性能。具体的参数设置如下，R-D 链路平均信噪比为 20dB，而 S-D 链路和 S-R 链路的平均信噪比相同，且在 0～15dB 之间变化。在此基础上，仿真比较了系统吞吐量的理论和实际性能，如图 5-13 所示。从图中可以看出，C-ARQ 协议吞吐量的理论值和仿真值基本吻合。这表明前面建立的吞吐量分析模型对分析最大重传次数为任意值的协同 ARQ 协议是有效的。此外，如果重传次数增加 1 次，在信噪比较低（如 0～6dB）时，协同 ARQ 协议的吞吐量性能明显提升；而信噪比较高时，其吞吐量性能的提升就不明显了。因为，当链路信噪比较高时，C-ARQ 协议经过一次协同重传后，分组基本上能被正确接收，因此再通过增加重传次数来提升吞吐量性能意义就不大了。

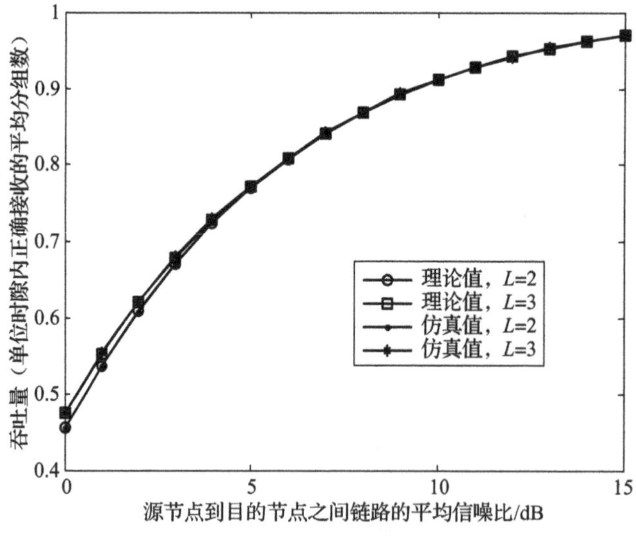

图 5-13　系统吞吐量理论值和仿真值

如图 5-14 所示，在相同条件下，仿真比较了 P-CARQ 协议与本节所讨论协议在 $L=2$ 和 $L=3$ 时的吞吐量性能。具体的参数设置如下，R-D 链路平均信噪比分别取为 20dB 和 15dB，而 S-D 链路和 S-R 链路的平均信噪比相同且在 0～15dB 区间内变化，仿真比较了系统的吞吐量性能。从图中的数值仿真结果来看，随着最大重传次数的增加，系统吞吐量有明显提升，且当最大重传次数 $L=3$ 时，系统吞吐量性能已经基本接近 P-CARQ 协议的性能。这也说明在实际系统中 ARQ 的最大重传次数不需要太大。此外，在其他条件保持不变的情况下，增加 R-D 链路的信噪比，系统吞吐量性能有提升但是增加不大。

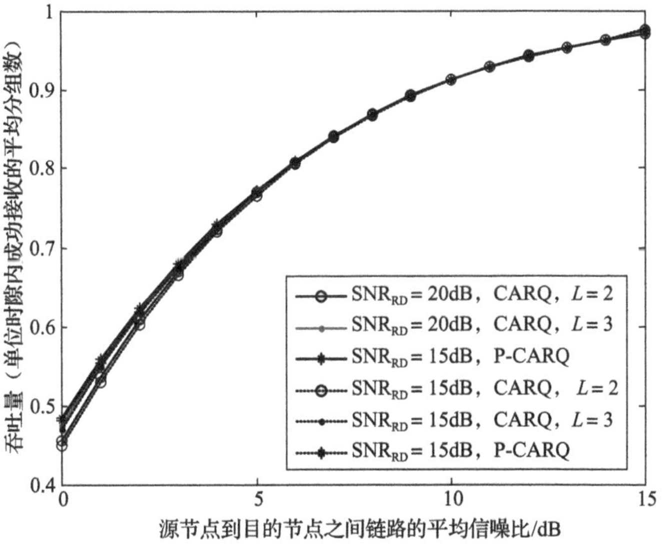

图 5-14　C-ARQ 协议与 P-CARQ 协议的吞吐量性能

5.4　研究展望

协同 MAC 技术能大幅提升无线 MAC 技术的性能，为实现无线网络可靠接入提供了新的途径；同时，协同 ARQ 技术更进一步地提高了无线传输的可靠性。这也充分表明，协同 MAC 和协同 ARQ 技术在无线网络中有着广阔的应用前景。虽然目前已有大量关于协同 MAC 和协同 ARQ 技术的研究，但是这方面的研究工作远未结束，还有很多问题有待解决。

干扰条件下如何实现可靠 MAC 接入具有十分重要的现实意义。已有文献展开针对两源两目的节点网络中干扰信道条件下基于协同传输的混合 ARQ 协议的研究，但是这一方面的研究还不多见，还有必要做更深入的研究。

从实际系统来看，理想的瑞利衰落信道条件往往不满足，因此研究诸如 Nakagami-*m* 等信道条件下的协同 MAC 协议和协同 ARQ 协议，具有重要的现实意义。

基于跨层设计的思想，充分利用物理层信息，实现协同传输与 MAC 方案和 ARQ 机制之间的有效结合，提升系统的整体性能，是一项很有意义的工作。目前已有这方面的研究，但是还比较少，还有大量问题有待解决。有效结合 ARQ 来设计协同 MAC 协议，必然要进行跨层设计，而如何在现有无线体系架构基础上构建跨层结构提出高效可靠的 MAC 协议还需要做进一步的研究。

目前的研究大多集中在单源单目的网络，但是在无线通信高度发展和普及的今天，为多源多目的网络实现可靠接入和传输提供保证的协同 MAC 和协同 ARQ 协议更具一般意义。

随着人们对无线通信业务需求的增多和对质量要求的进一步提高，设计具有相应 QoS 保证的协同 MAC 协议和协同 ARQ 协议对实现这一目标具有重要的意义，当前具有实用价值的这类协议还不多。

随着无线通信的飞速发展，人们对业务的需求也日益多样化，如何实现多种业务的可靠接入，必然是协同 MAC 协议研究的一个重要着力点。在此过程中，提供相应的有效协同 ARQ 支持也十分必要，值得做更深入的研究。目前这方面的研究还不多，但是解决这些问题对于无线通信却有着十分重要而紧迫的意义。

第 5 章附录

下面通过矩函数方法来给出变量 $\Xi=\mathrm{SNR_S}\,|h_{\mathrm{SD}}(k)|^2+\mathrm{SNR_R}\,|h_{\mathrm{RD}}(k)|^2$ 的分布函数。因为 $|h_{\mathrm{SD}}(k)|^2$ 和 $|h_{\mathrm{RD}}(k)|^2$ 均是服从参数分别为 $\lambda_{\mathrm{SD}}=E\{|h_{\mathrm{SD}}(k)|^2\}$ 和 $\lambda_{\mathrm{RD}}=E\{|h_{\mathrm{RD}}(k)|^2\}$ 的指数分布，且相互独立；令 $\alpha=\mathrm{SNR_S}\,|h_{\mathrm{SD}}(k)|^2$、$\beta=\mathrm{SNR_R}\,|h_{\mathrm{RD}}(k)|^2$，则是服从参数分别为 $\lambda_0=\mathrm{SNR_S}\lambda_{\mathrm{SD}}$ 和 $\lambda_1=\mathrm{SNR_R}\lambda_{\mathrm{RD}}$ 的指数分布，且相互独立。于是，随机变量 α、β 的矩函数可以分别求得为：$\Psi_1(s)=\dfrac{1}{1-s\lambda_0}$ 和 $\Psi_2(s)=\dfrac{1}{1-s\lambda_1}$。所以它们的概率密度函数可以分别表示为：$p_1(z_0)=\dfrac{1}{\lambda_0}\exp\left(-\dfrac{z_0}{\lambda_0}\right)$ 和 $p_2(z_1)=\dfrac{1}{\lambda_1}\exp\left(-\dfrac{z_1}{\lambda_1}\right)$。

于是 $\Xi=\mathrm{SNR_S}\,|h_{\mathrm{SD}}(k)|^2+\mathrm{SNR_R}\,|h_{\mathrm{RD}}(k)|^2=\alpha+\beta$ 的矩函数可以求出为

$$\Psi_{\Xi}(s)=\frac{1}{1-s\lambda_0}\frac{1}{1-s\lambda_1}=\frac{-\dfrac{1}{\lambda_0}}{s-\dfrac{1}{\lambda_0}}\frac{-\dfrac{1}{\lambda_1}}{s-\dfrac{1}{\lambda_1}} \tag{5-20}$$

因为 $\Psi_{\Xi}(s)=\dfrac{-\dfrac{1}{\mathrm{SNR_S}}}{s-\dfrac{1}{\mathrm{SNR_S}}}\dfrac{-\dfrac{1}{\mathrm{SNR_R}}}{s-\dfrac{1}{\mathrm{SNR_R}}}$ 同时也可以写成

$$\Psi_{\Xi}(s)=\frac{\lambda_0}{\lambda_0-\lambda_1}\frac{1}{1-s\lambda_0}+\frac{\lambda_1}{\lambda_1-\lambda_0}\frac{1}{1-s\lambda_1} \tag{5-21}$$

通过拉普拉斯反变换，可以求出 Ξ 的 PDF 和 CDF 函数如下：

$$p_{\Xi}(z)=\frac{1}{\lambda_0-\lambda_1}\exp\left(-\frac{z}{\lambda_0}\right)+\frac{1}{\lambda_1-\lambda_0}\exp\left(-\frac{z}{\lambda_1}\right) \tag{5-22}$$

$$F_{\Xi}(z)=\frac{\lambda_0}{\lambda_0-\lambda_1}\left[1-\exp\left(-\frac{z}{\lambda_0}\right)\right]+\frac{\lambda_1}{\lambda_1-\lambda_0}\left[1-\exp\left(-\frac{z}{\lambda_1}\right)\right] \tag{5-23}$$

参考文献

[1] 胡映波. 无线网络中协同 MAC 及协同 ARQ 技术研究[D]. 南京：解放军理工大学, 2010.

[2] Rui Lin, Athina P Petropulu. A new wireless network medium access protocol based on cooperation[J]. IEEE Transactions on Signal Processing, 2005, 53(12): 4675-4684.

[3] A P Petropulu, T Camp, M Colagrosso. ALLow Improved Access in the Network via Cooperation and Energy Savings (ALLIANCES) [S]. The National Science Foundation collaborative grant CNS-0435052.

[4] IEEE Std 802. 16e, Air interface for fixed and mobile broadband wireless access systems amendment 2: Physical and medium access control layers for combined fixed and mobile operation in licensed bands and corrigendum 1[S], 2005.

[5] IEEE Std 802. 11-2007, Wireless LAN medium access control (MAC) and physical layer (PHY) specifications[S], 2007.

[6] M Sarper Gokturk, Ozgur Ercetin, Ozgur Gurbuz. Throughput analysis of ALOHA with cooperative diversity [J]. IEEE Communications Letters, 2008, 12(6): 468-470.

[7] Dandan Wang, Cristina Comaniciu, Hlaing Minn, and Naofal Al-Dhahir. A game-theoretic approach for exploiting multiuser diversity in cooperative slotted ALOHA[J]. IEEE Transactions on Wireless Communications, 2008, 7(11): 4215-4225.

[8] Aggelos Bletsas, Ashish Khisti, David P Reed, Andrew Lippman. A Simple Cooperative Diversity Method Based on Network Path Selection[J]. IEEE Journal on Selected Areas in Communications, 2006, 24(3): 659-672.

[9] Chane L Fullmer, J J Garcia-Luna-Aceves. Solutions to hidden terminal problems in wireless networks[J]. ACM SIGCOMM Computer Communication Review, 1997, 27 (4): 39-49.

[10] M Dianati, X Ling, K Naik, X shen. A node-cooperative ARQ scheme for wireless ad hoc networks[J]. IEEE Transactions on Vehicular Technology, 2006, 55(3): 1032-1044.

[11] J J Alcaraz, J G Haro. Performance of single relay cooperative ARQ retransmission strategies[J]. IEEE Communications Letters, 2009, 12(2): 121-123.

[12] Lingfan Weng, Ross D Murch. Achievable diversity-multiplexing-delay tradeoff for ARQ cooperative broadcast channel[J]. IEEE Transactions on Wireless Communications, 2008, 7(5): 1828-1832.

[13] D L Mills. Internet time synchronization: the network time protocol[J]. IEEE Transactions on Communications, 1991, 39(10): 1482-1493.

[14] G Jakllari, S V Krishnamurthy, M Faloutsos, P V Krishnamurthy, Ercetin. A cross-layer framework for exploiting virtual MISO links in mobile ad hoc networks[J]. IEEE Transactions on Mobile Computing, 2007, 6(6): 579-594.

第 6 章

协同无线网络中物理层网络编码

一直以来，传统通信网络大都采用存储转发机制传输数据，数据流被当成不可融合的实体流加以存储转发。但是从信息论角度来看，网络节点不仅可以存储转发数据，还可以对收到的数据进行编码处理，然后再发送出去。2000 年，R. Ahlswede、N. Cai、S. Y. R. Li 和 W. Yeung 在《IEEE Transaction on Information Theory》发表的论文《Network information flow》中提出了网络编码[1]的思想，证明了在网络的中间节点进行不同路径信息流的编码处理，可以实现网络组播的最大容量。这一理论的提出，打破了通信网络中路由节点只能进行存储转发单一操作的传统观点，为提升网络传输容量指出了新的解决思路。网络编码从信息论的角度出发，证明了经过中间节点编码的多路信息，在接收端进行相应的解码就可以获得所需的信息。网络编码理论是网络信息论领域的一项重要突破，对信息论与通信技术、计算机网络和密码学等领域带来了深远影响。

网络编码起源于有线网络。随后，人们将网络编码的思想应用于无线通信[2]，结合无线网络自身的特性，在提高无线网络的传输速率、吞吐量和能量效率方面取得了新的突破。一方面，无线频谱资源有限与无线带宽需求的矛盾日益突出，而网络编码在提高网络容量方面具有很大的优势。另一方面，无线信道是一种天然的广播信道，这一特点非常适合网络编码不同路信息流融合的实现。在协同无线通信中，充分利用无线介质的广播特性，在物理层实现网络编码是网络编码研究领域的一大热点[3]。与传统点对点通信和普通中继通信不同，网络编码技术在拓扑结构和链路容量不变的情况下，通过中继节点对多个信源信息进行联合处理，在无须占用更多频谱资源的情况下提高了网络吞吐量，改善了频谱效率，这为进一步提高协同无线网络的吞吐量提供了一个新的思路。近年来，协同无线网络中物理层网络编码技术受到越来越多学者的广泛关注。

本章首先简单回顾网络编码和协同无线网络中物理层网络编码的基本原理，然后重点以双向中继信道中物理层网络编码为例介绍各种物理层网络编码方案及其性能结果，最后简要讨论了协同无线网络中物理层网络编码技术的一些研究热点和趋势。

6.1 概述

6.1.1 网络编码的基本原理

通信网络可以用有向图来表示，在网络中传输的信息可以看成有向图中的“流”。根据图论中的最大流 - 最小割定理可知，一个网络可以传输的最大流量等于其最小割。但传统的存储转发机制，并不一定能实现网络的最大流传输，这是由于传统网络通信中数据流被当成不可融合的实体流加以存储转发。而网络编码理论指出，数据流的本质是信息流，允许信息流在网络节点进行编码运算，可以大大提高网络的传输速率，充分利用网络中的链路资源，从而实现最大流-最小割定理给定的可传输信息的上限。

下面通过如图6-1所示的“蝶形网络”介绍网络编码的基本概念。源节点S要同时向两个目的节点Y和Z组播发送两个比特信息 b_1 和 b_2。假设网络中点对点的传输链路是无差错的，并且没有传输时延和处理时延，每条链路的信道容量是1bit/单位时间。利用最大流-最小割定理可以得出从源节点S到目的节点Y和Z的最大流速率是2bit/单位时间。图6-1a采用传统的路由技术，首先节点S分别向T、U发送 b_1、b_2，节点T、U再分别将收到的信息转发给其他节点。但是，当要通过节点W转发 b_1、b_2 时，由于两组路径间存在共有链路W-X，b_1、b_2 不能同时在边W-X上传输，则S到X和Z的最大信息流速率都仅为1.5bit/单位时间。图6-1b采用网络编码技术，中间转发节点W可以将 b_1、b_2 进行异或编码得到 $b_1 \oplus b_2$ 再发送出去。在节点Y处，通过接收到的 b_1 和 $b_1 \oplus b_2$，即可恢复出 b_2。同理，节点Z可得到 b_1。由于解决了节点W到X之间的传输瓶颈，从而使S到X和Z的信息流速率都达到2bit/单位时间，使信息传输速率达到最大流-最小割定理给定的理论上限。

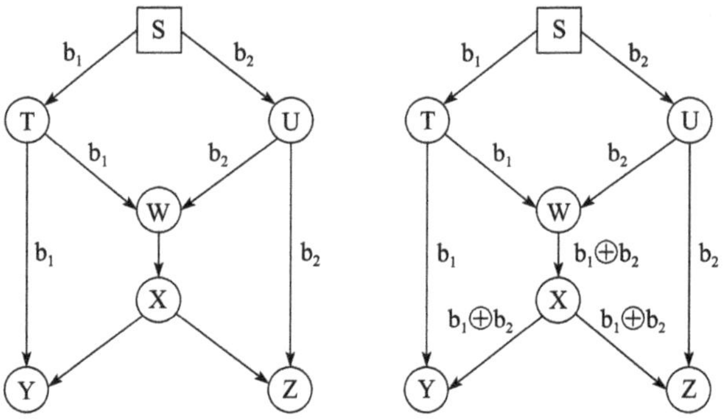

a）采用传统的路由技术　　b）采用网络编码技术

图6-1　网络编码原理图

网络编码理论解决了如何达到网络传输的极限问题，为逼近网络容量传输提供一种有效方法，从本质上打破了通信网络中传统的信息处理方式。网络编码一经提出，就受到了极大的关注，人们对其开展了大量的研究。李硕彦等人在《Linear Network Coding》一文中证明，通过节点间进行线性网络编码能够达到最大流传输理论极限[4]。所谓线性网络编码，即网络中所有节点对其传输的信息进行线性操作；否则称为非线性网络编码。网络编码的后续研究偏重于网络编码的构造方法，各种基于代数结构和基于多项式时间算法的网络编码方式被相继提出。此外，不同于已知网络拓扑信息情况下的网络编码问题，也有学者提出了随机线性网络编码（Random Linear Network Coding，RLNC）[5]，其编码系数选择是随机的，这使得网络编码的分布式实现成为可能。

网络编码起源于有线网络的多播传输，融合了编码和路由的思想，通过对不同链路信息的编码组合，解决多播传输中的最大流问题。早期提出的线性网络编码主要适用于无噪的有线网络[1]。随着研究的不断深入，由于无线链路的不可靠性和物理层的广播特性，人们发现在无线通信网络物理层实现网络编码能获得很好的性能增益，这为提高无线通信网络吞吐量提供了新手段。因此，无线通信网络中网络编码的研究逐渐受到人们的关注，很多研究学者研究了在无线Mesh网络、Ad hoc网络、无线传感器网络和蜂窝移动网络中的网络编码问题[2]。

6.1.2 协同无线网络中物理层网络编码

在协同通信中，为获得分集增益，目的节点需要接收来自不同节点且包含同样信息的多个信号样本；网络编码中，为获得网络编码增益，则需要中继节点将来自多个节点的多个数据流进行处理后转发，目的节点收到后借助于已知信息，通过适当的处理还原出原始信息。和传统的点对点通信相区别，协同通信和网络编码具有一个共同的通信特征：多个节点参与并且通过多次收发完成通信。因此，人们试图联合协同通信和网络编码的优势，在中继处采用网络编码思想对来自不同用户的信息进行组合编码，然后将处理后的联合信号而不是多个独立信号转发给接收端，从而提高了系统容量和频谱效率。

与传统点对点通信和普通中继通信不同，网络编码技术在拓扑结构和链路容量不变的情况下，利用中继节点对多个信源信息进行联合处理。通过联合信息处理，网络编码在无须占用更多频谱资源的情况下提高了网络吞吐量，使得网络资源得到更加充分的利用，让系统的吞吐量可以达到最大流－最小割定理所容许的理论界限，具有节省网络带宽资源、平衡链路负载、降低网络能耗等优点。

在无线通信网络中，网络编码最初在 MAC 层和 IP 层等高层协议中得到研究和应用。为了更加充分利用无线通信的物理层广播特性，S. Zhang 等人[3]在高斯白噪声双向中继信道下提出了一种物理层网络编码（Physical-layer Network Coding，PNC），其基本思想是中继节点在物理层对多个源节点的信息流或单个节点的多个信息流进行信号处理，将信号间的干扰作为有益的因子加以利用，从而大大提高系统传输速率。S. Fu 等人[5]针对多址接入中继信道提出了单中继和多中继不同情况下的物理层网络编码方案，并对其性能进行了分析比较。针对协同广播信道，Z. Chen 等人分析了采用译码转发协议的物理层网络编码的中断性能和分集增益[6]。P. Razaghi 等人提出了一种适用于干扰中继信道的物理层网络编码方案[7]，在中继节点处对接收信号进行量化，并映射成二维平面对应的比特信息后转发，可以很好地解决干扰问题。

编码算法设计是物理层网络编码的核心问题，许多学者针对不同的信道模型、不同中继方式提出了各种物理层网络编码算法。在双向中继信道模型中，文献[8]分别讨论了采用放大转发协议的 2 时隙和 3 时隙物理层网络编码方案的和速率及和比特错误概率性能。文献[9]分析了双向中继信道模型中采用译码转发协议的 3 阶段物理层网络编码方案的可达速率，同时考虑数据流不对称和信道误差对系统性能的影响，并将分析结论推广到多跳中继网络中。文献[10]研究了双向中继信道模型中采用去噪转发（DeNosie-and-Forward，DNF）协议的物理层网络编码，并分析了最大和速率性能。同时，物理层网络编码与其他无线通信技术（如波束赋形和脏纸编码技术等）的结合可以进一步提高无线网络的性能。文献[11]研究了双向中继信道中采用分布式波束赋形的物理层网络编码的容量域，并提出了最优化中继波束赋形结构和基于凸优化技术计算最优化波束赋形向量的算法。

通过十余年持续研究发展，物理层网络编码技术的应用场景和对应的无线信道研究模型主要如下：

（1）双向中继信道（Two Way Relay Channel，TWRC）

在 TWRC 网络中，两个用户在中继的辅助下进行信息交换，如图 6-2a 所示。通过协同网络编码来减少传输时隙，提高频谱利用率，实现节点之间高效的信息交换。

（2）多址接入中继信道（Multiple Access Relay Channel，MARC）

在 MARC 网络中，多个信源节点通过互相协同或通过中继协同来传输信息给目的节点。图 6-2b 和 c 给出了协同多接入信道 Ⅰ 和协同多接入信道 Ⅱ，分别是中继协同多址接入信道和用户协同多址接入信道，其中图 6-2b 是信源节点 A 和 B 通过中继节点 R 协同传输信息给目的节点 D，而图 6-2c 是信源节点 A 和 B 相互协同传输信息给目的节点 D。

（3）协同广播信道（Cooperative Broadcast Channel，CBC）

在协同广播信道网络中，中继节点对源节点发送的多个信息流进行网络编码处理，来提高广播传输的有效性。在图 6-2d 所示的协同广播信道中，信源节点 S 通过中继节点 R 辅助广播信息给所有目的节点。

（4）干扰中继信道（Interference Relay Channel，IRC）

图 6-2e 给出了一种多源 - 多目的干扰中继信道模型。在第一个阶段，信源节点 S_1 和 S_2 同时传输信息给各自的目的节点 D_1 和 D_2 过程中，两个信源节点互相干扰，在第二个阶段通过中继节点 R 来消除干扰。

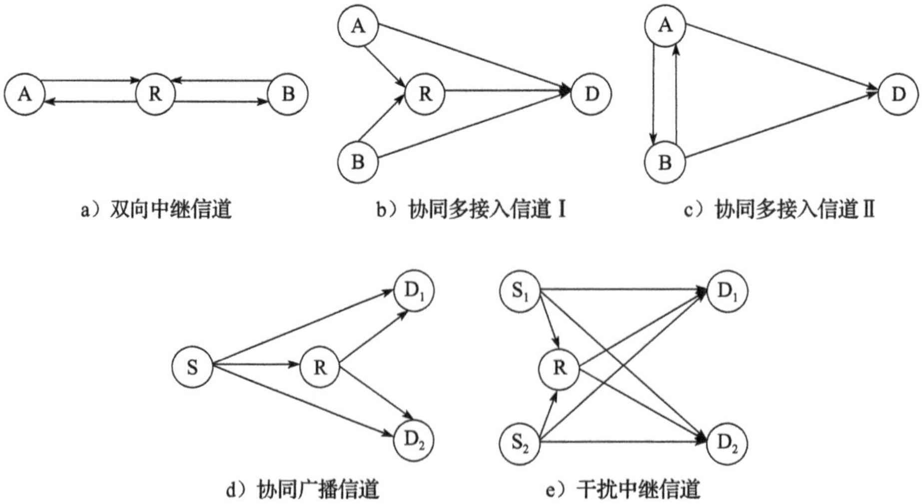

图 6-2　应用物理层网络编码的典型中继信道模型

当然，物理层网络编码在获得性能增益的同时，也需要付出相应代价。比如，计算量和处理时延会有相应的增加，对信息流的同步精度的要求也会提高，同时原有的路由算法、传输协议等都需要做出相应的调整。

6.2 双向中继信道中物理层网络编码

将网络编码思想引入无线网络中，可在无须占用更多频谱资源的情况下提高网络吞吐量、平衡链路负载、降低网络能耗等。特别是，在多跳分布式无线网络中，节点之间通过中继进行信息的交互，即数据流从两个端点流向中继，然后由中继流向两个端点，是一种典型的双向中继信道传输场景。如果利用物理层网络编码解决中继节点的双向信息流处理问题，双向网络的中继系统可以使系统的吞吐量提高一倍左右。由于双向中继网络高吞吐率的优点，近年来受到学术界广泛的关注，取得的丰硕的研究成果。一般来说，根据中继处信息处理方式，可以将现有的研究成果进行如下分类：按照处理时隙分类包括2时隙处理方式和3时隙处理方式；按照转发处理方式分类包括放大转发、解码转发、去噪转发和估计转发等。下面以双向中继信道为例，简单介绍各种物理层网络编码的编译码过程和性能结果。

6.2.1 传统双向中继传输

传统上，在时分双工通信系统两个节点A和B经过中继节点R中完成一次数据交换需要4个时隙，其数据交换流程如图6-3所示。在第一个时隙中，节点A将信息传输到中继R，中继接收存储信息。在第二个时隙中，中继R转发收到的信息至节点B。同样，节点B也需要通过两个时隙，才能完成信息传输。传输过程本质上是单向的点对点通信，既不能利用无线信道广播特性带来的分集增益，也没有在中继处对信息进行融合处理，不能获得网络编码增益。

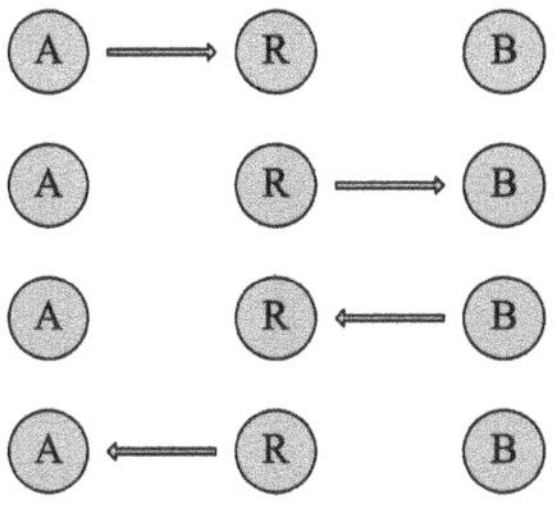

图6-3 传统信息交换流程

6.2.2 数字网络编码

利用数字网络编码（Digital Network Coding，DNC），只需要3个时隙就可以完成一次信息交换。数字网络编码又称比特异或网络编码，或直接网络编码，其基本思想可以用图6-4所示的简单例子来说明。节点A要发送数据包P_1到节点B，节点B要发送同样大小的数据包P_2到节点A。A和B不在相互的通信范围内，必须借助于节点R来转发。如果用传统的发送方式，总共需

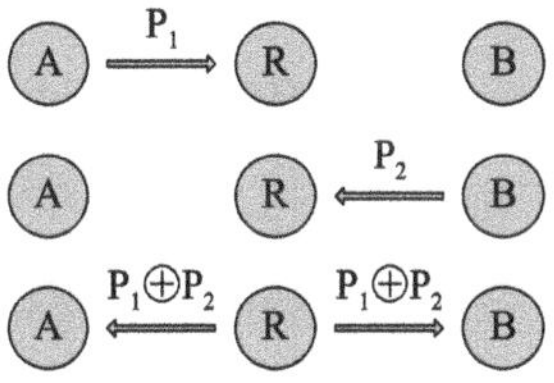

图6-4 数字网络编码信息交换流程

要4次发送来完成 P_1 和 P_2 的传送。如果采用数字网络编码技术，可以先让节点A把 P_1 发送到R，B把 P_2 发送到R，然后R把 P_1 和 P_2 逐个比特异或后得到编码包 $P_1 \oplus P_2$ 并且广播发送出去。A接收到 $P_1 \oplus P_2$ 后，通过把 $P_1 \oplus P_2$ 和 P_1 异或得到 P_2，同理B也得到 P_1。因此总共只需要三个时隙发送就完成 P_1 和 P_2 的传送，从而提高传送效率。

在数字网络编码方案中，中继节点R先对接收到两个信号解调译码，然后进行比特异或，最后将异或操作结果进行编码调制后广播给节点A和B。比特异或网络编码方案主要分为三个时隙：

在第一时隙，节点A将比特信息流 P_1 映射成信号 x_A 并发送，中继节点R处的接收信号可以表示为

$$y_{r,1} = h_1 x_A + n_{r,1} \tag{6-1}$$

式中，h_1 是节点A到中继节点R的信道系数；$n_{r,1}$是第一时隙中继节点R处的噪声。中继节点R对接收到的信号 $y_{r,1}$进行解调译码操作，得到信号 x_A 包含的比特信息流的估计$\widetilde{P}_1$。

在第二时隙，节点B将比特信息流 P_2 映射成信号 x_B 并发送，中继节点R处的接收信号表示为

$$y_{r,2} = h_2 x_B + n_{r,2} \tag{6-2}$$

式中，h_2 是节点B到中继节点R的信道系数；$n_{r,2}$是第二时隙中继节点R处的噪声。中继节点R对接收信号 $y_{r,2}$进行解调译码，得到信号 x_B 包含的比特信息流的估计$\widetilde{P}_2$。

在第三时隙，中继节点对前两个时隙得到的比特流 $\widetilde{P}_1$ 和 $\widetilde{P}_2$ 进行比特异或操作，然后进行编码调制，最终映射成调制信号 x_r，即

$$x_r = \mathcal{M}(\widetilde{P}_1 \oplus \widetilde{P}_2) \tag{6-3}$$

式中，$\mathcal{M}$ 表示调制映射，$\oplus$表示异或运算。

中继节点广播信号 x_r。假设节点A和中继节点R之间的无线信道是互异的，则节点A处的接收信息可以表示为

$$y_1 = h_1 x_r + n_1 \tag{6-4}$$

节点A对 y_1 解调译码得到比特流 $\widetilde{P}_{r,1}$后，利用自身已知的发射比特流 P_1 与 $\widetilde{P}_{r,1}$进行比特异或，即可获得所需信息的估计，即

$$\hat{P}_2 = P_1 \oplus \widetilde{P}_{r,1} \tag{6-5}$$

同理，信源节点B也可以获得所需要的信息。

在数字网络编码中，中继处的译码性能直接影响双向中继网络的传输性能。为了降低错误传播对目的端的影响，选择转发、链路自适应转发等策略被相继提出。选择转发策略中，中继节点可以根据信源－中继链路的中断情况来决定是否转发。而在链路自适应转发策略中，中继节点会根据信源－中继链路和中继－目的链路信道增益的相对大小来决定转发时的发送功率。

在实际应用中，数字网络编码无须对当前正在使用的中继设备和基站进行硬件上的调整和改动，只需要对相关软件进行更新和升级，让原有设备具备网络编码解码功能，可以方便地在采用存储转发方式的传统双向中继传输和数字网络编码间随时切换，能够有效地增强现有无线通信系统。

6.2.3 放大转发物理层网络编码

数字网络编码本质上是通过解调译码恢复出来自不同信源的信息比特流，然后在有限域进行比特流处理。为了简化中继的操作，同时有效利用无线设备的干扰消除和多用户检测能力，中继还可以直接采用放大转发方式转发接收信号，即中继不对接收到的信号进行解调和解码，而是直接将收到的信号进行模拟处理，即放大后转发。从基带来看，放大转发物理层网络编码直接在复数域对信源信号进行符号操作，可以有效利用无线设备的干扰消除和多用户检测能力。

1. 2时隙放大转发物理层网络编码方案

如果采用放大转发物理层网络编码，那么可以在两个时隙内就可以完成一次信息交换，对应的信息交换流程如图6-5所示。中继节点仅需将来自于两个信源节点的混合信息放大后转发出去，信源节点利用自干扰消除获得对方信息，可以看作是一种模拟信号处理方式，在部分文献中也称之为模拟网络编码（Analog Network Coding，ANC）。这种传输机制的优点在于中继处信号处理设计简单，但是被中继放大的不仅包含有用信号，而且接收信号中的噪声部分也被放大。

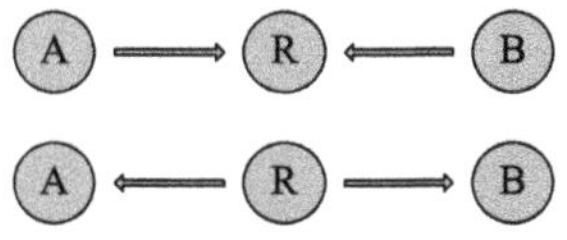

图6-5　2时隙放大转发物理层网络编码

在第一个时隙，节点A和B同时传输各自信号 x_A 和 x_B 到中继节点R。由于半双工限制，节点A和B不能接收对方的信息。中继节点R的接收信号可以表示为

$$y = \sqrt{P_A}h_1x_A + \sqrt{P_B}h_2x_B + n_R \tag{6-6}$$

式中，x_k 是节点k的传输符号，P_k 是节点k的发送功率，$k \in \{A, B\}$；h_1 和 h_2 分别是节点A和节点B到中继节点R的信道系数；n_R 是中继节点R处的噪声，$n_R \sim CN(0, \delta_R^2)$。

在第二个时隙，中继节点R将接收的混合信号放大，然后广播。假设节点A和中继节点R之间和节点B和中继节点R之间的无线信道都具有互异性，则节点A和B处的接收信号可以分别表示为

$$y_A = Gh_1y + n_A = G\sqrt{P_B}h_1h_2x_B + G\sqrt{P_A}h_1h_1x_A + Gh_1n_R + n_A \tag{6-7}$$

$$y_B = Gh_2y + n_B = G\sqrt{P_A}h_1h_2x_A + G\sqrt{P_B}h_2h_2x_B + Gh_2n_R + n_B \tag{6-8}$$

式中，G 是放大增益，$G = \sqrt{\dfrac{P_R}{P_A|h_1|^2 + P_B|h_2|^2 + \delta_R^2}}$；$n_A$ 和 n_B 是节点A和B处的噪声，

$n_A \sim CN(0, \delta_A^2)$，$n_B \sim CN(0, \delta_B^2)$。假设节点 A 和 B 可以获得完全的信道状态信息，且已知放大增益 G，则能够完全消除已知的干扰信号。因此，可以将接收信号重写为

$$y_A^* = G\sqrt{P_B}h_1h_2x_B + Gh_1n_R + n_A \tag{6-9}$$

$$y_B^* = G\sqrt{P_A}h_1h_2x_A + Gh_2n_R + n_B \tag{6-10}$$

根据式（6-9）、式（6-10），很容易得到节点 A 到节点 B 的可达速率 R_1 和节点 B 到节点 A 的可达速率 R_2 分别为

$$R_1 = \frac{1}{2}\log_2\left(1 + \frac{\bar{\gamma}_{AR}\bar{\gamma}_{RB}|h_1|^2|h_2|^2}{(\bar{\gamma}_{RB} + \bar{\gamma}_{BR})|h_2|^2 + \bar{\gamma}_{AR}|h_1|^2 + 1}\right) \tag{6-11}$$

和

$$R_2 = \frac{1}{2}\log_2\left(1 + \frac{\bar{\gamma}_{BR}\bar{\gamma}_{RA}|h_1|^2|h_2|^2}{(\bar{\gamma}_{RA} + \bar{\gamma}_{AR})|h_1|^2 + \bar{\gamma}_{BR}|h_2|^2 + 1}\right) \tag{6-12}$$

式中，$\bar{\gamma}_{AR}$和$\bar{\gamma}_{BR}$分别为节点 A 和 B 到中继节点 R 的发送信噪比；$\bar{\gamma}_{RA}$和$\bar{\gamma}_{RB}$分别为中继节点 R 到节点 A 和 B 的发送信噪比，$\bar{\gamma}_{ij} = P_i/\delta_j^2$，$i \in \{A, B, R\}$，$j \in \{A, B, R\}$。

双向中继信道中的和速率 R_{sum}定义为源节点 A 到节点 B 的可达速率与源节点 B 到节点 A 的可达速率之和。则 2 时隙放大转发物理层网络编码方案的和速率可以表示为

$$\begin{aligned} R_{sum} = &\frac{1}{2}\log_2\left(1 + \frac{\bar{\gamma}_{AR}\bar{\gamma}_{RB}|h_1|^2|h_2|^2}{(\bar{\gamma}_{RB} + \bar{\gamma}_{BR})|h_2|^2 + \bar{\gamma}_{AR}|h_1|^2 + 1}\right) + \\ &\frac{1}{2}\log_2\left(1 + \frac{\bar{\gamma}_{BR}\bar{\gamma}_{RA}|h_1|^2|h_2|^2}{(\bar{\gamma}_{RA} + \bar{\gamma}_{AR})|h_1|^2 + \bar{\gamma}_{BR}|h_2|^2 + 1}\right) \end{aligned} \tag{6-13}$$

进一步可以讨论放大转发物理层网络编码方案的传输中断概率性能。为了简化分析，令 $\bar{\gamma}_{ij} = \bar{\gamma}$，其中 $i \in \{A, B, R\}$，$j \in \{A, B, R\}$。在瑞利衰落信道下，$|h_1|^2$ 和 $|h_2|^2$ 分别服从参数为 λ_1 和 λ_2 的独立指数分布。先给出如下定理 6-1[12]：

定理 6-1 δ 是正数，$r(\delta) = \delta f(v/\delta, w/\delta)$，其中 $f(x, y) = \dfrac{axy}{bx + cy + 1}$，随机变量 v 和 w 服从参数分别为 λ_v 和 λ_w 的独立指数分布。如果当 $\delta \to 0$，大于零的连续函数 $h(\delta) \to 0$，并且 $\delta/h(\delta) \to d < \infty$，那么概率 $\Pr[r(\delta) < \delta]$ 满足

$$\lim_{\delta \to 0}\frac{1}{h(\delta)}\Pr[r(\delta) < \delta] = \frac{1}{a}(c\lambda_v + b\lambda_w) \tag{6-14}$$

根据定理 6-1，对于 2 时隙放大转发物理层网络编码方案，在高信噪比条件下，节点 A 到节点 B、节点 B 到节点 A 的传输中断概率的渐进表达式分别为

$$p_{2\text{-PNC}}^{out}(R_{th}, A \to B) = \Pr[R_1 < R_{th}] \sim (2\lambda_1 + \lambda_2)\left(\frac{2^{2R_{th}} - 1}{\bar{\gamma}}\right) \tag{6-15}$$

和

$$p_{2\text{-PNC}}^{\text{out}}(R_{\text{th}},B \to A) = \Pr[R_2 < R_{\text{th}}] \sim (\lambda_1 + 2\lambda_2)\left(\frac{2^{2R_{\text{th}}}-1}{\bar{\gamma}}\right) \tag{6-16}$$

式中，R_{th}为给定传输速率。

2. 3时隙放大转发物理层网络编码方案

3时隙放大转发物理层网络编码方案如图6-6所示，在第1个和第2个时隙，两个源节点分别传输各自信号给中继节点，在第3个阶段中继节点对两路信号进行线性处理后放大转发给两个源节点。当两个信源节点在通信范围之间时，直传链路可以为3时隙物理层网络编码方案带来额外的分集增益。与3时隙放大转发物理层网络编码方案中系统模型类似，源节点A、B和中继节点R的发射功率分别为P_A、P_B和P_R，满足总功率限制$P_A+P_B+P_R=P$。源节点A与源节点B之间的信道、源节点A与中继节点R之间的信道和源节点B与中继节点R之间的信道增益分别表示为h_0、h_1和h_2。在源节点A、B和中继节点R的加性高斯白噪声分别为$n_A \sim CN(0,\ \delta_A^2)$、$n_B \sim CN(0,\ \delta_B^2)$和$n_R \sim CN(0,\ \delta_R^2)$。

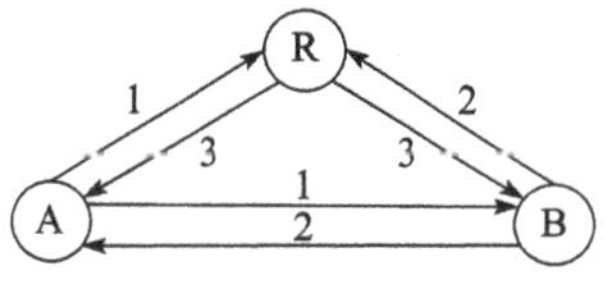

图6-6 3时隙放大转发物理层网络编码方案

在第一个时隙，节点A广播信息x_A给节点B和中继节点R，节点B和中继节点R的接收信号可以分别表示为

$$y_B^{(1)} = \sqrt{P_A}h_0x_A + n_B \tag{6-17}$$

和

$$y_R^{(1)} = \sqrt{P_A}h_1x_A + n_R \tag{6-18}$$

在第二个时隙，节点B广播信息x_B给节点A和中继节点R，节点A和中继节点R的接收信号可以分别表示为

$$y_A^{(2)} = \sqrt{P_B}h_0x_B + n_A \tag{6-19}$$

和

$$y_R^{(2)} = \sqrt{P_B}h_2x_B + n_R \tag{6-20}$$

在第三个时隙，中继节点R处理前两个时隙接收到的信号，然后放大转发处理后的信号给节点A和B。节点A和B的接收信号可以分别表示为

$$\begin{aligned} y_A^{(3)} &= Gh_1(\alpha_A y_R^{(1)} + \alpha_B y_R^{(2)}) + n_A \\ &= G\sqrt{P_A}\alpha_A h_1 h_1 x_A + G\sqrt{P_B}\alpha_B h_1 h_2 x_B + G\alpha_A h_1 n_R + G\alpha_B h_1 n_R + n_A \end{aligned} \tag{6-21}$$

和

$$\begin{aligned} y_B^{(3)} &= Gh_2(\alpha_A y_R^{(1)} + \alpha_B y_R^{(2)}) + n_B \\ &= G\sqrt{P_A}\alpha_A h_1 h_2 x_A + G\sqrt{P_B}\alpha_B h_2 h_2 x_B + G\alpha_A h_2 n_R + G\alpha_B h_2 n_R + n_B \end{aligned} \tag{6-22}$$

式中，G 是放大增益，$G=\sqrt{\dfrac{P_R}{\alpha_A^2 P_A|h_1|^2+\alpha_B^2 P_B|h_2|^2+\delta_R^2}}$；$\alpha_A$ 和 α_B 是功率分配因子，并且满足 $\alpha_A^2+\alpha_B^2=1$。假设节点 A 和 B 已知增益 G 和各自功率分配因子，可以获得完全的信道状态信息，并且能消除各自已知的干扰信号，则可以将接收信号重写为

$$y_A^* = G\sqrt{P_B}\alpha_B h_1 h_2 x_B + G\alpha_A h_1 n_R + G\alpha_B h_1 n_R + n_A \tag{6-23}$$

和

$$y_B^* = G\sqrt{P_A}\alpha_A h_1 h_2 x_A + G\alpha_A h_2 n_R + G\alpha_B h_2 n_R + n_B \tag{6-24}$$

为了计算可达速率，假设总时间一定下不同时隙占用的时间相同，则节点 A 到节点 B 的可达速率可以表示为

$$R_1 = \frac{1}{3} I_{3-PNC}(A,B) \tag{6-25}$$

式中，I_{3-PNC}（A，B）是节点 A 到节点 B 信道的交互信息量。

将式（6-17）中 $y_B^{(1)}$ 和式（6-23）中 y_B^* 合并写成下面简洁的矩阵形式：

$$\boldsymbol{Y} = \boldsymbol{H}x_A + \boldsymbol{QN} \tag{6-26}$$

式中，$\boldsymbol{Y}=\begin{pmatrix} y_B^{(1)} \\ y_B^* \end{pmatrix}$，$\boldsymbol{H}=\begin{pmatrix} \sqrt{P_A}h_0 \\ G\sqrt{P_A}\alpha_A h_1 h_2 \end{pmatrix}$，$\boldsymbol{Q}=\begin{pmatrix} 0 & 0 & 1 & 0 \\ G\alpha_A h_2 & G\alpha_B h_2 & 0 & 1 \end{pmatrix}$和 $\boldsymbol{N}=\begin{pmatrix} n_R \\ n_R \\ n_B \\ n_B \end{pmatrix}$。

根据文献［12］的思路，将直传信道（A→B）和中继信道（R→B）的合并看成单输入两输出的高斯矢量信道，那么节点 A 到节点 B 信道的交互信息量为

$$I_{3-PNC}(A,B) = \mathrm{logdet}[\boldsymbol{I} + \boldsymbol{HH}^H(\boldsymbol{Q}E[\boldsymbol{NN}^H]\boldsymbol{Q}^H)^{-1}] \tag{6-27}$$

式中，$\boldsymbol{I}$ 是单位矩阵，H 表示共轭转置，$E[\cdot]$ 是期望操作并且 $E[\boldsymbol{NN}^H]=\begin{pmatrix} \delta_R^2 & 0 & 0 & 0 \\ 0 & \delta_R^2 & 0 & 0 \\ 0 & 0 & \delta_B^2 & 0 \\ 0 & 0 & 0 & \delta_B^2 \end{pmatrix}$。通过计算可以得到

$$\begin{aligned} I_{3-PNC}(A,B) &= \log_2\left(1 + \frac{P_A|h_0|^2}{\delta_B^2} + \frac{G^2\alpha_A^2 P_A|h_1|^2|h_2|^2}{G^2|h_2|^2\delta_R^2 + \delta_B^2}\right) \\ &= \log_2\left(1 + \bar{\gamma}_{AB}|h_0|^2 + \frac{\alpha_A^2\bar{\gamma}_{AR}|h_1|^2\bar{\gamma}_{RB}|h_2|^2}{(\bar{\gamma}_{RB} + \alpha_B^2\bar{\gamma}_{BR})|h_2|^2 + \alpha_A^2\bar{\gamma}_{AR}|h_1|^2 + 1}\right) \end{aligned} \tag{6-28}$$

式中，$\bar{\gamma}_{ij}=P_i/\delta_j^2$，$i\in\{A, B, R\}$，$j\in\{A, B, R\}$。则节点 A 到节点 B 信道的可达速率可

以表示为

$$R_1 = \frac{1}{3}\log_2\left(1 + \bar{\gamma}_{AB}|h_0|^2 + \frac{\alpha_A^2\bar{\gamma}_{AR}|h_1|^2\bar{\gamma}_{RB}|h_2|^2}{(\bar{\gamma}_{RB} + \alpha_B^2\bar{\gamma}_{BR})|h_2|^2 + \alpha_A^2\bar{\gamma}_{AR}|h_1|^2 + 1}\right) \tag{6-29}$$

同理，节点 B 到节点 A 的可达速率可以表示为

$$R_2 = \frac{1}{3}\log_2\left(1 + \bar{\gamma}_{BA}|h_0|^2 + \frac{\alpha_B^2\bar{\gamma}_{BR}|h_2|^2\bar{\gamma}_{RA}|h_1|^2}{(\bar{\gamma}_{RA} + \alpha_A^2\bar{\gamma}_{AR})|h_1|^2 + \alpha_B^2\bar{\gamma}_{BR}|h_2|^2 + 1}\right) \tag{6-30}$$

因此，3 时隙放大转发物理层网络编码的和速率为

$$\begin{aligned} R_{sum} = & \frac{1}{3}\log_2\left(1 + \bar{\gamma}_{AB}|h_0|^2 + \frac{\alpha_A^2\bar{\gamma}_{AR}|h_1|^2\bar{\gamma}_{RB}|h_2|^2}{(\bar{\gamma}_{RB} + \alpha_B^2\bar{\gamma}_{BR})|h_2|^2 + \alpha_A^2\bar{\gamma}_{AR}|h_1|^2 + 1}\right) + \\ & \frac{1}{3}\log_2\left(1 + \bar{\gamma}_{BA}|h_0|^2 + \frac{\alpha_B^2\bar{\gamma}_{BR}|h_2|^2\bar{\gamma}_{RA}|h_1|^2}{(\bar{\gamma}_{RA} + \alpha_A^2\bar{\gamma}_{AR})|h_1|^2 + \alpha_B^2\bar{\gamma}_{BR}|h_2|^2 + 1}\right) \end{aligned} \tag{6-31}$$

进一步讨论中断概率性能。根据式（6-29），节点 B 到节点 A 的中断概率可表示为

$$p_{3\text{-PNC}}^{out}(R_{th}, A \to B) = \Pr[R_1 < R_{th}] \tag{6-32}$$

为了便于分析，令 $\gamma_{ij} = \gamma$，其中 $i \in \{A, B, R\}$，$j \in \{A, B, R\}$。对于瑞利衰落信道，$|h_0|^2$、$|h_1|^2$ 和 $|h_2|^2$ 分别服从参数为 λ_0、λ_1 和 λ_2 的独立指数分布。先给出如下定理 6-2[12]：

定理 6-2 *δ 是正数，$r(\delta) = \delta f(v/\delta, w/\delta)$，其中 $f(x, y) = \frac{axy}{bx + cy + 1}$，随机变量 u、v 和 w 分别服从参数为 λ_u、λ_v 和 λ_w 的独立指数分布，ε 是正数，当 $\varepsilon \to 0$ 时，大于零的连续函数 $g(\varepsilon) \to 0$，并且 $\varepsilon/g(\varepsilon) \to c < \infty$，那么*

$$\lim_{\delta \to 0}\frac{1}{g^2(\varepsilon)}\Pr[u + r(\varepsilon) < g(\varepsilon)] = \frac{1}{2a}\lambda_u(c\lambda_v + b\lambda_w) \tag{6-33}$$

根据定理 6-2，可得 3 时隙放大转发物理层网络编码方案中，高信噪比条件下节点 A 到节点 B 信道传输中断概率的渐进表达式可以表示为

$$p_{3\text{-PNC}}^{out}(R_{th}, A \to B) \sim \frac{\lambda_0}{2\alpha_A^2}[(1 + \alpha_B^2)\lambda_1 + \alpha_A^2\lambda_2]\left(\frac{2^{3R_{th}} - 1}{\bar{\gamma}}\right)^2 \tag{6-34}$$

同样的方法，在高信噪比条件下，可以得到节点 B 到节点 A 信道传输中断概率的渐进表达式为

$$p_{3\text{-PNC}}^{out}(R_{th}, B \to A) \sim \frac{\lambda_0}{2\alpha_B^2}[\alpha_B^2\lambda_1 + (1 + \alpha_A^2)\lambda_2]\left(\frac{2^{3R_{th}} - 1}{\bar{\gamma}}\right)^2 \tag{6-35}$$

下面在对称网络和非对称网络两种情形下对 2 时隙和 3 时隙放大转发物理层网络编码的性能进行对比。为了比较分析的完整性，同时也给出了无直传链路的 3 时隙放大转发物理层网络编码[8]、4 时隙协同放大转发[8]和直接传输方案的性能。源节点 A、B 和中继节

点 R 的发射功率分别为 P_A、P_B 和 P_R，满足总功率限制 $P_A+P_B+P_R=P$。在总功率限制下，为了比较的公平性，对于 4 时隙协同放大转发方案，假设中继节点 R 分别放大转发接收信号给两个源节点的功率都为$P_R/2$。对于直接传输方案，源节点 A 和 B 的发送功率分别为 $P_A+0.5P_R$ 和 $P_B+0.5P_R$。设双向传输中归一化速率 $R_{th}=1\text{bit/s/Hz}$。

这里对称网络情况指网络中节点间的距离相等，且路径衰落的影响相同。因此信道系数 h_0、h_1 和 h_2 在归一化情况下，可以假设为 $h_0\sim CN(0,1)$、$h_1\sim CN(0,1)$ 和 $h_2\sim CN(0,1)$的对称情形。有直传链路和无直传链路的 3 阶段物理层网络编码都为等功率分配，即功率分配因子 $\alpha_A^2=\alpha_B^2=0.5$。在对称网络下，源节点 B 到节点 A 信道传输和源节点 A 到节点 B 信道传输具有相同的中断概率。

图 6-7 给出了 5 种方案源节点 A 到节点 B 的中断概率随发送信噪比 $\bar{\gamma}$ 的变化曲线，其中虚线为 5 种方案高信噪比下中断概率渐进表达式的曲线。仿真表明，高信噪比下的中断概率渐进表达式与精确的中断概率表达式在高信噪比下很好的拟合。从图 6-7 中可以看出，无直传链路的 3 时隙放大转发物理层网络编码中断概率性能最差，2 时隙放大转发物理层网络编码中断概率性能次之；在信道条件较好情况下，有直传链路的 3 时隙放大转发物理层网络编码中断概率性能最好。在中断概率为 10^{-3}处，对比 4 时隙协同放大转发方案，有直传链路的 3 时隙放大转发物理层网络编码可以获得 2dB 的增益。对比无直传链路的 3 时隙放大转发物理层网络编码方案，有直传链路的 3 时隙放大转发物理层网络编码由于可以获得阶数为 2 的分集度，中断性能大大改善。

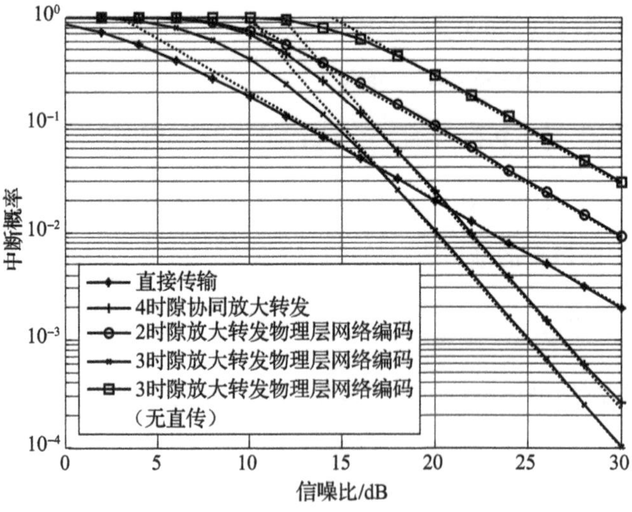

图 6-7　5 种方案的中断概率随信噪比的仿真曲线

在非对称网络情形下，以和速率作为性能指标，其中和速率定义为源节点 A 到节点 B 和源节点 B 到节点 A 的可达速率之和，给出了中继节点的位置变化和源节点的功率不同对

和速率的影响。假设中继位于源节点 A 和 B 之间，并处于一条直线之上。源节点 A 和 B 之间的距离归一化为 1，源节点 A 到中继 R 的归一化距离为 d。信道增益幅值建模成 $E\{|h_0|^2\}=1$、$E\{|h_1|^2\}=d^{-\alpha}$和 $E\{|h_2|^2\}=(1-d)^{-\alpha}$，路径衰落指数 $\alpha=3$。假设在每个节点的高斯噪声方差相同，$\bar{\gamma}=10\text{dB}$。图 6-8 给出了源节点等功率下 5 种方案的和速率随源节点 A 到中继节点 R 归一化距离变化的变化曲线。可以看出，在图 6-8 中，当 $0.24\leqslant d\leqslant 0.78$ 时，2 时隙放大转发物理层网络编码方案最优，而 4 时隙协同放大转发方案的性能在大部分情况下都较差。

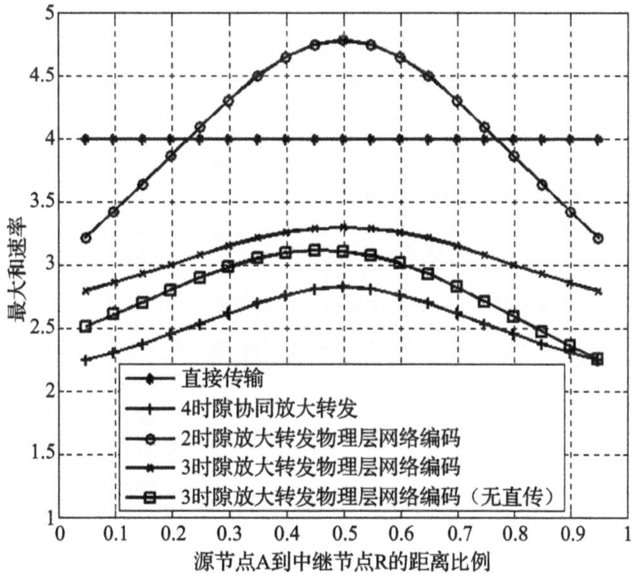

图 6-8　和速率随源节点到中继节点间归一化距离的变化曲线

6.2.4　去噪转发物理层网络编码

传统上，在时分双工系统中两个节点 A 和 B 经过中继节点 R 中完成一次数据交换需要 4 个时隙。利用数字网络编码，只需要 3 个时隙就可以完成一次信息交换。如果采用模拟网络编码，那么仅在 2 个时隙内就可以完成一次信息交换。数字网络编码采用译码转发，需要对信息进行完全译码，而模拟网络编码采用放大转发，信源节点利用自干扰消除获得对方信息。若将两个信源节点的信息分别表示为 x_A 和 x_B。数字网络编码首先分别从前两个时隙的接收信号中检测出两个信源信息 $\hat{x}_A$ 和 $\hat{x}_B$，并对其完全译码，再对两个信源节点的比特信息进行异或运算，然后在第 3 个时隙广播异或后比特信息对应的调制符号。模拟网络编码在第 1 个时隙中同时接收来自两个信源节点的信息，在第 2 个时隙直接放大转发第 1 个时隙的混合接收信号，但是放大信号的同时放大了噪声。因为中继信息 x_R 仅需表征估计的两个信源信息 $\hat{x}_A$ 和 $\hat{x}_B$ 的逻辑关系，所以在中继节点处不需要对两个信源信息进行完全译码。

根据这个原理，若采用去噪转发的物理层网络编码[9]，则中继节点不需要对两个信源信息进行分别译码，只需要将混合信息映射成可以表征两个信源信息逻辑关系的中继信息，然后进行转发。因此，去噪转发的基本思想是中继节点设计一种去噪映射函数关系，将中继节点接收到的混合信息进行映射后转发给信源节点，信源节点接收到转发信号后，可以利用逆映射关系检测所需信息。

在图6-5中，假设源节点A、B和中继节点R采用BPSK调制。在中继节点只需要知道A和B信息是否相同或不同，即可将中继节点接收到的混合信息映射为+1或−1。

在第一个时隙，两个信源节点A和B同时传输信息给中继节点R。中继节点R处的接收信号可以分别表示为

$$y = \sqrt{P_A}h_A x_A + \sqrt{P_B}h_B x_B + n_R \tag{6-36}$$

式中，x_k 是信源k的传输符号；h_k 是信源k到中继节点R的信道系数；n_R 是中继节点R处的噪声，$n_R \sim \mathcal{CN}(0, \delta^2)$；$P_k$ 是信源k的发送功率，$k \in \{A, B\}$。

假设节点A和B的发送功率都为 P，那么式（6-36）可以改写为

$$y = h_A x_A + h_B x_B + n' \tag{6-37}$$

式中，n'为均值为零的复高斯白噪声，方差为 $\sigma^2 = \delta^2 P^{-1}$。

在第二个时隙，中继节点R对接收的混合信号进行检测，并将信号映射成中继信号 $x_R = x_A \oplus x_B$，其中⊕表示两个信源的比特信息异或对应的符号逻辑关系，将这个过程称之为去噪。然后，中继节点R广播中继信号 x_R 给信源节点A和B。

当然，中继节点可以利用最大似然检测算法检测符号对（x_A，x_B）

$$(\hat{x}_A, \hat{x}_B) = \arg\min_{(x_A, x_B)} |y - h_A x_A - h_B x_B|^2 \tag{6-38}$$

进而可以得到 $\hat{x}_R = \hat{x}_A \oplus \hat{x}_B$。但是，对符号 x_A 和 x_B 分别进行最大似然检测算法在双向中继信道中不是最优的，因为中继节点不需要对符号 x_A 和 x_B 分别完全译码，仅需要检测出 $x_A \oplus x_B$。

中继节点也可以利用最大似然比检测算法直接获得 $\hat{x}_R = \hat{x}_A \oplus \hat{x}_B$。为了方便，令 $x = |y - h_A x_A - h_B x_B|^2$，则变量 x 服从 χ^2 分布，概率密度函数为 $f(x) = \sigma^{-2}e^{-x/\sigma^2}$。基于贝叶斯理论，$x_R$ 的似然比函数可以计算为[13]

$$\begin{aligned}
L(x_R \mid y) &= \frac{\Pr(y \mid x_R = 1)}{\Pr(y \mid x_R = -1)} \\
&= \frac{f(y \mid x_A = 1, x_B = 1) + f(y \mid x_A = -1, x_B = -1)}{f(y \mid x_A = -1, x_B = 1) + f(y \mid x_A = 1, x_B = -1)} \\
&= \frac{e^{-|y-h_A-h_B|^2\sigma^{-2}} + e^{-|y+h_A+h_B|^2\sigma^{-2}}}{e^{-|y+h_A-h_B|^2\sigma^{-2}} + e^{-|y-h_A+h_B|^2\sigma^{-2}}}
\end{aligned}$$

$$= \frac{e^{-|h_A+h_B|^2\sigma^{-2}}\left[e^{-2(a+b)\sigma^{-2}}+e^{2(a+b)\sigma^{-2}}\right]}{e^{-|h_A-h_B|^2\sigma^{-2}}\left[e^{-2(a-b)\sigma^{-2}}+e^{2(a-b)\sigma^{-2}}\right]} \tag{6-39}$$

式中，$a=\mathcal{R}(h_A y^*)$ 和 $b=\mathcal{R}(h_B y^*)$，$\mathcal{R}(\cdot)$ 表示取实部和 $(\cdot)^*$ 表示取共轭。因此，x_R 的似然比检测表示为

$$\hat{x}_R = \begin{cases} 1 & L(x_R|y) \geqslant 1 \\ -1 & L(x_R|y) < 1 \end{cases} \tag{6-40}$$

此外，文献［13］讨论了最大后验概率检测算法。中继节点选择检测符号对（x_A，x_B），使得联合后验概率最大化，即最大化 $\Pr[(x_A, x_B)|y]$。通过转换可以等价为：选择符号对（x_A，x_B）使得函数f最大化，其中f为

$$\begin{aligned} f[y|(x_A,x_B)] &= \sigma^{-2}\exp(-\sigma^{-2}|y-h_A x_A-h_B x_B|^2) \\ &= \sigma^{-2}\exp(-\sigma^{-2}|y|^2)\exp[-\sigma^{-2}(|h_A|^2+|h_B|^2)]\exp[\sigma^{-2}(a x_A+b x_B-c x_A x_B)] \end{aligned} \tag{6-41}$$

式中，$c=\mathcal{R}(h_A h_B^*)$。去掉与（x_A，x_B）无关的部分，最大化问题可以转换为

$$\arg\max_{(x_A,x_B)}(a x_A+b x_B-c x_A x_B) \tag{6-42}$$

对式（6-42）进行讨论，讨论结果如下：

1）对于 $a>0$、$b>0$ 和 $c<0$，可以得到（x_A，x_B）$=(+1,\ +1)$。

2）对于 $a>0$、$b>0$ 和 $c>0$，结果如下：

$$\begin{cases} (x_A,x_B)=(+1,+1) & \min(a,b)>c \\ (x_A,x_B)=(+1,-1) & \min(a,c)>b \\ (x_A,x_B)=(-1,+1) & \min(b,c)>a \end{cases}$$

3）对于 $a<0$、$b<0$ 和 $c<0$，可以得到（x_A，x_B）$=(-1,\ -1)$。

4）对于 $a<0$、$b<0$ 和 $c>0$，结果如下：

$$\begin{cases} (x_A,x_B)=(-1,-1) & \min(-a,-b)>c \\ (x_A,x_B)=(-1,+1) & \min(-a,c)>-b \\ (x_A,x_B)=(+1,-1) & \min(-b,c)>-a \end{cases}$$

5）对于 $a<0$、$b>0$ 和 $c>0$，可以得到（x_A，x_B）$=(-1,\ +1)$。

6）对于 $a<0$、$b>0$ 和 $c<0$，结果如下：

$$\begin{cases} (x_A,x_B)=(-1,+1) & \min(-a,b)>-c \\ (x_A,x_B)=(-1,-1) & \min(-a,-c)>b \\ (x_A,x_B)=(+1,+1) & \min(b,-c)>-a \end{cases}$$

7）对于 $a>0$、$b<0$ 和 $c>0$，可以得到（x_A，x_B）$=(+1,\ -1)$。

8）对于 $a>0$、$b<0$ 和 $c<0$，结果如下：

$$\begin{cases}(x_A,x_B)=(+1,-1) & \min(-a,b)>-c\\(x_A,x_B)=(+1,+1) & \min(-a,-c)>b\\(x_A,x_B)=(-1,-1) & \min(b,-c)>-a\end{cases}$$

根据上述讨论，对 x_A 和 x_B 分别进行检测，可以得到

$$\hat{x}_A=\text{sign}\left(a+\frac{1}{2}|b-c|-\frac{1}{2}|b+c|\right) \tag{6-43}$$

$$\hat{x}_B=\text{sign}\left(b+\frac{1}{2}|a-c|-\frac{1}{2}|a+c|\right) \tag{6-44}$$

因为中继节点不需要对符号 x_A 和 x_B 分别完全译码，仅需要检测出 $x_A\oplus x_B$。由此可以得到

$$\hat{x}_R=\text{sign}\left(a+\frac{1}{2}|b-c|-\frac{1}{2}|b+c|\right)\text{sign}\left(b+\frac{1}{2}|a-c|-\frac{1}{2}|a+c|\right) \tag{6-45}$$

通过进一步简化，还可以得到另外一种表达式

$$\hat{x}_R=\begin{cases}\text{sign}(a)\cdot\text{sign}(b) & \min(|a|,|b|)\geqslant|c|\\-\text{sign}(c) & \text{其他}\end{cases} \tag{6-46}$$

下面对采用不同检测算法的去噪转发物理层网络编码的性能进行比较[14]。以中继处检测的误比特率作为性能指标，在采用 BPSK 调制的假设下，中继处误比特率定义为 $\Pr(\hat{x}_A\oplus\hat{x}_B\neq x_A\oplus x_B)$。图 6-9 给出了式（6-38）所示的最大似然检测算法、式（6-40）所示的最大似然比检测算法，以及式（6-45）和式（6-46）所示的两种最大后验概率检测算法的误比特率性能。通过仿真曲线可以得出最大似然检测与两种最大后验概率检测等价的结论。但是，对比最大似然检测，式（6-45）和式（6-46）所示的硬判决最大后验检测具有

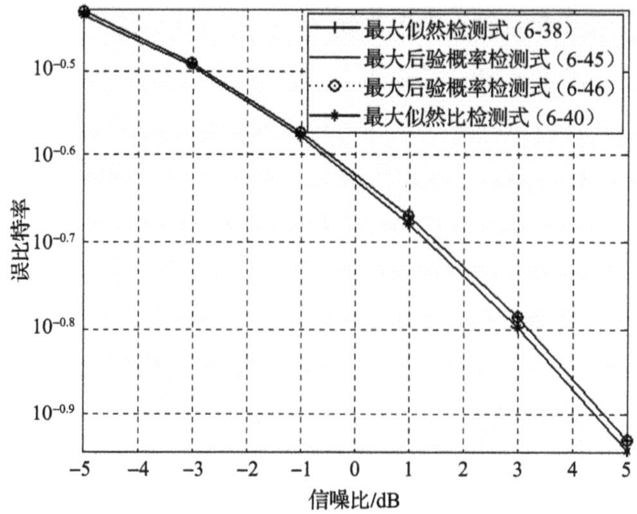

图 6-9　中继处不同检测算法的误比特率性能

相对较低的复杂度。仿真表明，最大似然比检测的误比特率性能稍微优于最大似然检测，随着信噪比的增加，最大似然比检测的性能与最大似然检测性能接近。通过对比式（6-38）所示的最大似然检测算法的误比特率性能可以看出，中继节点不需要对符号 x_A 和 x_B 分别完全译码，仅需要检测出符号 x_A 和 x_B 的逻辑关系即可实现物理层网络编码传输。

参考文献

[1] R Ahlswede, N Cai, S Y R Li, W Yeung. Network information flow [J]. IEEE Transactions on Information Theory, 2000, 46(4): 1204-216.

[2] 彭木根，王月新，刘红梅，王文博. 无线多跳通信网络中的网络编码技术[J]. 电信快报，2007(8)：10-15.

[3] S Zhang, S C Liew, P P Lam. Hot topic: physical-layer network coding[C]. International Conference on Mobile Computing & Networking, 2006: 358-365.

[4] S-Y R Li, R W Yeung, N Cai. Linear network coding [J]. IEEE Transactions on Information Theory, 2003, 49(2): 1204-1216.

[5] T Ho, M Medard, R Koetter, D R Karger, M Effros, J Shi, B Leong. A random linear network coding approach to multicast [J]. IEEE Transactions on Information Theory, 2006, 52(10): 1204-1216.

[6] S Fu, K Lu, Y Qian, M Varanasi. Cooperative network coding for wireless ad-hoc networks [C]. IEEE GlOBECOM, Washington DC, USA, Nov. 2007.

[7] Z Chen, W Chen, P Y Fan, K B Letaief. Relay aided wireless multicast utilizing network coding: outage behavior and diversity gain [J]. IEEE Journal of Networks, 2010, 5(1): 47-56.

[8] P Razaghi, G Caire. Coarse network coding: a simple relay strategy to resolve inference [C]. IEEE WINC, Boston MA, USA, June 2010.

[9] H Y Raymond, Y Li, V Branka. Practical physical layer network coding for two-way relay channels: performance analysis and comparison [J]. IEEE Transactions on Communications, 2010, 9(2): 764-777.

[10] P Popovski, H Yomo. Bi-directional amplification of throughput in a wireless multi-hop network [C]. IEEE ICC, Istanbul, Turkey, June 2006.

[11] P Popovski, H Yomo. Physical network coding in two-way wireless relay channels [C]. IEEE ICC, Glasgow, Scotland, July 2007.

[12] R Zhang, Y C Liang, C C Chai, S Cui. Optimal beamforming for two-way multi-antenna relay channel with analogue network coding[J]. IEEE Journal on Selected Areas in Communications, 2009, 27(6): 699-712.

[13] J N Laneman, D N C Tse, G W Wornell. Cooperative diversity in wireless networks: Efficient protocols and outage behavior [J]. IEEE Transactions on Information Theory, 2004, 50(12): 3062-3080.

[14] 颜伟，蔡跃明，潘成康. 双向中继信道中物理层网络编码的检测[J]. 通信学报，2012, 33(2): 82-86.

[15] 颜伟. 无线传感器网络中协同网络编码技术研究[D]. 南京：解放军理工大学，2011.

[16] L Lu, S C Liew. Asynchronous physical-layer network coding [J]. IEEE Transactions Wireless Communication, 2012, 11(2): 819-831.

第 7 章

协同通信中的无线资源管理

在协同通信中，由于引入了中继节点辅助进行信息传输，一方面导致了时隙、带宽和功率等资源的额外消耗，因而相较于直传，协同通信需要更加合理的资源分配机制，保证以较高的资源利用率获得较好的通信性能；另一方面也不可避免地带来了资源管理难度的加大，体现为以下两个方面的扩展：一是资源构成，这主要表现为由于增添了中继节点选择的维度，使得资源的取值范围以及资源之间的耦合关系得以扩展；二是资源的变化情况，为了反映网络资源中多元素的共同变化，可能需要二维或是多维随机变量来表征资源的异构性。鉴于此，作为协同通信关键技术之一的无线资源管理研究，得到了更为广泛的关注。

协同无线网络中无线资源管理要研究的问题很多。然而，一方面，限于可实现性、可控制性和简化的考虑，目前的研究多集中于物理层层面的功率控制，包括如何在源节点与中继节点之间进行功率的分配、中继节点进行转发时的发射功率如何调整、中继节点对传输自身信号与协同传输其他信号之间的功率如何分配等。另一方面，以虚拟 MIMO 为基础的协同通信由于引入了节点之间的协作，使得资源分配中增添了中继节点选择的维度。这在第 2 章中已经专门给予了阐述。显然，将功率控制与中继节点选择联合考虑，可进一步带来协同性能的提升，这亦是当前研究的主要方向。然而这样会带来变量的增加和优化目标的复杂化，在多数情况下使得资源分配最优问题是 NP 完全（NP-complete）问题。因此，如何提出适当的联合优化建模方案以及设计可执行的最优算法是协同策略选择机制应考虑的重点。

本章集中讨论了协同通信中的无线资源管理问题。首先，从经典的三节点两跳中继模型入手，介绍了 AF 和 DF 协同策略下基于不同 QoS 性能指标的最优功率分配方案。进而扩展至更具一般性的多中继网络场景，尤其考虑了研究场景的不同，优化需求和目标的相异，各节点不同层面的利益诉求以及行为性质的多样性等角度出发，因地制宜地采用不同博弈模型和不同均衡解，来实现协同无线资源的优化管理。最后，探讨了不同协议下协同无线资源管理问题。

7.1 三节点两跳中继网络中的功率分配

三节点两跳中继网络是目前研究协同网络的经典模型，如图 7-1 所示。该模型由三个节点构成，分别为源节点（用 s 表示）、目的节点（用 d 表示）和一个中继节点（用 r 表示）。以正交中继信道为主要研究对象，即源节点通过某种信道和中继节点以及目的节点通信，中继节点则通过与之正交的另一个信道同目的节点通信。这里所指的“正交”的实现方式可以是多种多样的，例如，时分、频分、码分、空

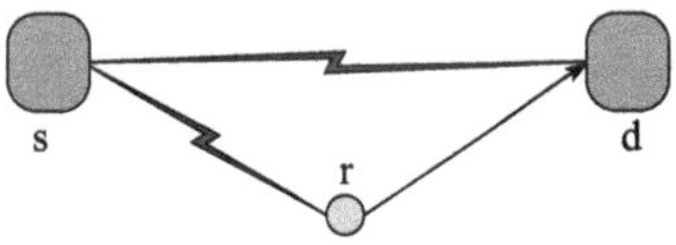

图 7-1　三节点两跳中继模型

分。接下来本章将以时分为例进行讨论。具体而言，把整个中继过程划分为两个时隙。在第一个时隙，源节点 s 向中继节点 r 和目的节点 d 发送信息数据，此时中继节点 r 对接收到的信息数据进行处理，准备转发；在第二个时隙，中继节点 r 将信息数据转发给目的节点 d，最后在目的节点 d 处，它通过如等增益合并（EGC）或最大比合并（MRC）等分集合并方法对从源节点 s 和中继节点 r 处接收到的信号进行合并，最后完成信息解码。

此外，令 γ_0 表示不采用协同传输时目的节点 d 接收信号的信噪比（SNR），则有 $\gamma_0=\frac{|h_{s,d}|^2}{\sigma_0^2}p_{total}$，其中 $h_{s,d}$ 为源节点 s 和目的节点 d 之间链路的信道系数，σ_0^2 为该链路上的噪声方差，p_{total} 为总发射功率。同理，令 $\gamma_{s,d}$、$\gamma_{s,r}$ 和 $\gamma_{r,d}$ 分别表示采用协同传输时直传链路、第 1 跳链路和第 2 跳链路接收端接收信号的 SNR，则分别有 $\gamma_{s,d}=\frac{|h_{s,d}|^2}{\sigma_0^2}p_s$，$\gamma_{s,r}=\frac{|h_{s,r}|^2}{\sigma_{1,r}^2}p_s$，$\gamma_{r,d}=\frac{|h_{r,d}|^2}{\sigma_{2,r}^2}p_r$。这里，$h_{s,r}$ 和 $h_{r,d}$ 分别为第 1 跳链路和第 2 跳链路的信道系数，$\sigma_{1,r}^2$ 和 $\sigma_{2,r}^2$ 分别为这两条链路上的噪声方差，p_s 为源节点 s 的发送功率，p_r 为中继节点 r 的发射功率。

实际上，协同通信中功率控制的本质就是在总功率受限，即 $p_s+p_r\leqslant p_{total}$ 的情况下，以最大化目的节点 d 处的 QoS 性能为目标，求出最优的 p_s 和 p_r。这里的 QoS 性能可量化为中断概率、容量、误比特率等不同形式的 QoS 指标。为此，本节将以系统容量和系统平均误码率为优化目标，讨论如何在三节点两跳中继模型的 AF 协同策略和 DF 协同策略下实现最优的功率分配。

7.1.1 AF 中继模型中的功率分配

1. 基于最大化系统容量的最优功率分配方案

采用 AF 协同策略，且接收端采用 MRC 对接收信号进行合并，则目的节点 d 处的 SNR 可表示为

$$\gamma_{MRC}^{AF}=\gamma_{s,d}+\frac{\gamma_{s,r}\gamma_{r,d}}{1+\gamma_{s,r}+\gamma_{r,d}} \tag{7-1}$$

这样，若将中继过程所占用的两个时隙分别记为 1/2，传输带宽记为 B，则单位带宽的信道容量可表示为

$$C_{MRC}^{AF}=\frac{1}{2}B\log_2(1+\gamma_{MRC}^{AF}) \tag{7-2}$$

作为比较，先讨论两种较为简单的功率分配方案，即单独功率分配（SPA）和等功率分配（EPA）的情况。若发射端采用前者，意味着发射端将把全部发射功率都分配给源节

点，即有 $p_s = p_{total}$，$p_r = 0$。若发射端采用后者，则有 $p_s = p_r = 0.5p_{total}$，此时，虽然易于获得一定信道状态下的系统容量，但功率资源却并不能得到有效利用。进一步，重点讨论发射端采用最优功率分配（OPA）的情况。这种最优功率分配方案能够确保所分配的发射功率可随着信道状态的变化而自适应地改变，从而提高了系统性能。究其本质，这实际上相当于最大化式（7-2）中的系统容量或最大化 γ_{MRC}，由此得到的优化问题可刻画为

$$\begin{aligned} &\max_{p_s, p_r} \gamma_{MRC}^{AF} \\ &\text{s.t.} \quad p_s + p_r \leqslant p_{total} \end{aligned} \tag{7-3}$$

进而，利用拉格朗日乘子法，建立目标函数 $J = \gamma_{MRC}^{AF} + \lambda(p_s + p_r - p_{total})$，其中，$\lambda$ 为拉格朗日待定因子。分别对上式求关于 p_s 和 p_r 的偏导并建立方程组，可得

$$\begin{cases} \dfrac{\partial J}{\partial p_s} = 0 \\ \dfrac{\partial J}{\partial p_r} = 0 \\ p_s + p_r = p_{total} \end{cases} \tag{7-4}$$

联立求解这一方程组，从而可获得此时的最优功率分配结果为

$$\begin{cases} p_s = \dfrac{\dfrac{|h_{s,r}|^2}{\sigma_{1,r}^2}\dfrac{|h_{r,d}|^2}{\sigma_{2,r}^2} + \dfrac{|h_{r,d}|^2}{\sigma_{2,r}^2}\dfrac{|h_{s,d}|^2}{\sigma_0^2} + \dfrac{|h_{s,d}|^2}{\sigma_0^2}}{\left(\dfrac{|h_{s,r}|^2}{\sigma_{1,r}^2}\dfrac{|h_{r,d}|^2}{\sigma_{2,r}^2} + \dfrac{|h_{r,d}|^2}{\sigma_{2,r}^2}\dfrac{|h_{s,d}|^2}{\sigma_0^2} - \dfrac{|h_{s,r}|^2}{\sigma_{1,r}^2}\dfrac{|h_{s,d}|^2}{\sigma_0^2}\right)\left(1 + \sqrt{\dfrac{1 + \dfrac{|h_{s,r}|)^2}{\sigma_{1,r}^2}}{1 + \dfrac{|h_{r,d}|^2}{\sigma_{2,r}^2}}\dfrac{|h_{s,r}|^2}{\sigma_{1,r}^2}\dfrac{|h_{r,d}|^2}{\sigma_{2,r}^2}}\right)} p_{total} \\ p_r = p_{total} - p_s \end{cases} \tag{7-5}$$

2. 基于最小化系统平均误码率的最优功率分配方案

在总功率一定的条件下，从基于最小化系统平均误码率的角度分析源节点和中继节点的发射功率的最优分配方法，需依赖信号的调制方式和已知各跳链路的信道状态信息。假设各节点之间链路的平均信噪比分别为 $\bar{\gamma}_{s,d}$、$\bar{\gamma}_{s,r}$ 和 $\bar{\gamma}_{r,d}$，则在高信噪比（即链路平均 SNR≫1）时，两跳链路的等效平均 SNR 可表示为

$$\bar{\gamma}_{eq} \approx \left(\frac{1}{\bar{\gamma}_{s,r}} + \frac{1}{\bar{\gamma}_{r,d}}\right)^{-1} \tag{7-6}$$

若在接收端采用 MRC 对接收信号进行合并，则平均 SNR 可表示为 $\bar{\gamma}_{MRC}^{AF} = \bar{\gamma}_{s,d} + \bar{\gamma}_{eq}$。

根据矩母函数计算瑞利衰落信道下采用 MPSK 调制方式时的平均误码率，它可以近似表示为各支路平均 SNR 的矩母函数的乘积，即有

$$
\begin{aligned}
P_e^{AF} &= \frac{1}{\pi}\int_0^{(M-1)\pi/M}\left(1+\frac{g_{MPSK}\overline{\gamma}_{s,d}}{\sin^2\phi}\right)^{-1}\left(1+\frac{g_{MPSK}\overline{\gamma}_{eq}}{\sin^2\phi}\right)^{-1}d\phi \\
&\approx \frac{1}{\pi}\int_0^{(M-1)\pi/M}\left(\frac{g_{MPSK}\overline{\gamma}_{s,d}}{\sin^2\phi}\right)^{-1}\left(\frac{g_{MPSK}\overline{\gamma}_{eq}}{\sin^2\phi}\right)^{-1}d\phi
\end{aligned}
\tag{7-7}
$$

这里，$g_{BPSK}=1$，$g_{QPSK}=0.5$，约等号成立的条件是高平均信噪比的情况。进而，将式（7-6)代入式（7-7）得

$$
P_e^{AF} = \left\{\frac{3(M-1)}{8M}+\frac{1}{32\pi}\sin\left(\frac{4(M-1)}{M}\pi\right)-\frac{1}{4\pi}\sin\left(\frac{2(M-1)}{M}\pi\right)\right\}\cdot\frac{\sigma_0^2}{g_{MPSK}^2}\frac{p_s h_{s,r}^2+p_r h_{r,d}^2}{p_s^2 p_r h_{s,d}^2 h_{s,r}^2 h_{r,d}^2}
$$

这样，基于最小化平均误码率的功率分配问题可以建模为如下优化问题：

$$
\begin{aligned}
&\min_{p_s,p_r} P_e^{AF} \\
&\text{s.t.}\quad p_s+p_r\leqslant p_{total}
\end{aligned}
\tag{7-8}
$$

同理，利用拉格朗日乘子法，建立目标函数，并对该目标函数求关于 p_s 和 p_r 的偏导以构建方程组。对方程组联立求解可获得如下最优功率分配的显示表达式，即

$$
\begin{cases}
p_s = \begin{cases}
\dfrac{|h_{s,r}|^2-4|h_{r,d}|^2+\sqrt{|h_{s,r}|^4+8|h_{s,r}|^2|h_{r,d}|^2}}{4(|h_{s,r}|^2-|h_{r,d}|^2)}p_{total}, & |h_{s,r}|^2\neq|h_{r,d}|^2 \\
\dfrac{2}{3}p_{total} & |h_{s,r}|^2=|h_{r,d}|^2
\end{cases} \\
p_r = p_{total}-p_s
\end{cases}
\tag{7-9}
$$

根据式（7-9）可知，该最优功率分配方案只取决于源节点与中继节点，以及中继节点与目的节点之间的信道状态信息，而独立于源节点与目的节点间的信道质量。

7.1.2 DF 中继模型中的功率分配

1. 基于最大化系统容量的最优功率分配方案

采用 DF 协同策略，且接收端采用 MRC 对接收信号进行合并，则目的节点 d 处的 SNR 可表示为

$$
\gamma_{MRC}^{DF} = \min\{\gamma_{s,r},\gamma_{s,d}+\gamma_{r,d}\}
\tag{7-10}
$$

这样，单位带宽的信道容量就可以表示为

$$
C_{MRC}^{DF} = \frac{1}{2}B\log_2(1+\gamma_{MRC}^{DF})
\tag{7-11}
$$

进而，最优功率分配问题就可以描述为如下的优化问题

$$
\min_{p_s,p_r} C_{MRC}^{DF}
$$

$$\text{s.t.}\quad p_s + p_r \leqslant p_{total} \tag{7-12}$$

同理，利用拉格朗日乘子法可得此时的最优功率分配为

$$\begin{cases} p_s = \dfrac{\dfrac{|h_{r,d}|^2}{\sigma_{2,r}^2}}{\dfrac{|h_{s,r}|^2}{\sigma_{1,r}^2} + \dfrac{|h_{r,d}|^2}{\sigma_{2,r}^2} - \dfrac{|h_{s,d}|^2}{\sigma_0^2}} p_{total} \\ p_r = p_{total} - p_s \end{cases} \tag{7-13}$$

2. 基于最小化系统平均误码率的最优功率分配方案

采用 DF 协同策略，在高平均信噪比情况下，系统误码率上界可表示为

$$\begin{gathered} P_e^{DF} \leqslant \frac{1}{4\dfrac{|h_{s,r}|^2 p_s}{\sigma_0^2}} + \frac{3}{16\dfrac{|h_{s,d}|^2 p_s}{\sigma_0^2}\dfrac{|h_{r,d}|^2 p_r}{\sigma_0^2}} \\ \frac{|h_{s,r}|^2 p_s}{\sigma_0^2} \geqslant 1,\quad \frac{|h_{s,d}|^2 p_s}{\sigma_0^2} \geqslant 1,\quad \frac{|h_{r,d}|^2 p_r}{\sigma_0^2} \geqslant 1 \end{gathered} \tag{7-14}$$

同样考虑在总功率受限的情况下，并取 $\sigma_0^2 = 1$，此时的最优功率分配问题就可以转化为类似式（7-8）的优化问题，进而采用拉格朗日乘子法，可以求得最优功率分配的显示表达式为

$$\begin{cases} p_r = \dfrac{\sqrt{9|h_{s,r}|^2 + 12|h_{s,d}|^2|h_{s,r}|^2|h_{r,d}|^2 p_{total}} - 3|h_{s,r}|^2}{4|h_{s,d}|^2|h_{r,d}|^2} \\ p_s = p_{total} - p_r \end{cases} \tag{7-15}$$

7.2 多中继网络中的协同资源优化分配

本节将考虑更为一般的多中继网络，特别是利用非合作博弈理论来解决其中的联合中继节点选择和节点间功率控制等的资源优化配置问题。这主要归因于各节点功率等资源的稀缺有限，使得各节点的行为决策均以个体至上为原则，因而中继节点是否协同，如何协同，以及参与协同后节点之间就功率等资源如何调整分配，都显示了各节点的不同层面的利益分歧和冲突。再加上协同通信场景、优化需求等不同，使得所建模的非合作博弈类型无法拘泥于单一一类，且需引入不同的均衡解来刻画博弈结果。具体而言，为保证纯策略的存在唯一，本节提出了联合中继节点选择的拟凹博弈功率控制机制，以直接用以指导功率资源的优化配置[1]。为避免对其他节点的完全的个体信息和自身精确的最优反应函数的依赖，提出了联合中继节点选择的随机博弈功率控制机制[1]。同时，为保证均衡解的存在而将其随机化，在概率空间寻获混合策略纳什均衡加以解决。此外，为提高分布式和竞争

环境下的资源分配性能，提出了基于相关均衡的协同策略选择机制，以激励各节点间的协调和一定程度的合作，从而进一步增强功率资源利用效率[1]。

7.2.1 一种联合中继节点选择的拟凹博弈功率控制机制

本节针对多中继协同网络，给出了联合中继节点选择的拟凹博弈功率控制机制。各节点从信噪比的角度建立收益函数，并为源节点和中继节点建立不同的代价函数。各节点通过对自己发送功率的调整，达到各自效用函数最大化的目的。根据中继节点发送功率的策略空间，将“无所作为”或“鲜有作为”的中继节点排除，优化了协同中继节点集合，从而在提高网络性能的同时保证了节点利用率。

1. 系统模型

考虑分布式多中继网络，其中包括一个源节点 s、一个目的节点 d 和 M 个中继节点，且 M 个中继节点共同构成集合 $\mathcal{R}=\{\mathrm{r}_1, \mathrm{r}_2, \cdots, \mathrm{r}_M\}$。$h_{\mathrm{s,d}}$、$h_{\mathrm{s,r}_i}$和 $h_{\mathrm{r}_i,\mathrm{d}}$分别表示源节点与目的节点间、源节点与中继节点 r_i 间以及中继节点 r_i 与目的节点间的信道系数。假设源节点获知信道状态信息 $h_{\mathrm{s,r}_i}$和 $h_{\mathrm{s,d}}$，中继节点获知信道状态信息 $h_{\mathrm{s,r}_i}$和 $h_{\mathrm{r}_i,\mathrm{d}}$。

图 7-2 是多中继网络协同传输示意图。协同传输阶段采用时分半双工协同传输模式和放大转发协同协议。首先，源节点以功率 p_{s} 广播信息至各协同中继节点和对应的目的节点。在目的节点和各协同中继节点处所获得的信噪比分别为 $\gamma_{\mathrm{s,d}}=p_{\mathrm{s}}H_{\mathrm{s,d}}/\sigma^2$ 和 $\gamma_{\mathrm{s,r}_i}=p_{\mathrm{s}}H_{\mathrm{s,r}_i}/\sigma^2$，其中，$H_{\mathrm{s,d}}=|h_{\mathrm{s,d}}|^2$ 和 $H_{\mathrm{s,r}_i}=|h_{\mathrm{s,r}_i}|^2$。若 x_{s} 为源节点向协同中继节点 r_i 发送的信息，则协同中继节点 r_i 接收到的信号为

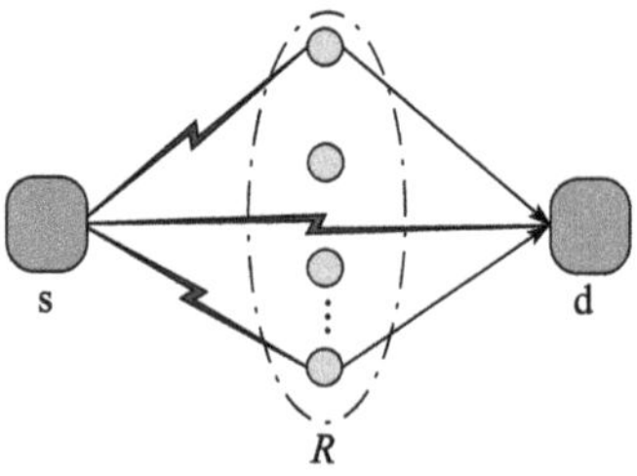

图 7-2 多中继网络协同传输示意图

$$y_{\mathrm{r}_i}=\sqrt{p_{\mathrm{s}}}h_{\mathrm{s,r}_i}x_{\mathrm{s}}+n_{\mathrm{r}_i} \tag{7-16}$$

式中，n_{r_i}为中继节点 r_i 处噪声，$n_{\mathrm{r}_i}\sim\mathcal{CN}(0, \sigma^2)$。

接着，协同中继节点 r_i 以功率 p_{r_i}将接收到的信息转发到目的节点，则目的节点接收到的信号为

$$y_{\mathrm{r}_i,\mathrm{d}}=\frac{\sqrt{p_{\mathrm{r}_i}}h_{\mathrm{r}_i,\mathrm{d}}(\sqrt{p_{\mathrm{s}}}h_{\mathrm{s,r}_i}x_{\mathrm{s}}+n_{\mathrm{r}_i})}{\sqrt{p_{\mathrm{s}}H_{\mathrm{s,r}_i}+\sigma^2}}+n_{\mathrm{d}} \tag{7-17}$$

式中，n_{d} 为目的节点处噪声，$n_{\mathrm{d}}\sim\mathcal{CN}(0, \sigma^2)$，则转发信号信噪比为

$$\gamma_{\mathrm{r}_i,\mathrm{d}}=\frac{p_{\mathrm{r}_i}H_{\mathrm{r}_i,\mathrm{d}}p_{\mathrm{s}}H_{\mathrm{s,r}_i}}{\sigma^2(p_{\mathrm{r}_i}H_{\mathrm{r}_i,\mathrm{d}}+p_{\mathrm{s}}H_{\mathrm{s,r}_i}+\sigma^2)} \tag{7-18}$$

这样，m 个中继节点协同传输时所获可达速率可表示为[2]

$$R = \frac{1}{m+1}\log_2\left(1 + \gamma_{s,d} + \sum_{i=1}^{m}\gamma_{r_i,d}\right) \tag{7-19}$$

2. 效用函数

根据源节点和中继节点在网络中的不同地位，设计不同的效用函数，具体表示为

$$u_s = \left\{\frac{1}{1+\exp[-\alpha_s(\gamma_{s,d}-\beta_s)]} + \sum_{i\in\mathcal{R}}\frac{p_{r_i}}{\sum_{j\in\mathcal{R}}p_{r_j}}\frac{1}{1+\exp[-\alpha_{r_i}(\gamma_{s,r_i}-\beta_{r_i})]}\right\} - \left(c_s p_s + \sum_{i\in R}\frac{c_{r_i}p_{r_i}}{p_{r_i,\max}}\right) \tag{7-20}$$

$$u_{r_i} = \frac{1}{1+\exp[-\alpha_{r_i}(\gamma_{r_i,d}-\beta_{r_i})]} - \frac{c_{r_i}p_{r_i}}{p_{r_i,\max}} \tag{7-21}$$

式中，u_s 和 u_{r_i}分别为源节点和中继节点 r_i 的效用函数；$p_{r_i,\max}$为中继节点 r_i 的最大发送功率；α_s、β_s、α_{r_i}和β_{r_i}均为可调参量，乃正实数，分别反映函数的陡峭度和中心点位置，c_s 和 c_{r_i}为代价因子。这些参量的取值可因各节点的业务要求不同而有所不同。为便于分析，这里假设各节点具有相同的业务要求，即有 $\alpha_s=\alpha_{r_i}\triangleq\alpha$，$\beta_s=\beta_{r_i}\triangleq\beta$ 以及 $c_{r_i}=c_{r_i}\triangleq c$，$\forall r_i\in\mathcal{R}$。

下面具体说明所设计的效用函数。式（7-20）中前两项和即为收益函数，其中第 2 项可以理解为源节点对各中继节点的友好程度，它实质是用中继节点为转发信息所耗功率占所耗功率总和的比例来衡量的。式（7-20）中后两项和即为代价函数，其中第 3 项是为了抑制源节点增加不必要的发射功率，而第 4 项表示源节点对于中继节点的帮助所付出的“费用”，用各中继节点为转发信息所耗功率占自身可用功率的比例来表示。这样，可避免一些中继节点虽然付出的功率很多，对它而言却是“九牛一毛”，或者一些中继节点付出的功率很少，对它而言却是“倾囊相授”的情况。另外，各中继节点被视为是“热心”和“负责”的，这表现为它们希望能为源节点的转发提供满意的 QoS，即希望其收益函数尽可能大，这可通过式（7-21）中的第 1 项来体现，但它们的“热心”会使它们消耗自身的功率，这可通过式（7-21）中的第 2 项来体现。

3. 博弈模型分析

根据所设计的效用函数，可将联合中继节点选择的博弈功率控制模型表示如下：

$$\max_{p_s} u_s(\boldsymbol{p}),\quad \boldsymbol{p}\in\mathcal{P} \tag{7-22}$$

$$\max_{p_{r_i}} u_{r_i}(\boldsymbol{p}),\quad \boldsymbol{p}\in\mathcal{P},\quad \forall r_i\in\mathcal{R} \tag{7-23}$$

式中，$P=\{\boldsymbol{p}:\ p_{s,\min}\leqslant p_s\leqslant p_{s,\max},\ p_{r,\min}\leqslant p_{r_i}\leqslant p_{r,\max},\ \forall r_i\in\mathcal{R}\}$ 为节点的策略空间。

定理 7-1 联合中继节点选择的博弈功率控制模型拥有纯策略纳什均衡。

证明：若效用函数的策略空间是紧致凸集，且此函数关于它的策略空间是拟凹函数，

则它为拟凹博弈，一定存在纯策略纳什均衡。本节给出的策略空间是非空闭集，而闭集必为紧致凸集，因此现只需证明所设计的效用函数是关于其策略空间的凹函数即可，因为凹函数必为拟凹函数。具体而言，可得所设计的效用函数的二阶偏导，即为求取$\frac{\partial^2 u_{s}}{\partial p_{s}^2}$和$\frac{\partial^2 u_{r_i}}{\partial p_{r_i}^2}$的表达式。进而，给出策略空间的范围，以保证这两个二阶偏导均不大于零，即保证 u_{s} 和 u_{r_i}在该策略空间上为凹函数。显然当 $e^{\alpha\beta} - e^{\frac{\alpha p_s H_{s,d}}{\sigma^2}} \leqslant 0$ 和 $e^{\alpha\beta} - e^{\frac{\alpha p_s H_{s,r_i}}{\sigma^2}} \leqslant 0$，$\forall r_i \in \mathcal{R}$ 时，$\partial^2 u_s / \partial p_s^2 \leqslant 0$ 必成立。进而，令 $p_{s,\min} = \beta\sigma^2 / H$，$H = \min\{H_{s,d}, H_{s,r_1}, \cdots, H_{s,r_M}\}$，即可保证 $\partial^2 u_s / \partial p_s^2 \leqslant 0$。同理，若有 $B_{r_i} \geqslant 1$，则有 $\partial^2 u_{r_i} / \partial p_{r_i}^2 \leqslant 0$。当 $\gamma_{r_i,d} < \beta$，中继节点 r_i 将不参与协同。得证。

进一步，可将纳什均衡表示为

$$p_s^* = \arg\max_{p_s} u_s(\boldsymbol{p}), \quad \boldsymbol{p} \in \mathcal{P} \tag{7-24}$$

$$p_{r_i}^* = \arg\max_{p_{r_i}} u_{r_i}(\boldsymbol{p}), \quad \boldsymbol{p} \in \mathcal{P}, \quad \forall r_i \in \mathcal{R} \tag{7-25}$$

定理 7-2 联合中继节点选择的拟凹博弈功率控制模型的纯策略纳什均衡是 Pareto 最优的。

证明： 令 $\boldsymbol{p} = [p_s, p_{r_1}, \cdots, p_{r_M}]$，$\boldsymbol{p}_{-r_i} = [p_s, p_{r_1}, \cdots, p_{r_{i-1}}, p_{r_{i+1}}, \cdots, p_{r_M}]$，$\forall r_i$ 和 $\boldsymbol{p}_{-s} = [p_{r_1}, \cdots, p_{r_M}]$。根据文献［3，定理 7］可知，所设计的博弈将收敛到最小的纳什均衡。下面证明该最小的纳什均衡是 Pareto 最优的。

令 $\boldsymbol{p}$ 为任一纳什均衡，$\tilde{\boldsymbol{p}}$为其中最小的纳什均衡，即$\boldsymbol{p} \geqslant \tilde{\boldsymbol{p}}$。在 p_s 不变的情况下，u_s 随着 $\boldsymbol{p}_{-s}$的增大而减小，因为当 $c \geqslant 1$ 时，u_s 是 p_{r_i}的单调递减函数，即

$$\frac{\partial u_s}{\partial p_{r_i}} = \frac{1}{1 + \exp[-\alpha(\gamma_{s,r_i} - \beta)]} \cdot \frac{\sum_{j \neq i} p_{r_j}}{\left(\sum_{r_j \in \mathcal{R}} p_{r_j}\right)^2} - \frac{c}{p_{r,\max}} \leqslant 1 - \frac{c}{p_{r,\max}} \leqslant 0 \tag{7-26}$$

式中，c 是代价因子，其值是人为设定的，可以保证 $c \geqslant p_{r,\max}$。实际上，$\boldsymbol{p}_{-s}$的增大意味着参与协同的中继节点消耗的功率增多，则源节点得到的“帮助”增多，源节点为此需付出的“费用”自然会增加，从而导致 u_s 减小。由此可得：$u_s(p_s, \boldsymbol{p}_{-s}) \leqslant u_s(p_s, \tilde{\boldsymbol{p}}_{-s})$。而由纳什均衡的定义可知 $u_s(p_s, \tilde{\boldsymbol{p}}_{-s}) \leqslant u_s(\tilde{p}_s, \tilde{\boldsymbol{p}}_{-s})$。综上可得：$u_s(p_s, \boldsymbol{p}_{-s}) \leqslant u_s(\tilde{p}_s, \tilde{\boldsymbol{p}}_{-s})$，即 $u_s(\boldsymbol{p}) \leqslant u_s(\tilde{\boldsymbol{p}})$。同理，在 p_{r_i}不变的情况下，u_{r_i}只与 p_{r_i}和 $p_s \triangleq f(p_{r_1}, \cdots, p_{r_M})$ 有关，且是 p_s 的单调递增函数，而 p_s 是 p_{r_j}，$r_j \neq r_i$ 的单调递减函数，故 u_{r_i}也随着$\boldsymbol{p}_{-r_i}$的增大而减小，于是有 $u_{r_i}(\boldsymbol{p}) \leqslant u_{r_i}(\tilde{\boldsymbol{p}})$。由此得知，所得纳什均衡是 Pareto 最优的。得证。

4. 联合中继节点选择的博弈功率控制算法

这里综合考虑中继节点选择和各节点的功率控制问题，设计了联合中继节点选择的博弈功率控制算法，各节点实现各自的功率控制，同时根据所得功率值，明确协同中继节点

集合，从而在提高网络性能的同时保证了节点资源的利用率。具体描述如下：

1）给定系统参数 α、β 和 c。

2）源节点发布协同中继请求帧，该帧包含初始发送功率 p_s 信息，接收到该请求帧的中继节点 r_i 计算最大化 u_{r_i} 的 p_{r_i}，并反馈给源节点。

3）源节点依据所设计的效用函数 u_s 和反馈的 p_{r_i} 值，调整发送功率 p_s。

4）重复步骤 2）和步骤 3），直至源节点和各中继节点的发送功率收敛到固定值。当 $\gamma_{r_i,d}<\beta$，中继节点 r_i 将不参与协同。若无中继节点协同，则采用直传。

图 7-3 是考虑网络中有两个中继节点时，在多组不同可调参量下的源节点与其中一中继节点发射功率的收敛情况。从图中可以看出，它们最多经过 6 次左右的迭代就可趋于稳定，继而源节点依据博弈结果再完成其信息的协同传输。这说明了所提算法仅需较少次数的迭代即可收敛，故而实现复杂度较低。

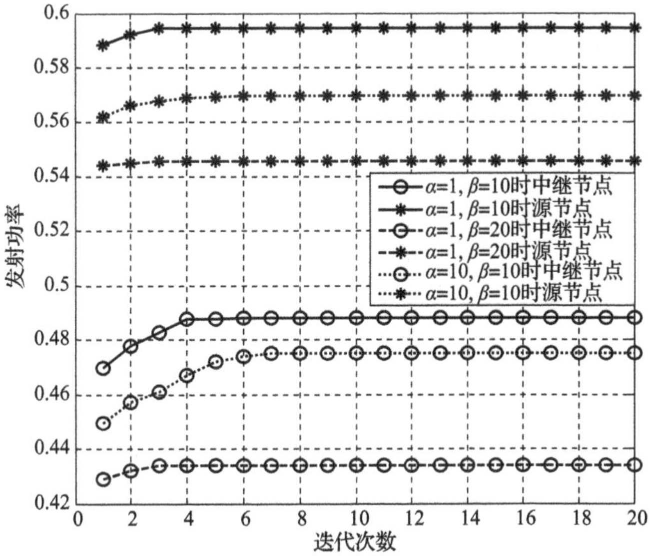

图 7-3 中继节点与源节点发射功率与迭代次数关系

图 7-4 是本节所提机制在不同 β 值下的功率效率的性能比较。从图中可知，随着 β 增加，所提机制获得的功率效率将增加。这是因为中继节点的发送功率的策略空间的确定，与 β 值有关，根据确定的策略空间，可以排除一些“无所作为”或“鲜有作为”的中继节点。换言之，β 值取得越合理，越能选出有效的协同中继节点，从而避免了一些节点不必要的功率损耗，优化了网络的功率效率的性能。

7.2.2 一种联合中继节点选择的随机博弈功率控制机制

正如前文所述，在多中继场景时，需要关注于如何选择具有最大瞬时协作能力的中继节点，以及如何在节点之间进一步得到最优功率分配方案。这些无线资源的优化配置问题被建模为非合作博弈模型，且每个节点试图优化自身的效用函数，以分布式的方式实现资源分配，并最终共同在纳什均衡点上获得平衡。但是，这些结果要求每个节点拥有其他节点几乎完全的个体信息（例如信道质量、效用函数参量、策略选择更新和 QoS 需求等），且需依赖自身精确的最优反应函数，这不仅制约了其在实际通信场景中的实现，也会增加信息交互量和运算复杂度，从而造成能量过度消耗。鉴于此，本节给出了联合中继节点选择的随机博弈功率控制机制。具体地，基于接收 SNR 来决定各中继节点是否参与协同，接着，源节点与协同中继节点一起作为参与者构成了离散随机的多参与者有限策略博弈。这样，各节点在概率空间上寻获最优策略以实现节点间的功率控制。此外，本节给出了基于线性奖励 - 不动学习算法 [Linear Reward-Inaction(L_{R-I}) Learning] 的低复杂度分布式算法，在无须依赖自身精确的最优反应函数的前提下，寻获纳什均衡。

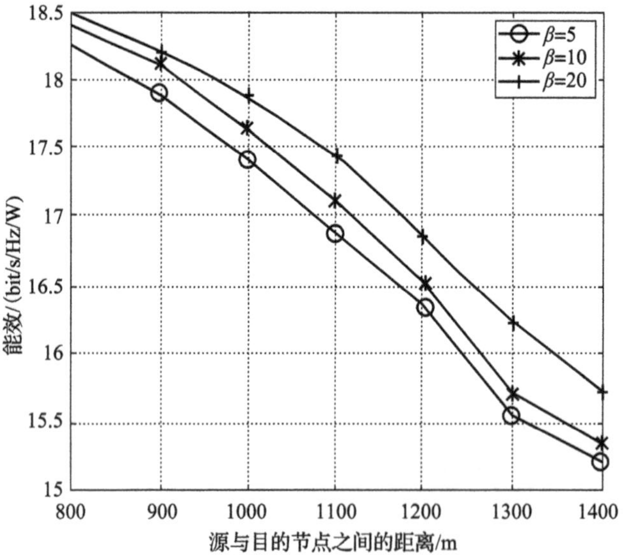

图 7-4　不同 β 值下功率效率比较

1. 网络模型和问题描述

本节仍采用放大转发协同协议，其他协同协议仍适用，且分析过程类似，有关协同传输模型详细描述请参见 7.2.1 节。

（1）中继节点选择模型

建模中继节点选择问题，其数学语言描述为

$$\mathcal{R}^{*} = \{ \mathrm{r}_j^{*} : \arg\max_{\mathrm{r}_i \in \mathcal{R}} (\gamma_{\mathrm{s,d}} + \gamma_{\mathrm{r}_i,\mathrm{d}}) \} \tag{7-27}$$

式中，令 $p_{\mathrm{r}_i} = p_{\mathrm{r}}$，$\forall \mathrm{r}_i$。

将式（7-27）进一步简化为

$$\mathcal{R}^* = \{ r_j^* : \arg\max_{r_i \in \mathcal{R}} (\gamma_{r_i,d}) \} \tag{7-28}$$

式中，令 $m = |\mathcal{R}^*|$，它表征了参与协同的中继节点数。这样一来，被选中的节点将帮助放大源节点的信息，通过与直传方式在目的节点所达速率上的比较，最终决定被选中的节点是否参与协同传输。

（2）协同功率控制随机博弈模型

针对网络状态信息（例如 CSI）不完全的情况，本节将协同功率控制问题建模为离散随机的多参与者有限策略博弈 G_{S-PC}。具体而言，m 个协同中继节点和源节点被视为博弈的参与者，依次标记为 1，…，m，$m+1$，以构成参与者集合 $\mathcal{N}$。所提博弈 G_{S-PC} 可表征为多元组 $\{\mathcal{N}, \mathcal{M}, (\mathcal{A}_i)_{i\in\mathcal{N}}, F, (u_i)_{i\in\mathcal{N}}\}$，其中，$\mathcal{A}_i$ 为节点 i 的有限行为集，对应节点 i 的可用发送功率电平集合，且 $\mathcal{A} = \prod_{i\in\mathcal{N}} \mathcal{A}_i$。$u_i$ 是效用函数，可表示为

$$u_i = R - a\sum_{\substack{j=1 \\ j\neq i}}^{m+1} p_j - bp_i, \quad i = m+1 \tag{7-29}$$

$$u_i = R - cp_i, \quad i = 1,2,\cdots,m \tag{7-30}$$

式中，a、b 和 c 均为代价因子，是常数，它们根据节点的不同状态反映了节点实现协同传输时的开销。对源节点而言，它不仅需对自身功率消耗负责，也需对中继节点的帮助有所付出；对中继节点而言，它需考虑由于它的“热心”会对自身性能造成的影响。进一步，令 $PM_i = (PM_{i,a_i})^{\mathrm{T}}_{a_i\in\mathcal{A}_i}$ 为节点 i 的混合策略，其实质是行为选择的概率分布，其中 PM_{i,a_i} 为节点 i 选中功率电平 a_i 的概率，且 $\forall PM_{i,a_i} \geqslant 0$，$\sum_{a_i\in\mathcal{A}_i} PM_{i,a_i} = 1$，$(\cdot)^{\mathrm{T}}$ 表示转置。从而，节点 i 的期望效用函数可表示为

$$\begin{aligned} g_i(PM_1,\cdots,PM_{m+1}) &= \mathbb{E}[u_i \mid \text{node } j \text{ employs strategy } PM_j, 1 \leqslant j \leqslant m+1] \\ &= \sum_{a_1\in\mathcal{A}_1}\cdots\sum_{a_j\in\mathcal{A}_j}\cdots\sum_{a_{m+1}\in\mathcal{A}_{m+1}} u_i(a_1,\cdots,a_j,\cdots,a_{m+1}) \prod_{j=1}^{m+1} PM_{j,a_j} \end{aligned} \tag{7-31}$$

若节点 $\forall i\in\mathcal{N}$ 已选定行为 $\forall l\in\mathcal{A}_i$，则可定义函数

$$\begin{aligned} \phi_{i,l}(\boldsymbol{PM}) &= \mathbb{E}[u_i \mid \text{node } j \text{ employs strategy } PM_j, 1 \leqslant j \leqslant m+1, j\neq i, \text{and node } i \text{ chooses } l] \\ &= \sum_{a_j, j\neq i} u_i(a_1,\cdots,a_{i-1},l,a_{i+1},\cdots,a_{m+1}) \prod_{j\neq i} PM_{j,a_j} \end{aligned} \tag{7-32}$$

式中，$\boldsymbol{PM}$ 为混合策略组合，即 $\boldsymbol{PM} = (PM_1, \cdots, PM_{m+1})$。因此，可将式（7-31）重写为

$$g_i(\boldsymbol{PM}) = \sum_{l\in\mathcal{A}_i} \phi_{i,l}(\boldsymbol{PM}) PM_{i,l} \tag{7-33}$$

这样，各节点相互之间通过不断博弈来获取最优策略，以实现期望效用的最大化。

2. 随机博弈的混合策略纳什均衡

随机博弈主要被用来对不确定性下的复杂系统决策问题进行建模，由此得到的博弈问

题的解主要是在概率空间中寻找混合策略纳什均衡。根据文献［4］可知，有限策略博弈至少拥有一个纳什均衡（包括纯策略和混合策略纳什均衡），这保证了所提协同功率控制随机博弈 G_{S-PC} 的纳什均衡存在性。

定义 7-1[4] 在所提协同功率控制随机博弈 G_{S-PC} 中，对于给定的混合策略组合 $\boldsymbol{PM}$，其中，节点 i 的混合策略为 PM_i，则 PM_i 中所有大于 0 的分量所对应的纯策略的集合为 PM_i 的支集 $\mathcal{A}_i(PM_i)$。这样，所有节点支集的直积，即 $\mathcal{A}(\boldsymbol{PM}) = \prod_{i \in N} \mathcal{A}_i(PM_i)$ 被称为支撑 $\mathcal{A}(\boldsymbol{PM})$。

定理 7-3[4] 在所提协同功率控制随机博弈 G_{S-PC} 中，混合策略组合 $\boldsymbol{PM}^* = (PM_1^*, \cdots, PM_{m+1}^*)$ 是一个混合策略纳什均衡，当且仅当对于 $i \in \mathcal{N}$，PM_i^* 的支集 $\mathcal{A}_i(PM_i^*)$ 中每一个纯策略均是给定 $\boldsymbol{PM}_{-i}^*$ 下的最优反应。

对于所提协同功率控制随机博弈 G_{S-PC}，根据定义 7-1 和定理 7-3 可求解混合策略纳什均衡，具体思路如下：

1）构造出所有的混合策略的支撑。

2）对于每个给定的支撑 $\mathcal{A}(\boldsymbol{PM})$，以节点 i 为例，其所对应的支集为 $\mathcal{A}_i(\boldsymbol{PM}_i)$，联立求解以下等式方程：

$$\begin{cases} \phi_{i,l}(\boldsymbol{PM}) = g_i(\boldsymbol{PM}), & \forall l \in \mathcal{A}_i(PM_i), \quad \forall i \in \mathcal{N} \\ \sum\limits_{l \in \mathcal{A}_i(PM_i)} PM_{i,l} = 1 & \forall i \in \mathcal{N} \end{cases} \tag{7-34}$$

3）对所得的解进行判断，当且仅当如下条件得以满足时，才认为所得的解是混合策略纳什均衡：① $\forall i \in \mathcal{N}$，$\forall l \in \mathcal{A}_i(PM_i)$，$PM_{i,l} > 0$；② $\forall i \in \mathcal{N}$，$\forall l' \in \mathcal{A}_i$，$\forall l' \notin \mathcal{A}_i(PM_i)$，$\phi_{i,l'}(\boldsymbol{PM}) < g_i(\boldsymbol{PM})$。

上述方法为支撑求解法，其计算复杂度主要集中于对可能存在的支撑进行猜测，最保险的方法就是简单枚举法。此外，可以通过剔除劣策略来简化均衡策略的判断，以减少计算量。由此一来，可找出所有的纳什均衡解，一方面，可从中判定具有 Pareto 最优性的纳什均衡；另一方面，可有助于对纳什均衡解的理论分析。但是，各节点需要获悉全局信息，这在分布式网络架构下是不易实现的。

3. 联合中继节点选择的功率控制算法

事实上，对于分布式求解随机博弈问题的解的行之有效方法仍是个开放性研究课题。现有研究主要集中于将自学习理论与随机博弈相结合[5,6]，从而可将参与者视为奖惩型学习自动机（learning automaton）[2]。具体而言，在任一时刻，学习自动机按照一定的概率分布从一有限的备选行为集中随机地选出一个行为，并输出给环境。环境则向学习自动机返回一个奖励或惩罚信号，作为对相应的行为选择的反应。学习自动机根据环境的反应，修改更新其行为选择概率，并按照修改后的新的选择概率选择新的行为。随着对环境的奖罚特征的逐渐了解，学习自动机最终以较大的概率选择受奖概率大、受罚概率小的行为。

鉴于此，本节将节点视为学习自动机，给出了基于不动学习（L_{R-I} Learning）的分布式算法，以获得所提博弈的混合策略纳什均衡。这样，各节点可不依赖于其他节点的个体信息和自身精确的最优反应函数，在信息交互较少和无须大量繁杂求导等运算的优势下获得均衡解，并依此决定各自满意的发送功率。联合中继节点选择的功率控制算法具体描述如下：

1）目的节点接收来自于源节点和各中继节点的握手信号，根据式（7-28）来判断是否采用协同传输，以及确定参与协同的中继节点。继而，将该信息广播至各节点。

2）源节点和协同中继节点可视为 $m+1$ 个随机博弈中的参与者，经由基于 L_{R-I} Learning 的分布式算法来选择各自最优的功率电平。

①在初始时刻 $t=0$，各节点初始化它的混合策略 $PM_i(0)$。令 ϑ_{a_i}为选择功率电平 a_i 的行为奖励或惩罚门限，以此评判选择行为是否理性。令 $PM_{i,a_i}(0)=1/|\mathcal{A}_i|$，$\forall a_i\in\mathcal{A}_i$，$\forall i\in\mathcal{N}$。此时，各节点任意选择一个功率电平。

②在时刻 t，$t=0$，1，2，…，每个节点根据所选择的电平，按式（7-29）和式（7-30）计算其效用 $u_i(t)$，并将其归一化为

$$\widetilde{u}_i(t)=\frac{u_i(t)-\min\{u_i(t')\}_{t'=1}^{t}}{\max\{u_i(t')\}_{t'=1}^{t}-\min\{u_i(t')\}_{t'=1}^{t}},\quad \forall i\in\mathcal{N}$$

③各节点更新它的混合策略，即在时刻 t 若被选中的行为 a_i 能获得有利的响应，则在时刻 $t+1$ 时将被奖励，且有

$$PM_i(t+1):=PM_i(t)+\lambda\,\widetilde{u}_i(t)(\boldsymbol{e}_{a_i}-PM_i(t))$$

式中，λ 为更新步长；$0<\lambda<1$；$\boldsymbol{e}_{a_i}$为与之有相同维数的单位向量，且行为 a_i 所对应的元素为1。否则，$PM_i(t+1):=PM_i(t)$。

④节点 i 选择功率电平 $\arg\max\limits_{\overline{a}_i\in\mathcal{A}_i}PM_{i,\overline{a}_i}(t+1)$。

⑤如此重复，直至各节点均确定了自己的功率电平。

图7-5显示了在不同初始概率下的源节点和协同中继节点选择功率电平0.1的概率的收敛情况。从图中可知，不论初始概率取值如何，算法总能收敛，且收敛次数小于40。这也论证了前文理论分析的正确。图7-6显示了在源-目的节点对之间的距离不同时的不同机制的性能比较。这里进行比较的机制包括直传，在不完全CSI和不同发送功率电平集合（即［0.05，0.1，0.3，0.5，0.7，0.9］W和［0.05，0.1，0.2，0.3，0.4，0.5，0.6，0.7，0.8，0.9］W）下的本节所提机制，以及完全CSI下半分布式中继节点选择和最优功率分配机制，依次标记为机制1～机制4。从图中可知，所提机制性能确实优于直传情况。虽然它的性能劣于机制4，但差别并不太大。此外，所提机制不需要完全的CSI，则更适合实际的通信场景。若有充足的功率电平数可供选择，则性能一定提升。

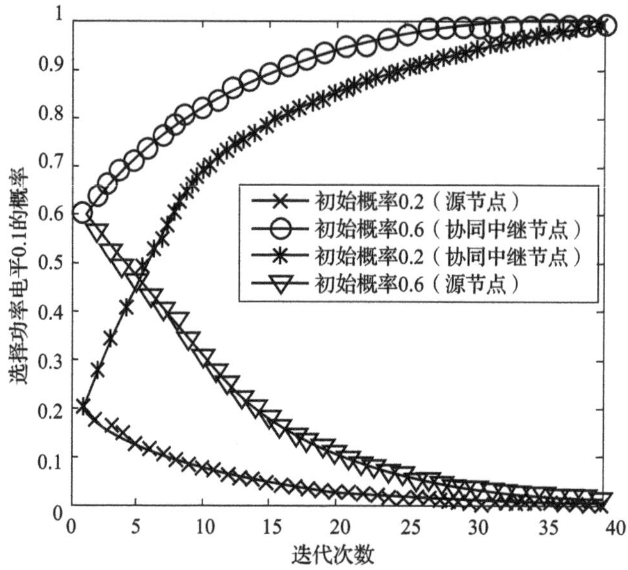

图 7-5　不同初始概率下的迭代性能曲线

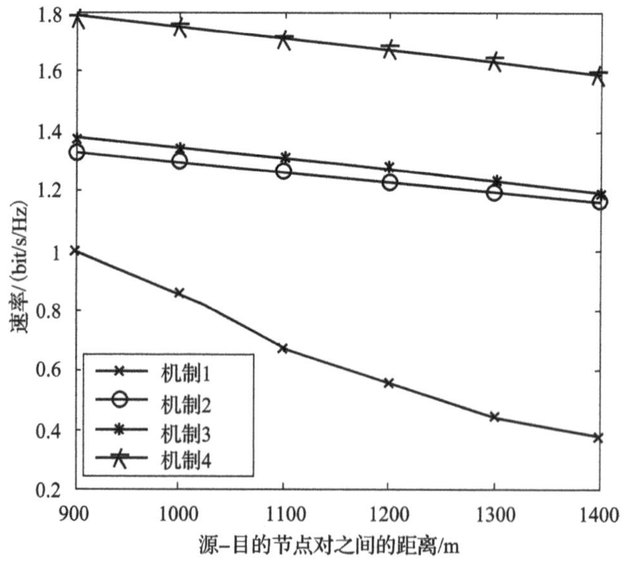

图 7-6　不同机制下的可达速率比较

7.2.3　基于相关均衡的联合中继节点选择和功率控制机制

在多中继网络的资源管理问题上，借助非合作博弈理论来加以解决，已成为重要的研究方向。此外，许多研究者在努力找寻博弈问题的解时，需要保证其存在性、稳定性、唯一性和近似最优性，其中广为人知的即为纳什均衡。值得注意的是，纳什均衡并不总能在分布式和竞争的环境下保证最好的性能。作为纳什均衡的一般化扩展，相关均衡能直接考虑参与人协调行为的能力，因而能促使实现一定程度的合作，相较于非合作的纳什均衡能实现性能的提升。此外，它吸引人的地方还在于与生俱来的适于采用分布式自学习算法解决离散问题。鉴于此，本节从能量有效性角度提出了基于相关均衡的联合中继节点选择和功率控制机制。具体而言，本节建模了基于相关均衡的协同资源管理博弈，给出了基于遗憾匹配过程的分布式自学习算法以获得相关均衡，依此可选出理想的协同行为判决策略。此外，本节还获得了相关均衡是 Pareto 最优解的条件，且利用线性规划对偶以得到其闭式表达式。理论分析和仿真结果均显示了所提机制能保证良好的收敛性、Pareto 最优性和 max-min 公平性。

1. 问题形成

考虑一个多中继网络，其内有 N 个节点，每个节点均为单天线、半双工收发器。采用基于译码转发时分中继方式的协同通信，一个节点起着源节点 s 的作用，以把数据发送至目的节点 d，其余（$N-1$）个节点形成潜在中继节点集合，记为 $\mathcal{R}_{\mathrm{p}}=\{\mathrm{r}_j,\ j=1,\ \cdots,\ N-1\}$。一般地，它可分为以下两个阶段：

阶段 1：本地广播传输。源节点 s 选择 $n_t-1(1\leqslant n_t\leqslant N)$ 个节点以形成中继节点集合 $\mathcal{R}(|\mathcal{R}|=n_t-1)$，且以功率 $p_{\mathrm{s}}^{\mathrm{co},1}$ 将数据广播给它们。

阶段 2：远距离协同传输。在 $\mathcal{R}$ 中的中继节点译码数据，且联合源节点 s，采用分布式空时编码，以功率 $p^{\mathrm{co},2}$ 共同发送数据至目的节点，即 $p_{\mathrm{s}}^{\mathrm{co},2}=p_{\mathrm{r}_j}^{\mathrm{co},2}=p^{\mathrm{co},2}/n_t$，$\forall\,\mathrm{r}_j\in\mathcal{R}$。

中继节点和目的节点之间的信道是不互易的，因此，在阶段 2 基于分布式空时编码发送数据。不失一般性，假设所有链路均有相同程度的加性高斯白噪声，记为 σ^2。采用中断性能作为 QoS 性能的衡量指标。为了保证基本的 QoS 供给，中断概率 P_{out} 在一定的中断容量 $\mathcal{C}_{\mathrm{out}}$ 下，不应大于门限值 $P_{\mathrm{out}}^{\mathrm{thr}}$。此外，提高能量有效性不仅需着力减少整个网络的能量消耗，也需平衡各节点间的能量负载。因此，将能量有效性视为网络性能度量，需从全局和 max-min 公平性角度来建模协同策略选择问题，换言之，最优化问题可被描述为在中断性能限制下最大化最糟糕用户的剩余能量，即

$$\max_{\mathcal{R},\boldsymbol{p}}\left\{u(\mathcal{R},\boldsymbol{p})=\min\left\{E_{\mathrm{s}}-\frac{p_{\mathrm{s}}^{\mathrm{co},1}+p_{\mathrm{s}}^{\mathrm{co},2}}{2},E_{\mathrm{r}_j}-\frac{p_{\mathrm{r}_j}^{\mathrm{co},2}}{2},\forall\,\mathrm{r}_j\in\mathcal{R}\right\}\right\} \tag{7-35}$$

$$\text{s. t.}\quad \min_{\mathrm{r}_j\in\mathcal{R}}\left\{\frac{1}{2}\log_2\left(1+\frac{p_{\mathrm{s}}^{\mathrm{co},1}}{\sigma^2}l_j^{-\delta}\,|h_{\mathrm{s},\mathrm{r}_j}|^2\right)\right\}\geqslant\mathcal{C}_{\mathrm{out}} \tag{7-35-1}$$

$$P_{\mathrm{out}}^{\mathrm{thr}}\geqslant P_{\mathrm{out}} \tag{7-35-2}$$

式中，$u(\mathcal{R},\ \boldsymbol{p})$ 为全局目标函数，$\boldsymbol{p}=[p_{\mathrm{s}}^{\mathrm{co},1},\ p_{\mathrm{s}}^{\mathrm{co},2},\ p_{\mathrm{r}_1}^{\mathrm{co},2},\ \cdots,\ p_{\mathrm{r}_{N-1}}^{\mathrm{co},2}]$ 为发送功率向量；E_{s} 和 E_{r_j} 分别为源节点和潜在中继节点的现有能量供给。当来自于源节点和中继节点的数据在目的节点采用最大比合并时，鉴于无线信道的广播特性和为了保证在 $\mathcal{R}$ 中的节点译码正确，通过令阶段 2 的可达速率为中断容量 $\mathcal{C}_{\mathrm{out}}$，获得了约束条件式（7-35-1），其中，$l_j$ 为源节点和潜在中继节点 r_j 之间的本地传输距离。此外，鉴于中断概率独立于瞬时 CSI，且充

分利用了分布式空时编码的特点，故采用中断性能作为 QoS 的性能衡量指标。约束条件式（7-35-2)保证了基本的中断性能。这里，中断概率可写为 $P_{\text{out}}=\Gamma\left(n_t,\ \frac{(2^{2C_{\text{out}}}-1)\ \sigma^2 l^\delta}{p^{\text{co},2}/n_t}\right)$，$l$ 为远距离协同传输距离。

值得注意的是，发送功率向量 $\boldsymbol{p}$ 与潜在中继节点关于是否愿意帮助源节点的决定有关，即 $\boldsymbol{p}(\mathcal{R})$，这意味着可将 $u(\mathcal{R},\ \boldsymbol{p})$ 重写为 $u(\mathcal{R})$。但是，由于节点是分布式且自私的，而 $u(\mathcal{R})$ 取决于许多网络全局因素，因而带来的困境是任一节点都难以独立计算 $u(\mathcal{R})$。

2. 协同策略选择博弈与相关均衡

（1）协同策略选择博弈

为了更适合于节点各自成阵的特点，本节将从以下方面将 $u(\mathcal{R})$ 的行为转化为个体目标函数 u_{r_j}加以体现：

由于各潜在中继节点 $\text{r}_j\in\mathcal{R}_\text{p}$ 可能在下一时刻成为源节点，故而它们愿意为现在的源节点提供帮助。但同时它们也希望为源节点转发信息数据能有所回报，而源节点的剩余能量取决于中继节点付出的努力的多寡，这样，源节点可根据其剩余能量决定对中继节点善意帮助所付的报酬。

由于各潜在中继节点 $\text{r}_j\in\mathcal{R}_\text{p}$ 的行为受利己之心的影响，故应考虑每个节点的自我关注。这里，可用协同传输的能耗成本来反映它。特别地，能耗成本被量化为额外的能量消耗与现有能量供给之间的比率，该相对值幅度的大小合理地反映了能量损耗对节点性能的影响程度。

这样，u_{r_j}导致了协同资源管理博弈的形成，且可表示为 $G_{\text{N-CSS}}=\langle\mathcal{R}_\text{p},\ \{\mathcal{S}_{\text{r}_j}\}_{\text{r}_j\in\mathcal{R}_\text{p}}\{u_{\text{r}_j}\}_{\text{r}_j\in\mathcal{R}_\text{p}}\rangle$。具体地，潜在中继节点集合 $\mathcal{R}_\text{p}$ 被视为参与者集合。各潜在中继节点 r_j 决定各自的协同行为判决策略 s_{r_j}。若 r_j 选择参与远距离协同传输，即 $\text{r}_j\in\mathcal{R}$，则 $s_{\text{r}_j}=1$；否则 $s_{\text{r}_j}=0$。因此，对于参与者 r_j 而言，其协同行为判决策略集合为 $\mathcal{S}_{\text{r}_j}=\{0,\ 1\}$。进而，策略组合空间为 $\mathcal{S}=\mathcal{S}_1\times\cdots\times\mathcal{S}_{N-1}$，其元素为策略组合，记为 $\boldsymbol{s}=(\boldsymbol{s}_{\text{r}_j},\ \boldsymbol{s}_{-\text{r}_j})$，其中，$\boldsymbol{s}_{-\text{r}_j}$为除去 r_j 以外的其他节点的策略组合。结合上述转换原则，$G_{\text{N-CSS}}$的效用函数可表示为

$$u_{\text{r}_j}(\boldsymbol{s}_{\text{r}_j},\boldsymbol{s}_{-\text{r}_j})=\left(E_\text{s}-\frac{p_\text{s}^{\text{co},1}+p_\text{s}^{\text{co},2}}{2}\right)-\alpha_{\text{r}_j}s_{\text{r}_j}\frac{p_{\text{r}_j}^{\text{co},2}}{2E_{\text{r}_j}} \tag{7-36}$$

式中，α_{r_j}为正常数，且代表了 r_j 在所获报酬和能耗成本之间的个体偏好。一般地，r_j 可根据自己的评价，事先确定好 α_{r_j}。这样，所提的 $G_{\text{N-CSS}}$ 用数学语言描述为一系列最优化问题，即

$$\max_{s_{\text{r}_j}\in\mathcal{S}_{\text{r}_j}}\ u_{\text{r}_j}(\boldsymbol{s}_{\text{r}_j},\boldsymbol{s}_{-\text{r}_j}),\quad \forall\,\text{r}_j\in\mathcal{R}_\text{p} \tag{7-37}$$

s. t.　约束条件为式(7-35-1) 和式(7-35-2)

（2）相关均衡的理论分析

本节采用相关均衡来分析协同资源管理博弈 G_{N-CSS} 的结果。对于分布式且颇具竞争性的多中继网络，相关均衡能在所建立的非合作博弈的框架下允许潜在中继节点之间某种形式合作的模型化，从而协调各潜在中继节点的协同策略选择。因此，相关均衡能激励潜在中继节点得到接近“合作的”博弈结果，从而提高了各潜在中继节点的期望效用。

具体而言，G_{N-CSS} 的相关均衡需满足如下 $2(N-1)$ 个线性不等式，即

$$\sum_{\boldsymbol{s}_{-\mathrm{r}_j}} P(\boldsymbol{s}_{\mathrm{r}_j},\boldsymbol{s}_{-\mathrm{r}_j})[u_{\mathrm{r}_j}(\boldsymbol{s}_{\mathrm{r}_j},\boldsymbol{s}_{-\mathrm{r}_j}) - u_{\mathrm{r}_j}(\widetilde{\boldsymbol{s}}_{\mathrm{r}_j},\boldsymbol{s}_{-\mathrm{r}_j})] \geqslant 0, \quad \forall s_{\mathrm{r}_j} \in \mathcal{S}_{\mathrm{r}_j}, \quad \forall \mathrm{r}_j \in \mathcal{R}_{\mathrm{p}} \tag{7-38}$$

定理 7-4 对于 G_{N-CSS} 而言，相关均衡总是存在。

Pareto 最优性表征了博弈解的有效性，这里自然期望所获得的相关均衡策略也具有 Pareto 最优性，其定义如下：

定义 7-2[7] 相关策略 P 是 Pareto 最优的，若不存在另一相关策略 $\widetilde{P}$，使得如下条件成立：对于 $\forall \mathrm{r}_j \in \mathcal{R}_{\mathrm{p}}$，$\sum_{s\in\mathcal{S}} \widetilde{P}(s)u_{\mathrm{r}_j}(s) \geqslant \sum_{s\in\mathcal{S}} P(s)u_{\mathrm{r}_j}(s)$，且其中至少有一个严格不等式成立。

定理 7-5 对于协同资源管理博弈 G_{N-CSS} 而言，可能存在能实现社会福利最大化的相关均衡，记为 P^*，此时的 P^* 是 Pareto 最优的。

证明：根据定理 7-4 可证明所提博弈 G_{N-CSS} 总存在相关均衡。在所获得的相关均衡集中，存在使得社会福利最大化的相关均衡 P^* 是可能的，换言之，只需找到满足如下条件的 P^* 即可：

$$\max_{P} \quad \sum_{\boldsymbol{s}\in\mathcal{S}} P(\boldsymbol{s}) \sum_{\mathrm{r}_j\in\mathcal{R}_{\mathrm{p}}} u_{\mathrm{r}_j}(\boldsymbol{s}) \tag{7-39}$$

s. t. 约束条件为式(7-38)，以及

$$\sum_{\boldsymbol{s}\in\mathcal{S}} P(\boldsymbol{s}) = 1 \tag{7-39-1}$$

$$P(\boldsymbol{s}) \geqslant 0, \quad \forall \boldsymbol{s} \in \mathcal{S} \tag{7-39-2}$$

其中，式（7-39）意味着 P^* 是实现社会福利最大化的解，且约束条件式（7-38）、式（7-39-1）和式（7-39-2）保证了 P^* 是相关均衡。若 P^* 不是 Pareto 最优的，则存在着不同的相关策略 $\widetilde{P} \in \Delta\mathcal{S}$，使得对于 $\forall \mathrm{r}_j \in \mathcal{R}$，有 $\sum_{s\in\mathcal{S}} \widetilde{P}(s)u_{\mathrm{r}_j}(s) \geqslant \sum_{s\in\mathcal{S}} P^*(s)u_{\mathrm{r}_j}(s)$，且对于一些 r_j，则有 $\sum_{s\in\mathcal{S}} \widetilde{P}(s)u_{\mathrm{r}_j}(s) > \sum_{s\in\mathcal{S}} P^*(s)u_{\mathrm{r}_j}(s)$。因此，它会导致获得更大的社会福利，这与初始的假设相矛盾。得证。

根据定理 7-5，P^* 能够通过解最优化问题式（7-39）来获得。具体地，将式（7-39）的对偶问题用矩阵形式表示为

$$\min \quad w_2 \tag{7-40}$$

$$\text{s. t} \quad \boldsymbol{w}_1\boldsymbol{S}_1 - w_2\boldsymbol{S}_2 \leqslant -\boldsymbol{u} \tag{7-40-1}$$

$$\boldsymbol{w}_1 \geqslant 0 \tag{7-40-2}$$

式中，$\boldsymbol{w}_1$ 为由 $2(N-1)$ 个变量组成的行向量；w_2 为一个变量。假设策略组合 $\boldsymbol{s}$ 在 $\mathcal{S}$ 中的第 i 个位置处。$\boldsymbol{S}_1$ 为 $2(N-1)\times|\mathcal{S}|$ 矩阵，其元素取决于约束条件式（7-38）的系数，且第 i 列对应策略组合 $\boldsymbol{s}$。$\boldsymbol{S}_2=[1,\ \cdots,\ 1]$ 为 $|\mathcal{S}|$ 维的行向量，且 $\boldsymbol{u}$ 也为 $|\mathcal{S}|$ 维的行向量，它的第 i 个元素为 $\sum_{\mathrm{r}_j\in\mathcal{R}_\mathrm{p}} u_{\mathrm{r}_j}(\boldsymbol{s})$。进一步，该对偶问题可用线性规划的方法求解。

3. 相关均衡的实现

本节给出了基于遗憾匹配（regret matching）过程[8]的分布式自学习算法来获得相关均衡。在这一过程中，参与者以概率离开它们当前的博弈状态，其概率与在过去未选择其他策略所带来的遗憾程度成比例。就此而言，所提博弈随着时间 $n(n=1,\ 2,\ \cdots)$ 而反复进行。在时刻 $n+1$，结合博弈状态的历史记录，即 $h^n=(\boldsymbol{s}^\tau)_{\tau=1}^n\in\prod_{\tau=1}^n\mathcal{S}$，每个潜在中继节点 $\mathrm{r}_j\in\mathcal{R}_\mathrm{p}$ 计算时刻 n 的平均遗憾值，以此来选择下一时刻的策略 $s_{\mathrm{r}_j}^{n+1}\in\mathcal{S}_{\mathrm{r}_j}$。所提分布式自学习算法由每个潜在中继节点独自实施，具体如下：

1）初始化：在初始时刻 $n=1$，源节点广播网络信息，包括 E_s、l、$\mathcal{C}_\mathrm{out}$ 和 $P_\mathrm{out}^\mathrm{thr}$，从中，潜在中继节点 r_j 获悉它与源节点间的本地 CSI。继而，r_j 初始化它的策略 $s_{\mathrm{r}_j}^1\in\mathcal{S}_{\mathrm{r}_j}$，并将其告知源节点。

2）迭代更新过程：在时刻 n，源节点广播信息，包括中继节点数目 n_t-1 和其与中继节点之间的最差 CSI，即 $\min_{\mathrm{r}_j\in\mathcal{R}}\{l_j^{-\delta}|h_{\mathrm{s},\mathrm{r}_j}|^2\}$。

①效用更新：潜在中继节点 r_j 根据式（7-36）计算效用 $u_{\mathrm{r}_j}(\boldsymbol{s}^n)$，且 $p_\mathrm{s}^{\mathrm{co},2}=p_{\mathrm{r}_j}^{\mathrm{co},2}=p^{\mathrm{co},2}/n_t$。相似地，潜在中继节点 r_j 还计算对于选择策略 $k\neq s_{\mathrm{r}_j}^n$，$k\in\mathcal{S}_{\mathrm{r}_j}$ 时的效用值。

②平均遗憾值更新：在时刻 n，潜在中继节点 r_j 计算过去以来选择策略 $s_{\mathrm{r}_j}^n$ 而未选择不同的策略 k 时的平均遗憾值，平均遗憾值定义为

$$R_{\mathrm{r}_j}^n(s_{\mathrm{r}_j}^n,k)=\frac{1}{n}\sum_{\tau\leqslant n:s_{\mathrm{r}_j}^\tau=s_{\mathrm{r}_j}^n}[u_{\mathrm{r}_j}(k,\boldsymbol{s}_{-\mathrm{r}_j}^\tau)-u_{\mathrm{r}_j}(\boldsymbol{s}^\tau)]$$

③策略更新：在时刻 $n+1$，潜在中继节点 r_j 根据所得的平均遗憾值，更新它的协同行为判决策略，即

$$s_{\mathrm{r}_j}^{n+1}=\begin{cases}s_{\mathrm{r}_j}^n, & R_{\mathrm{r}_j}^n(s_{\mathrm{r}_j}^n,k)\leqslant 0\\ k, & \text{其他}\end{cases}$$

继而，潜在中继节点 r_j 将它的更新策略 $s_{\mathrm{r}_j}^{n+1}$ 告知源节点。

3）收敛性判断：若时刻 $n+1$ 时的状态与时刻 n 时的一致，则算法终止。否则，n 值加 1，并转到步骤 2）。

在所提算法中，各潜在中继节点 r_j 无需知道其他节点各自的策略和效用，整体网络结

构等，而只需要知道事先由源节点公布的网络信息以及其余节点对它的个体效用的宏观影响。此外，所提算法的复杂度仅取决于协同行为判决策略的数目，即 $O(\mathcal{S}_{r_j})$。对于每次迭代 n，各潜在中继节点 r_j 充分利用平均遗憾值的历史记录，仅需计算 $u_{r_j}(k, \boldsymbol{s}^n_{-r_j}) - u_{r_j}(\boldsymbol{s}^n)$，并记录下当前的平均遗憾值即可。

定理 7-6 若每个潜在中继节点均遵循所提分布式自学习算法，则当 $n\to\infty$ 时，博弈状态的经验分布 z^n 几乎处处收敛于协同策略选择博弈 G_{N-CSS} 的相关均衡集。

图 7-7 显示了当网络中分别有 5、10、15、20 和 25 个潜在中继节点时最糟糕参与者的遗憾值的变化曲线。个体的遗憾值不仅取决于它自己的策略，也取决于其余潜在中继节点所选择的策略，因此，它反映了全局的收敛性能。此外，不论潜在中继节点的数目是多少，所提分布式自学习算法均只有较低的遗憾值，这意味着所提算法很好地趋近于 G_{N-CSS} 的相关均衡集。换言之，所提算法的收敛性总能被保证。此外，中继节点的数目越多，收敛速度会变得越慢。

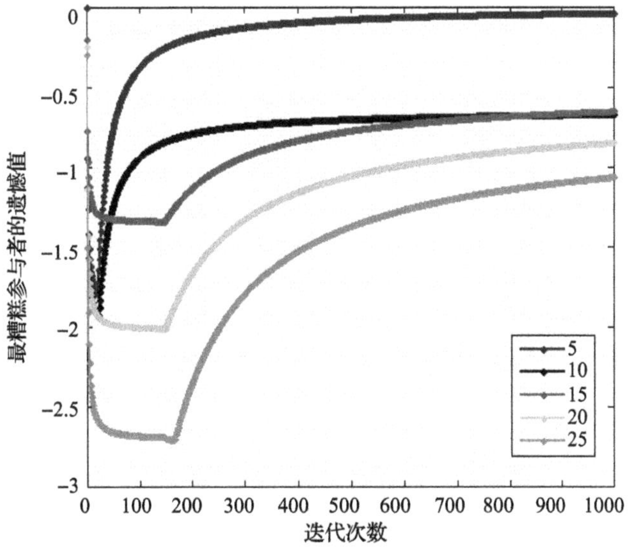

图 7-7 不同潜在中继节点数下最糟糕参与者的遗憾值的变化曲线

若对于所有 $r_j \in \mathcal{R}_p$，α_{r_j} 均取相同值。对于 α_{r_j} 的不同取值，图 7-8 给出了归一化平均个体效用值与远距离协同传输距离之间的关系，从图中可见，不论 α_{r_j} 取值几何，归一化平均个体效用值会随着远距离协同传输距离的增加而减少。此外，α_{r_j} 值的增加导致了在归一化平均个体效用值上的减少。

图 7-9 给出了不同远距离协同传输距离下的 Max-min 公平性。Max-min 公平性不仅有助于减少整个网络的能耗，也有助于提高个体节点之间的能耗均衡性。这里采用了三种机制作为参照：①方案 1：源节点在所有可能的中继节点组合中经穷举搜索寻找最优的中继

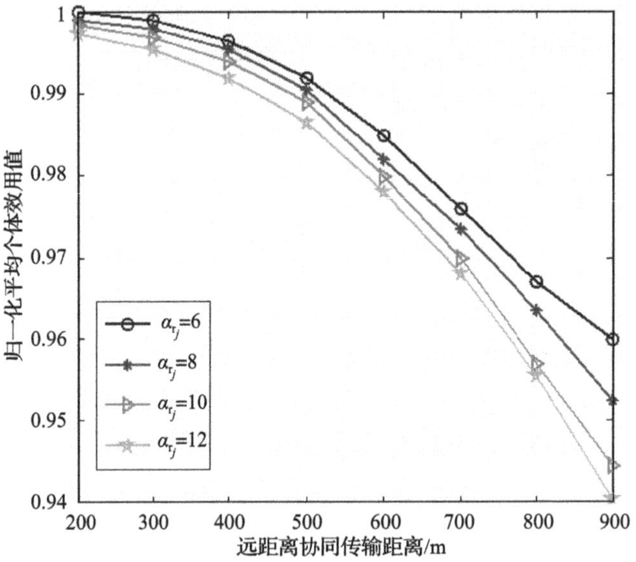

图 7-8　不同 α_{r_j} 值下的归一化平均个体效用值与远距离协同传输距离之间的关系

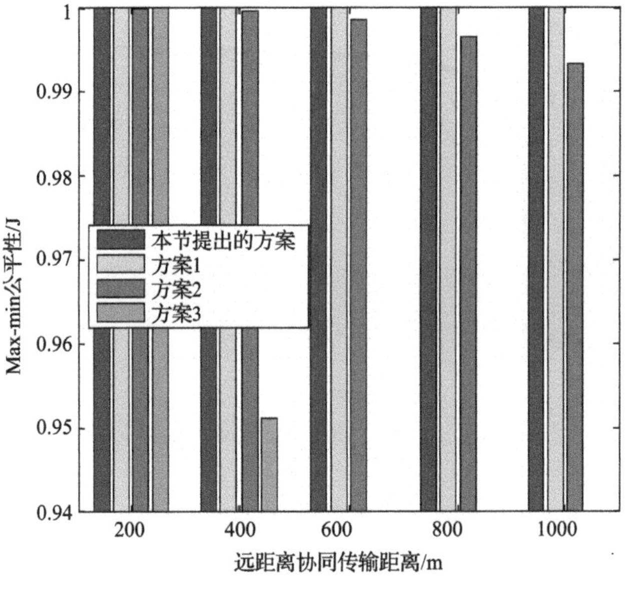

图 7-9　不同远距离协同传输距离下的 Max-min 公平性

节点集合；②方案 2：所有的潜在中继节点均帮助源节点实现远距离协同传输；③方案 3：源节点采用直接传输的方式与目的节点通信。虽然方案 1 能实现在 Max-min 公平性意义下的最优协同策略，但它的较高的计算复杂度不适于实际场景。所提机制能获得与方案 1 几乎相同的 Max-min 公平性，且具有较低计算复杂度。在方案 2 中，所有潜在协同节点均贡献了它们的现有能量，这样，随着距离增加所引起的能量消耗的增加被平均给所有节点。

但是，随着距离增加，对于仅有少量剩余能量的节点而言，方案 2 是不利的，会造成 Max-min 公平性变差。相较于其他机制，方案 3 使得源节点消耗更多的能量。因此，源节点在其他节点仍有较多剩余能量时更可能首当其冲地耗尽其自身能量。

7.3 OFDM 中继系统中的协同资源管理

鉴于协同通信技术所带来的优势，各种以其为基础的新颖的无线通信网络拓扑结构应运而生，其中值得一提的是它与 OFDM 技术的结合。它可有效地保证用户的 QoS 需求，确保频谱的利用率，增强整个无线通信网络的可靠性和灵活性。但是同时会使通信系统中的资源优化分配问题变得更加复杂，因为它需要把子载波和功率等资源联合分配给系统中的各节点。此外，在 OFDM 中继通信的各跳中，子载波上的信道衰减相互独立，因而子载波匹配便显得尤为重要。尽管现存较多文献针对 OFDM 中继系统的资源分配进行研究，但多数研究局限于零干扰下的 OFDM 中继系统资源分配，然而在实际通信过程中，处于小区边缘的用户极易受到相邻小区的同频干扰，这也是影响系统能效性能的原因之一，也是实际资源分配过程中不可忽视的因素之一。为此，本节以优化网络能效为例，综合考虑了中继选择、子载波抑制、功率分配以及比特分配等问题。

7.3.1 OFDM 中继系统模型

考虑如图 7-10 所示的多中继 OFDM 系统，源节点 s 与目的节点 d 之间存在 M 个 AF 中继 r_1，…，r_M。系统的带宽为 W，信号的传输通过 N 个正交的子载波。假设源节点与目的节点之间信号衰落比较严重，直传链路不存在。中继节点工作模式为半双工，因此信号的传输需要两个时隙，在第一个时隙，源广播 OFDM 信号到 M 个中继，在第二时隙，中继放大转发信号到目的节点，目的节点从 M 个中继中选择出最佳的中继。假设节点可以获得瞬时信道系数，所有信道都是频率选择性衰落信道，每个子信道上的信道增益在符号周期内保持常量且每个时隙独立变化。

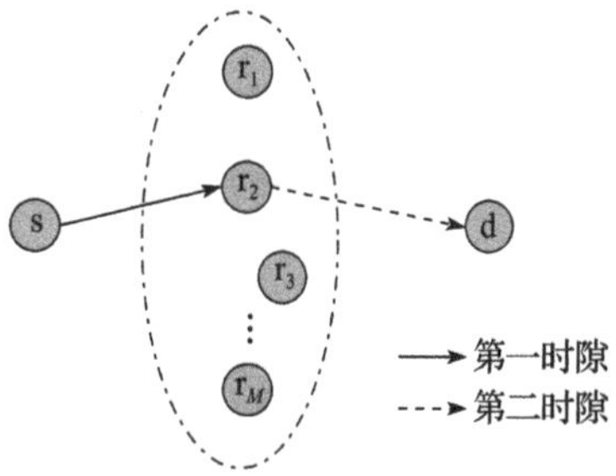

图 7-10 多中继 OFDM 系统

总的传输功率可表示为

$$p_{\text{sum}} = \sum_{n=1}^{N} p_s^n + (M_a + 1)p_s^{\text{RF}} + Kp_s^{\text{SC}} \tag{7-41}$$

式中，p_s^n 表示第 n 个子载波上的发送功率；p_s^{RF} 是基站和中继的射频功率。若激活状态的中继有 M_a 个，且 $M_a \leqslant M$，则系统总的射频功率为 $(M_a+1)p_s^{\text{RF}}$。p_s^{SC} 为每个子载波在基带过程的功耗，设 K 为活动的子载波数，且 $K \leqslant N$，则基带过程功耗之和为 Kp_s^{SC}。

假设每个 OFDM 符号包含的比特数是固定的，用 B 表示。T 为符号传输的周期。目标函数为在总比特数约束下最大化系统的能效，即

$$\begin{aligned} \max_{p_{\text{sum}}} \quad & EE = \frac{B}{2Tp_{\text{sum}}} \\ \text{s.t.} \quad & \sum_{n=1}^{K} B_n = B, \quad B_n \geqslant 0 \end{aligned} \tag{7-42}$$

7.3.2 OFDM 中继系统中能效优先的协同资源管理方案

1. 中继选择方案

源与目的节点之间存在多个中继时，就会涉及中继选择问题。例如本书前文介绍的单中继选择，用 h_{s,r_m} 和 $h_{r_m,d}$ 分别表示源节点到 r_m 和 r_m 到目的节点的信道系数，则可根据“最小值最大化”的原则，选择出如下的最佳中继：

$$r^* = \arg\max_{r_m} \min\{|h_{s,r_m}|, |h_{r_m,d}|\} \tag{7-43}$$

除了选择单中继传输信号外，在多中继系统中，还可以选择多个中继来传输信号。例如，对第 n 路子载波而言，选择信道条件最好的中继。系统一共包含有 N 路子载波，那么一共选择出 N 路信道条件最好的信道，这 N 路信道对应的多个中继就是选择出的中继。

文献［9］中详细对比了单中继选择方式和多中继选择方式的特点，可以发现，单中继选择方式中将 OFDM 帧符号发送到某单个中继上，该中继完整地转发 OFDM 数据块。由于传输过程中 OFDM 数据块没有被分割开，文献［9］中称这种中继选择方式为“基于 OFDM 符号的单中继传输方案”，如图 7-11a 所示；在多中继选择方式中，按照子载波的信道条件，OFDM 信号被分配到多个中继上分别传输，因此文献［9］称这种基于子载波的中继选择方式为“基于 OFDM 子载波的多中继传输方案”，如图 7-11b 所示。当然，无论是选择单中继还是选择多中继进行传输，都包含有很多种具体的中继选择方法，每种选择方式都有其优势和不足，需要根据实际情况进行分析并做出选择。这里采用基于 OFDM 子载波的多中继传输方式，也就是说 OFDM 符号由源到中继的传输过程中有多个中继参与进来。

2. 载波频率复用方式

上面描述的 OFDM 中继系统模型中，考虑到实际场景，假设基站与小区边缘用户进行通信，那么位于小区边缘的用户可能会受到来自其他小区的干扰。该系统中一共有 N 路子载波，由 OFDM 性质可知，各子载波在传输信息时，由于子载波频率是正交的，所以相互之间不存在干扰。下面介绍几种小区之间的频率复用方式并给出本节提出的频率复用方式。

如果基站与用户之间的通信使用了全部的 N 路子载波，那么用户一定会受到来自相邻小区的同频干扰，文献［10］中称这种子载波分组方式为“全频率复用（Full Frequency

Reuse，FuFR）”；如果将 N 路子载波进行分组，一共分成 L 组，每组的子载波数为 N/L，并且保证各组之间的子载波不重复。相邻的 L 个蜂窝小区分别使用其中一组子载波，那么这 L 个小区之间的信号是不存在干扰的，通常称这种子载波复用方式为“固定频率复用（Fixed Frequency Reuse，FFR）”[10]。

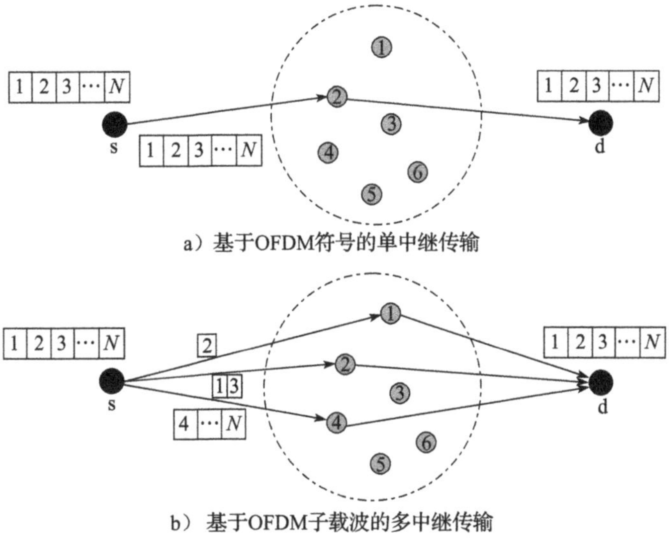

图 7-11　不同的中继传输方案示意图

受到以上两种方式的启发，本节给出了另外一种蜂窝小区间频谱复用的方案，具体如下：从 N 路子载波的信道中选取信道系数最高的 N/L 路子载波，基站与用户之间的每次通信只选择这最佳的 N/L 路子载波，剩下的子载波不予考虑，称这种子信道复用方式为“最高频率复用（Highest Frequency Reuse，HFR）”。

在这三种频率复用方式中，“全频率复用”方式会使小区边缘的用户受到相邻小区的同频干扰，且产生同频干扰的子载波数为 N；“固定频率复用”方式不会产生任何干扰，但是牺牲了频谱效率作为代价，尤其当信道条件不好时，N/L 路子载波信道容量远远小于“全频率复用”时的信道容量；“最高频率复用”方式每次选取的子载波数目也是 N/L，并且这些子信道的增益要高于其他子信道，因此，在信道经历频率选择性衰落的情况下，“最高频率复用”的信道条件优于“固定频率复用”方式。相比于“全频率复用”方式，采用“最高频率复用”方式时，用户受到来自相邻小区的同频干扰的影响大大降低了。因此，“最高频率复用”方式是一种较为折中的蜂窝小区间的频率复用方式。

3. 功率分配方案

（1）能耗分析

在前文的蜂窝小区频率复用方式上，本节提出了一种新的小区之间频率复用方案：最高频率复用，并且假设信号传输采用的是基于 OFDM 子载波的中继传输方案，且有$\widetilde{M}$个中继被选择出来。用 $h_{s,r}^{n}$表示第 n 路子载波在“源－中继”链路的信道系数，用 $h_{r,d}^{n}$表示第 n 路子载波在“中继－目的”链路的信道系数。那么，目的节点接收到的第 n 路子载波上传输的信号的点到点的等效信道系数为

$$|h_{eff}^{n}| = \frac{1}{1/|h_{s,r}^{n}| + 1/|h_{r,d}^{n}|} \tag{7-44}$$

根据香农公式，该下行链路的数据速率满足

$$\frac{B_n}{2TW/N} = \log_2\left(1 + \frac{p_n^{s}|h_n^{eff}|^2}{\sigma_0^2 + I_n}\right) \tag{7-45}$$

式中，B_n 为第 n 路子载波上传输的比特数；p_n^{s} 为第 n 路子载波上加载的功率；I_n 表示第 n 路子载波受到其他小区同频干扰的干扰功率。

接下来分析干扰功率 I_n 的表示。在最高频率复用方案中，共有 L 个小区，每个小区使用了 N/L 个子载波。边缘用户受到的干扰来自其他 $L-1$ 个小区，但是在 HFR 中，干扰是以一定概率发生的，由此推导出干扰发生的概率为

$$F = \sum_{l=0}^{L-2}\left(\frac{(L-1)^{l}}{L^{L-1}} \cdot \frac{C_{L-1}^{L-1-l} \cdot (L-1-l)}{L-1}\right) \tag{7-46}$$

那么，干扰 I_n 可以表示为

$$I_n = \sum_{l=1}^{L-1} p_l^{n}|h_l^{n}|^2 \cdot \sum_{l=0}^{L-2}\left(\frac{(L-1)^{l}}{L^{L-1}} \cdot \frac{C_{L-1}^{L-1-l} \cdot (L-1-l)}{L-1}\right) \tag{7-47}$$

式中，p_l^{n} 和 h_l^{n} 分别表示第 l 个相邻小区在第 n 路子载波上的发送功率和信道系数。假设 $p_l^{n}[l=1, 2, \cdots, (L-1)]$取值相等都为 p_{equ}，那么将式（7-47）代入式（7-45）可得到各个子载波上发送功率，即

$$p_s^{n} = \frac{(\sigma_0^2 + p_{equ}G)}{|h_n^{eff}|^2}\left(2^{\frac{B_n}{2TW/N}} - 1\right) \tag{7-48}$$

式中，

$$G = \sum_{l=1}^{L-1} |h_l^{n}|^2 \cdot \sum_{l=0}^{L-2}\left(\frac{(L-1)^{l}}{L^{L-1}} \cdot \frac{C_{L-1}^{L-1-l} \cdot (L-1-l)}{L-1}\right) \tag{7-49}$$

将电路功耗考虑在内，系统的总功耗为

$$\begin{aligned} p_{sum} &= \sum_{n=1}^{N} p_s^{n} + (M_a + 1)p_s^{RF} + Kp_s^{SC} \\ &= (M_a + 1)p_s^{RF} + \frac{N}{L}p_s^{SC} + \sum_{n=1}^{N/L}\frac{(\sigma_0^2 + p_{equ}G)}{|h_n^{eff}|^2}(2^{\frac{B_n}{2TW/N}} - 1) \end{aligned} \tag{7-50}$$

（2）功率分配算法

根据式（7-42）中的目标函数，可知在 OFDM 符号周期和包含的比特数固定的情况

下，能效最大化问题转为求总功耗最小问题。由式（7-50）可得到

$$\min_{B_n} p_{\text{sum}} = (M_a + 1)p_s^{\text{RF}} + \frac{N}{L}p_s^{\text{SC}} + \sum_{n=1}^{N/L} \frac{N_0 + p_{\text{equ}}G}{|h_n^{\text{eff}}|^2}(2^{\frac{B_n}{2TW/N}} - 1)$$
$$\text{s.t.} \sum_{n=1}^{K} B_n = B, \quad B_n \geqslant 0 \tag{7-51}$$

式（7-51）很难获得闭式解，因此将问题退化为零电路功耗的情况，即 $P^{\text{RF}} = P^{\text{SC}} = 0$，那么目标函数变为

$$\min_{B_n} p_{\text{sum}} = \sum_{n=1}^{N/L} \frac{N_0 + p_{\text{equ}}G}{|h_n^{\text{eff}}|^2}(2^{\frac{B_n}{2TW/N}} - 1) \tag{7-52}$$

不难证明，式（7-52）是个凸函数，可以采用注水比特分配的方法得到每个子载波上加载的比特数。因此，使用拉格朗日乘子法求解，定义拉格朗日函数为

$$J = \sum_{n=1}^{N/L} \frac{N_0 + p_{\text{equ}}G}{|h_n^{\text{eff}}|^2}(2^{\frac{B_n}{2TW/N}} - 1) - \lambda\left(\sum_{n=1}^{K} B_n - B\right) \tag{7-53}$$

式中，λ 为拉格朗日因子。进一步对 J 求导，得到

$$\frac{\partial J}{\partial B_n} = \frac{\sigma_0^2 + p_{\text{equ}}G}{|h_n^{\text{eff}}|^2} \cdot \frac{N}{2TW} \cdot \ln 2 \cdot 2^{\frac{B_n}{2TW/N}} - \lambda = 0, \quad n = 1,2,\cdots,N/L \tag{7-54}$$

从而可推出

$$\lambda = \left(\frac{2^{\frac{B}{2TW/N}}}{|h_1^{\text{eff}} \cdots h_{N/L}^{\text{eff}}|^2}\right)^{\frac{1}{N/L}} \frac{(\sigma_0^2 + p_{\text{equ}}G)N\ln 2}{2TW} \tag{7-55}$$

$$B_n = \frac{2TW}{N} \cdot \log_2\left[|h_n^{\text{eff}}|^2\left(\frac{2^{\frac{B}{2TW/N}}}{|h_1^{\text{eff}} \cdots h_{N/L}^{\text{eff}}|^2}\right)^{\frac{1}{N/L}}\right], \quad n = 1,2,\cdots,N/L \tag{7-56}$$

式（7-56）的结果即为各个子载波上加载的比特数。从式（7-56）可以看出，OFDM 中继系统的各子信道的信道系数模值不同时，分配的比特数也不相等。由于第 n 路子载波的发送功率 p_s^n 与子载波上加载的比特数之间存在如下关系：

$$p_s^n = \frac{(\sigma_0^2 + p_{\text{equ}}G)}{|h_n^{\text{eff}}|^2}(2^{\frac{B_n}{2TW/N}} - 1) \tag{7-57}$$

因此可得到第 n 路子载波的发送功率为

$$p_s^n = \frac{(\sigma_0^2 + p_{\text{equ}}G)}{|h_n^{\text{eff}}|^2}\left(|h_n^{\text{eff}}|^2\left(\frac{2^{\frac{B}{2TW/N}}}{|h_1^{\text{eff}} \cdots h_{N/L}^{\text{eff}}|^2}\right)^{\frac{1}{N/L}} - 1\right), \quad n = 1,2,\cdots,N/L \tag{7-58}$$

4. 仿真结果与分析

本节通过仿真比较两种中继传输方案：基于 OFDM 符号的中继传输方案和基于 OFDM 子载波的中继传输方案的性能；针对每一种中继传输方案，又比较了三种不同的小区频率复用方式：HFR、FFR 和 FuFR 的性能优劣，具体的比较方案见表 7-1；重点研究不同的系统参数，如子载波数、电路功耗对能效的影响。

表 7-1　中继传输方案和子载波频率复用方案分类表

中继传输方案	基于 OFDM 符号的单中继传输方案			基于 OFDM 子载波的多中继传输方案		
子载波频率复用方法	HFR：最高频率复用	FFR：固定频率复用	FuFR：全频率复用	HFR：最高频率复用	FFR：固定频率复用	FuFR：全频率复用

从图 7-12 中研究了给定中继个数 $M=8$，OFDM 符号比特数 $B=512$ 的情况下，子载波数 N 与能效两者之间的关系，以及不同的中继传输方案和频率复用方案的性能。从图中可以看出，随着子载波数的增加，能效也随之升高并逐渐趋于平稳。在基于 OFDM 符号的中继传输方式中，采用 HFR 复用方式的能效性能明显优于 FFR 和 FuFR，这是由于 HFR 方式从全部 N 个子载波信道中选择了信道条件较好的 $N/3$ 个子信道进行传输，其余衰落比较严重的信道没有用来传输信息。而在 FFR 和 FuFR 两种复用方式中，由于信道存在频率选择性衰落，源和中继为了保证可靠通信必须加大发送功率。

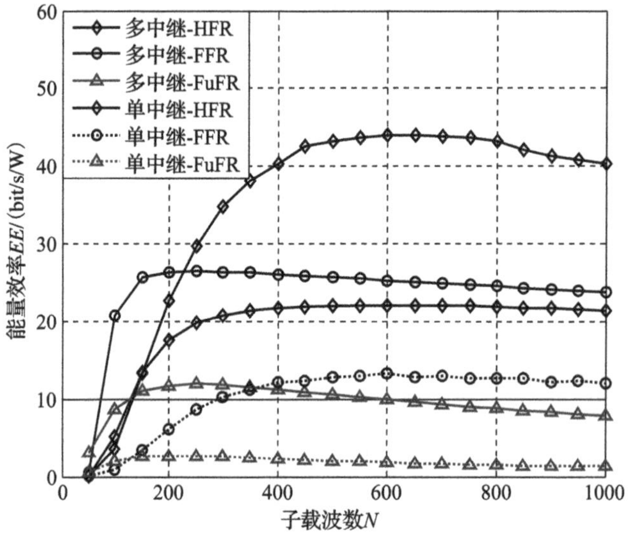

图 7-12　不同方案的能效性能比较（$M=8$，$B=512$）

在基于 OFDM 子载波的中继传输方式中，每路子载波上的信息都通过信道条件最好的中继进行传输，因此所有子载波信道几乎都经历了平坦衰落，产生严重衰落的概率很低。因此三种频率复用方式，FuFR、FFR 以及 HFR 的信道条件都很好，所以 HFR 的优势就被削弱了。由于 FFR 方式下小区间干扰为零，所以采用 FFR 方式的能效性能要优于 HFR 和 FuFR。当频率复用方式固定时，基于 OFDM 符号的中继传输方式的能效性能要优于基于 OFDM 子载波的中继传输方式。这是因为前者属于单中继选择方式，处于活动状态的中继数只有一个，所以这种中继传输方式下的电路功耗要小于多中继传输方式下的电路功耗。

图 7-13 描述了频谱效率与能效的关系。从图中可以看出，在基于 OFDM 子载波的中继传输方式中，FFR 的能效要高于其他两种频率复用方式。这是因为在 FFR、FuFR 和 HFR

三者的电路功耗比较接近条件下，由于 FFR 中不存在干扰，FuFR 受到的干扰最大，HFR 也存在小区间干扰，所以 FFR 性能最好；在基于 OFDM 符号的中继传输方式中，HFR 的性能要优于 FFR 和 FuFR。在实际通信中，需要根据信道条件合理地选择资源管理方案。此外，随着频谱效率的增加，能效先增加达到峰值后出现下降趋势，并且得出如下结论：一味地增加频谱效率并不一定会提高能效。只有恰当地选择传输速率，才能使得整个网络的能效达到最优。

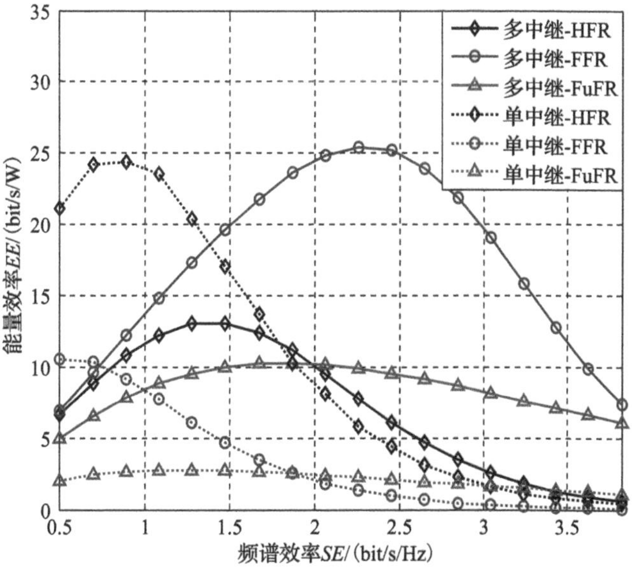

图 7-13　频谱效率与能效的关系（$N=128$，$M=8$）

7.4　双向中继协同通信中的功率分配

协同通信技术能抵抗无线信道中多径衰落的影响，在提高无线通信系统的覆盖范围，可靠性和有效性等方面具有巨大的潜力。然而，由于实际中继通信系统的半双工限制，传统的单向中继系统造成了频谱效率的损失。为此，一种被称为双向中继系统的新技术应运而生，受到了广泛关注。该技术核心在于利用网络编码技术在两个时隙内完成双向的信息交互，从而能够提高系统吞吐量，弥补了传统单向中继系统频谱效率低下的缺点。鉴于功率分配对中继信道的性能具有重要的影响，本节将根据文献［11］，着重讨论双向中继协同通信中的总误码率最低的功率分配方案，以避免对信道条件的依赖。具体地，本节采用时分广播（Time Division BroadCast，TDBC）解码转发协议，首先建立 TDBC-DF 双向中继系统的数学模型，推导出高信噪比时双向系统的误码率的渐进表达式，再对其优化得到每个节点的最佳发送功率。

7.4.1 TDBC-DF 双向中继系统模型

如图 7-14 所示，考虑 TDBC-DF 双向中继系统，包括一对源节点（分别记为 s 和 d）和一个中继节点（记为 r）。源节点间不存在直连链路，且所有节点均配备单天线且工作在半双工模式下。网络中任意两个节点之间为瑞利平坦衰落信道且信道具有互易性，且 $h_{s,r}\sim\mathcal{CN}(0,\ \delta_{s,r}^2)$ 和 $h_{d,r}\sim\mathcal{CN}(0,\ \delta_{d,r}^2)$ 分别是源节点 s 和 d 与中继节点 r 之间的瑞利衰落系数。本节的研究可以很方便地扩展到非互易信道的系统。

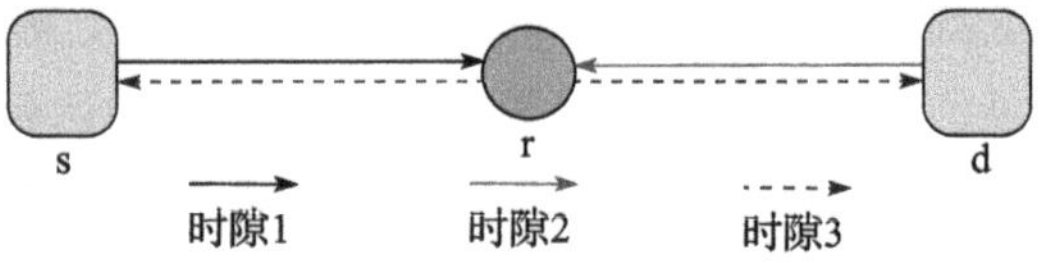

图 7-14 双向 TDBC-DF 单中继通信模型

TDBC-DF 双向中继系统由 T_1、T_2 和 T_3 三个时隙构成一个信息交换周期，且 T_1 和 T_2 时隙源节点 s 和 d 依此将各自的信息通过 BPSK 调制后发送。这样，中继节点 r 接收到的信息可分别为

$$y_{r_1}=\sqrt{p_s}h_{s,r}x_s+n_1 \tag{7-59}$$

$$y_{r_2}=\sqrt{p_d}h_{r,d}x_d+n_2 \tag{7-60}$$

式中，p_s、p_d 分别为源节点 s 和 d 的发送功率；x_s、x_d 分别为经过 BPSK 调制的发送信号，且 $E(|x_s|^2)=E(|x_d|^2)=1$；n_1 和 n_2 分别是第一和第二个时隙中继节点处的噪声。

进而，中继节点分别对 T_1 和 T_2 时隙接收到的信号进行最大似然译码，并将它们进行异或运算，再在 T_3 时隙向源节点 s 和 d 进行广播。这样，它们接收到的信号分别为

$$y_s=\sqrt{p_r}h_{s,r}x_r+n_s \tag{7-61}$$

$$y_d=\sqrt{p_r}h_{r,d}x_r+n_d \tag{7-62}$$

式中，p_r 为中继节点 r 的发送功率；x_r 为中继异或运算得到的转发信号，且 $E(|x_r|^2)=1$；n_s 和 n_d 分别为 T_3 时隙源节点 s 和 d 处的噪声。s 和 d 分别通过最大似然译码得到接收信号。最后每个源节点将自身的发送信号作为先验信号，通过自身发送信号和接收信号的异或运算得到所需的信号。

7.4.2 TDBC-DF 中继系统中的功率分配

本节将以 TDBC-DF 中继系统总误码率最低为优化目标，讨论总功率受限的条件下各节点的最优功率分配方案。假定源节点对一个信息交换周期的总发送功率为 p_{max}，时分发送阶段和中继转发阶段的发送功率为 p_{TD} 和 p_r，且 $p_{TD}+p_r=p_{max}$，其中 p_{TD} 为源节点 s 和 d 的发送功率之和，即 $p_s+p_d=p_{TD}$。

导致中继节点转发信号出错的原因如下：一是中继节点在接收源节点 s 的信号时发生误码，但正确接收了源节点 d 的信号；二是中继节点在接收源节点 d 的信号时发生误码，

但正确接收了源节点 s 的信号。如此一来，中继节点处的误码率可表示为

$$P_{e,r} = P_{e,sr}(1 - P_{e,dr}) + P_{e,dr}(1 - P_{e,sr}) \tag{7-63}$$

进一步，系统的误码率可以表示为

$$\begin{aligned} P_e &= (1 - P_{e,r})[1 - (1 - P_{e,rs})(1 - P_{e,rd})] + P_{e,r}(1 - P_{e,rs}P_{e,rd}) \\ &= P_{e,r} + P_{e,rs} + P_{e,rd} - o(P_e) \end{aligned} \tag{7-64}$$

式（7-64）综合反映了两端源节点在 T_3 时收到错误信号的情况，即中继节点转发的误码信号被源节点正确接收或它转发的信号正确但源节点在接收过程中出现误码。进而，中继节点在 T_1、T_2 时的接收信噪比 $\gamma_{s,r}$和 $\gamma_{d,r}$分别服从系数为 $\lambda_{s,r} = \sigma_0^2/p_s\delta_{s,r}^2$和 $\lambda_{d,r} = \sigma_0^2/p_d\delta_{d,r}^2$的指数分布。通过计算可以得到 $\gamma_{i,j}$的矩母函数，即为

$$M_{\gamma_{i,j}}(s) = \int_0^{\infty} e^{s\gamma} f_{\gamma_{i,j}}(\gamma)\,d\gamma = \frac{\lambda_{i,j}}{\lambda_{i,j} - s} \tag{7-65}$$

式中，$f_{\gamma_{i,j}}(\gamma) = \lambda_{i,j}e^{-\lambda_{i,j}\gamma}$为 $\gamma_{i,j}$的概率密度函数。根据矩母函数计算得到节点 i 和节点 j 间传输的误比特率，表示为

$$P_{e,ij} = \frac{1}{\pi}\int_0^{\pi/2} M_{\gamma_{i,j}}\left(-\frac{1}{\sin^2\theta}\right)d\theta = \frac{1}{\pi}\int_0^{\pi/2} \frac{\sin^2\theta\lambda_{i,j}}{\sin^2\theta\lambda_{i,j} + 1}\,d\theta \tag{7-66}$$

考虑高信噪比的情况，即 $\lambda_{i,j}\to 0$ 时，上述误比特率可近似为

$$P_{e,ij} \approx \frac{1}{\pi}\int_0^{\pi/2} \sin^2\theta\lambda_{i,j}\,d\theta = \frac{\lambda_{i,j}}{4} \tag{7-67}$$

分别将 $\lambda_{s,r}$和 $\lambda_{d,r}$代入式（7-67）即可明确 $P_{e,sr}$和 $P_{e,dr}$。同时，令 $p_s = \alpha p_{TD}$，$p_d = (1-\alpha)p_{TD}$，可得中继节点处转发信号发生误码的概率为

$$\begin{aligned} P_{e,r} &= P_{e,sr}(1 - P_{e,dr}) + (1 - P_{e,sr})P_{e,dr} \\ &= \frac{\sigma_0^2}{4\alpha p_{TD}\delta_{s,r}^2} + \frac{\sigma_0^2}{4(1-\alpha)p_{TD}\delta_{d,r}^2} + o\left(\left(\frac{p}{\sigma_0^2}\right)^{-1}\right) \end{aligned} \tag{7-68}$$

以最小化误比特率 $P_{e,r}$为目标，利用拉格朗日乘子法可得 $\alpha = \dfrac{\delta_{d,r}}{\delta_{s,r} + \delta_{d,r}}$。将其代入式（7-68），可重新改写为

$$P_{e,r} = \frac{\sigma_0^2}{4p_{TD}}\frac{(\delta_{s,r} + \delta_{d,r})^2}{\delta_{s,r}^2\delta_{d,r}^2} \tag{7-69}$$

在 T_3 时隙，中继节点以功率 p_r 向两端源节点进行广播。假设 $p_{TD} = (1-\beta)p_{max}$，$p_r = \beta p_{max}$。将 $\lambda_{r,s}$和 $\lambda_{r,d}$代入式（7-67），可以得到 $P_{e,rs}$和 $P_{e,rd}$，连同 $P_{e,r}$、P_{TD}和 P_r 一起代入式（7-64），得到

$$P_e = \frac{\sigma_0^2}{4(1-\beta)p_{max}}\frac{(\delta_{s,r} + \delta_{d,r})^2}{\delta_{s,r}^2\delta_{d,r}^2} + \frac{\sigma_0^2}{4\beta p_{max}\delta_{s,r}^2} + \frac{\sigma_0^2}{4\beta p_{max}\delta_{d,r}^2} + o((\rho)^{-1}) \tag{7-70}$$

为了最小化 P_e，利用拉格朗日乘子法可得

$$\beta = \frac{-(\delta_{s,r}^2 + \delta_{d,r}^2) + \sqrt{(\delta_{s,r}^2 + \delta_{d,r}^2)^2 + 2(\delta_{s,r}^2 + \delta_{d,r}^2)(\delta_{s,r}\delta_{d,r})}}{2\delta_{s,r}\delta_{d,r}} \tag{7-71}$$

综上，源节点 s、d 和中继节点 r 的最优发送功率分别为

$$\begin{aligned} p_s &= (1-\beta)\alpha p_{max} \\ &= \frac{\delta_{d,r}}{\delta_{s,r}+\delta_{d,r}}\left[1 - \frac{-(\delta_{s,r}^2 + \delta_{d,r}^2) + \sqrt{(\delta_{s,r}^2 + \delta_{d,r}^2)^2 + 2(\delta_{s,r}^2 + \delta_{d,r}^2)(\delta_{s,r}\delta_{d,r})}}{2\delta_{s,r}\delta_{d,r}}\right] p_{max} \end{aligned} \tag{7-72}$$

$$\begin{aligned} p_d &= (1-\beta)(1-\alpha) p_{max} \\ &= \frac{\delta_{s,r}}{\delta_{s,r}+\delta_{d,r}}\left[1 - \frac{-(\delta_{s,r}^2 + \delta_{d,r}^2) + \sqrt{(\delta_{s,r}^2 + \delta_{d,r}^2)^2 + 2(\delta_{s,r}^2 + \delta_{d,r}^2)(\delta_{s,r}\delta_{d,r})}}{2\delta_{s,r}\delta_{d,r}}\right] p_{max} \end{aligned} \tag{7-73}$$

$$\begin{aligned} p_r &= \beta p_{max} \\ &= \frac{-(\delta_{s,r}^2 + \delta_{d,r}^2) + \sqrt{(\delta_{s,r}^2 + \delta_{d,r}^2)^2 + 2(\delta_{s,r}^2 + \delta_{d,r}^2)(\delta_{s,r}\delta_{d,r})}}{2\delta_{s,r}\delta_{d,r}} p_{max} \end{aligned} \tag{7-74}$$

参考文献

[1] 吴丹. 协同无线网络中能量有效的博弈资源管理研究[D]. 南京：解放军理工大学，2013.

[2] K S Narendra, M A L. Thathachar. Learning automata: an introduction[M]. Englewood Cliffs, NJ: Prentice-Hall, 1989.

[3] C U Saraydar, N B Mandayam, D J Goodman. Efficient power control via pricing in wireless data networks [J]. *IEEE Transactions on Communications*, 2002, 50(2): 291-303.

[4] 罗云峰. 博弈论教程[M]. 北京：清华大学出版社，北京交通大学出版社，2007.

[5] P S Sastry, V V Phansalkar, M A L. Thathachar. Decentralized learning of Nash equilibria in multi-person stochastic games with incomplete information[J]. *IEEE Transantions on System, Man, Cybernet*, 1994, 24(5): 769-777.

[6] Y Xing, R Chandramouli. Distributed discrete power control in wireless data networks using stochastic learning[C]. *In Proc. of* IEEE ICC, 2004.

[7] G Owen. Game theory[M]. 3rd ed. New York: Academia Press, 2001.

[8] S. Hart, A. Mas-Colell. A simple adaptive procedure leading to correlated equilibrium[J]. *Econometrica*, 2000, 68(5): 1127-1150.

[9] B Gui, L Dai, L J Cimini. Selective relaying in cooperative OFDM systems: two-hop random networks [C]. *In Proc. of* IEEE WCNC, 2008.

[10] A S Hamza, S S khalifa, H S Hamza, K Elsayed. A survey on inter-cell in-terference coordination techniques in OFDMA-based cellular networks [J]. *IEEE Communication on Surveys and Tutorials*, 2013, 15(4): 1642-1670.

[11] 楼思嘉. 双向中继系统中继选择和功率分配算法的分析与设计[D]. 南京：南京邮电大学，2014.

第 8 章

协作多点传输技术

协作多点（Coordinated Multi-Point，CoMP）传输技术的基本特征是采用协同技术在单小区或多小区场景中进行单用户或多用户的多点协同传输，通过协同多个小区共享用户信道信息或数据信息，采用多小区协同调度或联合处理来抑制小区间干扰，提高小区边缘用户性能。CoMP 技术在上行信道支持不同物理位置接收信号的联合处理，在下行信道支持调度与传输的动态协同，包括不同物理位置联合传输的动态协同。CoMP 技术引入了广泛协作的理念，在基站间、天线间甚至用户间考虑采用协同传输的方式来提升系统容量以及覆盖性能，以满足 LTE-A 的性能指标，尤其是达到 LTE-A 对小区边缘用户的性能要求。本章将对 CoMP 技术进行全面介绍，包括它的基本原理、传输模式、反馈机制、组网场景等方面，着重介绍目前主流的 CoMP 技术实现方式，即协调调度/波束赋形（Coordinated Scheduling/Beamforming，CS/CB）-CoMP 技术和联合处理（Joint Processing，JP）-CoMP 技术。

8.1 CoMP 技术概述

在 LTE-A 系统中，小区边缘用户所遭受的严重干扰已成为阻碍 LTE-A 系统性能提升的主要障碍之一。在这样的背景下应运而生的 CoMP 技术，已作为 LTE-A R10 的关键技术之一，近年来得到了广泛关注。本节根据文献［1］对 LTE-A 系统中的 CoMP 技术进行了概述，重点分别从基本原理、传输模式、实现方式、反馈机制和组网场景等方面进行了较为全面的介绍，为后续 LTE-A CoMP 相关技术的研究提供一定的理论基础。

8.1.1 CoMP 技术的基本原理

目前已有的干扰控制技术都存在着小区间干扰、边缘用户吞吐量、系统频谱效率、系统复杂度等多方面因素间的矛盾。为了在 LTE-A 系统中更好地解决小区间干扰问题，3GPP 提出了一种协作多点（CoMP）传输技术，从而在较小幅度提升终端复杂度的基础上，通过多个节点间的协同传输，达到改善小区间的同频干扰，提高小区边缘用户的性能和扇区吞吐量等目的。根据 3GPP TR 36.814 报告中的定义，协作多点传输是指多个地理位置相互独立分散的传输点间的动态协同，是一种同样适用于高负载和低负载场景、可以改善小区高速数据覆盖范围、改善小区边缘吞吐量和或增加系统整体吞吐量的技术。这里的传输节点可以是具有完整基带处理、射频处理和资源管理功能的 eNodeB，也可以是分布式天线系统中的远端射频单元，还可以是中继节点。为了进行协同，这些发射节点之间需要通过光纤等高速、可靠的链路相连，以便它们共享用户信道状态信息、用户数据信息等。

CoMP 技术与 MIMO 技术之间有着密切联系，其基本思路是利用空间信道上的差异来进行信号传输。它的目的是有效抑制甚至消除小区间干扰，提高小区边缘用户的吞吐量和高数据传输率的覆盖面积，进而提高小区吞吐量。CoMP 技术可分为上行链路的协作多点传输（上行 CoMP）和下行链路的协作多点传输（下行 CoMP）。上行 CoMP 中单个用户终端发送的上行信号被多个接收节点所接收，这些节点再对信号进行联合处理。一般来说，用户终端并不需要知道基站是如何接收和处理信号的，只需要知道与上行信号有关的下行信令是如何被提供的。这些信令可以像 LTE 系统那样仅仅由服务小区的物理下行控制信道（PDCCH）提供给用户终端。下行 CoMP 通过位置不同的多个传输点之间的动态协同处理为目标用户提供服务。如图 8-1 所示，假设协同基站（即图中 eNodeB）数和协同用户数分别为 N 和 M，基站发送、接收天线数分别为 n_T、n_R，每个用户发送、接收天线数分别为 m_T、m_R，M 个协同用户称为配对用户，第 k 个用户支持的独立数据流数为 r_k。这样，下行 CoMP 模型就等效为 Nn_T 发 Mm_R 收的虚拟系统。由于上行 CoMP 基本上涉及不到标准化，没有对 LTE 无线接口规范造成影响，而且 3GPP 讨论的 CoMP 技术也基本上集中于下行 CoMP。

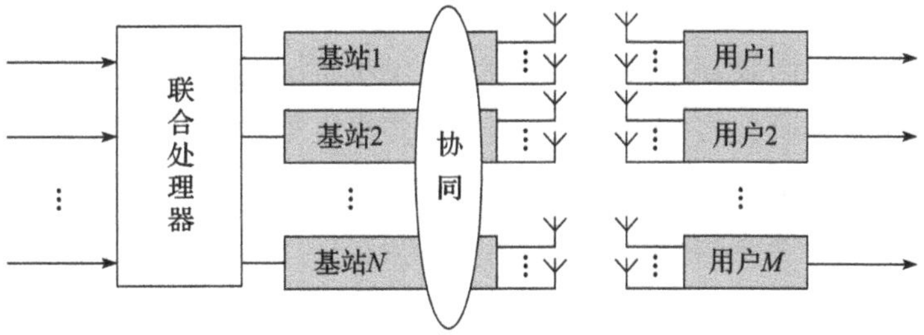

图 8-1　下行 CoMP 系统模型

8.1.2　CoMP 的传输模式

在相同的时隙和相同的载波频率上，根据 CoMP 协作节点能否为多个用户提供服务，能将 CoMP 的传输模式分为以下两种：单用户 CoMP（SU-CoMP）和多用户 CoMP（MU-CoMP）。

1. SU-CoMP 传输模式

图 8-2 给出了 SU-CoMP 传输模式的示意图。在此传输模式下，服务小区和其协同小区在同一个资源块上，只为一个用户提供服务。协同节点通过光纤或 X2 接口或者通过回程链路共享各个协同基站到服务用户的信道状态信息和用户的个人数据信息。在接收端，可以采用分集合并技术对来自多个协同节点的信息进

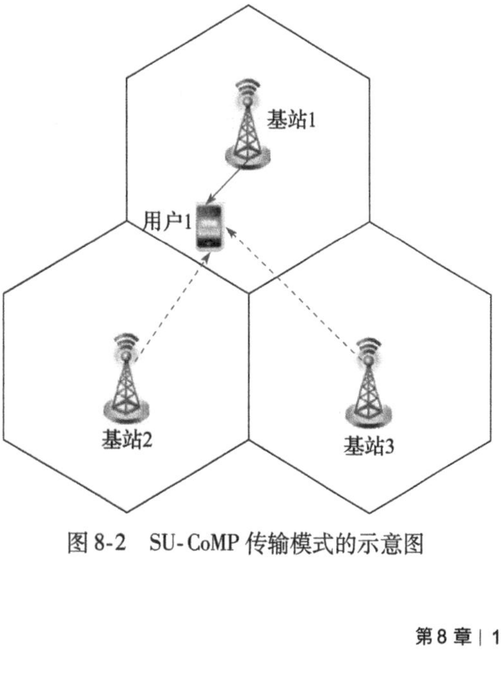

图 8-2　SU-CoMP 传输模式的示意图

行合并接收，这样用户能获得较好的分集增益和协作增益。

SU-CoMP 模式对于那些受到相邻小区严重干扰的用户而言，非常有利。究其原因，在 SU-CoMP 传输模式下，协同簇中的协同节点只为一个小区边缘用户提供服务。这样，该用户能够利用多个协同节点的资源来改善自身的服务质量；而对于被服务小区的边缘用户而言，相邻基站对该用户产生的干扰信号转变成了对其有用的信号，因此该用户的服务质量将会得到明显改善。但值得注意的是，虽然被服务的用户服务质量有了显著改善，但是多个协同基站只能为此一个用户提供服务，这必将导致系统的资源利用率低。

为了尽可能提高资源的利用率和降低多小区协同所带来的算法复杂度的增加，有效的解决途径之一是“好钢用在刀刃上”，即将协作资源用于真正需要协同的用户上。为此，通常将小区内的用户分为两类：小区中心用户（Cell Centric Users，CCU）和小区边缘用户（Cell Edge Users，CEU）。前者仅接收来自主服务小区的信号，不需要来自其他小区基站的协同，也不必向协同簇内的其他小区共享信道状态信息和用户数据信息；后者需要获得来自协同簇内其他基站协同服务的用户。这样划分的原因在于：CCU 的服务质量已经较好，进一步的协同不会带来明显的协作增益。相反，多小区对 CEU 带来的干扰较为严重，在其他小区基站的协助下，它的性能将会得到明显改善，进而带来整个系统性能的提升。因此，CCU 的协同是协作多点传输技术主要研究的对象。

2. MU-CoMP 传输模式

图 8-3 给出了 MU-CoMP 传输模式的示意图。在此传输模式中，在同一个资源块上，协同小区能同时为多个用户提供服务，协同簇内的协同节点间通过光纤或 X2 接口或者回程链路共享各个协同基站到服务用户的信道状态信息和用户的个人数据信息。由于协同簇内的基站同时为多个用户提供服务，必然会出现在同一时隙、相同资源块上，同时传输多个用户数据信息的情况，因此被服务用户也必然将会收到传给其他被服务用户的信息，其他用户的信息对本用户来说属于干扰信息，这被称为多数据流间干扰。在对发送信号进行传输前采用适当的预编码算法就能消除多数据间的相互干扰，这样可以使得小区边缘用户乃至整个系统能够获得较好的协作增益。在理论上，预编码技术能够完全消除多小区间的相互干扰，但是如果在实际系统中要想通过预编码技术完全消除多小区多用户间的相互干扰，则需要各协同基站拥有每个被服务用户瞬时的和精确

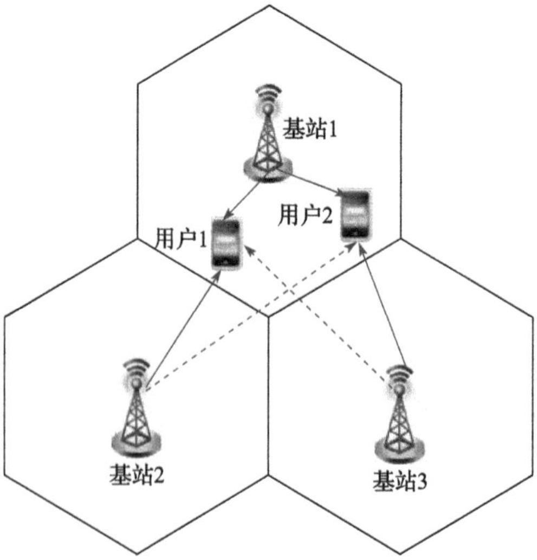

图 8-3　MU-CoMP 传输模式的示意图

的信道状态信息。如此一来，对用户反馈就会要求很高。不仅如此，协同簇内的基站相互之间的信息交换量也会非常大，这会给回程链路的信息传输带来很大的负担，系统的复杂度也会随之增加。值得注意的是，TDD-LTE 系统可以利用 MIMO 信道上下行对偶性来探测信道状态信息，这在很大程度上能降低上行链路的反馈要求，也确保了 MU-CoMP 在 TDD-LTE 系统中能更好地发挥作用。

为了提高 MU-CoMP 中用户对系统资源的利用效率，提高小区边缘用户的吞吐量，同时保证算法的可行性和低复杂度，在 MU-CoMP 中对用户进行分类也是非常有必要的，在 MU-CoMP 中采用的用户分类方式与 SU-CoMP 中的分类方式基本相似，即小区中心用户不参与协同，只对小区边缘用户进行协同。对用户的划分原则可以依据用户吞吐量、接收信号强度、参考信号接收功率、信干噪比、地理位置等因素。

8.1.3 CoMP 反馈机制

在 CoMP 中，协同簇内的所有协同节点为多个需要协同的小区边缘用户提供服务，但必须满足的前提条件是协同基站需要获得所有被服务用户的信道状态信息和用户的个人数据信息，而这些信息是用户通过上行链路反馈给协同基站的。由此可见，反馈机制在 CoMP 中占有举足轻重的地位。目前 CoMP 中的反馈方式主要有以下三种，下面将依次对其进行详细介绍。

1. 显性的信道状态/统计信息反馈

当用户检测到当前的信道状态信息后，不对检测到的信息做任何处理，而是直接将信息反馈给基站，基站能够获取完整的信道信息。反馈内容包括两部分：信道部分（如反馈信道矩阵/协方差矩阵或者反馈信道矩阵/协方差矩阵的主要特征值分量）和噪声干扰部分（如反馈噪声干扰的协方差矩阵或者此矩阵的主要特征值分量）。从理论上来说，显性反馈由于反馈了更多的信息，可以获得比隐性反馈更好的性能，基站端也可以设计更为灵活的 CoMP 方案。

尽管终端可以通过 CSI 测量导频测量来获得 CoMP 合作集中的下行信道状态信息并直接将其反馈给基站端，但这种反馈方式反馈的信息量太大，会给反馈信道带来太大的压力。此外，该方式对信道的快速变化反馈和延迟都比较敏感。对此的有效解决方法之一是反馈信道的统计信息。由于信道的统计信息反映的是信道的一种长期趋势，因此可以降低其对信道快速变化以及反馈延迟的敏感性，同时，亦可降低反馈的频率，从而减小反馈信道的负担。

2. 隐性的信道状态/统计信息反馈

当用户检测到信道状态信息后，不会立即将得到的信道状态信息反馈给基站，用户终端会对得到的信道状态信息做一定的处理后再反馈回基站。尽管此时基站不能根据反馈获悉精确的信道信息，但反馈的信息有利于基站进行某些 CoMP 方案的设计。由于隐性反馈所反馈的信息是信道的统计信息，是一段相对比较长时间的信道状态信息的统计结果，对于快衰落信道而言，反馈的结果与信道的实际情况差异较大，该方式对信号的传输时延也不是非常敏感，因此在基站端设计协作方案时，该方式远远没有显性反馈那么灵活。此外，由于反馈的并不是瞬时的信道信息，故而根据这些信息设计的预编码矩阵并不是最佳的预编码矩阵，这亦使得在预编码增益方面，隐性反馈也不如显性反馈好。但是，该方式对于信道的快速变化和反馈延迟不是特别敏感，且可以有效地减小上行反馈信道的负担。因此，隐性反馈是反馈信息负担与系统性能的相对折中。

3. 通过上行探测参考信号来获得信道状态信息

该方式的核心思想在于根据用户在上行的信号检测，通过信道互异性估计出下行的相对应的信道信息，因而比较适合应用在时分双工（Time Division Duplexing，TDD）系统。在 LTE-A 系统中，由于需要测量来自多个小区的信道信息，针对 LTE 系统设计的探测（Sounding）参考信号是否能适用于 LTE-A 系统还需进一步的研究。

8.1.4 CoMP 技术的实现方式

根据多个协同传输的节点是否共享用户数据信息，目前主流的 CoMP 技术实现方式可以分为两大类，即协调调度/波束赋形（CS/CB）-CoMP 技术和联合处理（JP）-CoMP 技术。本章后半部分将对它们进行具体介绍与讨论。

1. 协调调度/波束赋形技术

在协调调度/波束赋形中，要求协同传输的多个节点之间共享用户的信道状态信息，所要传输的用户数据信息只能由服务小区所在的 eNodeB 进行传输，即用户数据信息不共享。通过在各个协同传输节点之间使用 CS/CB-CoMP 技术，可以有效降低由于各个协同传输节点所覆盖区域之间的重叠而造成的用户间的相互干扰。从本质上说，这种协作方式属于干扰避免或干扰协调技术，在进行子载波分配时，相邻小区地理位置上非常接近的不同用户避免分配相同或相近的子载波进行信号传输，这样能较好地改善小区边缘用户的接收信号质量，小区边缘用户的吞吐量也会明显增加，进而增强整个网络的性能。协调调度/波束赋形技术的工作原理如图 8-4 所示。

CS/CB 的传输方式主要分为两种。一种是最好或最坏预编码矩阵指示（Precoding Matrix Indicator，PMI）的 CS/CB，称为最差最好合作伙伴 CS/CB 实现方式。在这种协作方式中，用户计算服务小区信道特性的同时也需要计算干扰小区的信道性能。在反馈服务小区 PMI 时附加反馈相邻干扰小区的对其性能影响最小或最大的 PMI 值。服务小区通过交互的方式将信息进行交换，并且避免采用相邻小区所提供的最差 PMI 或优先使用相邻小区提供的最优 PMI。另一种是 CS/CB 采用协同调度和协同波束赋形相结合的方式，通过多个基站协同资源分配、协同波束赋形相结合的方式实现边缘小区用户的干扰避免，提升系统性能增益。这种协作方式一般分为两个阶段：第一个阶段在单小区内进行各个小区的独立调度，一般采用轮询算法、最大载干比算法或比例公平算法，第二个阶段在多个小区内进行调度，根据各个用户的空间信息进行用户配对，降低小区之间用户干扰。

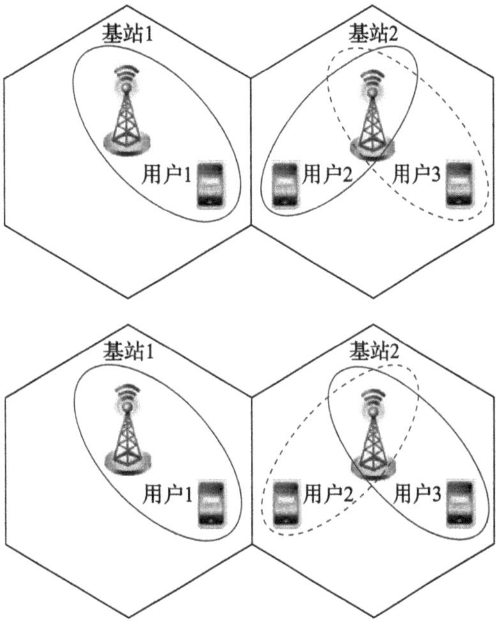

图 8-4　CS/CB-CoMP 技术的工作原理示意图

2. 联合处理技术

联合处理（Joint Processing，JP）是指多个协同传输的节点同时为多小区中的多个用户提供服务，且就其本质而言，它属于“干扰利用”技术。在该技术中，多个协同节点同时为多个用户提供服务，对于某个用户而言，采用联合处理相当于将用户的干扰信号功率转换成用户信号功率，从而使得有用信号功率增加，干扰信号功率减少甚至为零。如此一来，噪声功率不变，用户的信干噪比必然会明显增加，用户的吞吐量也必然会增加，系统性能也会得到明显改善。联合处理传输技术的工作原理如图 8-5所示。

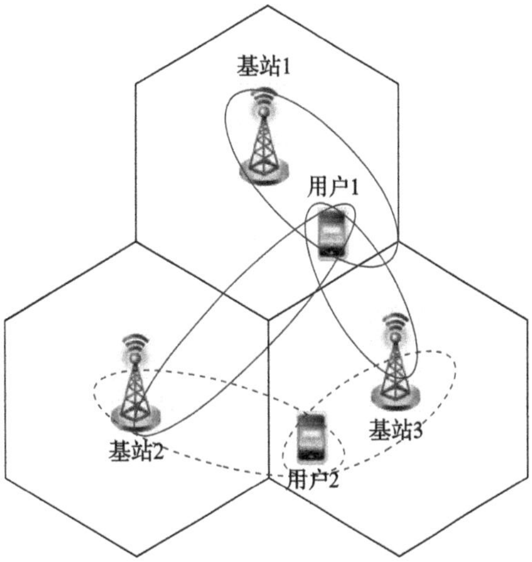

图 8-5　JP-CoMP 技术的工作原理示意图

在 JP-CoMP 中，需要协同传输的多个节点之间共享用户的信道状态信息及用户数据信息。根据用户传输数据是否同时来自于不同的传输结点，JP 技术又可以分为联合传输（Joint Transmission，JT）技术与动态小区选择（Dynamic Cell Select，DCS）两类。对于前者，用户将能获得来自多个传输节点发送的数据信息。对于后者，用户不同时接收来自多个协同传输节点发送的数据信息，但是用户可以根据信道状态信息的好坏、参考信号接收功率的大小或信干噪比的大小来选择能使自己获得最大协作增益的一个协同传输节点，且用户还可以在 CoMP 协同集中的多个传输节点之间随时进行更换。

8.1.5 CoMP 的组网场景

根据 CoMP 技术的基站内协作（Intra-Site CoMP）和基站间协作（Inter-Site CoMP）的这两种分类方式，以及室内基带处理单元（Building Base-band Unit，BBU）和射频拉远头（Remote Radio Head，RRH）在 CoMP 中的应用，可将 LTE-A CoMP 的组网场景分为如下四类。

（1）场景 1：基站内协作（Intra-Site CoMP）的同构网络

图 8-6 是场景 1 的网络结构示意图。在该场景中，小区采用同构网的网络架构，且只有一个基站，该基站为所有小区中的用户提供服务。对于 CoMP 来说，采用此网络架构，不需要与其他基站交换信道状态信息和用户的个人数据信息，能够极大地减小回程链路或 X2 接口或光纤的信息传输负担。此外，采用此网络架构实现同步和定时也会比较容易，因为所有信息的处理都是由一个基站来完成的。在此网络架构中，能够使用 SU-CoMP 传输模式和 MU-CoMP 传输模式，且利用联合处理和协调调度/波束赋形技术也能获得很好的协作增益。这是因为在该场景中只有一个基站，不存在多小区间的相互干扰，只有多数据流将相互干扰，相比 LTE-A CoMP 中多小区系统而言，该场景中的干扰将会更少。

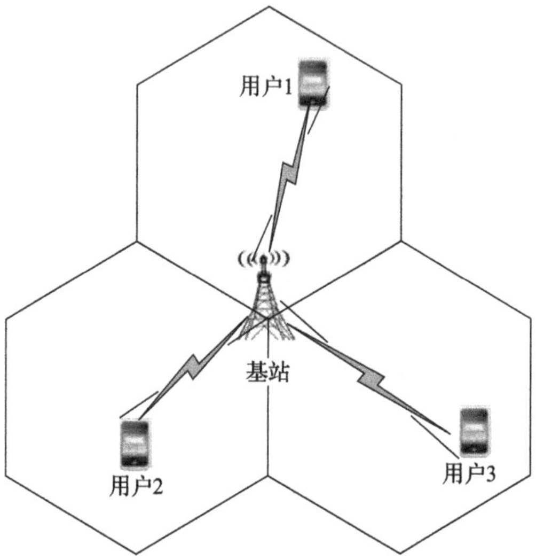

图 8-6 场景 1：Intra-site CoMP 的同构网络

（2）场景 2：具有高功率射频拉远头的同构网络

图 8-7 是场景 2 的网络架构示意图。在此场景中，所有的小区也采用同构网的网络架构，且此场景是由一个 BBU 和多个 RRH 组成，前者通过光纤与多个射频拉远单元相连。BBU 的作用在于对整个系统的资源进行分配与调度，而 RRH 由于需要为多个小区的用户提供服务，故而在这里的 RRH 为高功率基站。

（3）场景 3：宏覆盖内带有低功率射频拉远头的异构网络

图 8-8 为场景 3 的网络架构示意图，该场景属于异构网络架构。此场景包含一个高功率的宏覆盖基站、一个 BBU 和多个 RRH，其中 BBU 位于基站处，RRH 位于小区的边缘处，BBU 与多个 RRH 之间通过光纤进行连接。考虑到此时小区边缘用户距高功率、宏覆盖的基站较远，小区边缘用户的性能相比小区中心用户有明显的下降，因此设置了 RRH 来帮助小区边缘用户改善性能。这里的 RRH 为低功率基站，只能覆盖小区的部分区域。每个 RRH 处于不同的小区之中，因此它们具有不同的小区地址，从而共同实现改善小区边缘用户性能的目的。

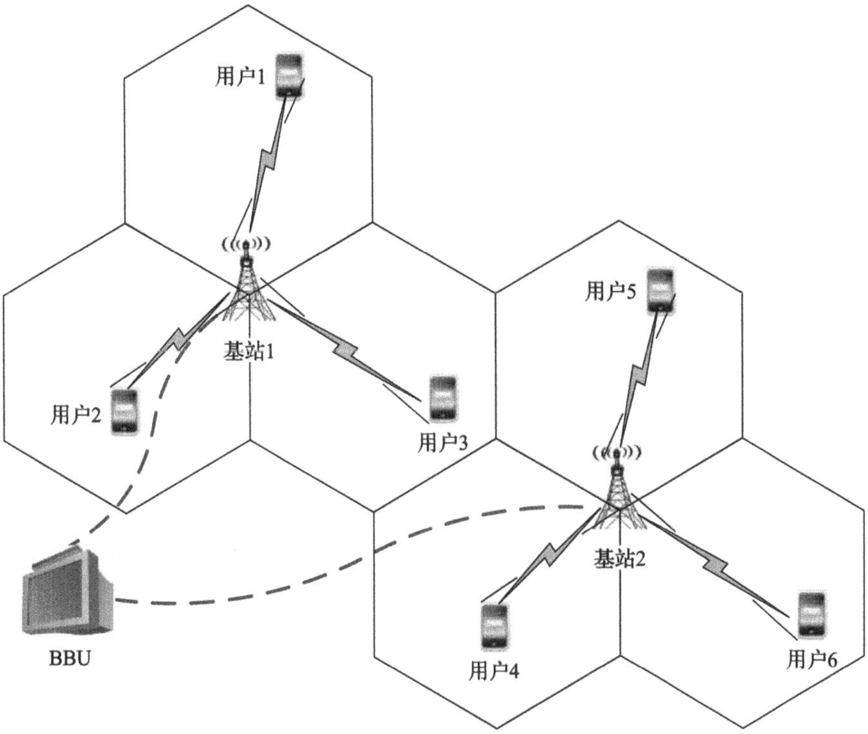

图 8-7　场景 2：具有高功率 RRH 的同构网络

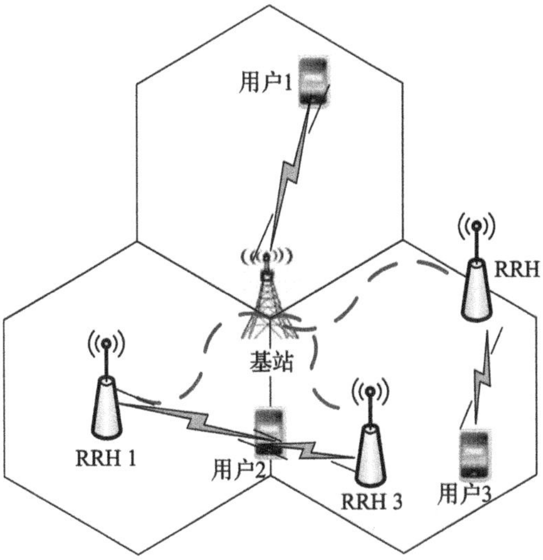

图 8-8　场景 3：宏覆盖带有低功率 RRH 的异构网络

（4）场景 4：射频拉远头具有相同小区地址的异构网络

图 8-9 为场景 4 的网络架构示意图。图 8-9a 是一个异构网络，其网络架构类似于场景 3，唯一区别在于此网络架构中的 RRH 具有相同的小区地址（ID），采用此设计的优点是：

因为这些 RRH 具有相同的小区地址，所以小区边缘用户从一个 RRH 移动到其他 RRH 的覆盖范围时，不需要进行越区切换。图 8-9b 也属于异构网，该网络架构由一个 BBU 和多个 RRH 构成，而且这些 RRH 具有相同的小区地址，BBU 与多个 RRH 通过光纤进行连接。

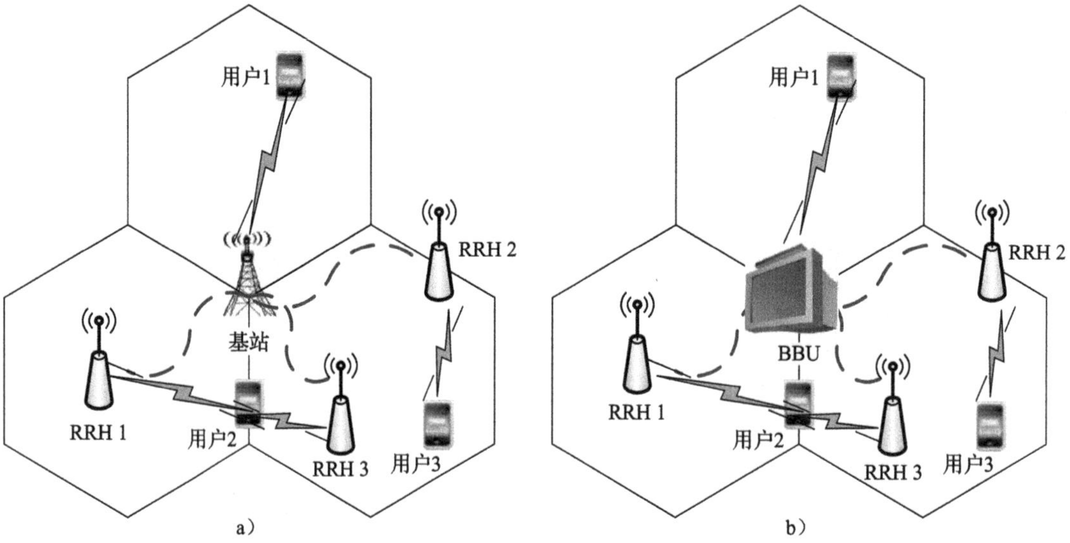

图 8-9　场景 4：RRH 具有相同小区 ID 的异构网络

8.2　协作调度/波束赋形技术

显而易见，协作调度/波束赋形技术是协作调度和协作波束赋形两种技术的结合。当其中一个基站在使用和其他基站相同的资源块或某一特定赋形波束时，该基站会对其他小区边缘用户造成干扰。此时，若它对其服务用户使用其他资源块或对赋形波束进行调整，就可避免或减轻对其他小区边缘用户的干扰问题。协作调度和协作波束赋形起源于传统的资源调度和波束赋形技术，下面将根据文献［2］分别对这两种技术进行介绍。实际情况是，在使用该技术时，既可以采用单独的协作调度，也可以采用单独的协作波束赋形技术。

8.2.1　协作资源调度方式

协作资源调度是在传统单小区资源调度的基础上，通过中心调度单元对协同小区内时频资源实现集中控制和统一调度，是对传统资源调度技术的一种扩展。主要存在两种资源调度方式，即集中式资源调度和分布式资源调度。在集中式资源调度方式中，系统布置一个实际的或虚拟的中心调度控制器对协同小区内的资源进行集中控制。中心控制器一般通过光纤与多个传输节点连接，以实现信息汇总和协同调度。这种控制方式的优势在于能够减小传输点之间通过无线接口的数据传输量，提升信息反馈的速率，因而是目前 3GPP 中

CoMP 资源分配方式的主流方案。在分布式资源调度方式中，调度在各个传输节点中结合其他传输节点的信息进行独立资源调度。这种调度方式增加了系统的灵活性，同时也增加了系统的复杂性和系统性能的不确定性，因而对它的研究主要集中于理论分析领域。

1. LTE/LTE-A 系统中资源分配方式

在 LTE/LTE-A 系统中，频域以子载波为基本划分单位。以 10MHz 总带宽为例，系统通常划分为 600 个子载波，每个子载波间隔 15kHz。时域以时隙为基本划分单位，通常每个时隙的长度为 0.5ms，每 10ms 为一个帧，每帧中包含 10 个子帧，每个子帧包括 2 个时隙。

资源调度以资源块为基本单位。资源块定义为：频域为 N_{sc}^{RB} 个连续的子载波，而时域为 N_{symb}^{DL} 个连续的 OFDM 符号，即由 $N_{sc}^{RB} \times N_{symb}^{DL}$ 个资源单元组成的一个时频资源域。一个资源单元代表一个天线端口资源格单元，对应时域上的一个 OFDM 符号，频域上的一个子载波。通常情况下，$N_{sc}^{RB}=12$，$N_{symb}^{DL}=7$。资源块示意图如图 8-10 所示。

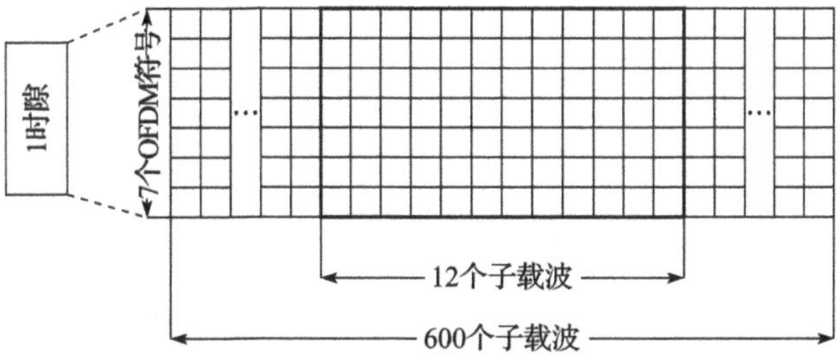

图 8-10　资源块示意图

时域上时长为 1ms 的子帧，又称为一个传输时间间隔。在分析调度算法的过程中，假定一个时隙短于信道相干时间。这样就可认为在每个子帧持续时间内，信道状态是静态的，但不同子帧间信道状态则是变化的。由于每个资源块在时域上的时间为一个时隙，同样可以认为在每个资源块上所有子载波的信道条件均是恒定的。但是在频域上，用户的信道增益是不同的。

2. 资源调度算法

网络端资源调度算法的目的在于为每个用户分配资源块和传输功率，以最大化资源利用效率，最大化系统内最多数量用户的服务质量。这里的服务质量可以定量为系统吞吐量、时延、公平性、用户或系统的频谱效率或中断概率等 QoS 性能。但需注意的是，在设计调度方案时，应该对服务情况进行具体的分析，尤其是在满足用户基本服务质量的同时注重用户服务的公平性，避免出现仅单纯考虑系统整体的某一 QoS 性能而出现信道条件较差的用户长期得不到服务而掉线的情况。此外，在 LTE/LTE-A 系统中存在着一些经典的资源调度算法，这些调度算法也同样适用于 CS/CB-CoMP 系统。目前在实际系统中采用的经典调度算法包括以下三类：最大载干比调度算法、轮询调度算法、比例公平调度算法以及这些算法在实时业务中的改进算法等。

（1）最大载干比调度算法

最大载干比调度算法的基本思想是基站根据用户反馈的信道状态信息，对所有待服务的用户根据其接收信号瞬时载干比值进行优先级排序，并保证在任意时刻总是瞬时载干比值最大的用户获得服务。如果在某一时隙 T 内有 K 个用户需要进行数据服务，用户 n 的载干比值为 $C/I(n)$，那么被服务的用户 n^* 可表示为：$n^* = \arg\max_{n=1,2\cdots K} C/I(n)$。

该调度算法的优势在于实现方法简单，且能有效利用系统资源、提升系统吞吐量。但是，它的缺点在于忽略了用户间的公平性。在实际应用中，该调度算法会导致某些信道条件较差的用户一直无法获得调度机会，造成用户“饿死”现象。

（2）轮询调度算法

轮询调度算法的基本思想是以每个用户的服务优先级相等为调度基础，按某种确定的顺序循环调度待服务用户。该调度算法可以实现用户间的最佳公平机制，即可以保证用户间长期和短期公平性。但由于算法不考虑用户的无线信道情况，从而会造成对信道条件差的用户和信道条件好的用户一视同仁，导致系统整体 QoS 性能的降低。换言之，轮询调度算法是以牺牲系统整体性能来换取系统最大公平性能的，它更适用于信道条件较为一致的系统。

（3）比例公平调度算法

比例公平调度算法的基本思路是以用户瞬时传输速率和平均传输速率的比值为优先级，根据优先级的大小进行用户的调度。这种优先级计算方法使信道条件越好的用户优先级越高，而在本次调度之前吞吐量越高的用户优先级越低。如此一来，形成了信道条件和累计吞吐量之间的平衡，可以在提升系统容量的同时确保用户之间的公平性。此时，用户 n 服务优先级（又称为 PF 因子）的计算公式为：$pf(n) = R_n/\overline{R}_n$，其中，$R_n$ 为用户 n 的瞬时速率，$\overline{R}_n$ 为用户平均速率，且有 $\overline{R}_n = (1-\alpha)\overline{R}_n + R_n$，$\alpha = 1/t_c$，$t_c$ 表示滑动时间窗口的大小。由 PF 因子的计算公式可以看出，对于一个长时间进行服务的用户，即使其瞬时速率仍然较大，但随着其吞吐量的提高，该用户的 PF 因子也会逐渐降低，服务优先级也会相应下降。反之，相对信道条件较差、瞬时速率较低的用户则可以获得被服务的机会。因此，该算法综合考虑了系统容量和用户调度的公平性，在实际系统中得到了广泛应用。

8.2.2 协作波束赋形算法

1. 波束赋形技术原理介绍

波束赋形技术是智能天线技术中的核心技术之一，通过调整信号的发射或接收方向使所辐射的电磁波能够更好地对准用户的所在位置，提高系统的覆盖范围和系统性能。它的本质在于利用波的干涉原理，采用短间距天线阵进行信号传输，从而使得传输的信号具有非常强的空间相关性，且使得天线所辐射出的电磁波具有一定的方向性。

在 LTE/LTE-A 系统中，Release 8 版本规定了单流波束赋形发送方式，Release 9 版本引入了双流波束赋形发送方式。前者是传统的智能天线波束赋形方式，而后者采用波束赋形与 MIMO 技术相结合的方式，可以为单用户提供双流服务，也可以通过双流服务多个用户。波束赋形技术在物理层上主要通过闭环预编码方式实现。目前对协同波束赋形算法的研究也主要集中在对预编码方案的研究上，下面介绍几种在仿真及实际系统中常用的协作波束赋形算法。

2. 协作波束赋形算法

（1）奇异值分解算法

奇异值分解（Singular Value Decomposition，SVD）算法主要运用在单用户预编码方案中，在协作波束赋形技术前期的信道状态预判定中也常常使用。在一个单位用户系统中，用户的接收信号可以表示为

$$\boldsymbol{Y} = \boldsymbol{HWS} + \boldsymbol{N} \tag{8-1}$$

式中，$\boldsymbol{Y}$ 为用户发送信号向量；$\boldsymbol{H}$ 为用户的信道矩阵；$\boldsymbol{W}$ 为用户的预编码矩阵；$\boldsymbol{S}$ 为用户的服务信号；$\boldsymbol{N}$ 为噪声向量。在 SVD 算法中，用户的信道矩阵 $\boldsymbol{H}$ 可以分解为两个酉矩阵，即 $\boldsymbol{U}$ 和 $\boldsymbol{V}$，且它们满足下列关系

$$\boldsymbol{H} = \boldsymbol{U\Sigma V}^{\mathrm{T}} \tag{8-2}$$

式中，$\boldsymbol{\Sigma} = \begin{pmatrix} \boldsymbol{S} & 0 \\ 0 & 0 \end{pmatrix}$是由 $\boldsymbol{H}$ 的奇异值组成的对角矩阵，$\boldsymbol{S} = \begin{pmatrix} \kappa_1 & 0 & 0 \\ 0 & \ddots & 0 \\ 0 & 0 & \kappa_l \end{pmatrix}$，且奇异值元素按降序排列，即满足 $\kappa_1 \geqslant \kappa_2 \cdots \geqslant \kappa_l$，$l$ 为矩阵 $\boldsymbol{H}$ 的秩。数值 κ_1，…，κ_l 为矩阵 $\boldsymbol{H}$ 的奇异值，且有

$$\begin{cases} \kappa_i > 0, & 1 \leqslant i \leqslant l \\ \kappa_i = 0, & l < i \leqslant n \end{cases} \tag{8-3}$$

式中，矩阵 $\boldsymbol{U}$ 的列向量称为信道矩阵 $\boldsymbol{H}$ 的左奇异值向量，是 $\boldsymbol{H} \times \boldsymbol{H}^{\mathrm{T}}$ 的正交特征向量；矩阵 $\boldsymbol{V}$ 的行向量称为信道矩阵 $\boldsymbol{H}$ 的右奇异值向量，即 $\boldsymbol{H}^{\mathrm{T}} \times \boldsymbol{H}$ 的正交特征向量。需强调的是，对信道分解之后所得到的 $\boldsymbol{V}^{\mathrm{T}}$ 的共轭转置矩阵即可作为用户的预编码矩阵。这样，在接收端对接收信号的处理方式可表征为

$$\begin{aligned} \boldsymbol{U}^{\mathrm{T}} \times \boldsymbol{Y} &= \boldsymbol{U}^{\mathrm{T}} \times (\boldsymbol{HWS} + \boldsymbol{NH}) \\ &= \boldsymbol{U}^{\mathrm{T}} \times \boldsymbol{U\Sigma V}^{\mathrm{T}}\boldsymbol{VS} + \boldsymbol{U}^{\mathrm{T}} \times \boldsymbol{N} \end{aligned}$$

$$= \boldsymbol{\Sigma S} + \boldsymbol{U}^{\mathrm{T}} \times \boldsymbol{N} \tag{8-4}$$

通过噪声过滤和功率变化之后即可得到网络端的发送信号。SVD 算法是一种非常常用的预编码算法，这种算法对于单个用户的信道分解波束赋形是非常便捷的，但是该算法主要针对单独用户的独立信道分解，对解决多用户的干扰问题具有一定的局限性。

（2）迫零波束赋形（Zero-Forcing BeamForming，ZFBF）算法

迫零波束赋形算法的基本思想是通过预编码方法迫使用户在接收端对接收到的其他用户信息变为零。在多用户系统中，用户 j 的接收信号可以表示为

$$\boldsymbol{Y}_j = \boldsymbol{H}_j \sum_{k=1}^{K} \boldsymbol{W}_k \boldsymbol{x}_k + \boldsymbol{n}_j \tag{8-5}$$

式中，$\boldsymbol{H}_j$ 为用户 j 的信道系数；K 为同时传输的用户数；$\boldsymbol{W}_k$ 为用户 k 的预编码矩阵；$\boldsymbol{x}_k$ 为用户 k 的用户数据；$\boldsymbol{n}_j$ 为用户 j 的噪声向量。若要使用户 j 不受其他用户的干扰，需要满足 $\boldsymbol{H}_j \sum_{k=1,\cdots,K,k\neq j} \boldsymbol{W}_k \boldsymbol{x}_k = 0$，这也就是迫零的概念所在。为了满足式（8-5）成立，可以通过使用 $\boldsymbol{H}_j$ 的伪逆获得，即

$$\boldsymbol{W}_j = \boldsymbol{H}_j^{\mathrm{T}} (\boldsymbol{H}_j \boldsymbol{H}_j^{\mathrm{T}})^{-1} \tag{8-6}$$

迫零波束赋形算法可以说是一种对用户自身信道求逆的一个过程，通过使用每一个用户对应的预编码方案就可以保证在接收端用户所受到其他用户的干扰趋向于零。迫零预编码算法能够有效抑制用户间的干扰，因而在多用户 MIMO 系统中被广泛使用。但需强调的是，它要求接收天线总数必须小于发送天线总数，这在一定程度上影响了该方法的使用。

（3）基于码本的预编码算法

以上预编码算法都是基于信道信息的显示反馈，这需要发送端获知精确的信道状态信息。然而，在 LTE Release 8 中，为了减小系统上行开销，采用的是信道信息隐式反馈。由于隐式反馈所反馈的信道信息为处理过的信道信息，因此在 LTE 包括 LTE-A 的初期版本中，预编码方式主要采用基于码本的预编码。它的本质是基于量化反馈的预编码算法，且在预编码的过程中，用户只需要向网络端反馈码本需要即可，这将大大降低上行系统的开销。

在基于码本的预编码方案中，系统根据一定规律制定一组预编码码本，并在码本中设定多个预编码向量及其序号。该码本被固定地放置在发送端和接收端。当进行数据传输时，接收端依据接收到的信道信息和某一事先明确的性能指标，在码本集合中选择能最优化该指标的预编码矩阵作为传输矩阵。接收端确定传输矩阵后将该矩阵对应的码本序号通过上行信道反馈给发送端。发送端根据接收到的码本序号，在码本中找到相应的预编码矩阵用于用户的预编码。系统框图如图 8-11 所示。

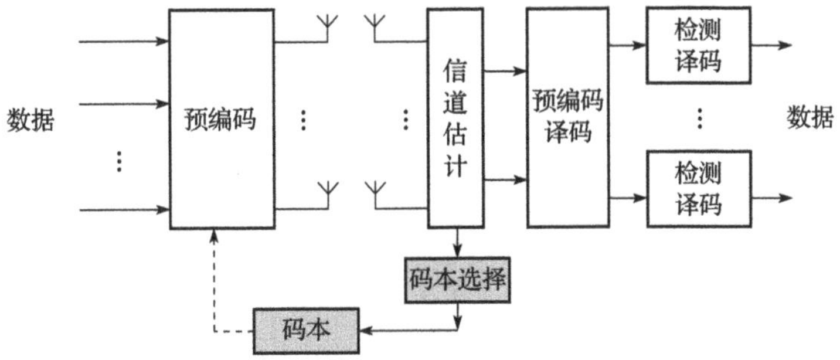

图 8-11　基于码本的预编码算法系统框图

（4）基于信漏噪比（Signal to Leakage and Noise Ratio，SLNR）最大化方案的波束赋形算法

基于 SLNR 的波束赋形算法是目前 CS/CB-CoMP 中广泛采用的预编码方案。SLNR 最大化预编码方案起源于对信干噪比（SINR）的研究。由于系统的瞬时 SINR 影响着用户的瞬时速率和平均误码率等重要指标，因此在很多传统的预编码方案中，均将其作为设计目标。但是，在 SINR 的计算公式中，若要计算每个用户的信干噪比，都需涉及其他用户的信道矩阵及预编码矩阵，这将不可避免的产生嵌套问题，从而使得基于 SINR 的预编码算法通常不存在闭合解。这样，基于信漏噪比最大化的波束赋形方案应运而生。它旨在实现目标用户接收功率最大化，这一功率的最大化又可以转换为对其他用户功率泄漏的最小化。由于对其他用户功率泄漏减小，则对其他用户的干扰也将减小。对于系统中某一用户 i 而言，其信漏噪比计算公式如下

$$\gamma_i = \frac{\|w_i^* h_{i,i} w_i\|^2}{\sum_{j \neq i} \|w_i^* h_{j,i} w_j\|^2 + \sigma_0^2} \tag{8-7}$$

与 SINR 的计算公式相比，$\|w_i^* h_{i,i} w_i\|^2$ 仍为用户的期望信号功率，$\sum_{j \neq i} \|w_i^* h_{j,i} w_j\|^2$ 为用户 i 对其他同时频用户的干扰功率之和。如此一来，最大化 γ_i 就可转换为最大化用户期望功率和最小化泄漏功率。SLNR 最大化方案的波束赋形算法由于在计算过程中能够产生闭合解，且可以尽量减小对其他用户的干扰，因而在集中式多小区协同波束赋形中被广泛使用。

8.2.3　CoMP 中协作调度协作波束赋形的主要实现方式

1. 集中式 CS/CB-CoMP 技术实现方案

在 3GPP 相关提案中，CoMP-CS/CB 的传输方式主要分为两种，其中一种实现方案是采用协同调度和协同波束赋形相结合的方式，通过多个传输节点协同进行协同小区内所有无线资源分配和所有用户波束赋形预编码的确定。这种方式能够避免边缘小区用户的干扰，提升系统性能增益。具体而言，协同调度过程一般分为两个阶段：第一阶段在单小区

内，采用轮询算法、最大载干比算法、比例公平算法等在各小区进行独立调度；第二阶段在多个小区内进行调度，根据各用户的空间信息进行用户配对，降低小区之间的用户干扰。协同波束赋形过程针对已经调度完成的多小区用户对进行波束赋形，所采用的方法一般是基于迫零预编码算法或基于信漏噪比最大化的预编码算法。由于该方案的实现过程多采用一个集中式调度中心对协同小区内的所有资源和用户进行统一操作，故一般将其统称为集中式 CS/CB-CoMP 实现方案。此外，该方案的实现过程主要分为时域调度的实现、空域调度的实现、协作波束赋形的实现三个部分。

（1）时域调度的实现

在该集中式 CS/CB 方案中，一个中心调度器按照各个小区中用户的信息，集中分配小区内资源。调度方案由两层调度组成。第一层调度为频域调度，在频域调度中，调度器按照一定的调度算法为每个资源块计算用户的优先级。为实现公平原则使用 PF 调度算法。小区内用户 i 的调度因子为

$$\Omega_i = \frac{R_i}{\overline{R}_i} \tag{8-8}$$

式中，R_i 为用户 i 在某一时频资源块上预估计的瞬时速率；$\overline{R}_i$ 为其平均速率。小区内的所有用户按 Ω_i 值进行排序。在 LTE 系统中，通常在一个资源块上为 1 或 2 个用户进行数据传输。在 SU-MIMO 系统中，通常仅传输一个用户。这样，有一些权值较低的用户可以直接排除队列，从而降低调度过程中的运算复杂度。

（2）空域调度的实现

系统在各个小区完成独立的时频域调度之后进入到第二层用户调度，即空域调度。假设其中前 M 个用户保留为空域调度的备选用户。空域调度是在中心调度器中完成的。中心调度器获得各个传输节点上传的时频域调度信息并进行整理合并，最终得到在每个资源块上 N 组待服务用户组，其中 N 为协同小区数。

空域调度在完成每个资源块上的用户排队之后需要最终确定该资源块的服务用户。在 SU-MIMO 中，每个小区在一个资源块上仅服务一个用户，也就是说，需要在 N 个小区中各找出一个用户，组成 N 个用户的用户组，这组用户需要在 QoS 性能上满足权值最大的条件，最终成为该资源块的服务对象。这里，用户组的权值采用类似 PF 因子的表示形式。根据香农公式，在存在小区间用户干扰的情况下，用户 i 的信道容量可以表示为

$$C_i = \log_2(1 + \gamma_i) \tag{8-9}$$

这里，γ_i 的表征见式（8-7），且需强调的是，式（8-7）中的这两个预编码矩阵是通过对用户信道矩阵分解来进行预估的。为了在空域调度中保证公平性，每组用户的权值采用如下形式，即

$$\Omega_{\text{all}} = \sum_{i=1}^{N} \frac{C_i}{\overline{R}_i} \tag{8-10}$$

式中，$\overline{R}_i$ 为用户 i 的平均速率。这样，在计算出每组用户的值之后进行比较，选取该值最大的一组用户为本时隙的服务用户，从而完成了空域调度部分。

（3）协作波束赋形

当确定调度用户后，系统对某一资源块的一组服务用户进行协同波束赋形。在实际工程应用中，一般采用基于信漏噪比最大化方案的波束赋形算法。对于基于信漏噪比最大化方案的波束赋形算法可参见本章 8.2.2 节的第 2 部分。

2. 分布式 CS/CB-CoMP 技术实现方案

（1）“最差合作伙伴”实现方案

另一种广泛研究的实现方案是通过最坏 PMI 避免小区间干扰的协作调度协作波束赋形技术，这种技术被称为“最差合作伙伴”实现方案。“最差合作伙伴”方案中的反馈方案使用隐式反馈方案，这种反馈方案类似于 LTE Release 8 版本中的 PMI 和 CQI 反馈。在该实现方案中，受干扰用户反馈给服务基站的信道状态信息包括建议服务基站为其分配的 PMI 和相应的 CQI、协同小区内的其他协同传输节点可能对其性能产生干扰的 PMI 或 PMI 组［这就称之为最差伙伴预编码指示（Worst Companion Index，WCI）］、协同基站采用 WCI 会给该服务用户带来的性能损耗。

传输节点之间进行信息交换，并且避免采用相邻小区所提供的最差 PMI 或优先使用相邻小区提供的最优 PMI，从而减小了对相邻小区用户的同频干扰。在现实中，这种协作方式多采用分布式迭代调度，PMI 按照各个传输节点的优先级大小进行传递，即优先级高的传输节点首先确定小区内资源分配方式，优先级低的小区参考优先级高的小区的信息进行本小区内的资源分配。

“最差合作伙伴”方案的大体步骤概括如下：

1）用户测量干扰基站和服务基站的信道状况。

2）用户计算得到服务小区最佳 PMI，并计算干扰小区干扰最严重的 PMI 定义为最差 PMI 伙伴。

3）用户计算信道信息增益，包括服务小区 CQI 值和干扰小区避免使用 WCI 所得到的 CQI 增益。

4）用户为服务基站反馈上述信息。

5）服务基站与干扰基站之间的信息交换。

6）服务基站和干扰基站选择合适的 PMI 值。

（2）分布式“最差合作伙伴”实现方案

在实际系统中，“最差合作伙伴”算法的分布式实现方案中，应用最为广泛的是 2010

年阿尔卡特朗讯公司提出了一种称为循环最优化的调度方案。它的基本实现原理是每个基站具有一定的调度优先级，同一协同小区之间的传输点调度顺序按照从优先级别最高的传输点开始，结束于最低优先级别的传输点。传输节点对其所服务用户的调度基于以下三个方面信息：用户反馈的 PMI 和相应的 CQI、该用户所反馈的最差合作伙伴 PMI 及相应的 CQI 增益、上级传输节点调度所产生的 WCI 限制。

具体而言，对于优先级别为 i 的传输节点，根据其服务用户的最差伙伴报告来限制优先级别为 $i-1$ 的基站对相关预编码码字的使用。被限制使用的码字必须向优先级低的节点进行传输。这种方式对传输节点之间回程带宽的要求较低，也可确保最高优先级到最低优先级的传输节点协同时延误差的要求，因此适用于分布式网络架构。由于优先级的存在，优先级最低的小区为了避免对上层小区的干扰，可能会限制小区内服务用户的数量。如此一来，从保证公平性的角度出发，解决方法是使得最高优先级在每个时隙之间是动态变化的。

8.3 联合处理技术

联合处理（JP-CoMP）技术称为协同处理技术，其核心思想是协同小区簇中的各个传输点在同一资源块上共享用于某个用户传输的数据，即用户的数据在多个传输点上可用。根据用户传输数据是否同时来自于不同的传输节点，JP 技术又可以分为 JT 和 DCS 两种方案。下面将根据文献［3，4］，先对联合处理技术的基本原理进行阐述，进而分别对上述两种实现方案进行介绍。

8.3.1 联合处理技术的基本原理

1. JP 传输系统模型

对于一个多个小区 LTE 系统网络，每个小区划分为 3 个扇区，每个扇区配置 N_t 根发射天线，用户配置 N_r 根接收天线。假设在下行链路中，M 个基站构成协同集合对 K 个边缘用户进行联合传输。假设协同基站与第 j 个边缘用户之间在第 n 个子载波上的信道矩阵表示为 $\boldsymbol{H}_j[n]=\boldsymbol{G}_j[n]\boldsymbol{F}_j[n]$，其中 $\boldsymbol{G}_j[n]\in\mathbb{C}^{N_r\times(MN_t)}$ 表示归一化信道增益，$\boldsymbol{F}_j[n]$ 为（$MN_t\times MN_t$）对角矩阵，即表示为

$$\boldsymbol{F}_j[n]=\mathrm{diag}\{\sqrt{p_{j,1}[n]},\cdots,\sqrt{p_{j,MN_t}[n]}\} \tag{8-11}$$

式中，$p_{j,i}[n]$ 表示 CoMP 传输中第 j 个协同用户到第 i 根天线的信号接收功率。因此，该虚拟 MIMO 传输矩阵可以表示为

$$\boldsymbol{H}[n]=\begin{pmatrix}\boldsymbol{H}_1[n]\\\boldsymbol{H}_2[n]\\\vdots\\\boldsymbol{H}_K[n]\end{pmatrix} \tag{8-12}$$

假设第 j 个边缘用户需要接收 $n_j(1\leqslant n_j\leqslant N_r)$ 个独立数据流，M 个协同基站向 K 个边缘用户发送的信号可表示为

$$\boldsymbol{T}[n]=\sum_{j=1}^{K}\boldsymbol{B}_j[n]\boldsymbol{D}_j[n]=\boldsymbol{B}[n]\boldsymbol{D}[n] \tag{8-13}$$

式中，$\boldsymbol{D}_j[n]$ 表示需要向协同用户 j 发送的原始数据信息流；$\boldsymbol{B}_j[n]$ 为预编码矩阵。这样，第 j 个边缘用户的接收信号表示为

$$\boldsymbol{Y}_j[n]=\boldsymbol{H}_j[n]\sum_{k=1}^{K}\boldsymbol{B}_k[n]\boldsymbol{D}_k[n]+\boldsymbol{N}[n] \tag{8-14}$$

式中，$\boldsymbol{N}[n]$ 表示噪声和干扰信号向量。若预编码矩阵 $\boldsymbol{B}[n]=[\boldsymbol{B}_1[n],\cdots,\boldsymbol{B}_K[n]]$ 能够消除所有协同用户间干扰，则接收用户采用最小均方误差（MMSE）方法检测时，第 j 个协同用户对应的检测矩阵为

$$\boldsymbol{G}_j[n]=(\boldsymbol{H}_j[n]\boldsymbol{B}_j[n])^{\mathrm{T}}[(\boldsymbol{H}_j[n]\boldsymbol{B}_j[n])(\boldsymbol{H}_j[n]\boldsymbol{B}_j[n])^{\mathrm{T}}+\sigma_0^2\boldsymbol{I}_{N_r}]^{-1} \tag{8-15}$$

且此时第 j 个协同用户的检测信号为 $\hat{\boldsymbol{D}}_j[n]=\boldsymbol{G}_j[n]\boldsymbol{Y}_j[n]$。

2. JP 中预编码矩阵设计

为了能更好地消除所有协同用户间信号的干扰，协同基站需要根据用户直接反馈的信道信息进行预编码设计。就 CoMP 技术实际传输过程而言，非线性预编码方法虽然有更好性能，但是复杂度很高，不利于实际应用，因此现有文献多关注于线性预编码方法的研究，如波束赋形（Zero Forcing，ZF）算法以及块对角化算法（Block Diagonalization，BD）等。

（1）ZF 算法

假设基站传输的数据为 $\boldsymbol{D}[n]$，ZF 波束赋形算法需要通过引入信道矩阵 $\boldsymbol{H}[n]$ 伪逆的形式进行对角化设计。这样，ZF 波束赋形算法预编码矩阵表示为 $\boldsymbol{B}[n]=\boldsymbol{H}[n]^{\mathrm{T}}(\boldsymbol{H}[n]\boldsymbol{H}[n]^{\mathrm{T}})^{-1}$。利用 $\boldsymbol{B}[n]$ 进行预编码后，接收信号可表示为

$$\boldsymbol{T}[n]=\boldsymbol{H}[n]^{\mathrm{T}}(\boldsymbol{H}[n]\boldsymbol{H}[n]^{\mathrm{T}})^{-1}\boldsymbol{D}[n] \tag{8-16}$$

由此，预编码矩阵可表示为 $\boldsymbol{B}[n]=\boldsymbol{H}[n]^{\mathrm{T}}(\boldsymbol{H}[n]\boldsymbol{H}[n]^{\mathrm{T}})^{-1}\boldsymbol{L}[n]$，其中 $\boldsymbol{L}[n]$ 是发射功率的归一化矩阵，即 $\boldsymbol{L}[n]=\mathrm{diag}[l_1,l_2,\cdots,l_{kN_r}]$，这里 $l_k=1/\sqrt{[(\boldsymbol{H}[n]\boldsymbol{H}[n]^{\mathrm{T}})^{-1}]_{k,k}}$。此时，$\boldsymbol{H}[n]\boldsymbol{B}[n]$ 是一个对角矩阵，它表示包括多天线用户自身内部干扰在内的所有干扰均被消除。但是，由于配有多根接收天线的用户可以处理其接收信号，ZF 波束赋形在该场景下不是最理想的，可利用块对角化的方法来加以改善。

（2）BD 算法

BD 算法采用满足 $\boldsymbol{H}_i[n]\boldsymbol{B}_j[n]=\boldsymbol{0}(i\neq j)$ 的预编码矩阵，即表示除了用户自身信号以外的所有用户的干扰信号都将被消除。假设 $\overline{\boldsymbol{H}}_i[n]$ 刻画了除用户 i 以外其他所有用户的信道矩阵，则它的 SVD 将表示为

$$\overline{\boldsymbol{H}}_i[n]=\overline{\boldsymbol{U}}_i[n]\begin{pmatrix}\boldsymbol{\vartheta}_i[n] & 0\\ 0 & 0\end{pmatrix}[\overline{\boldsymbol{V}}_i^{(1)}[n],\overline{\boldsymbol{V}}_i^{(0)}[n]] \tag{8-17}$$

式中，$\boldsymbol{\vartheta}_i[n]$ 是以 $\overline{\boldsymbol{H}}_i[n]$ 的奇异值为对角线元素的对角矩阵，其维数大小等于 $\overline{\boldsymbol{H}}_i[n]$ 的秩；$\overline{\boldsymbol{V}}_i^{(1)}[n]$ 是由非零奇异值对应的向量组成的矩阵，$\overline{\boldsymbol{V}}_i^{(0)}[n]$ 是由零奇异值对应的向量组成矩阵，并且 $\overline{\boldsymbol{V}}_i^{(0)}[n]$ 构成 $\overline{\boldsymbol{H}}_i[n]$ 零空间的一组正交基。

为了能够消除干扰，可以选择 $\overline{\boldsymbol{V}}_i^{(0)}[n]$ 的相应列作为边缘用户 i 的 BD 预编码矩阵。需注意的是，边缘用户 i 的数据流不应该大于 $\overline{\boldsymbol{V}}_i^{(0)}[n]$ 的列数，因此所有协同基站对 K 个边缘协同用户的预编码矩阵可表示为

$$\boldsymbol{B}[n]=[\boldsymbol{B}_1[n],\cdots,\boldsymbol{B}_K[n]]=[\overline{\boldsymbol{V}}_1^{(0)}[n],\cdots,\overline{\boldsymbol{V}}_K^{(0)}[n]] \tag{8-18}$$

8.3.2　JT 传输技术

在 JT 传输技术下，多个传输节点在同一时频资源块上为同一个用户发送数据，它将之前小区间的干扰信号转换为有用信号来明显提升小区边缘用户的性能。根据接收端对来自多个传输节点的信息的组合方式不同，JT 传输技术可以分为相干 JT 传输和非相干 JT 传输两类。

1. 非相干 JT 传输

在非相干 JT 传输中，各个传输节点采用相互独立的预编码方案，并在接收端对接收信号实现比特级合并。非相干 JT 传输实现简单，可以获得小区分集增益，提高接收端的接收功率。但是与相干 JT 传输相比，它无法获得多小区阵列增益。非相干 JT 传输的实现方法有以下三类：

（1）单频网（Single Frequency Network，SFN）+预编码

该方案如图8-12 所示，每个传输节点的预编码矩阵是基于传输节点到目标用户的信道信息来进行独立计算的。协同小区之间传输相同的数据，即预处理模块只是简单地将数据流在多个协同小区间进行复制。接收端对信息进行分集处理，且在两个小区协同的情况下，每个小区的预编码将获得 3dB 的协同增益。

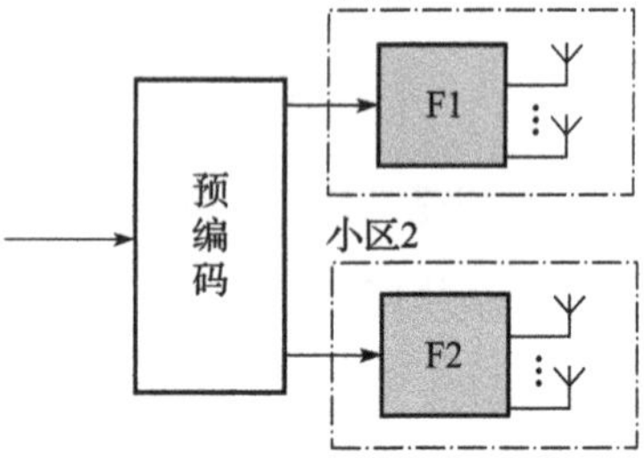

图 8-12　SFN + 预编码方案原理图

（2）循环延时分集（Cyclic Delay Diversity，CDD）+预编码

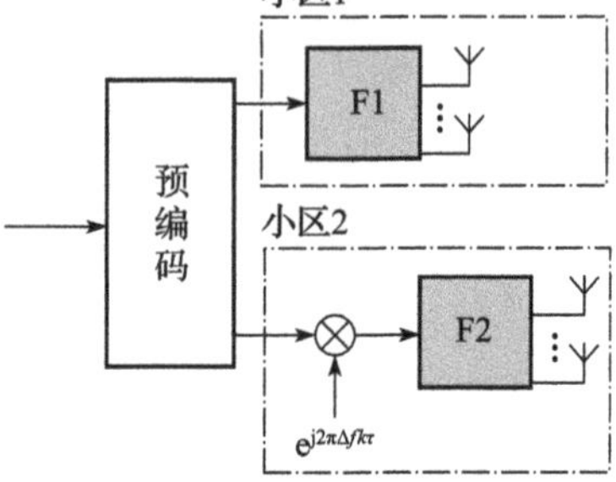

图 8-13　CDD + 预编码方案原理图

与 SFN 传输类似，传输节点传输相同的数据，但不同之处在于协同小区发出的信号是循环延迟的。如图 8-13 所示，以两小区协同为例，对第 2 个传输节点的第 k 个子

载波上的数据进行一定的相位调整，在时域上对应 t 时间段的延迟。

（3）空频分组编码（Space Frequency Block Code，SFBC）+ 预编码

如图 8-14 所示，通过 SFBC 机制传输的数据将在协同小区之间进行分割，预处理模块是一个 SFBC 编码模组。每一个协同小区传输一组由 SFBC 编码的数据流。为了能够在接收端正确解调，用户需要独立检测多小区信道。因此，在 SFBC 中可用传输数据的资源块是少于 CDD 中的，且鉴于多于两个分支以上的全速率 SFBC 编码是不存在的，SFBC 的应用是受限的。但是，SFBC 传输使得不同小区传输的数据不同，因此这种传输方式对于时延误差是鲁棒的。此外，在使用 SFBC 方式时，协同小区应该是动态决定的。

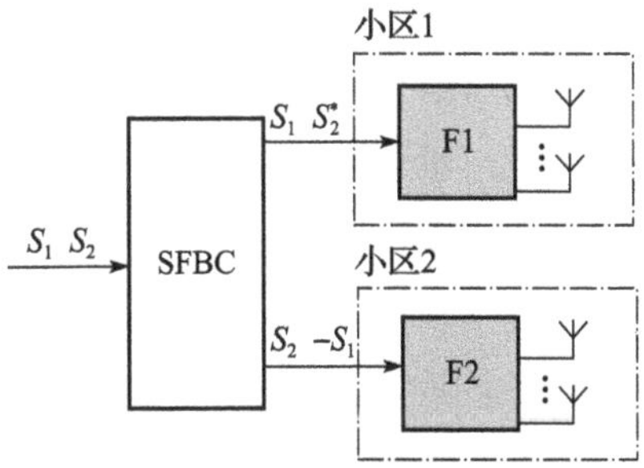

图 8-14　SFBC + 预编码方案原理图

2. 相干 JT 传输

相干 JT 传输方式是 CoMP 技术中性能最好的一种传输技术。它能同时获得单小区预编码增益、多小区功率增益、多小区阵列增益和多小区分集增益，但同时系统构成最复杂，反馈和交互信息最多，对延迟最敏感。相干传输的实现方式主要有以下两种。

（1）相位纠正 + 预编码

与 SFN 类似，相同的数据由协同小区传输，其不同之处在于从各个小区传输的数据被乘以了一个相位因子来保证传输信号的相干性。相位因子可以由用户端直接反馈获取或由网络端根据用户的计算得到。实现原理如图 8-15 所示。

（2）全局预编码

与上面 4 种技术不同，全局预编码方案需依赖所有协同小区传输节点与服务用户之间的信道状态信息。每一个小区使用预编码矩阵的一部分作为它的预编码，相同的数据从协同小区各自独立的发送。实现原理如图 8-16 所示。

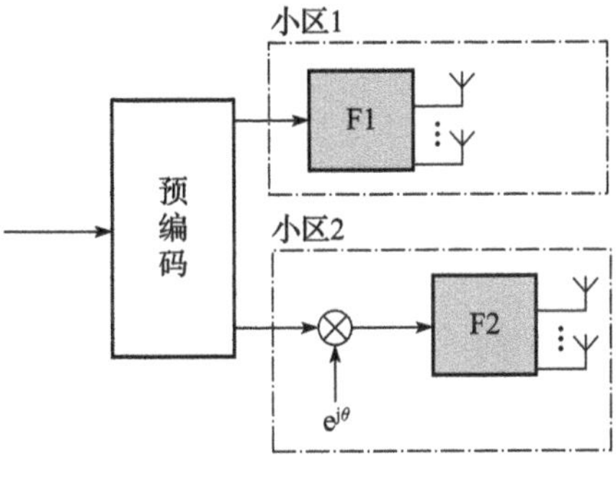

图 8-15　相位纠正 + 预编码方案原理图

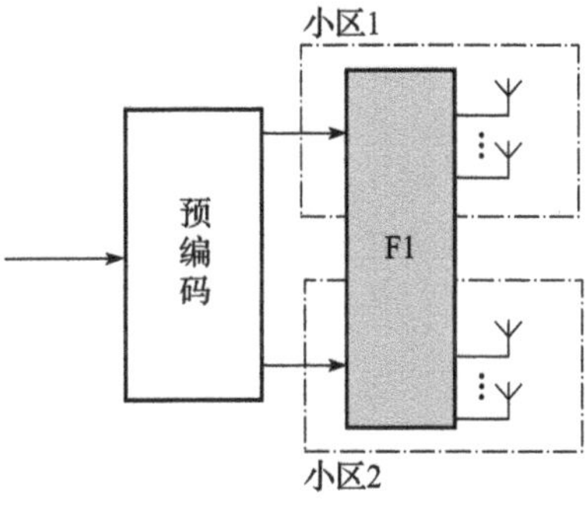

图 8-16　全局预编码方案原理图

8.3.3 DCS 技术

DCS 技术又称为传输节点选择技术，它来自于高速分组接入技术（High Speed Package Access，HSPA）中的快速小区选择。在 DCS 模式下，某一时刻只有一个传输节点为用户发送数据，其他传输节点不对该用户进行数据传输，但是发送数据的传输节点是随时隙的变换在协同传输节点之间进行变换的，系统总是选取对用户最有利的传输节点为用户传输数据。当一个用户处于多点覆盖，或者处于切换区域时，系统为用户选择信道条件最好的传输节点提供数据服务。

传统的 DCS 分为网络控制 DCS 和用户控制 DCS 两种。在网络控制 DCS 中，用户反馈所有传输点的信道状态信息，网络接收到该信息后进行协同调度，为用户选择最佳的传输节点。在用户控制 DCS 中，用户反馈的最佳接收传输节点的信息，网络按照用户反馈的信息进行分配。用户控制 DCS 比较灵活，但是不利于网络端对整体性能的控制。

DCS 技术的实现过程如下：首先，服务基站通过回程链路向协同基站交换数据信息和信道状态信息；然后，服务基站和协同基站分别估计双方的信道条件，只选择其中信道条件较好的基站向协同用户发送数据，并且在下一时刻传输过程，为用户发送数据的基站需要根据信道条件再次进行动态选择。

参考文献

[1] 李彬. LTE-A 协作多点传输研究[D]. 南昌：南昌航空大学，2014.

[2] 张洪涛. LTE-A 系统协作多点传输中协作调度/协作波束赋形技术研究[D]. 北京：北京邮电大学，2013.

[3] 周微. 协作多点下行传输中干扰管理研究[D]. 西安：西安电子科技大学，2012.

[4] 协同多点传输技术综述. http://wenku.baidu.com/view/cd492024453610661ed9f473.html?from=search [OL].

第 9 章

协同无线网络中的物理层安全

传统上，无线通信网络的安全机制主要借鉴于有线计算机网络，其中的信息保密性问题主要由基于对称密钥体制和公开密钥体制的加密算法解决，破解密码所需的极高计算复杂度保证了加密算法的安全性。虽然这些密码学方法在信息安全领域的应用已取得了巨大成功，为维护信息安全发挥了重要作用，但随着计算机运算能力与运算速度的提升，这种建立在计算复杂度上的安全性正日益受到挑战。而另一方面，无线网络不同于计算机网络的一个显著特点是其信息传播的广播特性，这导致密钥的在线分发、维护管理更加困难。物理层安全技术以全新的视角为增强无线传输安全性提供了新的路径，其原理在于从信息论角度而不是增加计算复杂度来提高信息保密性。具体而言，就是利用无线信道的衰落特征，从物理层制造窃听信道和合法信道的差异性，进而在发送端进行相应的编码设计和功率控制，使得窃听者可获取的信息量低于合法接收者。

在协同无线网络中，利用节点间的相互协同，可以为改善物理层安全提供更多的资源自由度，以及更灵活的实现形式。一方面，通过节点间的天线共享，能够进行分布式的波束赋形，从而动态调整源发射信号的波束，在增强目的节点接收的同时减弱窃听节点的接收；另一方面，网络中的协同节点都可以是潜在的人工干扰节点，可以在合法节点通信时提供信号干扰掩护。因此，协同通信技术为改善无线通信物理层安全提供了新的机遇。

然而，在利用协同通信技术改善物理层安全性能潜力的同时，也要注意其带来的对安全性威胁的不确定性。无线通信网络的物理层安全性能高度依赖于信道状态信息。在合法用户具有窃听节点信道状态信息时，可以很好地评估协同传输对合法用户接收和对窃听者接收造成的影响，并且通过相应的处理方案增强安全性。但是，在合法用户没有关于窃听者的信息时，难以评估协同通信技术在改善合法用户通信可靠性的同时多大程度上恶化了其物理层安全性。由于无线传输的开放性，协同传输在帮助合法用户的同时可能也无意中帮助了窃听节点。此时，协同无线网络的物理层安全性能评估以及增强物理层安全性能的方案设计都变得更加困难。

因此，本章将首先介绍物理层安全的简要概况，给出后续内容将要涉及的基本概念。然后，针对主信道/窃听信道均完全信道状态信息、主信道反馈延时/窃听信道统计信息、主信道/窃听信道均为统计信息三种不同的信道状态信息条件，以改善系统物理层安全性能为目标，进行相应的协同传输方案设计。

9.1 物理层安全简介

9.1.1 物理层安全提出

在香农 1949 年发表的关于绝对安全（亦称为“无条件安全”）通信的研究中[1]，讨论的是一个非退化信道模型，即目的节点和窃听节点收到的“明文”是完全一样的，只是后者不知道密钥。其研究指出，只有当密钥的熵不小于待加密信息的熵，才可能通过“一次一密”加密方案保证通信的绝对安全。这一条件过于苛刻，实际中往往难以满足理论上所需的密钥长度。

在香农研究的基础上，维纳提出了如图 9-1 所示的 Wire-tap 信道模型[2]。合法用户 Bob 通过主信道直接从源节点 Alice 获得信息，而窃听者通过窃听信道收到的是 Bob 接收信号的一个退化版本，而不是直接来自源节点 Alice。在其研究中，将窃听者对于源消息的剩余不确定度定义为疑义速率，当疑义速率无限接近源信息熵时，就能够实现不依赖密钥的绝对安全通信。Csiszar 和 Korner 将维纳的研究推广到了如图 9-2 所示广播信道模型[3]，并证明了即使窃听节点接收的不是 Bob 接收信号的退化版本，只要主信道优于窃听信道，也能实现安全通信。若将主信道互信息量记为 I_M，窃听信道互信息量记为 I_E，则可定义安全容量 $C_s = \max(I_M - I_E, 0)$，主信道相对于窃听信道的优势越大，安全容量就越大。在进行安全容量分析的基础上，可以通过维纳编码实现最大保密信息速率为安全容量 C_s 的安全通信。若安全容量为零，则表明当前无法实现任何速率的保密信息传输。

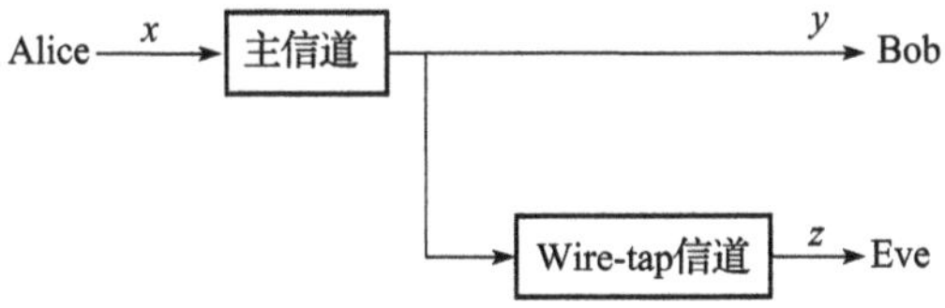

图 9-1　维纳提出的 Wire-tap 信道模型

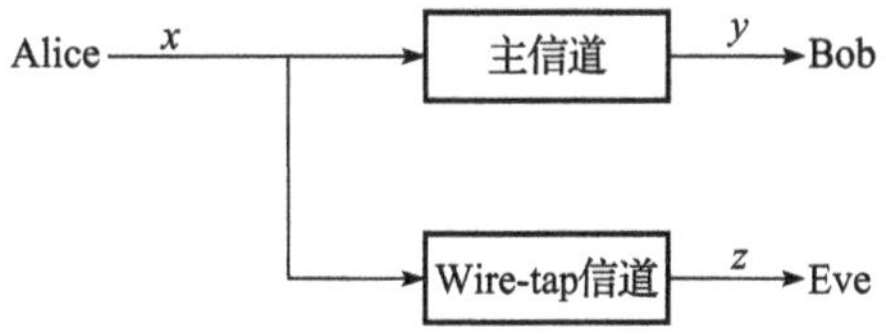

图 9-2　广播信道模型

Leung-Yan-Cheong 和 Hellman 将上述离散无记忆信道（Discrete Memoryless Channel, DMC）模型中的研究扩展到了加性高斯白噪声（Additive White Gaussian Noise, AWGN）信道[4]，并推导了其安全容量。上述研究中信道恒定不变，故要求主信道优于窃听信道，才存在非零的安全容量。J. Barros 则将上述研究拓展到无线衰落信道模型[5]，指出即使主信道的平均信噪比低于窃听信道平均信噪比，利用信道衰落特性仍能实现安全传输，并推导了相应的中断安全容量。此外，文献［6，7］还研究了衰落信道条件下的遍历安全容量，以及相应的功率分配算法。

9.1.2　物理层安全性能评价指标

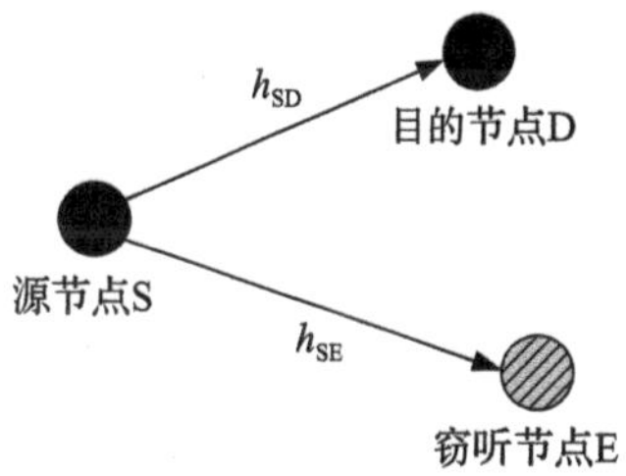

图 9-3　无线网络中窃听信道模型

物理层安全性能的评价与信道模型、信道状态信息的假设紧密相关。从现有的评价体系看，衡量物理层安全性能的指标主要有安全容量、遍历安全容量、安全中断概率、安全吞吐量等。在图 9-3 所示窃听模型中，考虑无线信道为准静态衰落信道（即数据包长度小于信道变化相关时间，或与其相当，此时可认为整个数据包经历的信道衰落是一样的)。假设数据传输时主信道、窃听信道的瞬时信道系数分别为 h_{SD} 和 h_{SE}，则主信道容量和窃听信道容量分别表示为

$$\begin{aligned} C_{\mathrm{D}} &= \log_2(1+\gamma_{\mathrm{SD}}) \\ C_{\mathrm{E}} &= \log_2(1+\gamma_{\mathrm{SE}}) \end{aligned} \tag{9-1}$$

式中，$\gamma_{\mathrm{SD}}=P_0|h_{\mathrm{SD}}|^2/\sigma^2$ 为主信道链路信噪比；$\gamma_{\mathrm{SE}}=P_0|h_{\mathrm{SE}}|^2/\sigma^2$ 为窃听信道链路信噪比；P_0 为源节点发送功率；σ^2 为 AWGN 噪声功率。安全容量被定义为主信道容量减去窃听信道容量所得之差，当差为负数时，安全容量为零，用公式表达即为[4]

$$C_{\mathrm{s}} = (C_{\mathrm{D}} - C_{\mathrm{E}})^+ \tag{9-2}$$

式中，$(a)^+$ 表示在 $a\geqslant 0$ 时取值为 a，在 $a<0$ 取值为 0。

在完全已知信道状态信息（Channels Statement Information，CSI）条件下，源节点可根据 γ_{SD} 和 γ_{SE} 以速率对（R_0，R_{s}）进行维纳编码以实现物理层安全传输。其中，R_0 为主信道编码速率（即包含保密信息、冗余信息在内的总的编码速率），R_{s} 表示保密信息速率，相应地，R_0-R_{s} 表示为保护保密信息而添加的冗余信息速率。在速率的选择上，R_0 不能超过主信道的容量 C_{D}，否则目的节点无法正确接收；R_{s} 不能超过安全容量 C_{s}，否则，安全性无法得到保证。在根据主信道的容量 C_{D} 设定好 R_0 的条件下，$R_{\mathrm{s}}<C_{\mathrm{s}}$ 等效于 $R_{\mathrm{s}}<R_0-C_{\mathrm{E}}$。上述条件可写为

$$\begin{aligned} &\text{条件 1：} R_0 \leqslant C_{\mathrm{D}} \\ &\text{条件 2：} R_{\mathrm{s}} \leqslant R_0 - C_{\mathrm{E}} \end{aligned} \tag{9-3}$$

在理想 CSI 条件下，合法节点可以实现的最大安全通信速率为安全容量 C_{s}。安全容量是物理层安全研究中的基础性能指标，其他指标均由此衍生而得。

由于上述安全容量描述的是准静态衰落信道中某一数据包的传输安全问题，利用的是瞬时信道状态信息，因此，也可看成是“瞬时安全容量”。与之相对的是遍历衰落信道中的遍历安全容量。在遍历衰落信道模型中，假设数据包足够长足以经历信道的所有随机衰落情况。此时，根据不同的主信道、窃听信道 CSI 情况，遍历安全容量的计算也不相同。

1）第一种情况，假设源节点同时知道主信道和窃听信道 CSI。

此时，源节点可以根据每次信道实现中 γ_{SD} 和 γ_{SE} 的大小关系决定是否发送：当 $\gamma_{\mathrm{SD}}>\gamma_{\mathrm{SE}}$ 时，源节点发送长数据包的一部分；否则，源节点不发送，因为即使发了也不能保证安全。因此，遍历安全容量计算为[7]

$$\overline{C_{\mathrm{s}_1}} = \int_0^{\infty}\int_{\gamma_{\mathrm{SE}}}^{\infty}[\log_2(1+\gamma_{\mathrm{SD}}) - \log_2(1+\gamma_{\mathrm{SE}})]f_{\gamma_{\mathrm{SD}}}(\gamma_{\mathrm{SD}})f_{\gamma_{\mathrm{SE}}}(\gamma_{\mathrm{SE}})\mathrm{d}\gamma_{\mathrm{SD}}\mathrm{d}\gamma_{\mathrm{SE}} \tag{9-4}$$

式（9-4）计算所得 $\overline{C_{\mathrm{s}_1}}$ 为整个长数据包传输实现的安全速率，与维纳编码时的 R_{s} 相对应。主信道的遍历容量则计算为

$$\overline{C_{D_1}} = \int_0^{\infty}\int_{\gamma_{SE}}^{\infty} \log_2(1+\gamma_{SD}) f_{\gamma_{SD}}(\gamma_{SD}) f_{\gamma_{SE}}(\gamma_{SE}) \mathrm{d}\gamma_{SD}\mathrm{d}\gamma_{SE} \tag{9-5}$$

上述计算结果$\overline{C_{D_1}}$对应了整个长数据包维纳编码时的 R_0。分析式（9-4）可以得到一个有趣的结论：即使大部分条件下 $\gamma_{SD} \leqslant \gamma_{SE}$，仍能通过上述发送策略得到非零的遍历安全容量。

2）第二种情况，假设源节点只知道主信道 CSI 而不知道窃听信道 CSI。

在此条件下，源节点无法保证每次发送时主信道都优于窃听信道。但源节点仍然可以根据当前主信道 CSI 调整每次发送的主信道编码速率 R_0。为提供更多冗余保护，将 R_0 设为主信道容量 C_D。此时，即使窃听信道优于主信道，窃听节点获取的信息量最多也等于 C_D，因此，此情况中的窃听信道容量可写为

$$C_E = \min\{\log_2(1+\gamma_{SE}), C_D\} \tag{9-6}$$

考虑遍历信道所有的可能衰落，第二种情况下的遍历安全容量计算为[7]

$$\overline{C_{s_2}} = \int_0^{\infty}\int_0^{\infty} [\log_2(1+\gamma_{SD}) - \log_2(1+\gamma_{SE})]^+ f_{\gamma_{SD}}(\gamma_{SD}) f_{\gamma_{SE}}(\gamma_{SE}) \mathrm{d}\gamma_{SD}\mathrm{d}\gamma_{SE} \tag{9-7}$$

与之对应的主信道遍历容量为

$$\overline{C_{D_2}} = \int_0^{\infty} \log_2(1+\gamma_{SD}) f_{\gamma_{SD}}(\gamma_{SD}) \mathrm{d}\gamma_{SD} \tag{9-8}$$

长数据包维纳编码的速率对（R_0，R_s）对应了（$\overline{C_{D_2}}$，$\overline{C_{s_2}}$）。式（9-4）和式（9-7）定义的遍历安全容量分别对应了两种 CSI 情况下采取相应传输策略所能得到的长时平均安全通信速率，研究中通常还涉及数据包平均功率约束下的功率分配问题，在此略去。

本章后续讨论中，若无特别交代，信道模型都是准静态衰落信道模型，信道容量都是指的“瞬时信道容量”。考虑式（9-3）所给出的维纳编码速率约束，在源节点已知主信道 CSI 和窃听信道 CSI 条件下，是可以得到完全满足的。但是，在窃听信道 CSI 未知、甚至主信道 CSI 未知条件下，源节点不知道如何设置（R_0，R_s）才能保证式（9-3）总是成立的。或者说，在 CSI 未知条件下，不管如何设置（R_0，R_s），都有一定的概率使式（9-3）不成立。当式（9-3）中“条件 1”未得到满足时，目的节点无法正确接收来自源节点的信息，称之为发生了连接中断；当其中“条件 2”未被满足时，无法保证通信绝对安全，称之为安全中断[8]。相应地，连接中断概率（Connection Outage Probability，COP）、安全中断概率（Secrecy Outage Probability，SOP）定义为

$$\begin{aligned} P_{co} &= \Pr(C_D < R_0) \\ P_{so} &= \Pr(C_E > R_0 - R_s) \end{aligned} \tag{9-9}$$

其中，“连接中断概率”就是非物理层安全研究中的“中断概率”，为便于区分，重新命名。当仅仅窃听信道 CSI 未知时，连接中断可以避免，因为源节点仍然可以根据主信道 CSI 调整 R_0；当主信道、窃听信道 CSI 都未知时，两种中断都可能发生。

在连接中断、安全中断分析基础上，文献［8］还定义了采用 ARQ 机制时系统的安全吞吐量，即

$$\eta = \frac{R_S(1 - P_{co})}{E(T)} \tag{9-10}$$

式中，$R_S(1-P_{co})$ 为成功到达目的节点的保密信息速率；$E(T)$ 为平均传输次数（包括第一次传输和重传）。

式（9-10）定义表征了成功传输保密信息的速率，是受编码速率对（R_0，R_s）控制的二元函数。然而，这一定义仍有缺陷，因为这一定义未将安全中断概率计算在内。如果保密信息成功到达目的节点的同时也被窃听节点接收，这次传输是不能纳入真正的“安全吞吐量”的计算中的。为此，本章后续部分给出了一种新的定义。

9.2 完全已知 CSI 条件下的物理层安全协同传输

9.2.1 引言

由安全容量定义可知，在单天线系统中，能否获得非零的安全容量取决于主信道质量是否优于窃听信道质量。当窃听信道质量更优时，安全容量为零，无法设计不被窃听节点截获的安全编码方式，也就无法进行物理层安全传输。引入多天线技术可以有效改善这一状况，通过合理的信号设计，即使窃听信道更佳，也能获得非零的安全容量[9]。相关研究主要从预编码和人工干扰两个方面对提高物理层安全的多天线信号处理问题展开讨论。预编码方法主要通过增强目的节点接收、减少泄露给窃听节点信息量达到扩大主信道、窃听信道容量差值的目的。作为预编码技术的一个特例，波束赋形技术同时利用多根天线发送单一数据流，实现方式更为简单直接。

在协同无线网络中，可以通过协同节点之间的天线共享形成虚拟 MISO 信道，进而利用分布式波束赋形技术动态调整波束方向，在主瓣对准目的节点的同时减少对窃听节点的泄露，从而改善系统物理层的安全性能。在中继总功率约束下，文献［10］研究了译码转发无线网络中的物理层安全协同波束赋形问题，并将其建模成为一个广义瑞利商问题，得到了最大化安全容量的波束赋形向量闭式解。文献［11］则将这一问题扩展到放大转发协同无线网络中，并推导了最大化安全容量上界的一个次优解表达式。上述研究均基于中继节点总功率约束条件展开。在中继节点单个功率受限条件下，该问题往往难以得到闭式解，对此，文献［12］探讨了相应的迭代算法以进行求解。此外，文献［13］对协同网络中固定增益波束赋形的性能展开了研究，推导了中断概率的闭式表达式，并与可变增益波束赋形方案进行了比较。

人工干扰则是通过发送人为噪声信号干扰窃听节点，减少窃听节点获取的信息量，从而获得安全容量的提升，其前提是尽量少甚至不要干扰目的节点的正常接收。文献［14］较早研究了这一问题，提出了 MIMO 系统中如何利用源节点部分发射天线传输人为干扰信号而其余天线传输源信号这一方式来提高系统的安全容量。文献［15］则研究了一个利用专门的多天线协同节点发送干扰信号以保护源节点和目的节点通信的场景，并从两个方面探讨了其中的干扰信号权重设计问题：如何在总功率约束下最大化安全容量，以及如何保证安全容量一定的前提下最小化干扰信号功率。上述研究均假设合法用户具有窃听信道的完全信道状态信息，文献［16］则探讨了窃听信道状态信息未知条件下，中继节点发送人工干扰信号的优化设计问题。双向中继系统作为一种高效的协同通信方式，其研究日益受到关注。在双向中继模型中，往往假设没有直传链路，两个通信节点之间的信息交互完全依赖于中继节点，而此中继节点本身有可能是一个窃听者。对此，文献［17，18］考虑了双向中继系统中如何引入专门的协同干扰节点，让其在不影响合法节点正常通信条件下对中继节点进行人工干扰，保证信息不被中继节点窃听。考虑到中继节点既可以用来帮助发送源节点信息，也可以用来发送人工干扰信号，文献［19］对多中继场景下的中继节点选择问题进行了优化，即如何选择最优的源信号转发节点和协同人工干扰节点，以最大化安全容量。

为进一步增强系统物理层安全性能，本节还介绍了一种新的混合协同方案：中继节点在转发源信号的基础上叠加一个人工干扰信号一并发送。其优势在于通过对源信号与人工干扰噪声的转发系数优化设计，能够兼得协同波束赋形和协同干扰两种方式的优点从而获得更好的安全性能。为便于理解混合协同方案的设计过程，先给出基本的波束赋形与人工干扰方案设计。在此之后，分别针对译码转发、放大转发、双向中继放大转发三种协同模型给出混合协同方案。

9.2.2 波束赋形

考虑如图 9-4 所示的 $N\times 1$MISO 模型中的物理层安全波束赋形问题。假设除源节点外，其余节点均只装配单天线，$\boldsymbol{h}_{\mathrm{SD}}=[h_{\mathrm{SD1}}, h_{\mathrm{SD2}}, \cdots, h_{\mathrm{SD}N}]^{\mathrm{T}}$ 和 $\boldsymbol{h}_{\mathrm{SE}}=[h_{\mathrm{SE1}}, h_{\mathrm{SE2}}, \cdots, h_{\mathrm{SE}N}]^{\mathrm{T}}$ 分别代表主信道向量和窃听信道向量。源节点在发送经过安全编码的数据 x 之前（编码速率对取决于对主信道容量、安全容量的计算结果），对其乘以一个 $N\times 1$ 波束赋形向量 $\boldsymbol{\alpha}$。目的节点、窃听节点接收信号 y_k 表示为

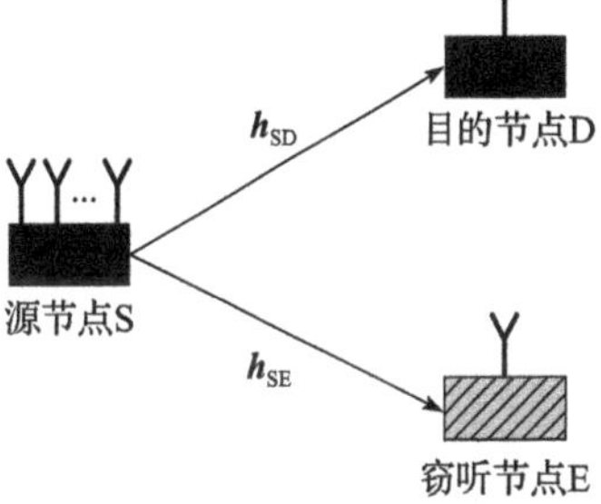

图 9-4　MISO 系统中的物理层安全模型

$$y_k = \sqrt{P_{\mathrm{S}}}\boldsymbol{h}_{\mathrm{S}k}^{\mathrm{T}}\boldsymbol{\alpha}x + n_k \tag{9-11}$$

式中，P_{S} 为源节点发送功率；$k\in\{\mathrm{D}, \mathrm{E}\}$；$n_k$ 为节点 k 处的

加性高斯白噪声。噪声功率假设为 σ^2。因此，可得主信道、窃听信道容量为

$$C_k = \log_2\left(1 + \frac{P_S |\boldsymbol{h}_{Sk}^T \boldsymbol{\alpha}|^2}{\sigma^2}\right) \tag{9-12}$$

定义共轭对称矩阵 $\boldsymbol{H}_{SD} = P_S \boldsymbol{h}_{SD}^* \boldsymbol{h}_{SD}^T$。据安全容量定义可得

$$\begin{aligned} C_s &= \log_2 \frac{\boldsymbol{\alpha}^H \boldsymbol{H}_{SD} \boldsymbol{\alpha} + \sigma^2}{\boldsymbol{\alpha}^H \boldsymbol{H}_{SE} \boldsymbol{\alpha} + \sigma^2} \\ &= \log_2 \frac{\boldsymbol{\alpha}^H \boldsymbol{H}'_{SD} \boldsymbol{\alpha}}{\boldsymbol{\alpha}^H \boldsymbol{H}'_{SE} \boldsymbol{\alpha}} \end{aligned} \tag{9-13}$$

式中，$\boldsymbol{H}'_{Sk} = \boldsymbol{H}_{Sk} + \sigma^2 \boldsymbol{I}_N$。上述 C_s 的最大化问题为矩阵论中的广义瑞利商问题，可得：安全容量 C_s 的最大值为矩阵束（$\boldsymbol{H}'_{SD}$，$\boldsymbol{H}'_{SE}$）最大广义特征值的对数，相对应的最优波束赋形向量 $\boldsymbol{\alpha}$ 为与最大广义特征值相对应的特征向量。

9.2.3 协同人工干扰

为保护合法用户之间的安全通信，可以在源节点发送保密信息的同时，由一个人工干扰节点发送干扰信号，其前提是尽量不要干扰目的节点的正常接收。图 9-5 所示为典型的人工干扰模型。假设干扰节点装配 N 根天线，而其余三个节点装配单根天线。将由源节点 S 至 D 和 E 的信道系数分别记为 h_{SD} 和 h_{SE}，由干扰节点 R 至 D 和 E 的信道向量分别记为 $\boldsymbol{h}_{RD}$ 和 $\boldsymbol{h}_{RE}$。在源节点发送数据 x 的同时，干扰节点发送人工干扰信号 n_J。因此，目的节点、窃听节点接收到的信号为

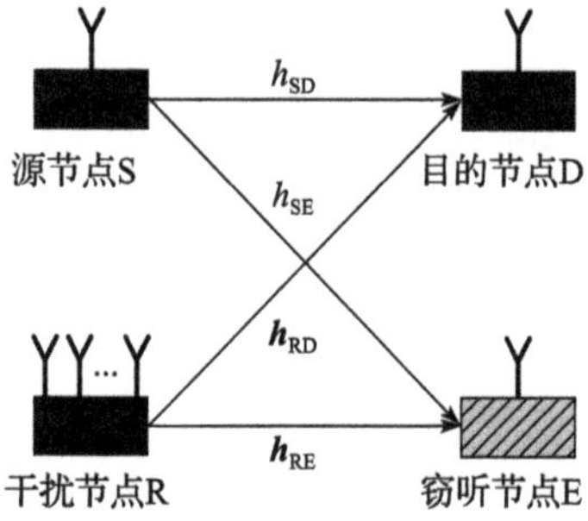

图 9-5　人工干扰下的物理层安全模型

$$y_k = \sqrt{P_S} h_{Sk} x + \sqrt{P_J} \boldsymbol{h}_{Rk}^T \boldsymbol{\beta} n_J + n_k \tag{9-14}$$

式中，P_S 为源节点发送功率；P_J 为干扰信号功率；$k \in \{D, E\}$；$\boldsymbol{\beta}$ 为人工干扰因子向量；n_k 为节点 k 处的加性高斯白噪声。噪声功率假设为 σ^2，因此，可得主信道、窃听信道容量为

$$C_k = \log_2\left(1 + \frac{P_S |h_{Sk}|^2}{P_J |\boldsymbol{h}_{Rk}^T \boldsymbol{\beta}|^2 + \sigma^2}\right) \tag{9-15}$$

据安全容量定义可得人工干扰模型中的安全容量为

$$C_s = C_D - C_E = \log_2\left(\frac{P_J |\boldsymbol{h}_{RE}^T \boldsymbol{\beta}|^2 + \sigma^2}{P_J |\boldsymbol{h}_{RD}^T \boldsymbol{\beta}|^2 + \sigma^2} \frac{P_S |h_{SD}|^2 + P_J |\boldsymbol{h}_{RD}^T \boldsymbol{\beta}|^2 + \sigma^2}{P_S |h_{SE}|^2 + P_J |\boldsymbol{h}_{RE}^T \boldsymbol{\beta}|^2 + \sigma^2}\right) \tag{9-16}$$

由于上述问题过于复杂，难以得到闭式解，研究中常常考虑采用一种次优算法，即在保证对目的节点不造成干扰的前提下最大化对窃听节点的干扰。此时，人工干扰因子向量的优化问题可建模为

$$
\begin{aligned}
&\arg\max_{\boldsymbol{\beta}} |\boldsymbol{h}_{\mathrm{RE}}^{\mathrm{T}}\boldsymbol{\beta}|^2 \\
&\text{s. t.} \begin{cases} |\boldsymbol{h}_{\mathrm{RD}}^{\mathrm{T}}\boldsymbol{\beta}| = 0 \\ \boldsymbol{\beta}^{\mathrm{H}}\boldsymbol{\beta} \leqslant P_{\mathrm{J}} \end{cases}
\end{aligned}
\tag{9-17}
$$

由上述分析可见，在多天线系统中，通过波束赋形技术和人工干扰技术可以从不同的角度增强物理层安全性能。安全容量可表示为

$$
\begin{aligned}
C_{\mathrm{s}} &= \max\left\{\log_2\left(1+\frac{P_{\mathrm{D}}}{I_{\mathrm{D}}+N_{\mathrm{D}}}\right)-\log\left(1+\frac{P_{\mathrm{E}}}{I_{\mathrm{E}}+N_{\mathrm{E}}}\right),0\right\} \\
&= \max\left\{\log_2\left(\underbrace{\frac{P_{\mathrm{D}}+I_{\mathrm{D}}+N_{\mathrm{D}}}{P_{\mathrm{E}}+I_{\mathrm{E}}+N_{\mathrm{E}}}}_{w_1}\underbrace{\frac{I_{\mathrm{E}}+N_{\mathrm{E}}}{I_{\mathrm{D}}+N_{\mathrm{D}}}}_{w_2}\right),0\right\}
\end{aligned}
\tag{9-18}
$$

式中，$P_{\mathrm{D}}/(I_{\mathrm{D}}+N_{\mathrm{D}})$、$P_{\mathrm{E}}/(I_{\mathrm{E}}+N_{\mathrm{E}})$ 分别为目的节点、窃听节点接收信干噪比（SINR）。在波束赋形方案（此时 w_1 和 w_2 无干扰项 I_{D} 和 I_{E}）中，通过波束赋形向量的设计能够增强目的节点接收功率 P_{D}，同时降低窃听节点接收功率 P_{E}（甚至使其为 0），从而增大式（9-18）中的 w_1，获得安全容量提升。而在人工干扰方案中，干扰信号发送节点在不干扰目的节点前提下（$I_{\mathrm{D}}=0$）尽可能对窃听节点造成更多的干扰，通过提高式（9-18）中 w_2 项来提升安全容量。在协同无线网络中，利用多中继构成虚拟多天线，也能实现分布式的协同波束赋形和人工干扰。如果进行两者的联合设计，则可能获得更好的物理层安全性能。在编者所提混合协同方案[20]中，在利用波束赋形分量增大 w_1 的同时，通过叠加人工干扰分量增大 w_2，从而获得比单一方案更高的安全容量。后续部分分别介绍了 DF 多中继协同无线网络、AF 多中继协同无线网络以及双向中继 AF 协同无线网络中的混合协同方案设计问题。

9.2.4 DF 协同波束赋形与人工干扰的联合设计

1. 系统模型

考虑如图 9-6 所示的多中继协同无线网络，存在一个源节点 S、一个目的节点 D 以及 N 个中继节点构成的中继集合 $R=\{R_1, R_2, \cdots, R_N\}$，帮助源节点向目的节点传输信息。通信过程可能受到节点 E 窃听。假设各节点之间的信道均为准静止信道，且相互之间独立变化。将由 a 节点（$\mathrm{a}\in\{\mathrm{S}, \mathrm{R}_i\}$，$i=1, 2, \cdots, N$）至 b 节点（$\mathrm{b}\in\{\mathrm{R}_i, \mathrm{D}, \mathrm{E}\}$，$\mathrm{b}\neq\mathrm{a}$）的信道系数记为 $h_{\mathrm{ab}}\sim CN(0, \Omega_{\mathrm{ab}})$，其中 $\Omega_{\mathrm{ab}}=d_{\mathrm{ab}}^{-\phi}$，$d_{\mathrm{ab}}$为 a 节点至 b 节点距离，$n$ 为距离衰落因子。将各接收节点处的加性高斯白噪声记为 $n_{\mathrm{b}}\sim CN(0, \sigma^2)$。假设在中继节点所有信道状态信息都是已知的，包括合法节点到窃听节点的信道状态信息（例如节点 E 也是中继服务对象，但给 D 的信息要对 E 保密）。整个通信过程分为两个时隙，第一时隙由源节点

以功率 P_0 向目的节点发送信号 x，这一信号也被中继节点和窃听节点收到。第二时隙，各中继节点转发此信息 x，并对其叠加一个服从复高斯分布的随机人工干扰信号 $n_J \sim CN(0, \boldsymbol{I})$，每个中继节点发送的混合信号可写为 $\sqrt{P_S}\alpha_i x + \sqrt{P_J}\beta_i n_J$。因此，所有中继转发源信号时构成的波束赋形向量可写为 $\boldsymbol{\alpha} = [\alpha_1, \alpha_2, \cdots, \alpha_N]^T (\|\boldsymbol{\alpha}\|^2 = 1)$，人工干扰因子向量为 $\boldsymbol{\beta} = [\beta_1, \beta_2, \cdots, \beta_N]^T (\|\boldsymbol{\beta}\|^2 = 1)$。假设所有中继总的发射功率为 P_R，其中用于发送源信号的功率为 P_S，用于发送人工干扰的功率为 P_J，则有 $P_S + P_J = P_R$。由于此处关注的是主要是第二时隙的混合协同发送方案，因此假设所有中继节点均在第一时隙成功译码源信号（排除未成功译码节点，并不影响后面的讨论，除非只有少于两个中继正确译码了 x）。

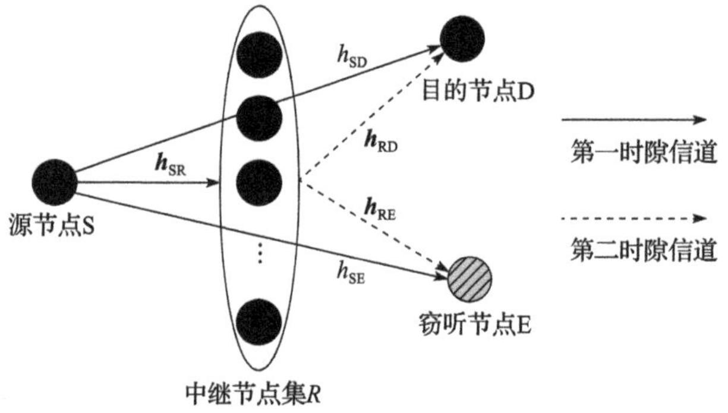

图 9-6 多中继协同无线网络中的物理层安全模型

2. 联合算法设计

目的节点、窃听节点在两个时隙接收到的信号分别为

$$\begin{aligned} y_k^{(1)} &= \sqrt{P_0} h_{Sk} x + n_k \\ y_k^{(2)} &= \boldsymbol{h}_{Rk}^T (\sqrt{P_S}\boldsymbol{\alpha} x + \sqrt{P_J}\boldsymbol{\beta} n_J) + n_k \end{aligned} \tag{9-19}$$

式中，$k \in \{D, E\}$；$\boldsymbol{\alpha}$ 为中继集合转发源信号时的波束赋形向量；$\boldsymbol{\beta}$ 为中继叠加人工干扰的干扰因子向量。相应地，其信道容量分别为

$$\begin{aligned} C_k &= \frac{1}{2}\log_2\left(1 + \gamma_{Sk} + \frac{P_S |\boldsymbol{h}_{Rk}^T\boldsymbol{\alpha}|^2}{P_J |\boldsymbol{h}_{Rk}^T\boldsymbol{\beta}|^2 + \sigma^2}\right) \\ &= \frac{1}{2}\log_2 \frac{\boldsymbol{\beta}^H \boldsymbol{B}_k \boldsymbol{\beta} + \boldsymbol{\alpha}^H \boldsymbol{H}_{Rk} \boldsymbol{\alpha}}{\boldsymbol{\beta}^H \boldsymbol{A}_k \boldsymbol{\beta}} \end{aligned} \tag{9-20}$$

式中，$\gamma_{Sk} = P_0 |h_{Sk}|^2 / \sigma^2$ 为第一时隙目的节点（$k = D$）、窃听节点（$k = E$）的链路信噪比；$\boldsymbol{A}_k = P_J \boldsymbol{h}_{Rk} \boldsymbol{h}_{Rk}^H + \sigma^2 \boldsymbol{I}_N$，$\boldsymbol{B}_k = (1 + \gamma_{Sk}) \boldsymbol{A}_k$，$\boldsymbol{H}_{Rk} = (P_R - P_J) \boldsymbol{h}_{Rk} \boldsymbol{h}_{Rk}^H$。由式（9-20），可得安全容量为

$$C_s(P_J,\boldsymbol{\alpha},\boldsymbol{\beta}) = \frac{1}{2}\log_2\left(\frac{P_J|\boldsymbol{h}_{RE}^T\boldsymbol{\beta}|^2+\sigma^2}{P_J|\boldsymbol{h}_{RD}^T\boldsymbol{\beta}|^2+\sigma^2}\frac{(1+\gamma_{SD})(P_J|\boldsymbol{h}_{RD}^T\boldsymbol{\beta}|^2+\sigma^2)+P_S|\boldsymbol{h}_{RD}^T\boldsymbol{\alpha}|^2}{(1+\gamma_{SE})(P_J|\boldsymbol{h}_{RE}^T\boldsymbol{\beta}|^2+\sigma^2)+P_S|\boldsymbol{h}_{RE}^T\boldsymbol{\alpha}|^2}\right)$$

$$= \frac{1}{2}\log_2\left(\frac{\boldsymbol{\beta}^H\boldsymbol{A}_E\boldsymbol{\beta}}{\boldsymbol{\beta}^H\boldsymbol{A}_D\boldsymbol{\beta}}\frac{\boldsymbol{\beta}^H\boldsymbol{B}_D\boldsymbol{\beta}+\boldsymbol{\alpha}^H\boldsymbol{H}_{RD}\boldsymbol{\alpha}}{\boldsymbol{\beta}^H\boldsymbol{B}_E\boldsymbol{\beta}+\boldsymbol{\alpha}^H\boldsymbol{H}_{RE}\boldsymbol{\alpha}}\right) \tag{9-21}$$

可见，安全容量为关于功率 P_J、波束赋形向量 $\boldsymbol{\alpha}$ 以及人工干扰因子向量 $\boldsymbol{\beta}$ 的多变量函数。最优混合协同方案的设计可建模为

$$\arg\max_{P_J,\boldsymbol{\alpha},\boldsymbol{\beta}} \underbrace{\frac{\boldsymbol{\beta}^H\boldsymbol{A}_E\boldsymbol{\beta}}{\boldsymbol{\beta}^H\boldsymbol{A}_D\boldsymbol{\beta}}}_{W_1}\underbrace{\frac{\boldsymbol{\alpha}^H\boldsymbol{F}_D\boldsymbol{\alpha}}{\boldsymbol{\alpha}^H\boldsymbol{F}_E\boldsymbol{\alpha}}}_{W_2}$$

$$\text{s.t.}\begin{cases}P_S\in(0,P_R]\\P_J\in[0,P_R)\\P_S+P_J=P_R\end{cases} \tag{9-22}$$

式中，矩阵 $\boldsymbol{F}_D=\boldsymbol{\beta}^H\boldsymbol{B}_D\boldsymbol{\beta}\boldsymbol{I}_N+\boldsymbol{H}_{RD}$，$\boldsymbol{F}_E=\boldsymbol{\beta}^H\boldsymbol{B}_E\boldsymbol{\beta}\boldsymbol{I}_N+\boldsymbol{H}_{RE}$。式（9-22）约束条件中要注意到 $P_S\in(0, P_R]$，即 P_S 不能为零，不允许只发干扰而不转发有用信号；但可以所有功率都用于转发源信号。对 P_J 的约束则正好相反。最大化式（9-22）中 W_1 部分的最优人工干扰因子向量 $\boldsymbol{\beta}$ 为矩阵束（$\boldsymbol{A}_E$，$\boldsymbol{A}_D$）的最大广义特征值对应的归一化特征向量。与之类似，最大化式（9-22）中 W_2 的波束赋形向量 $\boldsymbol{\alpha}$ 为矩阵束（$\boldsymbol{F}_E$，$\boldsymbol{F}_D$）的最大广义特征值对应的归一化特征向量。然而，很难得到上述两个相关矩阵特征值问题的最优解。因为计算最优 $\boldsymbol{\alpha}$、$\boldsymbol{\beta}$ 时用到的矩阵束（$\boldsymbol{F}_E$，$\boldsymbol{F}_D$）和（$\boldsymbol{A}_E$，$\boldsymbol{A}_D$）均与另一变量 P_J 有关，而后者本身又和波束赋形、人工干扰的设计有关。

可将上述优化问题分解成为两个子问题，即功率分配问题和波束赋形、人工干扰的设计问题。一方面，对于给定的功率分配 P_J，最优的人工干扰因子向量可按下式求解：

$$\boldsymbol{\beta}_{opt} = \boldsymbol{v}(\boldsymbol{A}_E,\boldsymbol{A}_D) \tag{9-23}$$

式中，$\boldsymbol{v}(\boldsymbol{U}, \boldsymbol{V})$ 代表矩阵束（$\boldsymbol{U}$，$\boldsymbol{V}$）最大广义特征值对应的归一化广义特征向量。将此 $\boldsymbol{\beta}_{opt}$ 代入 $\boldsymbol{F}_D$、$\boldsymbol{F}_E$ 可得最优波束赋形向量为

$$\boldsymbol{\alpha}_{opt} = \boldsymbol{v}(\boldsymbol{F}_E,\boldsymbol{F}_D) \tag{9-24}$$

在上述给定 P_J、$\boldsymbol{\beta}_{opt}$、$\boldsymbol{\alpha}_{opt}$ 的基础上，安全容量可计算为

$$C_s(P_J,\boldsymbol{\alpha},\boldsymbol{\beta}) = \frac{1}{2}\log_2\left(\frac{\boldsymbol{\beta}_{opt}^H\boldsymbol{A}_E\boldsymbol{\beta}_{opt}}{\boldsymbol{\beta}_{opt}^H\boldsymbol{A}_D\boldsymbol{\beta}_{opt}}\frac{\boldsymbol{\alpha}_{opt}^H\boldsymbol{F}_D\boldsymbol{\alpha}_{opt}}{\boldsymbol{\alpha}_{opt}^H\boldsymbol{F}_E\boldsymbol{\alpha}_{opt}}\right) \tag{9-25}$$

另一方面，如果给定波束赋形向量 $\boldsymbol{\alpha}$ 和人工干扰因子向量 $\boldsymbol{\beta}$，则式（9-21）中的安全容量可表示成为关于 P_J 的单变量函数，即

$$C_s(P_J) = \frac{1}{2}\log_2\left(\frac{a_1P_J^2+b_1P_J+c_1}{a_2P_J^2+b_2P_J+c_2}\right)$$

$$= \frac{1}{2}\log_2\left(\frac{a_1}{a_2} + \frac{(b_1 - a_1 b_2/a_2)P_J + (c_1 - a_1 c_2/a_2)}{a_2 P_J^2 + b_2 P_J + c_2}\right) \tag{9-26}$$

式中

$$\begin{cases} a_1 = [(1+\gamma_{SD})|\boldsymbol{h}_{RD}^T\boldsymbol{\beta}|^2 - |\boldsymbol{h}_{RD}^T\boldsymbol{\alpha}|^2]|\boldsymbol{h}_{RE}^T\boldsymbol{\beta}|^2 \\ b_1 = [(1+\gamma_{SD})|\boldsymbol{h}_{RD}^T\boldsymbol{\beta}|^2 - |\boldsymbol{h}_{RD}^T\boldsymbol{\alpha}|^2]\sigma^2 + |\boldsymbol{h}_{RE}^T\boldsymbol{\beta}|^2[P_R|\boldsymbol{h}_{RD}^T\boldsymbol{\alpha}|^2 + (1+\gamma_{SD})\sigma^2] \\ c_1 = [P_R|\boldsymbol{h}_{RD}^T\boldsymbol{\alpha}|^2 + (1+\gamma_{SD})\sigma^2]\sigma^2 \end{cases}$$
$$\begin{cases} a_2 = [(1+\gamma_{SE})|\boldsymbol{h}_{RE}^T\boldsymbol{\beta}|^2 - |\boldsymbol{h}_{RE}^T\boldsymbol{\alpha}|^2)|\boldsymbol{h}_{RD}^T\boldsymbol{\beta}|^2 \\ b_2 = [(1+\gamma_{SE})|\boldsymbol{h}_{RE}^T\boldsymbol{\beta}|^2 - |\boldsymbol{h}_{RE}^T\boldsymbol{\alpha}|^2]\sigma^2 + |\boldsymbol{h}_{RD}^T\boldsymbol{\beta}|^2[P_R|\boldsymbol{h}_{RE}^T\boldsymbol{\alpha}|^2 + (1+\gamma_{SE})\sigma^2] \\ c_2 = (P_R|\boldsymbol{h}_{RE}^T\alpha|^2 + (1+\gamma_{SE})\sigma^2)\sigma^2 \end{cases} \tag{9-27}$$

对 $C_s(P_J)$ 求导即可得 P_J 的最优值，为如下方程的解

$$(a_2 b_1 - a_1 b_2)P_J^2 + 2(a_2 c_1 - a_1 c_2)P_J + (b_2 c_1 - b_1 c_2) = 0 \tag{9-28}$$

如果所得解不在区间 $[0, P_R)$ 之内，则取 $P_J=0$，即所有功率用于转发源信号，此时混合协同方案退化为传统的协同波束赋形方案。

由于上述两个子问题的求解相互关联，很难得到关于全局最优的 P_J、$\boldsymbol{\alpha}$、$\boldsymbol{\beta}$ 的闭式解，因此将使用如下迭代搜索算法寻求一个次优解，具体步骤如下。

- 初始化：$i=0$，$P_J^{(0)}=0$，$P_S^{(0)}=P_R-P_J^{(0)}$。
- 迭代求解 $\boldsymbol{\beta}$、$\boldsymbol{\alpha}$ 和 P_S

  1）将 $P_J^{(i)}$ 代入 $\boldsymbol{A}_D$ 和 $\boldsymbol{A}_E$，据式（9-23）和式（9-24）分别得到 $\boldsymbol{\beta}^{(i)}$ 和 $\boldsymbol{\alpha}^{(i)}$。

  2）将 $P_S^{(i)}$、$P_J^{(i)}$、$\boldsymbol{\beta}^{(i)}$ 和 $\boldsymbol{\alpha}^{(i)}$ 代入式（9-25），计算安全速率 $C_s^{(i)}$。

  3）将 $\boldsymbol{\beta}^{(i)}$ 和 $\boldsymbol{\alpha}^{(i)}$ 代入式（9-28），求解更新 $P_J^{(i+1)}$。

  4）重复上述步骤直到 $C_s^{(i)} - C_s^{(i-1)} \leqslant \zeta$，$\zeta$ 为定义的停止迭代门限。

讨论：由上述分析可发现，联合设计方案中干扰信号功率 P_J 的最优取值随信道情况变化，由式（9-28）的解决定。而在已有的协同波束赋形方案中，所有信号功率都用于转发源信号，相当于 $P_J=0$。因此，传统的波束赋形方案可视为本章所提混合协同方案在 $P_J=0$ 条件下的特例，这意味着只要式（9-28）存在 P_J 的非零解，混合协同方案就优于传统协同波束赋形方案；如果只有 P_J 为零的解，则本章混合方案退化为传统波束赋形方案。

9.2.5 AF 协同波束赋形与人工干扰的联合设计

1. 系统模型

考虑与图 9-6 所示类似的多中继协同无线网络，但假设各中继节点采用放大转发协议。

同样的，整个通信过程分为两个时隙，第一时隙由源节点以功率 P_0 向目的节点发送信号 x；第二时隙，中继节点并不译码源信号，将收到信号乘以归一化放大因子再乘以波束赋形因子转发出去，同时叠加一个人工干扰信号 $n_\mathrm{J} \sim CN(0, \boldsymbol{I})$。因此，在 AF 协同模型中，第 i 个中继节点 R_i 在第二时隙发送的混合信号可以表示为 $\sqrt{P_\mathrm{S}}\alpha_i\rho_i(\sqrt{P_0}h_{\mathrm{SR}_i}x + n_{\mathrm{R}_i}) + \sqrt{P_\mathrm{J}}\beta_i n_\mathrm{J}$，其中 $\rho_i = 1/\sqrt{P_0 |h_{\mathrm{SR}_i}|^2 + \sigma^2}$ 为放大转发因子。所有放大因子组成向量 $\boldsymbol{\rho} = [\rho_1, \rho_2, \cdots, \rho_N]$。同样，波束赋形向量 $\boldsymbol{\alpha} = [\alpha_1, \alpha_2, \cdots, \alpha_N]^\mathrm{T}$ 和人工干扰因子向量 $\boldsymbol{\beta} = [\beta_1, \beta_2, \cdots, \beta_N]^\mathrm{T}$ 满足归一化约束 $\|\boldsymbol{\alpha}\|^2 = 1$ 和 $\|\boldsymbol{\beta}\|^2 = 1$。假设所有中继总的发射功率为 P_R，其中用于转发源信号的功率大小为 P_S，用于发送人工干扰的功率大小为 P_J，两者满足约束 $P_\mathrm{S} + P_\mathrm{J} = P_\mathrm{R}$。

2. 联合算法设计

目的节点、窃听节点在第一时隙和第二时隙接收到的信号表达式为

$$\begin{aligned} y_k^{(1)} &= h_{\mathrm{S}k}\sqrt{P_0}x + n_k \\ y_k^{(2)} &= \boldsymbol{h}_{\mathrm{R}k}^\mathrm{T}\{\sqrt{P_\mathrm{S}}\mathrm{diag}(\boldsymbol{\rho})[\mathrm{diag}(\boldsymbol{h}_\mathrm{SR})\sqrt{P_0}x + \mathrm{diag}(\boldsymbol{n}_\mathrm{R})]\boldsymbol{\alpha} + \boldsymbol{\beta}\sqrt{P_\mathrm{J}}n_\mathrm{J}\} + n_k \end{aligned} \tag{9-29}$$

式中，$k \in \{\mathrm{D}, \mathrm{E}\}$，$\boldsymbol{h}_\mathrm{SR} = [h_{\mathrm{SR}_1}, h_{\mathrm{SR}_2}, \cdots, h_{\mathrm{SR}_N}]^\mathrm{T}$ 为源到中继集合 $R = \{R_1, R_2, \cdots, R_N\}$ 的信道系数向量，$\boldsymbol{n}_\mathrm{R} = [n_{\mathrm{R}_1}, n_{\mathrm{R}_2}, \cdots, n_{\mathrm{R}_N}]^\mathrm{T}$ 为各中继节点噪声组成的向量。为便于表述，进行如下变量代换：$\boldsymbol{h}_{\mathrm{SR}k}^\mathrm{T} = \sqrt{P_0}\boldsymbol{h}_{\mathrm{R}k}^\mathrm{T}\mathrm{diag}(\boldsymbol{\rho})\mathrm{diag}(\boldsymbol{h}_\mathrm{SR})$，$\boldsymbol{n}_{\mathrm{R}k}^\mathrm{T} = \boldsymbol{h}_{\mathrm{R}k}^\mathrm{T}\mathrm{diag}(\boldsymbol{\rho})\mathrm{diag}(\boldsymbol{n}_R)$。因此，可得主信道、窃听信道容量为

$$\begin{aligned} C_k &= \frac{1}{2}\log_2\left(1 + \gamma_{\mathrm{S}k} + \frac{P_\mathrm{S}|\boldsymbol{h}_{\mathrm{SR}k}^\mathrm{T}\boldsymbol{\alpha}|^2}{P_\mathrm{S}|\boldsymbol{n}_{\mathrm{R}k}^\mathrm{T}\boldsymbol{\alpha}|^2 + P_\mathrm{J}|\boldsymbol{h}_{\mathrm{R}k}^\mathrm{T}\boldsymbol{\beta}|^2 + \sigma^2}\right) \\ &= \frac{1}{2}\log_2\frac{\boldsymbol{\alpha}^\mathrm{H}\boldsymbol{B}_k\boldsymbol{\alpha} + \boldsymbol{\beta}^\mathrm{H}\boldsymbol{G}_k\boldsymbol{\beta}}{\boldsymbol{\alpha}^\mathrm{H}\boldsymbol{A}_k\boldsymbol{\alpha} + \boldsymbol{\beta}^\mathrm{H}\boldsymbol{F}_k\boldsymbol{\beta}} \end{aligned} \tag{9-30}$$

式中，矩阵 $\boldsymbol{A}_k = P_\mathrm{S}\boldsymbol{n}_{\mathrm{R}k}^*\boldsymbol{n}_{\mathrm{R}k}^\mathrm{T} + \sigma^2\boldsymbol{I}_N$，$\boldsymbol{B}_k = (1 + \gamma_{\mathrm{S}k})\boldsymbol{A}_k + P_\mathrm{S}\boldsymbol{h}_{\mathrm{SR}k}^*\boldsymbol{h}_{\mathrm{SR}k}^\mathrm{T}$，$\boldsymbol{F}_k = P_\mathrm{J}\boldsymbol{h}_{\mathrm{R}k}^*\boldsymbol{h}_{\mathrm{R}k}^\mathrm{T}$，$\boldsymbol{G}_k = (1 + \gamma_\mathrm{SD})\boldsymbol{H}_k$。因此，可得安全容量为

$$C_\mathrm{s} = \frac{1}{2}\log_2\left(\frac{\boldsymbol{\alpha}^\mathrm{H}\boldsymbol{B}_\mathrm{D}\boldsymbol{\alpha} + \boldsymbol{\beta}^\mathrm{H}\boldsymbol{G}_\mathrm{D}\boldsymbol{\beta}}{\boldsymbol{\alpha}^\mathrm{H}\boldsymbol{A}_\mathrm{D}\boldsymbol{\alpha} + \boldsymbol{\beta}^\mathrm{H}\boldsymbol{F}_\mathrm{D}\boldsymbol{\beta}}\frac{\boldsymbol{\alpha}^\mathrm{H}\boldsymbol{A}_\mathrm{E}\boldsymbol{\alpha} + \boldsymbol{\beta}^\mathrm{H}\boldsymbol{F}_\mathrm{E}\boldsymbol{\beta}}{\boldsymbol{\alpha}^\mathrm{H}\boldsymbol{B}_\mathrm{E}\boldsymbol{\alpha} + \boldsymbol{\beta}^\mathrm{H}\boldsymbol{G}_\mathrm{E}\boldsymbol{\beta}}\right) \tag{9-31}$$

最大化安全容量的 AF 混合协同方案设计问题可建模为

$$\begin{aligned} &\arg\max_{P_\mathrm{J},\boldsymbol{\alpha},\boldsymbol{\beta}} \frac{\boldsymbol{\alpha}^\mathrm{H}\boldsymbol{B}_\mathrm{D}\boldsymbol{\alpha} + \boldsymbol{\beta}^\mathrm{H}\boldsymbol{G}_\mathrm{D}\boldsymbol{\beta}}{\boldsymbol{\alpha}^\mathrm{H}\boldsymbol{A}_\mathrm{D}\boldsymbol{\alpha} + \boldsymbol{\beta}^\mathrm{H}\boldsymbol{F}_\mathrm{D}\boldsymbol{\beta}}\frac{\boldsymbol{\alpha}^\mathrm{H}\boldsymbol{A}_\mathrm{E}\boldsymbol{\alpha} + \boldsymbol{\beta}^\mathrm{H}\boldsymbol{F}_\mathrm{E}\boldsymbol{\beta}}{\boldsymbol{\alpha}^\mathrm{H}\boldsymbol{B}_\mathrm{E}\boldsymbol{\alpha} + \boldsymbol{\beta}^\mathrm{H}\boldsymbol{G}_\mathrm{E}\boldsymbol{\beta}} \\ &\text{s. t.}\begin{cases} P_\mathrm{S} \in (0, P_\mathrm{R}] \\ P_\mathrm{J} \in [0, P_\mathrm{R}) \\ P_\mathrm{S} + P_\mathrm{J} = P_\mathrm{R} \end{cases} \end{aligned} \tag{9-32}$$

对于上述相关的矩阵特征值问题，很难得到其最优解。考虑将问题进行分解，具体如

下。首先，基于迫零（ZF）波束赋形的思想可得到人工干扰因子向量的一个次优解，即在不干扰目的节点条件下最大化对窃听节点干扰。问题建模如下：

$$\arg\max_{\boldsymbol{\beta}} |\boldsymbol{h}_{\mathrm{RE}}^{\mathrm{T}}\boldsymbol{\beta}|^2$$
$$\text{s. t.}\begin{cases}\boldsymbol{h}_{\mathrm{RD}}^{\mathrm{T}}\boldsymbol{\beta}=0\\ \boldsymbol{\beta}^{\mathrm{H}}\boldsymbol{\beta}=1\end{cases} \tag{9-33}$$

满足上述条件的$\boldsymbol{\beta}$为[18]

$$\boldsymbol{\beta}_0=\varepsilon\|\boldsymbol{h}_{\mathrm{RD}}\|^2\boldsymbol{h}_{\mathrm{RE}}^*-\varepsilon\boldsymbol{h}_{\mathrm{RD}}^{\mathrm{T}}\boldsymbol{h}_{\mathrm{RE}}^*\boldsymbol{h}_{\mathrm{RD}}^* \tag{9-34}$$

其中标量系数ε为

$$\varepsilon=\sqrt{\frac{1}{\|\boldsymbol{h}_{\mathrm{RD}}\|^4\|\boldsymbol{h}_{\mathrm{RE}}\|^2-\|\boldsymbol{h}_{\mathrm{RD}}\|^2|\boldsymbol{h}_{\mathrm{RD}}^{\mathrm{T}}\boldsymbol{h}_{\mathrm{RE}}^*|^2}} \tag{9-35}$$

观察式（9-34）可知，基于迫零准则得到的归一化人工干扰因子向量$\boldsymbol{\beta}_0$独立于P_{S}和α，只与信道$\boldsymbol{h}_{\mathrm{RD}}$和$\boldsymbol{h}_{\mathrm{RE}}$有关。在通过上述方法得到$\boldsymbol{\beta}_0$条件下，有$\boldsymbol{\beta}_0^{\mathrm{H}}\boldsymbol{F}_{\mathrm{D}}\boldsymbol{\beta}_0=0$和$\boldsymbol{\beta}_0^{\mathrm{H}}\boldsymbol{G}_{\mathrm{D}}\boldsymbol{\beta}_0=0$。此时，安全容量的表达式可简化为

$$C_{\mathrm{s}}=\frac{1}{2}\log_2\left(\underbrace{\frac{\boldsymbol{\alpha}^{\mathrm{H}}\boldsymbol{B}_{\mathrm{D}}\boldsymbol{\alpha}}{\boldsymbol{\alpha}^{\mathrm{H}}\boldsymbol{A}_{\mathrm{D}}\boldsymbol{\alpha}}}_{W_1}\underbrace{\frac{\boldsymbol{\alpha}^{\mathrm{H}}\boldsymbol{H}_{\mathrm{E}}\boldsymbol{\alpha}}{\boldsymbol{\alpha}^{\mathrm{H}}\boldsymbol{L}_{\mathrm{E}}\boldsymbol{\alpha}}}_{W_2}\right) \tag{9-36}$$

式中，$\boldsymbol{H}_{\mathrm{E}}=\boldsymbol{A}_{\mathrm{E}}+\boldsymbol{\beta}_0^{\mathrm{H}}\boldsymbol{F}_{\mathrm{E}}\boldsymbol{\beta}_0$，$\boldsymbol{L}_{\mathrm{E}}=\boldsymbol{B}_{\mathrm{E}}+\boldsymbol{\beta}_0^{\mathrm{H}}\boldsymbol{G}_{\mathrm{E}}\boldsymbol{\beta}_0$。式（9-36）中$W_1$的最大值和最小值分别对应于矩阵束（$\boldsymbol{B}_{\mathrm{D}}$，$\boldsymbol{A}_{\mathrm{D}}$）的最大广义特征值$\lambda_{\max1}$和最小广义特征值$\lambda_{\min1}$。与之类似，$W_2$的最大值和最小值分别对应于矩阵束（$\boldsymbol{H}_{\mathrm{E}}$，$\boldsymbol{L}_{\mathrm{E}}$）的最大广义特征值$\lambda_{\max2}$和最小广义特征值$\lambda_{\min2}$。因此，当$W_1$取得最大值时，波束赋形向量为$\boldsymbol{\alpha}=\max\ \mathrm{eig}_{\mathrm{unit}}(\boldsymbol{B}_{\mathrm{D}},\boldsymbol{A}_{\mathrm{D}})$，其中$\mathrm{eig}_{\mathrm{unit}}()$表示归一化特征向量。此时$W_2$的下界为$\lambda_{\min2}$，安全速率的下界为$R_{\mathrm{s}}\geqslant\log(\lambda_{\max1}\lambda_{\min2})/2$；相反，根据$W_2$取得最大值原则设计波束赋形向量，则安全速率的下界为$R_{\mathrm{s}}\geqslant\log(\lambda_{\max2}\lambda_{\min1})/2$。因此，可基于以下准则计算得到一种次优的波束赋形向量$\boldsymbol{\alpha}_0$，保证下界更优，即

$$\boldsymbol{\alpha}_0=\begin{cases}\boldsymbol{v}(\boldsymbol{B}_{\mathrm{D}},\boldsymbol{A}_{\mathrm{D}}) & \text{若 }\lambda_{\max1}\lambda_{\min2}\geqslant\lambda_{\max2}\lambda_{\min1}\\ \boldsymbol{v}(\boldsymbol{H}_{\mathrm{E}},\boldsymbol{L}_{\mathrm{E}}) & \text{若 }\lambda_{\max1}\lambda_{\min2}<\lambda_{\max2}\lambda_{\min1}\end{cases} \tag{9-37}$$

最后，在得到上述$\boldsymbol{\beta}_0$和$\boldsymbol{\alpha}_0$的条件下，安全容量变成了功率P_{S}的单变量函数，即

$$\begin{aligned}C_{\mathrm{s}}(P_{\mathrm{S}})&=\frac{1}{2}\log_2\left(\frac{e_1P_{\mathrm{S}}^2+f_1P_{\mathrm{S}}+g_1}{e_2P_{\mathrm{S}}^2+f_2P_{\mathrm{S}}+g_2}\right)\\&=\frac{1}{2}\log_2\left(\frac{e_1}{e_2}+\frac{(f_1-e_1f_2/e_2)P_{\mathrm{S}}+(g_1-e_1g_2/e_2)}{e_2{P_{\mathrm{S}}}^2+f_2P_{\mathrm{S}}+g_2}\right)\end{aligned} \tag{9-38}$$

其中

$$\begin{cases}e_1 = [(1+P_0\gamma_{SD})|\boldsymbol{n}_{RD}^{T}\boldsymbol{\alpha}|^2 + |\boldsymbol{h}_{RSD}^{T}\boldsymbol{\alpha}|^2](|\boldsymbol{n}_{RE}^{T}\boldsymbol{\alpha}|^2 - |\boldsymbol{h}_{RE}^{T}\boldsymbol{\beta}|^2)\\ f_1 = (|\boldsymbol{n}_{RE}^{T}\boldsymbol{\alpha}|^2 - |\boldsymbol{h}_{RE}^{T}\boldsymbol{\beta}|^2)(1+P_0\gamma_{SD})\sigma^2 + \\ \qquad (P_R|\boldsymbol{h}_{RE}^{T}\boldsymbol{\beta}|^2+\sigma^2)[(1+P_0\gamma_{SD})|\boldsymbol{n}_{RD}^{T}\boldsymbol{\alpha}|^2 + |\boldsymbol{h}_{RSD}^{T}\alpha|^2]\\ g_1 = (1+P_0\gamma_{SD})\sigma^2(P_R|\boldsymbol{h}_{RE}^{T}\boldsymbol{\beta}|^2+\sigma^2)\end{cases}$$

$$\begin{cases}e_2 = |\boldsymbol{n}_{RD}^{T}\boldsymbol{\alpha}|^2[(1+P_0\gamma_{SE})(|\boldsymbol{n}_{RE}^{T}\boldsymbol{\alpha}|^2 - |\boldsymbol{h}_{RE}^{T}\boldsymbol{\beta}|^2) + |\boldsymbol{h}_{RSE}^{T}\boldsymbol{\alpha}|^2]\\ f_2 = |\boldsymbol{n}_{RD}^{T}\boldsymbol{\alpha}|^2(1+P_0\gamma_{SE})(P_R|\boldsymbol{h}_{RE}^{T}\boldsymbol{\beta}|^2+\sigma^2) + \\ \qquad [(1+P_0\gamma_{SE})(|\boldsymbol{n}_{RE}^{T}\boldsymbol{\alpha}|^2 - |\boldsymbol{h}_{RE}^{T}\boldsymbol{\beta}|^2) + |\boldsymbol{h}_{RSE}^{T}\boldsymbol{\alpha}|^2]\sigma^2\\ g_2 = \sigma^2(1+P_0\gamma_{SE})(P_R|\boldsymbol{h}_{RE}^{T}\boldsymbol{\beta}|^2+\sigma^2)\end{cases} \tag{9-39}$$

对式（9-38）求导可得，最优功率值 P_S 为下列方程的解：

$$(e_2f_1 - e_1f_2)P_S^2 + 2(e_2g_1 - e_1g_2)P_S + (f_2g_1 - f_1g_2) = 0 \tag{9-40}$$

如果在区间 $[0, P_R]$ 内无解，则最优解为边界点 $P_S = P_R$。由上述分析，可得迭代搜索算法如下：

- 初始化：$i=0$，$P_J^{(0)}=0$，$P_S^{(0)}=P_R-P_J^{(0)}$。
- 基于迫零准则得到 $\boldsymbol{\beta}_0$：$\boldsymbol{\beta}_0=\varepsilon\|\boldsymbol{h}_{RD}\|^2\boldsymbol{h}_{RE}^{*}-\varepsilon\boldsymbol{h}_{RD}^{T}\boldsymbol{h}_{RE}^{*}\boldsymbol{h}_{RD}^{*}$。
- 迭代求解 $\boldsymbol{\alpha}$ 和 P_S

  1）将 $P_S^{(i)}$ 代入（$\boldsymbol{B}_D$，$\boldsymbol{A}_D$）和（$\boldsymbol{H}_E$，$\boldsymbol{L}_E$），据式（9-37）得到 $\boldsymbol{\alpha}^{(i)}$。

  2）将 $P_S^{(i)}$、$P_J^{(i)}$、$\boldsymbol{\beta}_0$ 和 $\boldsymbol{\alpha}^{(i)}$ 代入式（9-32），计算安全容量 $C_s^{(i)}$。

  3）将 $\boldsymbol{\beta}_0$ 和 $\boldsymbol{\alpha}^{(i)}$ 代入式（9-40），求解更新 $P_S^{(i+1)}$，$i=i+1$。

  4）重复上述步骤直到 $C_s^{(i)}-C_s^{(i-1)}\leqslant\zeta$，$\zeta$ 为定义的停止迭代门限。

上述算法虽不能得到最优的波束赋形向量和人工干扰因子以最大化安全传输速率，但能够确保安全速率的下界满足

$$R_s \geqslant \max\left\{\frac{1}{2}\log_2(\lambda_{\max 1}\lambda_{\min 2}),\frac{1}{2}\log_2(\lambda_{\max 2}\lambda_{\min 1})\right\} \tag{9-41}$$

9.2.6 双向中继 AF 波束赋形与人工干扰的联合设计

1. 系统模型

考虑如图 9-7 所示的双向中继协同无线网络模型，源节点 A 和 B 通过中继节点集 $R=\{R_1, R_2, \cdots, R_N\}$ 的帮助交换数据 x_A 和 x_B。通信过程安全性受到窃听节点 E 的威胁。每次数据交换过程分成两个时隙，在第一时隙，源节点 A 和 B 同时向中继节点发送各自信息 x_A 和 x_B，同时也被窃听节点接收。两信息在各中继节点 R_i 和窃听节点 E 均发生相互叠加。第二时隙，各中继节点将第一时隙收到的信号叠加一个服从复高斯分布的随机人工干扰信

号 n_J 后广播给两个源节点。两个源节点通过自干扰消除，提取对方第一时隙发送的信息。假设各节点之间的信道均为独立的平坦块衰落信道，且在一次数据交换过程（包括两个时隙）中保持不变。将由 a 节点（$a\in\{A, B, R_i\}$，$i=1, 2, \cdots, N$）至 b 节点（$b\in\{R_i, A, B, E\}$，$b\neq a$）的信道系数记为 $h_{ab}\sim CN(0, \Omega_{ab})$，其中 $\Omega_{ab}=d_{ab}^{-\phi}$，$d_{ab}$ 为 a 节点至 b 节点的距离，n 为距离衰落因子，且假设 $h_{ab}=h_{ba}$。将各接收节点处的加性高斯白噪声记为 $n_b\sim CN(0, \sigma^2)$。假设所有信道状态信息都是已知的，包括合法节点到窃听节点的信道状态信息。各节点均采用时分半双工工作方式。

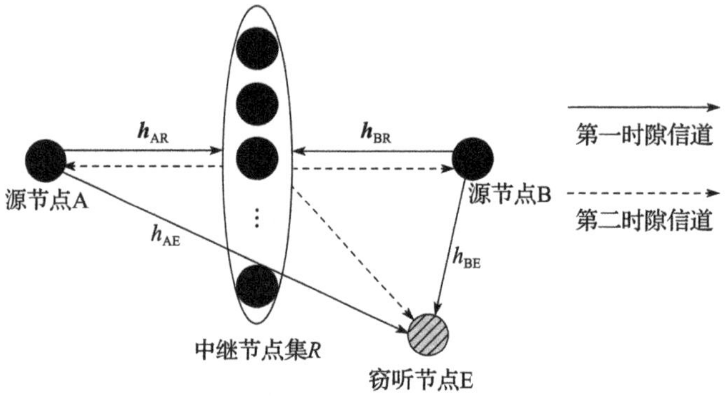

图 9-7　双向中继协同无线网络中的物理层安全模型

2. 联合算法设计

在第一时隙，源节点发送信息的同时不能接收来自对方的信息（时分半双工假设）。中继节点、窃听节点接收的混合信号为

$$\begin{aligned} y_E^{(1)} &= \sqrt{P_A}h_{AE}x_A + \sqrt{P_B}h_{BE}x_B + n_E \\ \boldsymbol{y}_R^{(1)} &= \sqrt{P_A}\boldsymbol{h}_{AR}x_A + \sqrt{P_B}\boldsymbol{h}_{BR}x_B + \boldsymbol{n}_R \end{aligned} \tag{9-42}$$

式中，$\boldsymbol{h}_{AR}=[h_{AR_1}, h_{AR_2}, \cdots, h_{AR_N}]^T$；$\boldsymbol{h}_{BR}=[h_{BR_1}, h_{BR_2}, \cdots, h_{BR_N}]^T$；$P_A$ 和 P_B 分别为源节点 A 和 B 的发射功率。第二时隙，中继节点集将接收信号向量 $\boldsymbol{y}_R^{(1)}$ 归一化，乘以波束赋形向量 $\boldsymbol{\alpha}$，并叠加一个人工干扰信号向量 $\boldsymbol{\beta}n_J$ 一并转发给两个源节点。其中，$\boldsymbol{\alpha}$ 和 $\boldsymbol{\beta}$ 均为归一化向量，即 $\|\boldsymbol{\alpha}\|^2=1$，$\|\boldsymbol{\beta}\|^2=1$。假设所有中继总的发射功率为 P_R，其中 P_S 为用于转发 $\boldsymbol{y}_R^{(1)}$ 信号的功率，P_J 为用于发送人工干扰 n_J 的功率，两者满足约束 $P_S+P_J=P_R$。因此，第二时隙中继节点发送的信号可以表示为

$$\sqrt{P_S}\mathrm{diag}(\boldsymbol{\rho})[\sqrt{P_A}\mathrm{diag}(\boldsymbol{h}_{AR})x_A + \sqrt{P_B}\mathrm{diag}(\boldsymbol{h}_{BR})x_B + \mathrm{diag}(\boldsymbol{n}_R)]\boldsymbol{\alpha} + \boldsymbol{\beta}\sqrt{P_J}n_J \tag{9-43}$$

式中，$\boldsymbol{\rho}=[\rho_1, \rho_2, \cdots, \rho_N]$，$\rho_i=1/\sqrt{P_A|h_{AR_i}|^2+P_B|h_{BR_i}|^2+\sigma^2}$ 为中继放大转发因子。两个源节点接收到中继转发信号后，可进行自干扰消除，从而得到

$$\begin{aligned} y_A^{(2)} &= \sqrt{P_S}\boldsymbol{h}_{BRA}^T\boldsymbol{\alpha}x_B + \sqrt{P_S}\boldsymbol{n}_{AR}^T\boldsymbol{\alpha} + \boldsymbol{h}_{AR}^T\boldsymbol{\beta}\sqrt{P_J}n_J + n_A \\ y_B^{(2)} &= \sqrt{P_S}\boldsymbol{h}_{ARB}^T\boldsymbol{\alpha}x_A + \sqrt{P_S}\boldsymbol{n}_{BR}^T\boldsymbol{\alpha} + \boldsymbol{h}_{BR}^T\boldsymbol{\beta}\sqrt{P_J}n_J + n_B \end{aligned} \tag{9-44}$$

式中，$\boldsymbol{h}_{BRA}^T = \sqrt{P_B}\boldsymbol{h}_{AR}^T\mathrm{diag}(\boldsymbol{\rho})\mathrm{diag}(\boldsymbol{h}_{BR})$ 和 $\boldsymbol{h}_{ARB}^T = \sqrt{P_A}\boldsymbol{h}_{BR}^T\mathrm{diag}(\boldsymbol{\rho})\mathrm{diag}(\boldsymbol{h}_{AR})$ 为两跳等效信道；$\boldsymbol{n}_{kR}^T = \boldsymbol{h}_{kR}^T\mathrm{diag}(\boldsymbol{\rho})\mathrm{diag}(\boldsymbol{n}_R)$ 为等效噪声，$k \in \{A, B\}$。式（9-44）信号由四部分组成：来自另一源节点的目标信号、放大转发的中继接收噪声、中继节点添加的人工噪声以及本地噪声。与之对应，窃听节点收到信号为

$$y_E^{(2)} = \sqrt{P_S}\boldsymbol{h}_{ARE}^T\boldsymbol{\alpha}x_A + \sqrt{P_S}\boldsymbol{h}_{BRE}^T\boldsymbol{\alpha}x_B + \sqrt{P_S}\boldsymbol{n}_{RE}^T\boldsymbol{\alpha} + \boldsymbol{h}_{RE}^T\boldsymbol{\beta}\sqrt{P_J}n_J + n_E \tag{9-45}$$

式中，$\boldsymbol{h}_{ARE}^T = \sqrt{P_A}\boldsymbol{h}_{RE}^T\mathrm{diag}(\boldsymbol{\rho})\mathrm{diag}(\boldsymbol{h}_{AR})$ 和 $\boldsymbol{h}_{BRE}^T = \sqrt{P_B}\boldsymbol{h}_{RE}^T\mathrm{diag}(\boldsymbol{\rho})\mathrm{diag}(\boldsymbol{h}_{BR})$ 分别为对 x_A 和 x_B 的等效窃听信道；$\boldsymbol{n}_{RE}^T = \boldsymbol{h}_{RE}^T\mathrm{diag}(\boldsymbol{\rho})\mathrm{diag}(\boldsymbol{n}_R)$ 为等效噪声。

为避免中继节点发送的人工干扰破坏节点 A 和 B 的正常接收，对人工干扰采取如下迫零设计。令 $\boldsymbol{H}_{AB}^T = [\boldsymbol{h}_{AR}, \boldsymbol{h}_{BR}]^T$，则有

$$\begin{aligned} &\arg\max_{\boldsymbol{\beta}} |\boldsymbol{h}_{RE}^T\boldsymbol{\beta}|^2 \\ &\text{s.t.} \begin{cases} \boldsymbol{H}_{AB}\boldsymbol{\beta} = \boldsymbol{0}_{2\times 1} \\ \boldsymbol{\beta}^H\boldsymbol{\beta} = 1 \end{cases} \end{aligned} \tag{9-46}$$

可求解出

$$\boldsymbol{\beta}_0 = \frac{1}{\|(\boldsymbol{I}_N - \boldsymbol{P}_{AB})\boldsymbol{h}_{RE}\|}(\boldsymbol{I}_N - \boldsymbol{P}_{AB})\boldsymbol{h}_{RE} \tag{9-47}$$

式中，$\boldsymbol{P}_{AB} = \boldsymbol{H}_{AB}(\boldsymbol{H}_{AB}^H\boldsymbol{H}_{AB}^{-1})\boldsymbol{H}_{AB}^H$。在使用上述人工干扰因子向量时，源节点 A 和 B 接收数据 x_B 和 x_A 的信道容量分别为

$$\begin{aligned} C_{BA} &= \frac{1}{2}\log_2\left(1 + \frac{P_S\boldsymbol{\alpha}^H\boldsymbol{H}_1\boldsymbol{\alpha}}{P_S\boldsymbol{\alpha}^H\boldsymbol{H}_2\boldsymbol{\alpha} + \sigma^2}\right) \\ C_{AB} &= \frac{1}{2}\log_2\left(1 + \frac{P_S\boldsymbol{\alpha}^H\boldsymbol{H}_3\boldsymbol{\alpha}}{P_S\boldsymbol{\alpha}^H\boldsymbol{H}_4\boldsymbol{\alpha} + \sigma^2}\right) \end{aligned} \tag{9-48}$$

式中，$\boldsymbol{H}_1 = \boldsymbol{h}_{BRA}^*\boldsymbol{h}_{BRA}^T$，$\boldsymbol{H}_2 = \boldsymbol{n}_{RA}^*\boldsymbol{n}_{RA}^T$，$\boldsymbol{H}_3 = h_{ARB}^*\boldsymbol{h}_{ARB}^T$，$\boldsymbol{H}_4 = \boldsymbol{n}_{RB}^*\boldsymbol{n}_{RB}^T$。对于窃听节点 E，人工干扰依然存在，其窃听数据 x_B 和 x_A 信道容量分别为

$$\begin{aligned} C_{BE} &= \frac{1}{2}\log_2\left(1 + \gamma_{BE} + \frac{P_S\boldsymbol{\alpha}^H\boldsymbol{H}_5\boldsymbol{\alpha}}{P_S\boldsymbol{\alpha}^H\boldsymbol{H}_6\boldsymbol{\alpha} + P_S\boldsymbol{\alpha}^H\boldsymbol{H}_7\boldsymbol{\alpha} + P_J\boldsymbol{\beta}_0^H\boldsymbol{H}_8\boldsymbol{\beta}_0 + \sigma^2}\right) \\ C_{AE} &= \frac{1}{2}\log_2\left(1 + \gamma_{AE} + \frac{P_S\boldsymbol{\alpha}^H\boldsymbol{H}_6\boldsymbol{\alpha}}{P_S\boldsymbol{\alpha}^H\boldsymbol{H}_5\boldsymbol{\alpha} + P_S\boldsymbol{\alpha}^H\boldsymbol{H}_7\boldsymbol{\alpha} + P_J\boldsymbol{\beta}^H\boldsymbol{H}_8\boldsymbol{\beta}_0 + \sigma^2}\right) \end{aligned} \tag{9-49}$$

式中，$\gamma_{AE} = P_A|h_{AE}|^2/\sigma^2$；$\gamma_{BE} = P_B|h_{BE}|^2/\sigma^2$；$\boldsymbol{H}_5 = \boldsymbol{h}_{BRE}^*\boldsymbol{h}_{BRE}^T$；$\boldsymbol{H}_6 = \boldsymbol{h}_{ARE}^*\boldsymbol{h}_{ARE}^T$；$\boldsymbol{H}_7 = \boldsymbol{n}_{RE}^*\boldsymbol{n}_{RE}^T$；$\boldsymbol{H}_8 = \boldsymbol{h}_{RE}^*\boldsymbol{h}_{RE}^T$。因此，数据 x_A 和 x_B 传输的安全容量为

$$C_{\mathrm{SA}} = C_{\mathrm{AB}} - C_{\mathrm{AE}} = \frac{1}{2}\log_2\left(\frac{\boldsymbol{\alpha}^{\mathrm{H}}\boldsymbol{H}_{10}\boldsymbol{\alpha}}{\boldsymbol{\alpha}^{\mathrm{H}}\boldsymbol{H}_{9}\boldsymbol{\alpha}}\frac{\boldsymbol{\alpha}^{\mathrm{H}}\boldsymbol{H}_{11}\boldsymbol{\alpha}}{\boldsymbol{\alpha}^{\mathrm{H}}\boldsymbol{H}_{12}\boldsymbol{\alpha}}\right)$$
$$C_{\mathrm{SB}} = C_{\mathrm{BA}} - C_{\mathrm{BE}} = \frac{1}{2}\log_2\left(\frac{\boldsymbol{\alpha}^{\mathrm{H}}\boldsymbol{H}_{14}\boldsymbol{\alpha}}{\boldsymbol{\alpha}^{\mathrm{H}}\boldsymbol{H}_{13}\boldsymbol{\alpha}}\frac{\boldsymbol{\alpha}^{\mathrm{H}}\boldsymbol{H}_{15}\boldsymbol{\alpha}}{\boldsymbol{\alpha}^{\mathrm{H}}\boldsymbol{H}_{16}\boldsymbol{\alpha}}\right) \tag{9-50}$$

式中，$\boldsymbol{H}_9 = P_{\mathrm{S}}\boldsymbol{H}_4 + \sigma^2\boldsymbol{I}_N$；$\boldsymbol{H}_{10} = \boldsymbol{H}_9 + P_{\mathrm{S}}\boldsymbol{H}_3$；$\boldsymbol{H}_{11} = P_{\mathrm{S}}\boldsymbol{H}_5 + P_{\mathrm{S}}\boldsymbol{H}_7 + P_{\mathrm{J}}\boldsymbol{\beta}_0^H\boldsymbol{H}_8\boldsymbol{\beta}_0 + \sigma^2\boldsymbol{I}_N$；$\boldsymbol{H}_{12} = (1+\gamma_{\mathrm{AE}})\boldsymbol{H}_{11} + P_{\mathrm{S}}\boldsymbol{H}_6$；$\boldsymbol{H}_{13} = P_{\mathrm{S}}\boldsymbol{H}_2 + \sigma^2\boldsymbol{I}_N$；$\boldsymbol{H}_{14} = \boldsymbol{H}_{13} + P_{\mathrm{S}}\boldsymbol{H}_1$；$\boldsymbol{H}_{15} = P_{\mathrm{S}}\boldsymbol{H}_6 + P_{\mathrm{S}}\boldsymbol{H}_7 + P_{\mathrm{J}}\boldsymbol{\beta}_0^{\mathrm{H}}\boldsymbol{H}_8\boldsymbol{\beta}_0 + \sigma^2\boldsymbol{I}_N$；$\boldsymbol{H}_{16} = (1+\gamma_{\mathrm{AE}})\boldsymbol{H}_{15} + P_{\mathrm{S}}\boldsymbol{H}_5$。

综上，可得和安全容量为

$$C_{\mathrm{sum}} = C_{\mathrm{SA}} + C_{\mathrm{SB}} = \frac{1}{2}\log_2\left(\frac{\boldsymbol{\alpha}^{\mathrm{H}}\boldsymbol{H}_{10}\boldsymbol{\alpha}}{\boldsymbol{\alpha}^{\mathrm{H}}\boldsymbol{H}_{9}\boldsymbol{\alpha}}\frac{\boldsymbol{\alpha}^{\mathrm{H}}\boldsymbol{H}_{11}\boldsymbol{\alpha}}{\boldsymbol{\alpha}^{\mathrm{H}}\boldsymbol{H}_{12}\boldsymbol{\alpha}}\frac{\boldsymbol{\alpha}^{\mathrm{H}}\boldsymbol{H}_{14}\boldsymbol{\alpha}}{\boldsymbol{\alpha}^{\mathrm{H}}\boldsymbol{H}_{13}\alpha}\frac{\boldsymbol{\alpha}^{\mathrm{H}}\boldsymbol{H}_{15}\boldsymbol{\alpha}}{\boldsymbol{\alpha}^{\mathrm{H}}\boldsymbol{H}_{16}\boldsymbol{\alpha}}\right) \tag{9-51}$$

以和安全容量为目标的联合波束赋形和人工干扰设计问题可建模为

$$\max_{\boldsymbol{\alpha},\boldsymbol{\beta}} \underbrace{\frac{\boldsymbol{\alpha}^{\mathrm{H}}\boldsymbol{H}_{10}\boldsymbol{\alpha}}{\boldsymbol{\alpha}^{\mathrm{H}}\boldsymbol{H}_{9}\boldsymbol{\alpha}}}_{W_1}\underbrace{\frac{\boldsymbol{\alpha}^{\mathrm{H}}\boldsymbol{H}_{11}\boldsymbol{\alpha}}{\boldsymbol{\alpha}^{\mathrm{H}}\boldsymbol{H}_{12}\boldsymbol{\alpha}}}_{W_2}\underbrace{\frac{\boldsymbol{\alpha}^{\mathrm{H}}\boldsymbol{H}_{14}\boldsymbol{\alpha}}{\boldsymbol{\alpha}^{\mathrm{H}}\boldsymbol{H}_{13}\boldsymbol{\alpha}}}_{W_3}\underbrace{\frac{\boldsymbol{\alpha}^{\mathrm{H}}\boldsymbol{H}_{15}\boldsymbol{\alpha}}{\boldsymbol{\alpha}^{\mathrm{H}}\boldsymbol{H}_{16}\boldsymbol{\alpha}}}_{W_4}$$
$$\text{s. t.}\begin{cases}\boldsymbol{\alpha}^{\mathrm{H}}\boldsymbol{\alpha} = 1\\ \boldsymbol{\beta}^{\mathrm{H}}\boldsymbol{\beta} = 1\end{cases} \tag{9-52}$$

其中，人工干扰因子向量的迫零解可由式（9-47）给出。考虑到式（9-52）的分子、分母均为关于功率 P_{S} 的 4 次项，过于复杂，本节不考虑其优化问题。对于式（9-52）的中 W_1、W_2、W_3 和 W_4 任一项，均可求出使其最大化的波束赋形向量 $\boldsymbol{\alpha}$。然而，由于互相之间相关性，最大化其乘积的波束赋形向量 $\boldsymbol{\alpha}$ 难以求的最优解。因此，下面给出一种次优解，即从最大化 W_1、W_2、W_3 和 W_4 的 4 个解中选一个使乘积最大的作为式（9-52）的解，即

$$\boldsymbol{\alpha}_0 = \arg\max_{\boldsymbol{\alpha}_i} \frac{\boldsymbol{\alpha}^{\mathrm{H}}\boldsymbol{H}_{10}\boldsymbol{\alpha}}{\boldsymbol{\alpha}^{\mathrm{H}}\boldsymbol{H}_{9}\boldsymbol{\alpha}}\frac{\boldsymbol{\alpha}^{\mathrm{H}}\boldsymbol{H}_{11}\boldsymbol{\alpha}}{\boldsymbol{\alpha}^{\mathrm{H}}\boldsymbol{H}_{12}\boldsymbol{\alpha}}\frac{\boldsymbol{\alpha}^{\mathrm{H}}\boldsymbol{H}_{14}\boldsymbol{\alpha}}{\boldsymbol{\alpha}^{\mathrm{H}}\boldsymbol{H}_{13}\boldsymbol{\alpha}}\frac{\boldsymbol{\alpha}^{\mathrm{H}}\boldsymbol{H}_{15}\boldsymbol{\alpha}}{\boldsymbol{\alpha}^{\mathrm{H}}\boldsymbol{H}_{16}\boldsymbol{\alpha}} \tag{9-53}$$

式中，4 个待选解分别为

$$\begin{aligned}\boldsymbol{\alpha}_1 &= \boldsymbol{v}(\boldsymbol{H}_{10},\boldsymbol{H}_9)\\ \boldsymbol{\alpha}_2 &= \boldsymbol{v}(\boldsymbol{H}_{11},\boldsymbol{H}_{12})\\ \boldsymbol{\alpha}_3 &= \boldsymbol{v}(\boldsymbol{H}_{14},\boldsymbol{H}_{13})\\ \boldsymbol{\alpha}_4 &= \boldsymbol{v}(\boldsymbol{H}_{15},\boldsymbol{H}_{16})\end{aligned} \tag{9-54}$$

上述方案虽未能寻找到联合协同波束赋形和人工干扰的联合全局最优解，但由于综合使用了两种方案，亦能获得相对于单一方案的安全性能提升。

9.2.7 仿真结果与讨论

通过仿真结果对比混合协同方案与传统单一波束赋形或人工干扰方案的物理层安全性

能，包括接收信噪比和安全速率。考虑如图 9-8 所示节点位置分布，源节点位于坐标原点（0，0），5 个中继节点分别位于（10，0）、（10，±5）和（10，±10），目的节点位于（30，0），窃听节点位于（20，−5）。假设信道衰落因子为 $c=3.5$，则信道功率增益平均值为 $\Omega_{ab}=d_{ab}^{-3.5}$。所有仿真中假设源节点发射信噪比为 0dB。在 DF 方案仿真中，假设所有中继节点在第一时隙均正确译码源节点数据。以下结果均为基于 1000 次独立实验后得到的平均结果。图 9-9～图 9-12 所示为单向中继网络中相关仿真结果。

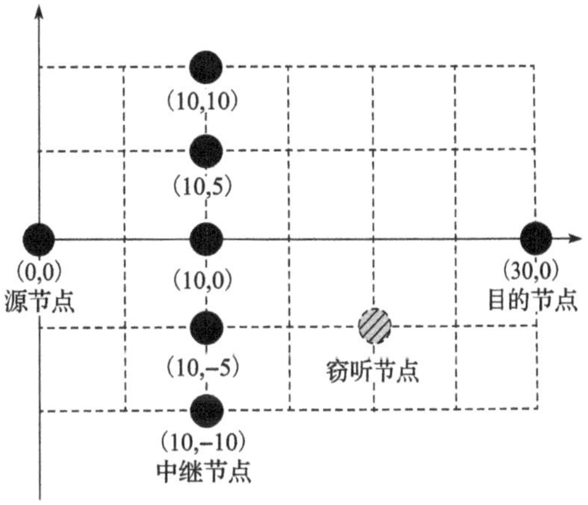

图 9-8　协同无线网络节点位置分布图

图 9-9 所示为 DF 混合协同方案中目的节点信噪比（SNRD）、窃听节点信噪比（SNRE）与中继节点发射信噪比的变化关系图，传统采用单一 DF 波束赋形（即把传统波束赋形方案应用到 DF 协同网络）以及人工干扰方案的结果也在图中给出以作比较。随着中继发射功率增大，目的节点、窃听节点信噪比均上升。其中，由于采用联合设计，混合协同方案要分一部分功率发送人工干扰信号，因此得到的目的节点信噪比略低于波束赋形方案。从窃听信噪比看，混合协同方案相对于波束赋形方案多了人工干扰，相对于单纯的人工干扰方案又进行了波束调整，因此，窃听节点信噪比最低。综合而言，混合方案在增强目的节点接收、干扰窃听节点两方面都达到了较好效果，表明其能够兼具两种传统方案的优势。

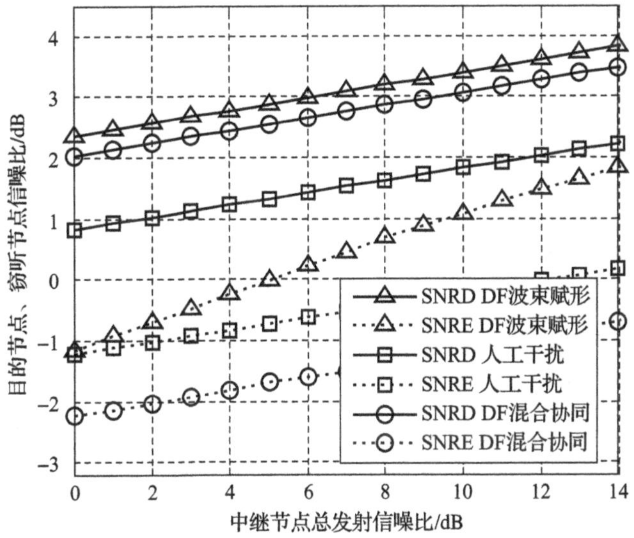

图 9-9　DF 混合协同中目的节点、窃听节点信噪比与中继发送信噪比关系

图 9-10 所示则为 AF 混合协同方案、AF 波束赋形以及人工干扰三种方案中目的节点信噪比（SNRD）、窃听节点信噪比（SNRE）随中继节点发射信噪比的变化关系图。三种方案的对比情况与图 9-9 类似，不同之处在于图 9-10 中窃听节点信噪比的大小关系发生了变化。这是因为 AF 协同混合方案设计过程中，采用的是最大化下界的思想，在增强目的接收的同时也有信息泄露给窃听节点，但仍获得了优于单一方案的性能。

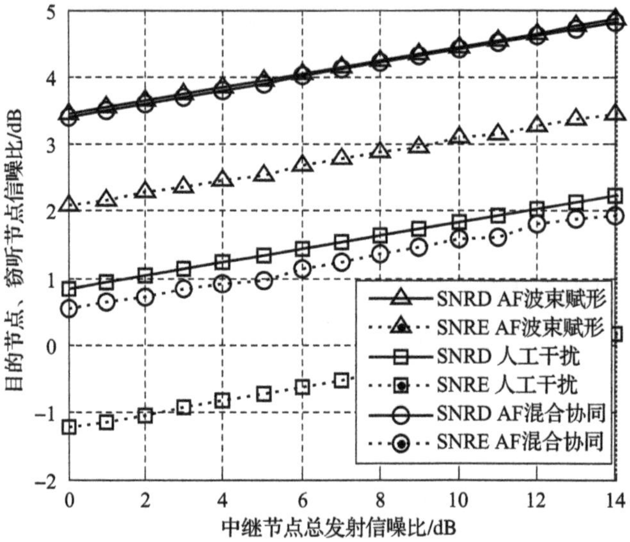

图 9-10　AF 混合协同中目的节点、窃听节点信噪比与中继发射信噪比关系

图 9-11 所示为不同方案中安全容量随源节点与窃听节点距离变化关系，假设窃听节点由初始位置（20，−5）沿横轴移动至（100，−5）。在初始位置附近，窃听节点离源节点和中继节点较近，单一波束赋形方案的安全容量远低于其余两种方案。这是因为其余两种方案中均有人工干扰帮助减弱窃听节点的接收性能。而当距离较远时，波束赋形方案性能趋近于混合协同方案，无论采用 DF 还是 AF，都是如此。这是因为此时窃听信道增益极小，混合协同方案中几乎不用分配功率用于发送人工干扰信号，所有功率都用于转发源信号。

为说明不同信道条件下应该分配不同的人工干扰功率，图 9-12 以 DF 混合协同方案为例，给出了不同窃听节点位置条件下分配给干扰信号的功率变化曲线，当窃听节点处于中继节点附近时，源信号容易被窃听，需用大量功率发送人工干扰信号加以掩护。当用于干扰的功率很少时，混合协同方案等效于波束赋形方案。因此，混合协同方案包含了波束赋形方案，后者是前者在 $P_J=0$ 条件下的一个特例。

图 9-13 所示为双向中继协同无线网络中使用本章混合协同方案时各信道容量随中继节点发射总功率的变化关系。此时，图 9-8 中，目的节点也为源节点，重新将需交换信息的两个源节点记为 A 和 B。假设 A 经过中继向 B 发送 x_A，B 经过中继向 A 发送 x_B，C_{ab}代表 a 节点到 b 节点信道容量。在放大转发双向中继系统中，离中继节点近的源节点接收信噪比

低于离中继节点远的，因为两者接收信号的等效信道增益近似，但前者接收到更大的中继放大噪声。因此，图 9-13 中，$C_{AB} > C_{BA}$。另一方面，在图 9-8 所示模型中，B 离窃听节点较近，因此 $C_{BE} > C_{AE}$。相应地，容量差 $C_{AB} - C_{AE}$ 和 $C_{BA} - C_{BE}$ 分别为 x_A 和 x_B 传输的安全容量。相对于传统的波束赋形方案，混合协同方案由于分配部分功率发送人工干扰噪声，导致 C_{AB} 和 C_{BA} 有所下降，但同时使窃听节点接收更加恶化，因此得到了更好的安全容量。

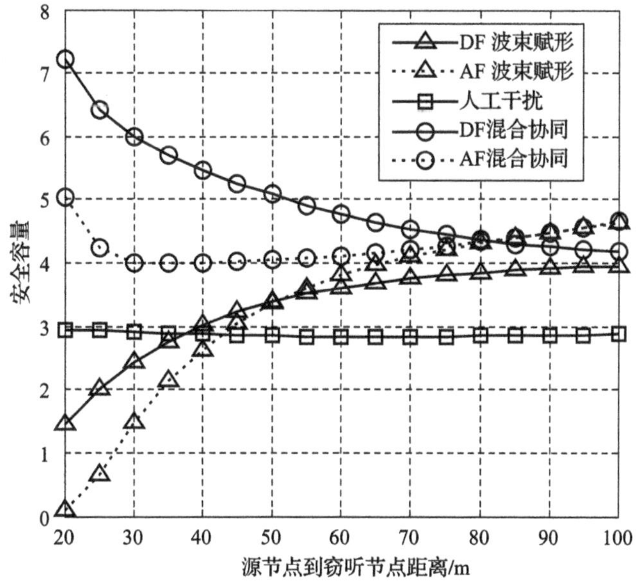

图 9-11　安全容量随源节点 - 窃听节点距离变化关系，窃听节点由（20，-5）直线移动至（100，-5）

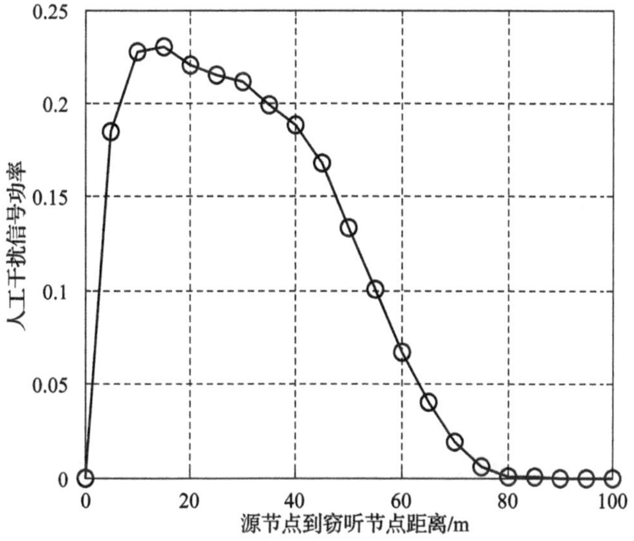

图 9-12　人工干扰功率与源节点 - 窃听节点距离变化关系，窃听节点由（20，-5）直线移动至（100，-5）

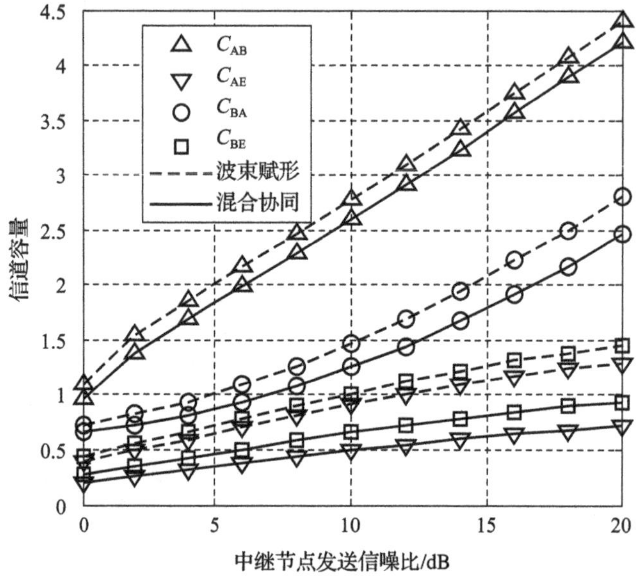

图 9-13 双向中继混合协同方案中各信道容量

9.2.8 小结

作为提高物理层安全性能的两种有效手段，波束赋形技术和人工干扰技术均受到广泛关注。然而，很少有研究将两者进行融合，并探讨融合设计是否能带来更好性能。基于这一考虑，本节分别设计了单向 DF 中继、单向 AF 中继和双向 AF 中继协议下的联合协同波束赋形与人工干扰的混合协同方案。结果表明，通过对波束赋形向量、人工干扰因子的优化设计，混合协同方案既能够改善合法用户通信质量，又能有效防止窃听节点截取保密信息，从而获得更高的安全容量。

需要指出的是，理想的主信道、窃听信道 CSI 是进行波束赋形、人工干扰以及本节混合协同方案的前提，而实际系统中往往难以获得这些信息。如何在非理想的信道状态信息条件下优化协同传输方案以改善物理层安全性能是值得研究的重要课题。在本章后续内容中，分别对主信道 CSI 反馈时延而窃听信道只有统计 CSI，以及主信道、窃听信道均只有统计 CSI 两种场景下的协同无线网络物理层安全问题进行了进一步探讨。

9.3 主信道 CSI 反馈时延条件下的物理层安全协同传输

在理想 CSI 条件下，可以通过完全匹配信道状态的信号设计提升协同无线网络的安全容量。本节则从非理想 CSI 条件出发，假设主信道 CSI 反馈时延、窃听信道只有统计 CSI，给出了一种物理层安全机会协作传输方案。在每次传输保密信息之前，源节点通过对反馈CSI的时延相关分析，预测传输过程中的连接中断、安全中断情况，并在一定的中断约束下自适应地调整安全编码速率。在分析连接中断概率和安全中断概率的基础上，本节进一步推导了可靠性 - 安全性折中（Reliability-Security Tradeoff，RST），以直观反映两者相互制约的关系，并提出了一种新的安全吞吐量定义式。结果表明，本节提出的物理层安全机会协作传输方案能够很好地改善无线传输的可靠性、安全性。本章关于可靠性 - 安全性折中、安全吞吐量的创新性研究也为进一步研究非理想 CSI 条件下的物理层安全提供了新的视角。

9.3.1 引言

正如前一节所述，在源节点具有精确主信道、窃听信道瞬时 CSI 的条件下，通过相应的信号处理手段不仅能规避协同带来的安全性风险，还能进一步提高安全容量，改善物理层安全性能。但是，在实际系统中，窃听信道瞬时 CSI 往往很难获得，甚至反馈得到的主信道 CSI 也是与实际值存在误差的，原因包括反馈时延、信道估计不精确等[20]。此时，难以用安全容量来准确度量无线传输的物理层安全性，可引入安全中断概率作为新的评价指标，从统计意义上对安全性能做出评估。在文献［22，23］中，安全中断概率被定义为安全容量小于某给定安全速率的概率，即信源节点未能将保密信息以给定速率正确传输至目的节点的概率。这一定义未对造成安全传输失败的两个原因加以区分，即不能区分是目的节点未能译码还是窃听节点截获了过多信息量。在源节点具有主信道精确瞬时 CSI 条件下，可以通过调整传输速率保证目的节点接收性能，安全传输失败只剩下第二个原因。但是，如果主信道 CSI 也有误差，则目的节点的接收性能也难以完全保证，上述两种原因都可能导致安全传输失败。基于此，文献［8］定义了连接中断和新的安全中断，分别与上述两类事件相对应。在假设主信道 CSI、窃听信道 CSI 均不可知的条件下，文献［8］还分析了连接中断概率和安全中断概率，并进一步推导了安全吞吐量。文献［23］针对有估计误差的 CSI 反馈场景，设计了一种物理层安全机会发送机制以满足一定的连接中断约束和安全中断约束：只有当反馈的主信道、窃听信道增益满足于一定门限时，源节点才发送数据。

然而，估计误差并不是造成源节点无法获得精确 CSI 的唯一因素。由于信道的时变特性，即使源节点获得的反馈 CSI 是无估计误差的，反馈时延也会导致在源节点进行数据传输时，实际信道已相对反馈值发生了随机变化。因此，如何充分利用反馈时延条件下的信道状态信息，设计行之有效的物理层安全协作传输方案具有重要的实际意义。通过对信道的时延相关分析，源节点能够对传输过程中将要发生的连接中断、安全中断情况做出相应预测，进而采取相应协作策略，以提高信息传输的可靠性和安全性。从是否根据反馈 CSI

调整编码速率的角度，可将物理层安全传输策略分为两类。其一，源节点可使用动态的安全编码速率以匹配不同的信道链路状况，保证连接中断概率、安全中断概率始终处在可控范围内；其二，在固定编码速率条件下，源节点在获知反馈 CSI 后，如果预判传输将以较大概率发生中断，则不发送，等待下次机会。第二种策略虽然通过不发送规避了一部分中断风险，但也牺牲了传输机会：信道不好时，可以通过降低传输速率继续维持安全通信。因此，本章研究中采取的是前一种策略。

本节针对主信道 CSI 反馈时延、窃听信道仅知统计 CSI 的场景，设计了一种安全编码速率自适应的物理层安全机会协作传输方案。其基本思想是通过信道时延相关性分析，利用反馈时延的信道状态信息动态调整安全编码速率，实现一定概率的安全通信。本章从连接中断概率、安全中断概率、可靠性 - 安全性折中以及安全吞吐量等角度对其性能进行了深入分析。其中，RST 分析首次建模了可靠性与安全性之间的直接制约关系，为不同性能需求下的传输设计提供了理论参考。此外，考虑到现有研究中讨论的安全吞吐量均移植于非物理层安全场景，未将安全中断概率计算在内，本节定义了新的安全吞吐量计算公式，以更加全面地衡量不同方案实现可靠安全传输的效率。

9.3.2 信道时延相关建模

假设源节点至目的节点之间瑞利衰落信道服从零均值方差为 Ω 的复高斯分布。在数据发送前，目的节点对信道进行估计得到 $h^{(1)}$ 并将其反馈至源节点（假设信道估计过程不存在误差）。考虑信道时变特性和反馈时延，数据传输时实际经历的信道 $h^{(2)}$ 已相对 $h^{(1)}$ 发生随机变化 u，其关系可由如下相关模型描述：

$$h^{(2)} = \rho h^{(1)} + u \tag{9-55}$$

式中，$u \sim CN[0,\ (1-\rho^2)\Omega]$ 为独立于 $h^{(1)}$ 的时延误差项。根据 Jakes 相关模型[25]，时延相关系数取值为 $\rho = J_0(2\pi f_d\tau)$，$J_0(\cdot)$ 为第一类零阶 Bessel 函数，f_d 为多普勒频移，τ 为时延参数。在给定 $h^{(1)}$ 的条件下，$h^{(2)}$ 服从以 $h^{(1)}$ 为中心方差为 $(1-\rho^2)\Omega$ 的复高斯分布。令 $\gamma_1 = |h^{(1)}|^2$，$\gamma_2 = |h^{(2)}|^2$，则 γ_1 和 γ_2 的联合概率密度函数可表示为

$$f_{\gamma_1,\gamma_2}(\alpha,\beta) = \frac{e^{-\frac{\alpha+\beta}{(1-\rho^2)\Omega}}}{(1-\rho^2)\Omega} I_0\left(\frac{2\sqrt{\rho^2\alpha\beta}}{(1-\rho^2)\Omega}\right) \tag{9-56}$$

式中，$I_0(\cdot)$ 为第一类零阶修正 Bessel 函数。由瑞利信道假设可得 γ_1 的概率密度函数为 $f_{\gamma_1}(\alpha) = \exp(-\alpha/\Omega)/\Omega$，因此在由反馈 CSI 计算得到 $\gamma_1 = \alpha$ 条件下，传输时链路增益 γ_2 的条件概率密度函数为

$$f_{\gamma_2|\gamma_1=\alpha}(\beta) = \frac{f_{\gamma_1,\gamma_2}(\alpha,\beta)}{f_{\gamma_1}(\alpha)} = \frac{e^{-\frac{\alpha\rho^2+\beta}{(1-\rho^2)\Omega}}}{(1-\rho^2)\Omega} I_0\left(\frac{2\sqrt{\rho^2\alpha\beta}}{(1-\rho^2)\Omega}\right) \tag{9-57}$$

9.3.3 基于自适应编码速率的物理层安全机会协作

1. 系统模型

在如图 9-14 所示的三节点协同传输模型中，包括源节点 S、中继节点 R 以及目的节点 D，其通信安全性受到来自窃听节点 E 的威胁。假设系统中所有节点均装配单天线，且采用时分半双工方式工作。每次通信过程可分为两个阶段，第一阶段为直传阶段，第二阶段为协作传输阶段，如果目的节点 D 在第一阶段成功接收来自源节点的数据，则不需第二阶段，直接开始下一次通信。每个阶段均由两个时隙组成，第一个时隙用于反馈主信道 CSI，第二个时隙则进行保密信息的传输。第 i 阶段的第 j 时隙由 a 节点（$a \in \{S, R\}$）至 b 节点（$b \in \{R, D, E\}$，$b \neq a$）的信道记为 $h_{ab}^{(ij)} \sim CN(0, \Omega_{ab})$（$i=1, 2$，$j=1, 2$），b 节点的加性高斯白噪声记为 $n_b^{(ij)} \sim CN(0, \sigma^2)$。假设两阶段间信道相互独立。在同一阶段，两时隙的信道满足前一节给出的时延相关模型，ρ_{ab} 为信道时延相关系数。源节点、中继节点的发射功率均记为 P_0，则发射信噪比可写为 $\gamma_0 = P_0/\sigma^2$，由 a 至 b 链路的瞬时信噪比为 $\gamma_{ab}^{(ij)} = \gamma_0 |h_{ab}^{(ij)}|^2$，其平均值为 $\overline{\gamma_{ab}} = \gamma_0 \Omega_{ab}$。在第一阶段，源节点根据窃听信道统计信息 Ω_{SE} 以及反馈得到的主信道状态信息 $h_{SD}^{(11)}$，对传输时隙的连接中断概率、安全中断概率做出预测。基于此预测，在一定的可靠性、安全性约束下，源节点将保密信息 w 进行安全编码得到码字 x，x 选自维纳编码集 $C(R_0, R_s)$，其中 R_0 为主信道编码速率（即包含保密信息、冗余信息在内的总的编码速率），R_s 表示保密信息速率。因此，设计合理的速率对（R_0，R_s）是保证方案性能的关键。如果第一阶段的直传没有成功，则转入第二阶段进行协作传输。本章假设中继采用机会译码转发（Opportunistic Decode-and-Forward，ODF）协议，具体过程为：如果中继节点在第一阶段成功译码了 x，且反馈 CSI 表明 $\gamma_{RD}^{(21)} > \gamma_{SD}^{(21)}$，则选择中继转发 x；否则，由源节点重传。因此，两个阶段的 CSI 反馈作用有所不同：第一阶段的反馈用于确定合适的编码速率对，第二阶段的反馈则是用于选择转发节点。

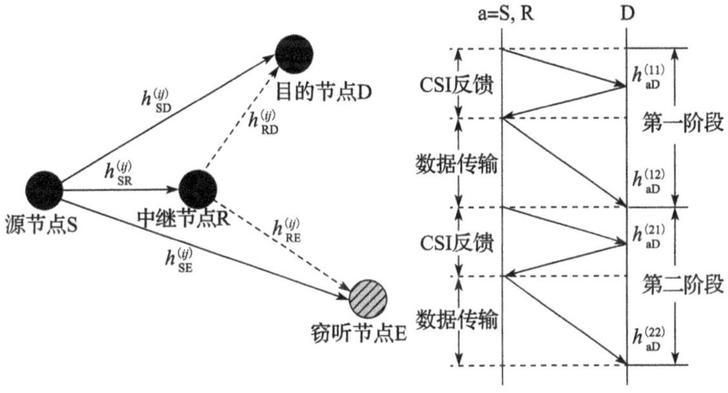

图 9-14　协同物理层安全机会协作传输模型

2. 传输方案

(1) 直传阶段

在第一阶段的第一时隙，源节点获得的反馈 CSI 为 $h_{SD}^{(11)}$。在第一阶段的第二时隙，目的节点的接收信号为

$$y_D^{(1)} = \sqrt{P_0}h_{SD}^{(12)}x + n_D \tag{9-58}$$

所以，目的节点实际接收信噪比为 $\gamma_{SD}^{(12)} = \gamma_0 |h_{SD}^{(12)}|^2$，而源节点根据反馈 CSI 计算得到的是 $\gamma_{SD}^{(11)} = \gamma_0 |h_{SD}^{(11)}|^2$。源节点在发送数据前，需通过信道时延相关分析，根据有延迟的反馈信息预测传输过程中将会发生的中断情况，并据此调整编码速率。为衡量传输过程的可靠性与安全性，分别给出连接中断概率和安全中断概率的定义，如下所示[8]：

$$\begin{aligned} P_{co} &= \Pr[I(X;Y_D) < R_0] \\ P_{so} &= \Pr[I(X;Y_E) > R_0 - R_s] \end{aligned} \tag{9-59}$$

式中，$I(X;Y_D)$ 为主信道互信息量，$I(X;Y_E)$ 为窃听信道互信息量。在给定连接中断概率、安全中断概率约束条件下，源节点根据反馈 CSI 确定编码速率对 (R_0, R_s) 时需满足以下定理。

定理 9-1 若反馈的主信道 CSI 为 $h_{SD}^{(11)}$，且要求直传阶段满足 $P_{co}^{(1)} \leqslant \xi_c$ 和 $P_{so}^{(1)} \leqslant \xi_s$，则编码速率对 (R_0, R_s) 上界受限于

$$\begin{aligned} R_0 &\leqslant \log_2(1 + \gamma_{th1}^*) \\ R_s &\leqslant R_0 - \log_2(1 + \gamma_0 \Omega_{SE} \ln \xi_s^{-1}) \end{aligned} \tag{9-60}$$

式中，γ_{th1}^* 为关于 γ_{th1} 的方程 $1 - Q_1\left(\sqrt{\frac{2\alpha_1\rho_{SD}^2}{(1-\rho_{SD}^2)\overline{\gamma_{SD}}}}, \sqrt{\frac{2\gamma_{th1}}{(1-\rho_{SD}^2)\overline{\gamma_{SD}}}}\right) = \xi_c$ 的解，$Q_1(\cdot)$ 为广义 Marcum Q 函数[26]。

证明： 假设源节点由反馈 CSI 计算得到的主信道信噪比为 $\gamma_{SD}^{(11)} = \gamma_0 |h_{SD}^{(11)}|^2$，而数据传输时隙的实际信噪比为 $\gamma_{SD}^{(12)} = \gamma_0 |h_{SD}^{(12)}|^2$。由式 (9-57) 可知，在 $\gamma_{SD}^{(11)} = \alpha_1$ 条件下，实际信噪比 $\gamma_{SD}^{(12)}$ 的条件概率密度函数为

$$f_{\gamma_{SD}^{(12)} | \gamma_{SD}^{(11)} = \alpha_1}(\beta) = \frac{e^{-\frac{\alpha_1\rho_{SD}^2 + \beta}{(1-\rho_{SD}^2)\overline{\gamma_{SD}}}}}{(1-\rho_{SD}^2)\overline{\gamma_{SD}}} I_0\left(\frac{2\sqrt{\rho_{SD}^2\alpha_1\beta}}{(1-\rho_{SD}^2)\overline{\gamma_{SD}}}\right) \tag{9-61}$$

令 $\frac{2\alpha_1\rho_{SD}^2}{(1-\rho_{SD}^2)\overline{\gamma_{SD}}} = v^2$，$\frac{2\beta}{(1-\rho_{SD}^2)\overline{\gamma_{SD}}} = z^2$，源节点根据 $\gamma_{SD}^{(11)} = \alpha_1$ 预测连接中断概率为

$$\begin{aligned} P_{co}^{(1)} &= \Pr(\gamma_{SD}^{(12)} < \gamma_{th1} | \gamma_{SD}^{(11)} = \alpha_1) \\ &= \int_0^{\sqrt{\frac{2\gamma_{th1}}{(1-\rho_{SD}^2)\overline{\gamma_{SD}}}}} z e^{-\frac{v^2+z^2}{2}} I_0(vz)\,dz \end{aligned}$$

$$= 1 - Q_1\left(\sqrt{\frac{2\alpha_1\rho_{SD}^2}{(1-\rho_{SD}^2)\overline{\gamma_{SD}}}},\sqrt{\frac{2\gamma_{th1}}{(1-\rho_{SD}^2)\overline{\gamma_{SD}}}}\right) \tag{9-62}$$

式中，$\gamma_{th1}=2^{R_0}-1$ 为连接中断门限。因此，由连接中断概率约束 $P_{co}^{(1)}\leqslant\xi_c$ 可得 $\gamma_{th1}\leqslant\gamma_{th1}^*$，$\gamma_{th1}^*$ 为如下方程关于 γ_{th1} 的解。

$$1 - Q_1\left(\sqrt{\frac{2\alpha_1\rho_{SD}^2}{(1-\rho_{SD}^2)\overline{\gamma_{SD}}}},\sqrt{\frac{2\gamma_{th1}}{(1-\rho_{SD}^2)\overline{\gamma_{SD}}}}\right) = \xi_c \tag{9-63}$$

由此可得关于主信道编码速率 R_0 的约束为

$$R_0 \leqslant \log_2(1+\gamma_{th1}^*) \tag{9-64}$$

对于窃听节点，第一阶段接收信噪比为 $\gamma_{SE}^{(12)}=\gamma_0\left|h_{SE}^{(12)}\right|^2$。但源节点没有相应的 CSI 反馈信息，只能据其统计值 Ω_{SE} 预估传输时隙的安全中断概率，为

$$P_{so}^{(1)} = \exp\left(-\frac{\gamma_{th2}}{\Omega_{SE}\gamma_0}\right) \tag{9-65}$$

其中 $\gamma_{th2}=2^{R_0-R_s}-1$ 为安全中断门限。考虑安全性约束 $P_{so}^{(1)}\leqslant\xi_s$，可得保密信息速率需满足

$$R_s \leqslant R_0 - \log_2(1+\gamma_0\Omega_{SE}\ln\xi_s^{-1}) \tag{9-66}$$

综上，定理 9-1 得证。

定义比例系数 $\delta=R_s/R_0$，以反映保密信息在整个码字中所占比例。因此，约束条件式（9-66）亦可写为 $\delta\leqslant1-\log_2(1+\gamma_0\Omega_{SE}\ln\xi_s^{-1})/R_0$。在满足定理 9-1 给出的编码速率约束下，源节点将保密信息安全编码并发送。如果第一阶段传输成功，则此次通信过程结束，源发送下一保密信息；反之，则进入第二阶段协同传输。

（2）协同传输阶段

令 T_r 表示事件中继节点在第一阶段成功译码 x，其互补事件记为 $\overline{T}_r$。事件 T_r 的发生概率计算为 $P_{T_r}=1-\exp(-\gamma_{th1}/\overline{\gamma_{SR}})$，相应地，$\overline{T}_r$ 发生概率为 $P_{\overline{T}_r}=1-P_{T_r}$。在 T_r 发生条件下，中继采用 ODF 协议参与协作：假设第二阶段根据反馈 CSI 计算得到的直传链路信噪比和中继链路信噪比分别为 $\gamma_{SD}^{(21)}$ 和 $\gamma_{RD}^{(21)}$，当 $\gamma_{RD}^{(21)}>\gamma_{SD}^{(21)}$ 时，由中继节点重传 x；否则，由源节点重传。在 $\overline{T}_r$ 发生条件下，则由源节点重传。因此，目的节点、窃听节点在第二阶段的接收信号分别为

$$y_k^{(2)} = \begin{cases} \sqrt{P_0}h_{Rk}^{(12)}x + n_D & T_r \text{ 且 } \gamma_{RD}^{(21)} > \gamma_{SD}^{(21)} \\ \sqrt{P_0}h_{Sk}^{(12)}x + n_D & \overline{T}_r \text{ 或 } \gamma_{RD}^{(21)} \leqslant \gamma_{SD}^{(21)} \end{cases} \tag{9-67}$$

式中，$k\in\{D,E\}$。

在上述链路选择过程中，由于各节点间信道相互独立，链路选择结果相对于目的节点而言最优，但相对窃听节点却为随机。因此，目的节点能获得相对于窃听节点更高的分集增益。此外，上述选择链路过程可通过分布式方法实现：在源节点、中继节点分别设置一

个初始值反比于$\gamma_{SD}^{(21)}$和$\gamma_{RD}^{(21)}$的倒计时计数器，先倒数至零者重传。所以，选择过程不需要再进行额外的信道信息交互，利用各节点本地反馈信息即可完成。在本节中，假设目的节点、窃听节点均因缓存空间受限，不能存储两个阶段接收的信息进行最大比合并，只依据当前阶段信号进行检测接收。

在中继成功译码（T_r）条件下，采用上述ODF协同的连接中断概率为

$$\begin{aligned} P_{\mathrm{co}|T_r}^{(2)} &= \Pr(\max\{\gamma_{SD}^{(22)},\gamma_{RD}^{(22)}\} < \gamma_{\mathrm{th1}} \mid \gamma_{SD}^{(21)} = \alpha_2, \gamma_{RD}^{(21)} = \alpha_3) \\ &= \prod_{k=2,3}\left(1 - Q_1\left(\sqrt{\frac{2\alpha_k\rho_{aD}^2}{(1-\rho_{aD}^2)\,\overline{\gamma_{aD}}}}, \sqrt{\frac{2\gamma_{\mathrm{th1}}}{(1-\rho_{aD}^2)\,\overline{\gamma_{aD}}}}\right)\right) \end{aligned} \tag{9-68}$$

在式（9-68）中，当$k=2$时$a=\mathrm{S}$，当$k=3$时$a=\mathrm{R}$。如前文所述，各信道相互独立，因此选择中继节点重传的概率为

$$\begin{aligned} \Pr(\gamma_{RD}^{(21)} > \gamma_{SD}^{(21)}) &= \int_0^{\infty}\Pr(\gamma_{RD}^{(21)} > \omega) f_{\omega}(\gamma_{SD}^{(21)})\,\mathrm{d}\omega \\ &= \int_0^{\infty} \mathrm{e}^{-\frac{\omega}{\Omega_{RD}}}\frac{1}{\Omega_{SD}}\mathrm{e}^{-\frac{\omega}{\Omega_{SD}}}\mathrm{d}\omega \\ &= \frac{\Omega_{RD}}{\Omega_{SD}+\Omega_{RD}} \end{aligned} \tag{9-69}$$

利用全概率公式，T_r条件下的安全中断概率为

$$\begin{aligned} P_{\mathrm{so}|T_r}^{(2)} &= \Pr(\gamma_{RD}^{(21)} > \gamma_{SD}^{(21)})\Pr(\gamma_{RE}^{(22)} > \gamma_{\mathrm{th1}} \mid \gamma_{RD}^{(21)} > \gamma_{SD}^{(21)}) + \\ &\quad \Pr(\gamma_{SD}^{(21)} \geqslant \gamma_{RD}^{(21)})\Pr(\gamma_{SE}^{(22)} > \gamma_{\mathrm{th1}} \mid \gamma_{SD}^{(21)} \geqslant \gamma_{RD}^{(21)}) \\ &= \frac{\Omega_{RD}}{\Omega_{SD}+\Omega_{RD}}\exp\left(-\frac{\gamma_{\mathrm{th2}}}{\gamma_{RE}}\right) + \frac{\Omega_{SD}}{\Omega_{SD}+\Omega_{RD}}\exp\left(-\frac{\gamma_{\mathrm{th2}}}{\gamma_{SE}}\right) \end{aligned} \tag{9-70}$$

在中继未成功译码条件下，由源节点重传，安全中断概率与第一阶段相同，即$P_{\mathrm{so}|\bar{T}_r}^{(2)} = P_{\mathrm{so}}^{(1)}$，这是因为第二阶段并没有关于窃听信道的CSI更新。相应地，此时连接中断概率为

$$P_{\mathrm{co}|\bar{T}_r}^{(2)} = 1 - Q_1\left(\sqrt{\frac{2\alpha_2\rho_{SD}^2}{(1-\rho_{SD}^2)\,\overline{\gamma_{SD}}}}, \sqrt{\frac{2\gamma_{\mathrm{th1}}}{(1-\rho_{SD}^2)\,\overline{\gamma_{SD}}}}\right) \tag{9-71}$$

综上，第二阶段的连接中断概率和安全中断概率分别为

$$\begin{aligned} P_{\mathrm{co}}^{(2)} &= P_{T_r}P_{\mathrm{co}|T_r}^{(2)} + P_{\bar{T}_r}P_{\mathrm{co}|\bar{T}_r}^{(2)} \\ P_{\mathrm{so}}^{(2)} &= P_{T_r}P_{\mathrm{so}|T_r}^{(2)} + P_{\bar{T}_r}P_{\mathrm{so}|\bar{T}_r}^{(2)} \end{aligned} \tag{9-72}$$

3. 物理层安全性能分析

（1）可靠性 - 安全性折中

基于上述分析，本节所提方案中总的连接中断概率、安全中断概率为

$$P_{\mathrm{co}} = P_{\mathrm{co}}^{(1)}P_{\mathrm{co}}^{(2)}$$

$$P_{so} = (1 - P_{co}^{(1)}) P_{so}^{(1)} + P_{co}^{(1)} P_{so}^{(2)} \tag{9-73}$$

观察上式可以发现，虽然第一阶段的安全中断概率 $P_{so}^{(1)}$，以及第二阶段的条件安全中断概率 $P_{so|T_r}^{(2)}$、$P_{so|\bar{T}_r}^{(2)}$均与反馈的主信道 CSI 无关，但总的安全中断概率 P_{so}还是受其影响。连接中断概率、安全中断概率分析为衡量传输可靠性、安全性提供了参考指标，也为不同性能需求下的传输参数设计提供了指导。但是，其计算式过于复杂，难以进一步得到关于可靠性和安全性矛盾关系的直观结论。因此，本节将通过高信噪比下的近似分析，提出一种新的物理层安全指标——可靠性 - 安全性折中（RST），以建立两者之间的折中模型。

在高信噪比条件下，随着 $\gamma_0 \to \infty$，有 $P_{T_r} \approx 1$ 及 $P_{\bar{T}_r} \approx \gamma_{th1}/\overline{\gamma_{SR}}$，而式（9-57）中条件概率密度函数渐近逼近于

$$f_{\gamma_{SD}^{(12)} \mid \gamma_{SD}^{(11)} = \alpha_1}(\beta) \overset{\gamma_0 \to \infty}{\approx} \frac{1}{(1 - \rho_{SD}^2)\overline{\gamma_{SD}}} e^{-\frac{\rho_{SD}^2 \alpha_1}{(1-\rho_{SD}^2)\overline{\gamma_{SD}}}} \tag{9-74}$$

式中，$\alpha_1 / \overline{\gamma_{SD}} = |h_{SD}^{(11)}|^2 / \Omega_{SD}$。对条件概率密度函数积分可得第一阶段连接中断概率 $P_{co}^{(1)}$、第二阶段条件连接中断概率 $P_{co|T_r}^{(2)}$以及 $P_{co|\bar{T}_r}^{(2)}$的高信噪比渐近表达式为

$$P_{co}^{(1)} \approx \frac{e^{-\frac{\rho_{SD}^2 |h_{SD}^{(11)}|^2}{(1-\rho_{SD}^2)\Omega_{SD}}} \gamma_{th1}}{(1 - \rho_{SD}^2)\overline{\gamma_{SD}}} \quad P_{co|T_r}^{(2)} \approx \frac{e^{-\left(\frac{\rho_{SD}^2 |h_{SD}^{(21)}|^2}{(1-\rho_{SD}^2)\Omega_{SD}} + \frac{\rho_{RD}^2 |h_{RD}^{(21)}|^2}{(1-\rho_{RD}^2)\Omega_{RD}}\right)} \gamma_{th1}^2}{(1 - \rho_{SD}^2)(1 - \rho_{RD}^2)\overline{\gamma_{SD}}\,\overline{\gamma_{RD}}} \quad P_{co|\bar{T}_r}^{(2)} \approx \frac{e^{-\frac{\rho_{SD}^2 |h_{SD}^{(21)}|^2}{(1-\rho_{SD}^2)\Omega_{SD}}} \gamma_{th1}}{(1 - \rho_{SD}^2)\overline{\gamma_{SD}}} \tag{9-75}$$

将上述近似结果代入式（9-73）可得总连接中断概率高信噪比条件下的渐近表达式为 $P_{co} \approx \vartheta \gamma_{th1}^3 / \gamma_0^3$，其中 ϑ 为

$$\vartheta = \frac{e^{-\frac{\rho_{SD}^2 (|h_{SD}^{(11)}|^2 + |h_{SD}^{(21)}|^2)}{(1-\rho_{SD}^2)\Omega_{SD}}}}{(1 - \rho_{SD}^2)^2 \Omega_{SD}^2} \left(\frac{1}{\Omega_{SR}} + \frac{e^{-\frac{\rho_{RD}^2 |h_{RD}^{(21)}|^2}{(1-\rho_{RD}^2)\Omega_{RD}}}}{(1 - \rho_{RD}^2)\Omega_{RD}} \right) \tag{9-76}$$

另一方面，为便于分析高信噪比条件下的安全性，定义安全概率为 $P_s = 1 - P_{so}$，即不发生安全中断的概率，其近似表达式为 $P_s \approx \gamma_{th2} / (\Omega_{SE} \gamma_0)$。

分析：对比近似表达式 $P_{co} \approx \vartheta \gamma_{th1}^3 / \gamma_0^3$ 和 $P_s \approx \gamma_{th2} / (\Omega_{SE} \gamma_0)$ 可发现，虽然主信道 CSI 反馈有延时，但机会译码转发协作仍能为主信道传输提供相对于窃听信道的优势。从分集增益可以看出：目的节点的接收仍然能够获得满分集增益 3，而窃听节点只获得 1 的分集增益，这表明机会协作传输带来的安全性损失相对于其带来的可靠性改善而言小很多。

若做运算 P_{co}/P_s^3，则可消除信噪比 γ_0 影响项，从而得到如下结果。

定义 9-1 基于以上近似分析，可得连接中断概率与安全中断概率的直接关系式，本节将其定义为可靠性 - 安全性折中（RST），即

$$P_{co} \approx \lambda P_s^3 \approx \lambda (1 - P_{so})^3 \tag{9-77}$$

式中，折中系数 λ 为

$$\lambda = \frac{\vartheta\Omega_{SE}^3(2^{R_0}-1)^3}{(2^{R_0-R_s}-1)^3} \tag{9-78}$$

分析：由式（9-77）可知，高信噪比条件下，连接中断概率与安全概率的三次方近似成正比关系（三次方对应了目的节点、窃听节点分集度的比值），而其中比例系数 λ 与编码速率（R_0，R_s）紧密相关。要同时保证较好的可靠性和安全性，就要求比例系数 λ 尽可能的小，这也就意味着要在使用较小的主信道编码速率 R_0 的同时获得较大的 R_0-R_s。显然，这是相互矛盾的。从提高传输安全性的角度出发，需要使用较大的 R_0 以提供更多的冗余保护，从保证可靠传输的角度出发，则希望 R_0 不要过大，否则有可能导致目的节点也无法正确接收。因此，RST 分析不仅仅建立了连接中断概率与安全中断概率之间的直观关系，也为物理层安全传输方案的设计提供了很好的理论指导，即如何根据不同的业务需求，采取不同的编码速率，以达到所需的可靠性与安全性平衡。

（2）安全吞吐量

尽管连接中断概率、安全中断概率以及可靠性－安全性折中能够从不同角度刻画物理层安全性能，但是这些指标没有一个能够全面衡量人们所提协作传输方案实现可靠安全传输的效率。现有研究中将安全吞吐量定义为

$$\eta = R_s(1-P_{co}) \tag{9-79}$$

这一定义移植于非物理层安全场景，只是将信息速率换成了保密信息速率，并未将安全中断概率计算在内。这一定义忽略了一个事实：目的节点成功接收源节点发送的保密信息的同时，窃听节点也可能截获了这一信息，而这一情况是不能算在安全吞吐量之内的。因此，由式（9-79）计算得到的安全吞吐量并不能真正反映实现可靠安全传输保密信息的效率。本节对其进行修正，提出了一种新的安全吞吐量定义式。

定义 9-2 在非理想信道状态信息条件下，安全吞吐量可表示为

$$\eta(P_0R_s,L) \triangleq \frac{E(R_s)}{E(T_d)} \tag{9-80}$$

式中，$E(R_s)$ 为单位时间内既可靠又安全到达目的节点的比特数的期望；$E(T_d)$ 为平均传输次数，其计算分别如下：

$$\begin{aligned} E(R_s) &= R_s\left((1-P_{co}^{(1)})(1-P_{so}^{(1)}) + P_{co}^{(1)}\sum_{A=T_r,\bar{T}_r} P_A(1-P_{col\,A}^{(2)})(1-P_{sol\,A}^{(2)})\right) \\ E(T_d) &= 1+2P_{co}^{(1)} \end{aligned} \tag{9-81}$$

分析：观察式（9-80）和式（9-81）可发现，安全吞吐量的大小同时受到三方面的制约：保密信息速率 R_s、连接中断概率 R_{co} 以及安全中断概率 R_{so}。从提高传输可靠性的角度出发，R_0 不能太高才能保证信息传输不中断；从提高保密信息传输有效性的角度而言，则需要尽可能以更高 R_s 来进行保密信息；从提高安全性的角度来说，则需要更高的 R_0-R_s

防止窃听节点对保密信息的解码。因此，由式（9-80）得到的安全吞吐量是无线系统物理层安全传输过程中有效性、可靠性以及安全性等三方面需求折中的一个结果。优化编码速率对（R_0，R_s）是改善安全吞吐量的关键，问题可建模为

$$\begin{aligned}&\max_{R_0,R_s}\quad \eta(R_0,R_s)\\&\text{s. t.}\quad R_0 \leqslant \log_2(1+\gamma_{\text{th1}}^*)\\&\qquad\quad R_s \leqslant R_0-\log_2(1+\gamma_0\Omega_{\text{SE}}\ln\xi_s^{-1})\end{aligned}\tag{9-82}$$

然而，在实际通信系统中是不可能得到上述问题全局最优解的。因为（R_0，R_s）是源节点在第一阶段传输之前设计好的，而 $\eta(R_0, R_s)$ 计算过程中的用到的条件连接中断概率 $P^{(2)}_{\text{co}|T_r}$ 和 $P^{(2)}_{\text{co}|\bar{T}_r}$ 是关于第二阶段反馈 CSI 的函数，源节点不可能在第一阶段就获知第二阶段的信道反馈值。在所有满足定理 9-1 的速率对（R_0，R_s）中，可考虑某些特殊解。例如，在第一阶段可靠性安全性约束下，为达到最大的保密信息传输有效性，可将保密信息速率设置为 $R_s=R_0-\log_2(1+\gamma_0\Omega_{\text{SE}}\ln\xi_s^{-1})$，其中 $R_0=\log_2(1+\gamma_{\text{th1}}^*)$ 为可靠性约束下提供最大限度安全性主信道编码速率。

9.3.4 仿真结果与讨论

在下述仿真中，信道统计参数假设为 $\Omega_{\text{SR}}=\Omega_{\text{RD}}=10$，$\Omega_{\text{SD}}=5$，$\Omega_{\text{SE}}=0.5$，$\Omega_{\text{RE}}=1$，$p_{\text{SD}}=0.1$，$p_{\text{RD}}=0.1$。所有结果均为 1000 次仿真实验所得平均值。

图 9-15 所示为源节点获知信噪比反馈值 $\gamma_{\text{SD}}^{(11)}$ 条件下，源节点到目的节点之间链路信噪

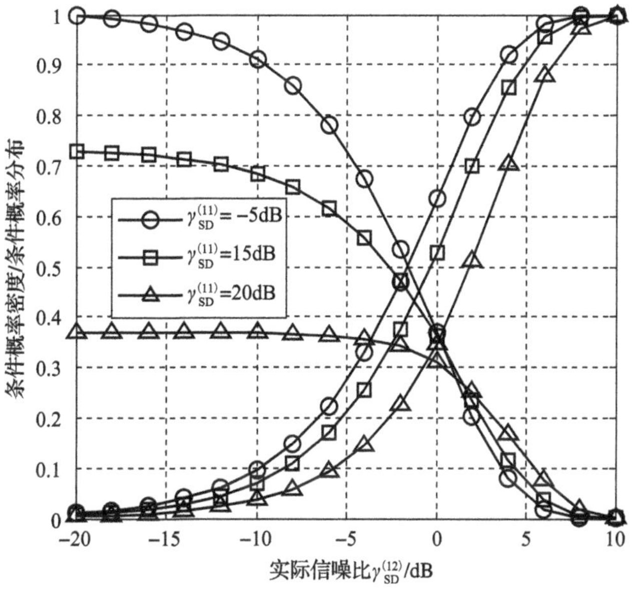

图 9-15　已知反馈值 $\gamma_{\text{SD}}^{(11)}$ 条件下实际信噪比 $\gamma_{\text{SD}}^{(12)}$ 的条件概率密度和条件概率分布，$\overline{\gamma_{\text{SD}}}=0\text{dB}$

比实际值的条件概率密度函数和条件概率分布函数。需要注意的是，实际值小于反馈值的概率并不是1/2，而是与反馈值相关的一个变量。在不同的反馈值条件下，信噪比实际值的分布各不相同，源节点需据此进行相应的连接中断概率估计，以便进行安全编码速率调整。

图9-16所示为ODF协作传输方案中源节点在获得主信道反馈CSI后根据发射信噪比 γ_0 设置不同主信道编码速率 R_0 所得的连接中断概率。由图可见，增大主信道编码速率 R_0，将导致主信道传输中断风险增加，源节点可根据系统第一阶段可靠性要求 $P_{co}^{(1)} \leqslant \xi_c$ 选择相应的 R_0。此外，由于第一阶段为直传阶段，其连接中断概率等于非协同（直传）方案中的连接中断概率。所以图9-16亦表明相对于直传方案，ODF协作传输方案极大地改善了数据传输可靠性。

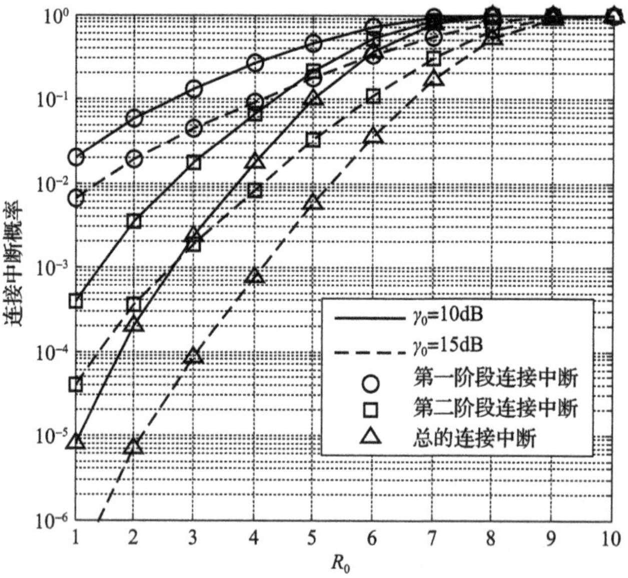

图9-16　连接中断概率与主信道编码速率变化关系（$\gamma_0=10\text{dB}$，15dB）

图9-17所示为ODF协作传输方案中安全中断概率（SOP）与编码速率对（R_0，R_s）的变化关系，同样第一阶段等效于直传方案。其中，$\delta=R_s/R_0$ 为保密信息在整个编码码字中所占比例，在给定 R_0 条件下增大这一比例将导致安全中断概率增大。因此，源节点在根据连接中断概率约束选定主信道编码速率 R_0 条件下，需根据安全中断概率约束选定相应的保密信息速率 R_s。

对比图9-16和图9-17可知，增大主信道编码速率 R_0，一方面可以为保密信息提供更多冗余保护，提高传输安全性，另一方面也将导致数据传输中断风险增加，即可靠性下降。在相同参数条件下，比较直传方案（等效于第一阶段）和协作传输方案的中断概率曲线可发现，相对于直传方案，ODF协作传输对连接中断概率的改善远大于其增大的安全中断风险，表明ODF协作以较小的安全性损失换取了较高的可靠性增益，这一观察结果与前文理论分析所得结论一致。反之，在同样的可靠性约束下，ODF协作传输可以支持更大的

主信道速率 R_0，从而提高数据传输的安全性。

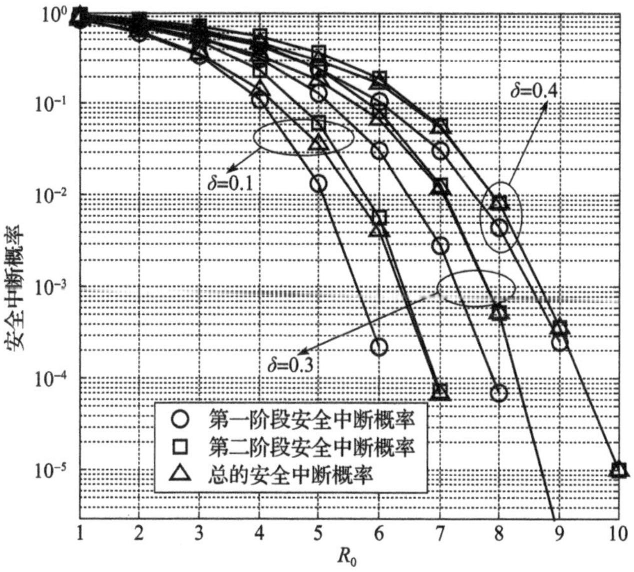

图 9-17　安全中断概率与编码速率变化关系，$\gamma_0=10\text{dB}$，$\delta=R_s/R_0$

图 9-18 给出了不同编码速率条件下的可靠性－安全性折中。正如 RST 分析中指出，在 R_0 较大而 R_s 较小条件下可获得更小的折中系数 λ。同时，由于在 R_0 较大时有如下近似 $(2^{R_0}-1)/(2^{R_0-R_s}-1)\approx 2^{R_s}$，因此有 $\lambda\approx\vartheta(2^{R_s}\Omega_{SE})^3$，在图中表现为曲线随 R_0 增大而趋于平坦。

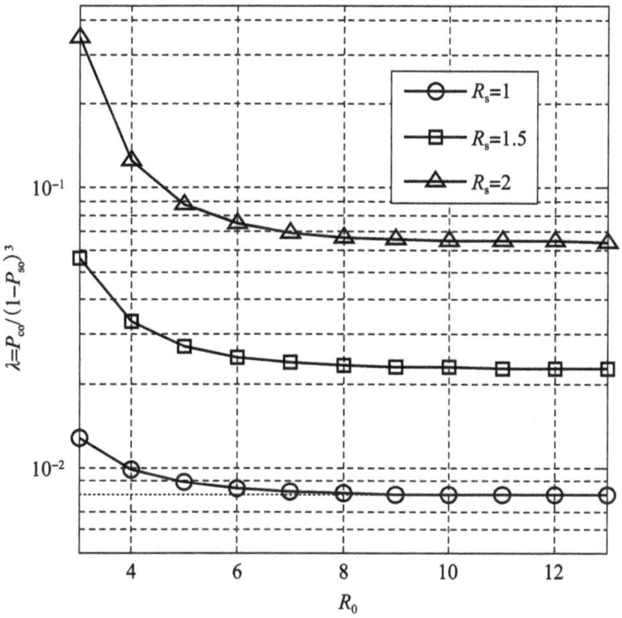

图 9-18　不同编码速率条件下的可靠性－安全性折中

图 9-19 所示为安全吞吐量与编码速率的关系，使用现有文献安全容量定义[8]所得结果亦在图中给出作为对比。图中结果表明，本节所做定义更好地反映了无线传输中的可靠性、安全性与有效性折中关系。在给定主信道编码速率条件下，当保密信息占比 δ 较小时，安全性得到了很好的保证，因此在 δ 取值较小条件下，增大 δ 能提升保密信息传输有效性，进而提升安全吞吐量；但当 δ 过大时，安全吞吐量又会因为安全性的恶化而下降。因此，从理论上看，存在最大化安全吞吐量的最优安全编码速率对。

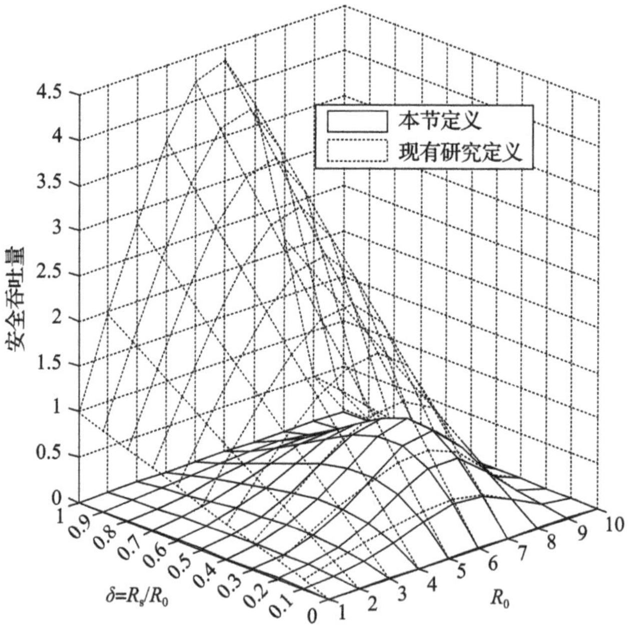

图 9-19　安全吞吐量与编码速率的关系

9.3.5　小结

信道状态信息对评估物理层安全性能、设计物理层安全传输方案至关重要。当合法用户具有主信道、窃听信道理想 CSI 时，可以用安全容量很好地刻画协同无线网络中的物理层安全性能，并以此为目标优化协作传输方案。然而，当合法用户无法获取完美的主信道、窃听信道 CSI 时，协作带来的安全风险只能用安全中断概率从统计意义上进行评判，不能确定每一次传输是否一定是安全的。本节针对主信道 CSI 反馈时延、窃听信道只有统计信息的场景，探讨了一种物理层安全机会协作传输方案，并从连接中断概率、安全中断概率、可靠性 - 安全性折中以及安全吞吐量等方面对其性能进行了全面分析。

9.4　统计 CSI 条件下物理层安全协同 ARQ

在主信道、窃听信道均只有统计信道状态信息条件下，本节对比分析了三种协同自动重传请求（Cooperative ARQ，CARQ）协议中的物理层安全性能。协同 ARQ 在帮助目的节点重传的同时也有可能在不断增强窃听节点的接收。为此，本文推导了连接中断概率和安全中断概率对协同 ARQ 协议的可靠性和安全性分别进行分析。通过高信噪比条件下的近似分析，得到了协同 ARQ 中的可靠性 - 安全性折中（RST）模型，据此建立起可靠性与安全性之间的直接关系。此外，为了更直观地评估协同 ARQ 实现可靠安全传输的效率，本节给出了新的安全吞吐量定义，以综合反映重传次数、编码速率对物理层安全性能的影响。

9.4.1 引言

由于能够有效改善信道衰落条件下的无线通信质量，自动重传请求（ARQ）技术已受到广泛应用[27]。而协同 ARQ 技术不仅能获取这一时间分集增益，也能获得协同传输带来的空间分集增益。考虑最基本的协同 ARQ 协议，如果上一时隙目的节点没有正确译码源数据而中继节点正确译码了，那么在接下来时隙将由中继节点重传这一数据；否则还是由源节点重传。这一最基本的协同 ARQ 机制又被称为译码转发（DF）协同 ARQ。对译码转发协同 ARQ 有诸多扩展形式。例如，机会译码转发（ODF）协同 ARQ，以及空时分组码（STBC）协同 ARQ。在机会译码转发协同 ARQ 中[28,29]，当且仅当中继到目的链路的质量优于源到目的链路的质量时，才由中继重传。在空时分组码协同 ARQ 中，若中继节点译码了源数据，则在下一次重传中和源节点以空时分组码方式同时向目的节点重传源信号。

然而，从物理层安全角度看，协同 ARQ 在有效提高传输成功概率的同时，也有可能增强了窃听节点的接收，导致传输安全性受到威胁。对于无线通信中的可靠性和物理层安全性问题，其研究都已较为成熟。遗憾的是，甚少有研究建立起两者之间的直接关系模型。尤其是在协同 ARQ 相关研究中，这仍然是一个十分开放的课题。因此，本节将研究协同 ARQ 协议中的可靠性与安全性关系问题。通过连接中断概率和安全中断概率分析，我们分别对协同 ARQ 中的可靠性与安全性问题进行了研究；通过进一步的高信噪比条件近似分析，我们得到了可靠性 - 时延折中（RDT）、安全性与时延折中（SDT），并最终通过靠性 - 安全性折中（RST）模型建立起可靠性与安全性的直接关系。此外，还通过安全吞吐量分析展示了协同 ARQ 协议中安全性、可靠性、有效性以及时延之间的相互制约关系。

9.4.2 协同 ARQ 系统模型

1. 系统模型

如图 9-20 所示，考虑一个三节点协同 ARQ 模型，中继节点 R 帮助源节点 S 向目的节点 D 发送信

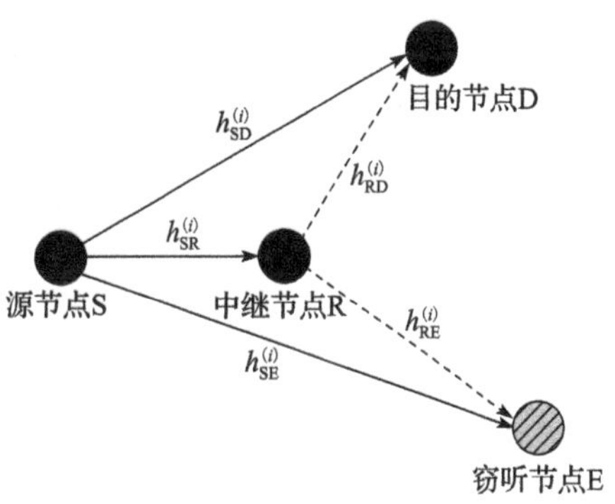

图 9-20　协同 ARQ 系统模型

息。同时，网络中存在一个窃听节点 E。假设所有信道均为准静态衰落信道，即信道系数在一个数据包发送期间保持不变，而在各数据包之间独立变化。假设一个数据包的最大传输次数为 L，在第 i 次传输时由节点 $a(a\in\{S, R\})$ 至节点 $b(b\in\{R, D, E\}b\neq a)$ 的信道记为 $h_{ab}^{(i)}\sim CN(0, \Omega_{ab})$，b 节点的加性高斯白噪声（AWGN）记为 $n_b^{(i)}\sim CN(0, \sigma^2)$。假设源节点 S 没有主信道 $h_{SD}^{(i)}$ 或者窃听信道 $h_{SE}^{(i)}$ 的瞬时信道状态信息，但是统计信息是可获得的。源节点、中继节点的发射功率均记为 P_0，则发射信噪比可写为 $\gamma_0=P_0/\sigma^2$，由 a 至 b 链路的瞬时信噪比为 $\gamma_{ab}^{(i)}=\gamma_0|h_{ab}^{(i)}|^2$，其平均值为 $\gamma_{ab}=\gamma_0\Omega_{ab}$。用 $C(R_0, R_s)$ 表示速率对为 (R_0, R_s) 的维纳编码的集合，其中，R_0 表示主信道编码速率，R_s 表示保密信息速率，且 $R_s\leqslant R_0$。由于源节点不知道瞬时信道状态信息，所以无法进行安全编码速率的自适应调整。在接下来的讨论中，假设每次重传使用与源节点第一次发送时相同的编码（包括源节点和中继节点的重传），在接收端采用最大比合并（MRC）。

每次传输含两个时隙，第一个时隙用于传输数据，第二个时隙则由目的节点进行接收确认。在第一个时隙，源节点将待发送的保密信息 w 进行维纳安全编码，得到码字 $x\in C(R_0, R_s)$，并将其发送给目的节点，这一信号同时能被中继和窃听者接收到。在第二个时隙，目的节点通过反馈一个确认（Acknowledgement，ACK）信号或者否定确认（Negative Acknowledgement，NACK）信号来指示信息的译码成功或者失败，假设反馈信息能够可靠地被源节点和中继检测到。如果源节点接收到目的节点反馈的 ACK 或者重传达到了最大次数 L，则停止当前信息的发送进而发送下一信息。如果接收到 NACK 或者传输次数没有达到最大次数 L，则进行数据包 x 的重传。

如图 9-21 所示，只有中继节点译码了源节点信息 x，才能进行协同 ARQ 传输。为便于后文分析，先考察中继节点的译码情况。在进行信息 x 的 l 次传输后，中继节点经过对历次接收信号的最大比合并，得到

$$y_R^{(l)} = \sqrt{P_0}\,\hat{h}_R^{(l)}x + n_R \tag{9-83}$$

式中，$\hat{h}_R^{(l)}$ 是源节点到目的节点经过最大比合并（MRC）的等效信道系数，$\hat{h}_R^{(l)}=\sqrt{\sum_{i=1}^{l}|h_{SR}^{(i)}|^2}$。将中继在源节点第 k 次发送后成功译码记为事件 $T_r=k$。特别地，$T_r=L$ 表示中继在前 $L-1$ 次发送后均未成功译码（在这一情况下，无论在第 L 次发送后中继译码

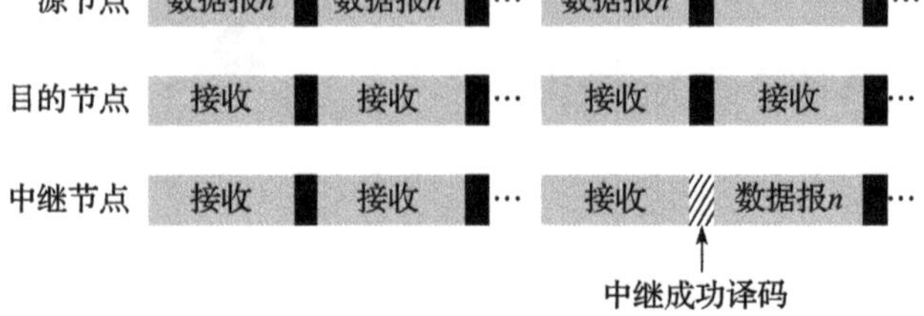

图 9-21　中继译码与协同传输

成功与否，中继都无法参与协同传输）。因此，协作传输开始于 T_r+1 时隙，且 $T_r<L$。

2. 协同 ARQ 协议

根据不同的协同传输策略，本节将考虑译码转发协同 ARQ、机会译码转发协同 ARQ 以及空时分组码协同 ARQ 三种协同 ARQ 协议中的物理层安全问题。

（1）DF 协同 ARQ

在这一协议中，如果中继节点在目的节点之前正确译码源信息 x，则中继节点反馈 ACK 信号。收到这一信号，源节点将在下一传输时隙保持静默，由中继节点重传这一信息。如果目的节点在中继节点之前正确译码信息，则日的节点通过反馈 ACK 告知源节点已成功接收当前信息，源节点终止当前数据传输，开始发送下一数据。在 l 次传输后，目的节点、窃听节点经过 MRC，得到等效接收信号

$$y_k^{(l)} = \sqrt{P_0}\,\hat{h}_k^{(l)} x + n_k \tag{9-84}$$

式中，$k\in\{\mathrm{D},\ \mathrm{E}\}$。如果 $l\leqslant T_r$，即中继还未译码不能参与协同，等效信号即为 l 次来自源节点信号的叠加；相反，则为来自源节点信号与来自中继节点信号的共同效果。因此，等效的主信道、窃听信道系数为

$$\hat{h}_k^{(l)} = \begin{cases} \sqrt{\sum\limits_{i=1}^{l} |h_{\mathrm{S}k}^{(i)}|^2} & l \leqslant T_r \\ \sqrt{\sum\limits_{i=1}^{T_r} |h_{\mathrm{S}k}^{(i)}|^2 + \sum\limits_{i=T_r+1}^{l} |h_{\mathrm{R}k}^{(i)}|^2} & l > T_r \end{cases} \tag{9-85}$$

（2）ODF 协同 ARQ

在上述最基本的译码转发协同 ARQ 中，采用的是只要中继节点译码下一传输就由中继节点进行的固定策略。其不足之处在于，如果中继节点至目的节点链路很差，协同传输甚至可能比非协同传输提供的性能更差。因此，对其改进可得机会译码转发协同 ARQ，即当且仅当中继节点译码了源节点信息而且中继节点至目的节点链路的信噪比高于源节点至目的节点链路的信噪比时，才由中继节点重传。当 $l\leqslant T_r$ 时，等效主信道、窃听信道模型与译码转发协同 ARQ 一样。当 $l>T_r$ 时，经过上述链路选择过程，等效主信道系数可表示为

$$\hat{h}_{\mathrm{D}}^{(l)} = \sqrt{\sum_{i=1}^{T_r} |h_{\mathrm{SD}}^{(i)}|^2 + \sum_{i=T_r+1}^{l} \max(|h_{\mathrm{SD}}^{(i)}|^2, |h_{\mathrm{RD}}^{(i)}|^2)} \tag{9-86}$$

上述链路选择过程是针对目的节点接收而言，对窃听节点而言是随机的。因此，等效的窃听信道系数为

$$\hat{h}_{\mathrm{E}}^{(l)} = \sqrt{\sum_{i=1}^{T_r} |h_{\mathrm{SE}}^{(i)}|^2 + \sum_{i=T_r+1}^{l} |h_{\mathrm{SRE}}^{(i)}|^2} \tag{9-87}$$

式中，

$$|h_{\mathrm{SRE}}^{(i)}|^2 = \begin{cases} |h_{\mathrm{SE}}^{(i)}|^2 & 若 |h_{\mathrm{SD}}^{(i)}|^2 \geqslant |h_{\mathrm{RD}}^{(i)}|^2 \\ |h_{\mathrm{RE}}^{(i)}|^2 & 若 |h_{\mathrm{SD}}^{(i)}|^2 < |h_{\mathrm{RD}}^{(i)}|^2 \end{cases} \tag{9-88}$$

另外，上述链路比较选择过程可通过分布式算法实现。例如：在收到目的节点反馈的 NACK 后，源节点和中继节点能够通过各自的检测信噪比从而评价链路质量，并且据此设定一个倒计时计数器，其初始值与检测信噪比值呈负相关关系。因此，链路质量好的对应计数器先计数到零，开始发送，另一链路检测到这一发送后，保持静默。

（3）STBC 协同 ARQ

在空时分组码协同 ARQ 中，如果中继节点在目的节点之前译码源信息，中继节点将与源节点合作，通过分布式的空时分组码方式共同重传源信息。具体过程为：源节点和中继节点将源信息 $\boldsymbol{x}$ 分成两部分，即 $\boldsymbol{x}=[x_1x_2]$。在第二时隙的协同中，传输分成两个子时隙进行：第一个子时隙源节点、中继节点分别发送 x_1 和 x_2；第二子时隙源节点、中继节点分别发送 $-x_2^*$ 和 x_1^*。因此协同重传构成了空时分组编码。类似地，当 $l \leqslant T_{\mathrm{r}}$ 时，等效主信道、窃听信道模型与式（9-85）中相同。当 $l > T_{\mathrm{r}}$ 时，通过最大比合并，等效的主信道、窃听信道系数为

$$\hat{h}_k^{(l)} = \sqrt{\sum_{i=1}^{l} |h_{\mathrm{S}k}^{(i)}|^2 + \sum_{i=T_{\mathrm{r}}+1}^{l} |h_{\mathrm{R}k}^{(i)}|^2} \tag{9-89}$$

式中，$k \in \{\mathrm{D}, \mathrm{E}\}$。

3. 安全编码

非 ARQ 传输模型中的维纳安全编码存在性在文献［2］已经证明，下面讨论 ARQ 模型中的维纳编码问题。

定理 9-2 *假设用 $P(l)$ 表示 l 次传输后满足下列条件的信道矢量对*

$$I(X;Y_{\mathrm{D}} | \boldsymbol{h}_{\mathrm{D}}^{(l)}) \geqslant R_0 \tag{9-90}$$

以及

$$I(X;Y_{\mathrm{E}} | \boldsymbol{h}_{\mathrm{E}}^{(l)}) < R_0 - R_{\mathrm{s}} \tag{9-91}$$

式中，$I(X;\ Y_{\mathrm{D}} | \boldsymbol{h}_{\mathrm{D}}^{(l)})$ 和 $I(X;\ Y_{\mathrm{E}} | \boldsymbol{h}_{\mathrm{E}}^{(l)})$ 分别表示 l 次传输后的等效主信道互信息量、等效窃听信道互信息量，则一定存在一种维纳编码

$$x \in C(R_0, R_{\mathrm{s}})$$

使得其重复编码方式

$$\boldsymbol{C} = [\underbrace{x, x, \cdots x}_{l}]$$

对属于集合 $P(l)$ 中的任意信道矢量对（$\boldsymbol{h}_{\mathrm{D}}^{(l)}$，$\boldsymbol{h}_{\mathrm{E}}^{(l)}$）均能够实现目的节点的无差错译码和信息的绝对安全性。

证明：由于重传时采用的维纳编码与源节点一次传输时相同，因此 l 次传输后目的节

点的接收码字可表示为［x，x，…，x］。当 $l \leqslant T_r$ 时，所有 l 次传输构成的等效主信道矢量、窃听信道矢量为

$$\boldsymbol{h}_k^{(l)} = [h_{Sk}^{(1)}, h_{Sk}^{(2)}, \cdots, h_{Sk}^{(l)}] \tag{9-92}$$

式中，$k \in \{D, E\}$。当 $l > T_r$ 时，等效信道主信道矢量、窃听信道矢量为

$$\boldsymbol{h}_k^{(l)} = [h_{Sk}^{(1)}, h_{Sk}^{(2)}, \cdots, h_{Sk}^{(T_r)}, h_{SRk}^{(T_r+1)}, \cdots, h_{SRk}^{(l)}] \tag{9-93}$$

三种协同 ARQ 方式在 $l > T_r$ 时的 $h_{SRD}^{(i)}$ 和 $h_{SRE}^{(i)}$ 有所不同。具体为，在译码转发协同 ARQ 中，$h_{SRk}^{(i)} = h_{Sk}^{(i)}$；在机会译码转发协同 ARQ 中，$h_{SRD}^{(i)} = \arg\max\limits_{h_{SD}^{(i)}, h_{RD}^{(i)}} (|h_{SD}^{(i)}|, |h_{RD}^{(i)}|)$，$h_{SRE}^{(i)}$ 如式（9-78）所示；在空时分组码协同 ARQ 中，$h_{SRk}^{(i)} = \sqrt{|h_{Sk}^{(i)}|^2 + |h_{Rk}^{(i)}|^2}$。基于以上观察，$l$ 次传输后的等效主信道矢量、等效窃听信道矢量可表示为信道矢量对（$\boldsymbol{h}_D^{(l)}$，$\boldsymbol{h}_E^{(l)}$）。（$\boldsymbol{h}_D^{(l)}$，$\boldsymbol{h}_E^{(l)}$）满足式（9-90）即可实现目的节点无差错译码，满足式（9-91）即可保证信息绝对安全性。因此，基于文献［8］中的推论 1，只要上述 $P(l)$ 集合非空，即可实现无差错的安全传输。

9.4.3 物理层安全性能分析

1. 中断分析

在 $P(l)$ 集合满足的两个条件中，若式（9-90）未能得到满足，称之为连接中断；若式（9-91）未能得到满足，称之为安全中断。经过观察可以发现，这两类中断都与中继节点在何时译码源信息紧密相关，这关系到重传时的主信道、窃听信道等效信道系数。假设中继节点在第 k 次传输后正确译码了源信息，将此条件下 l 次传输后目的节点仍然未译码 x 的条件概率记为 $P_{T_r=k}^{co}(l)$。因此，协同 ARQ 协议中 l 次传输后的连接中断概率可计算为

$$P_{co}(l) = \sum_{k=1}^{L} P_{T_r=k}^{co}(l) \Pr\{T_r = k\} \tag{9-94}$$

为计算 l 次传输后的连接中断概率 $P_{co}(l)$，需求解中继节点译码概率 $\Pr\{T_r = k\}$ 以及条件中断概率 $P_{T_r=k}^{co}(l)$。特别地，$l = 1$ 即第一次传输后的连接中断概率、安全中断概率与中继节点译码概率 $\Pr\{T_r = k\}$ 无关，分别计算为

$$\begin{aligned} P_{co}(1) &= 1 - \exp\left(-\frac{\gamma_{th1}}{\gamma_{SD}}\right) \\ P_{so}(1) &= \exp\left(-\frac{\gamma_{th2}}{\gamma_{SD}}\right) \end{aligned} \tag{9-95}$$

式中，$\gamma_{th1} = 2^{R_0} - 1$ 为连接中断门限；$\gamma_{th2} = 2^{R_0 - R_s} - 1$ 为安全中断门限。因此，后续部分将讨论 $l \geqslant 2$ 时的连接中断概率和安全中断概率。

（1）DF 协同 ARQ

1）中继节点译码情况。为计算连接中断概率、安全中断概率，需先研究中继节点成

功译码源信息的概率分布。由式（9-94）的中继节点接收信号模型，可得第 k 次传输后源节点到中继节点之间信道互信息量为

$$I(X;Y_{\mathrm{R}}\mid \boldsymbol{h}_{\mathrm{R}}^{(l)}) = \log_2\left(1+\sum_{i=1}^{k}\gamma_{\mathrm{SR}}^{(i)}\right) \tag{9-96}$$

式中，$\boldsymbol{h}_{\mathrm{R}}^{(k)}=[h_{\mathrm{SR}}^{(1)}, h_{\mathrm{SR}}^{(2)}, \cdots, h_{\mathrm{SR}}^{(l)}]$ 为源节点 k 次传输后源节点至中继节点的等效信道矢量。定义 $\lambda_{\mathrm{SR}}^{(k)}=\sum_{i=1}^{k}\gamma_{\mathrm{SR}}^{(i)}$，则 $\lambda_{\mathrm{SR}}^{(k)}$ 为多个独立同分布负指数变量之和，服从爱尔朗(Erlang)分布，即 $\lambda_{\mathrm{SR}}^{(k)}\sim \mathrm{Er}(k, 1/\overline{\gamma_{\mathrm{SR}}})$，其概率分布函数为

$$F_{\lambda_{\mathrm{SR}}^{(k)}}(\gamma) = 1-\sum_{i=0}^{k-1}\frac{1}{i!}\left(\frac{\gamma}{\overline{\gamma_{\mathrm{SR}}}}\right)^{i}\exp\left(-\frac{\gamma}{\overline{\gamma_{\mathrm{SR}}}}\right) \tag{9-97}$$

当 $k=1$ 时，即中继节点在源节点第一次发送后就译码的概率为

$$\Pr\{T_{\mathrm{k}}=1\} = \exp\left(-\frac{\gamma_{\mathrm{th1}}}{\overline{\gamma_{\mathrm{SR}}}}\right) \tag{9-98}$$

当 $k=2, 3, \cdots, L-1$ 时，$\Pr\{T_{\mathrm{r}}=k\}$ 表示中继节点在源节点第 k 次传输后才成功译码（即 $k-1$ 次传输后还未译码），相应地，其概率计算为

$$\begin{aligned}\Pr\{T_k=k\} &= \Pr\{I(X;Y_{\mathrm{R}}\mid \boldsymbol{h}_{\mathrm{R}}^{(k-1)})<R_0\}-\Pr\{I(X;Y_{\mathrm{R}}\mid \boldsymbol{h}_{\mathrm{R}}^{(k)})<R_0\}\\ &= F_{\lambda_{\mathrm{SR}}^{(k-1)}}(\gamma_{\mathrm{th1}})-F_{\lambda_{\mathrm{SR}}^{(k)}}(\gamma_{\mathrm{th1}})\\ &= \frac{1}{(k-1)!}\left(\frac{\gamma_{\mathrm{th1}}}{\overline{\gamma_{\mathrm{SR}}}}\right)^{k-1}\exp\left(-\frac{\gamma_{\mathrm{th1}}}{\overline{\gamma_{\mathrm{SR}}}}\right)\end{aligned} \tag{9-99}$$

当 $k=L$ 时，上文已说明其代表意义为中继节点在前 $L-1$ 次传输后仍未译码源信息，因此 $\Pr\{T_k=L\}$ 计算为

$$\Pr\{T_k=L\} = F_{\lambda_{\mathrm{SR}}^{(L-1)}}(\gamma_{\mathrm{th1}}) = 1-\sum_{i=0}^{L-2}\frac{1}{i!}\left(\frac{\gamma_{\mathrm{th1}}}{\overline{\gamma_{\mathrm{SR}}}}\right)^{i}\exp\left(-\frac{\gamma_{\mathrm{th1}}}{\overline{\gamma_{\mathrm{SR}}}}\right) \tag{9-100}$$

综上，中继节点的译码概率可表示为

$$\Pr\{T_{\mathrm{r}}=k\} = \begin{cases}\dfrac{1}{(k-1)!}\left(\dfrac{\gamma_{\mathrm{th1}}}{\overline{\gamma_{\mathrm{SR}}}}\right)^{k-1}\exp\left(-\dfrac{\gamma_{\mathrm{th1}}}{\overline{\gamma_{\mathrm{SR}}}}\right) & 1\leqslant k<L\\ 1-\displaystyle\sum_{i=0}^{L-2}\frac{1}{i!}\left(\frac{\gamma_{\mathrm{th1}}}{\overline{\gamma_{\mathrm{SR}}}}\right)^{i}\exp\left(-\frac{\gamma_{\mathrm{th1}}}{\overline{\gamma_{\mathrm{SR}}}}\right) & k=L\end{cases} \tag{9-101}$$

2）连接中断概率。首先，需计算上述中继译码条件下 l 次传输后的条件连接中断概率。由于假设中继在 $T_{\mathrm{r}}=k$ 次传输后译码源节点信息，因此，当 $k<l$ 时，目的节点接收信号来自于 k 次源节点发送与 $l-k$ 次中继节点发送。当 $k\geqslant l$ 时，中继还未译码，不能协同传输，目的节点接收信号均来自源节点发送。等效的主信道互信息量可表示为

$$I(X;Y_{\mathrm{D}}\mid \boldsymbol{h}_{\mathrm{D}}^{(l)}) = \begin{cases}\log_2\left(1+\displaystyle\sum_{i=1}^{l}\gamma_{\mathrm{SD}}^{(i)}\right) & l\leqslant k\\ \log_2\left(1+\displaystyle\sum_{i=1}^{k}\gamma_{\mathrm{SD}}^{(i)}+\sum_{i=k+1}^{l}\gamma_{\mathrm{RD}}^{(i)}\right) & l>k\end{cases} \tag{9-102}$$

为便于后文表述，做如下变量代换：$\lambda_{SD}^{(k)} = \sum_{i=1}^{k}\gamma_{SD}^{(i)}$，$\lambda_{RD}^{(l-k)} = \sum_{i=k+1}^{l}\gamma_{RD}^{(i)}$，两者均服从爱尔朗分布，即 $\lambda_{SD}^{(k)} \sim \mathrm{Er}(k,\ 1/\overline{\gamma_{SD}})$，$\lambda_{RD}^{(l-k)} \sim \mathrm{Er}(l-k,\ 1/\overline{\gamma_{RD}})$。

对于 $l \leqslant k$，条件连接中断概率可直接由 $\lambda_{SD}^{(k)}$ 的概率分布函数得到，写为

$$P_{T_r=k}^{col}(l) = 1 - \exp\left(-\frac{\gamma_{th1}}{\overline{\gamma_{SD}}}\right)\sum_{i=0}^{l-1}\frac{1}{i!}\left(\frac{\gamma_{th1}}{\overline{\gamma_{SD}}}\right)^{i} \tag{9-103}$$

为便于计算 $l>k$ 时的条件连接中断概率，给出如下定理：

定理9-3 假设两个爱尔朗分布变量分别为 $\lambda_1 \sim \mathrm{Er}(m,\ 1/\overline{\gamma_1})$ 和 $\lambda_2 \sim \mathrm{Er}(m,\ 1/\overline{\gamma_2})$，定义两者之和 $\lambda = \lambda_1 + \lambda_2$，则 λ 的概率分布函数可写为

$$\begin{aligned}&g(m,n,\overline{\gamma_1},\overline{\gamma_2};\gamma)\\&=1-\exp\left(-\frac{\gamma}{\overline{\gamma_2}}\right)\sum_{i_1=0}^{n-1}\frac{1}{i_1!}\left(\frac{\gamma}{\overline{\gamma_2}}\right)^{i_1}-\frac{1}{(n-1)!}\exp\left(-\frac{\gamma}{\overline{\gamma_1}}\right)\sum_{i_2=0}^{m-1}\frac{1}{i_2!}\sum_{i_3=0}^{i_2}\binom{i_2}{i_3}(-1)^{i_3}\frac{\gamma^{i_2-i_3}}{\overline{\gamma_1}^{i_2}\overline{\gamma_2}^{n}}!\times\\&\left(\frac{\overline{\gamma_1}-\overline{\gamma_2}}{\overline{\gamma_1}\,\overline{\gamma_2}}\right)^{-(i_3+n)}(i_3+n-1)-\left[1-\exp\left(\frac{\overline{\gamma_2}-\overline{\gamma_1}}{\overline{\gamma_1}\,\overline{\gamma_2}}\gamma\right)\sum_{i_4=0}^{i_3+n-1}\frac{1}{k!}\left(\frac{\overline{\gamma_1}-\overline{\gamma_2}}{\overline{\gamma_1}\,\overline{\gamma_2}}\gamma\right)^{i_4}\right]\end{aligned} \tag{9-104}$$

证明： λ_1 的概率分布函数以及 λ_2 的概率密度函数可分别表示为

$$\begin{aligned}F_{\lambda_1}(\gamma) &= 1-\exp\left(-\frac{\gamma}{\overline{\gamma_1}}\right)\sum_{i=0}^{m-1}\frac{1}{i!}\left(\frac{\gamma}{\overline{\gamma_1}}\right)^{i}\\ f_{\lambda_2}(\gamma) &= \frac{1}{\overline{\gamma_2}}\exp\left(-\frac{\gamma}{\overline{\gamma_2}}\right)\frac{1}{(n-1)!}\left(\frac{\gamma}{\overline{\gamma_2}}\right)^{n-1}\end{aligned} \tag{9-105}$$

因此，λ 的概率分布函数可计算为

$$\begin{aligned}&g(m,n,\overline{\gamma_1},\overline{\gamma_2};\gamma)\\&=\Pr(\lambda_1^{(k)}+\lambda_2^{(l-k)}<\gamma)\\&=\int_0^{\gamma}\Pr(\lambda_1^{(k)}<\gamma-x)f_{\lambda_2}(x)\,\mathrm{d}x\\&=\int_0^{\gamma}\left(1-\exp\left(-\frac{\gamma-x}{\overline{\gamma_1}}\right)\sum_{i=0}^{m-1}\frac{1}{i!}\left(\frac{\gamma-x}{\overline{\gamma_1}}\right)^{i}\right)\frac{1}{\overline{\gamma_2}}\exp\left(-\frac{x}{\overline{\gamma_2}}\right)\frac{1}{(n-1)!}\left(\frac{x}{\overline{\gamma_2}}\right)^{n-1}\mathrm{d}x\end{aligned} \tag{9-106}$$

对 $\left(\frac{\gamma-x}{\overline{\gamma_1}}\right)^{i}$ 二项式展开可得

$$\begin{aligned}g(m,n,\overline{\gamma_1},\overline{\gamma_2};\gamma) &= 1-\exp\left(-\frac{\gamma}{\overline{\gamma_2}}\right)\sum_{i=0}^{n-1}\frac{1}{i!}\left(\frac{\gamma}{\overline{\gamma_2}}\right)^{i}-\frac{1}{(n-1)!}\exp\left(-\frac{\gamma}{\overline{\gamma_1}}\right)\sum_{i=0}^{m-1}\frac{1}{i!}\\&\sum_{j=0}^{i}\binom{i}{j}(-1)^{j}\frac{\gamma^{i-j}}{\overline{\gamma_1}^{i}\overline{\gamma_2}^{n}}\int_0^{\gamma}\exp\left(\frac{\overline{\gamma_2}-\overline{\gamma_1}}{\overline{\gamma_1}\,\overline{\gamma_2}}x\right)x^{j+n-1}\mathrm{d}x\end{aligned} \tag{9-107}$$

由文献［30］中的式（3.351.1）可得式（9-107）积分项为

$$\int_0^\gamma \exp\left(\frac{\overline{\gamma_2}-\overline{\gamma_1}}{\overline{\gamma_1}\,\overline{\gamma_2}}x\right)x^{j+n-1}\mathrm{d}x$$

$$=\left(\frac{\overline{\gamma_1}-\overline{\gamma_2}}{\overline{\gamma_1}\,\overline{\gamma_2}}\right)^{-(j+n)}(j+n-1)!\left[1-\exp\left(\frac{\overline{\gamma_2}-\overline{\gamma_1}}{\overline{\gamma_1}\,\overline{\gamma_2}}\gamma\right)\sum_{k=0}^{j+n-1}\frac{1}{k!}\left(\frac{\overline{\gamma_1}-\overline{\gamma_2}}{\overline{\gamma_1}\,\overline{\gamma_2}}\gamma_{\text{th1}}\right)^k\right] \tag{9-108}$$

将式（9-108）代入式（9-107）即可得式（9-104），定理9-3得证。

由定理9-3，条件 $l>k$ 时的条件连接中断概率为

$$P_{T_r=k}^{\text{co2}}(l)=g(k,l-k,\overline{\gamma_{\text{SD}}},\overline{\gamma_{\text{RD}}};\gamma_{\text{th1}}) \tag{9-109}$$

可得译码转发协同ARQ协议中的连接中断概率为

$$\begin{aligned}P_{\text{co}}^{\text{DF}}(l)&=\sum_{k=1}^{l-1}P_{T_r=k}^{\text{co2}}(l)\Pr\{T_r=k\}+\sum_{k=l}^{L}P_{T_r=k}^{\text{co1}}(l)\Pr\{T_r=k\}\\&=\sum_{k=1}^{l-1}g(k,l-k,\overline{\gamma_{\text{SD}}},\overline{\gamma_{\text{RD}}};\gamma_{\text{th1}})\frac{1}{(k-1)!}\left(\frac{\gamma_{\text{th1}}}{\overline{\gamma_{\text{SR}}}}\right)^{k-1}\exp\left(-\frac{\gamma_{\text{th1}}}{\overline{\gamma_{\text{SR}}}}\right)+\\&\quad\left[1-\sum_{i_1=0}^{l-2}\frac{1}{i_1!}\left(\frac{\gamma_{\text{th1}}}{\overline{\gamma_{\text{SR}}}}\right)^{i_1}\exp\left(-\frac{\gamma_{\text{th1}}}{\overline{\gamma_{\text{SR}}}}\right)\right]\left[1-\sum_{i_2=0}^{l-1}\frac{1}{i_2!}\left(\frac{\gamma_{\text{th1}}}{\overline{\gamma_{\text{SD}}}}\right)^{i_2}\exp\left(-\frac{\gamma_{\text{th1}}}{\overline{\gamma_{\text{SD}}}}\right)\right]\end{aligned} \tag{9-110}$$

3）安全中断概率。与主信道互信息量表达式类似，窃听信道互信息量可表示为

$$I(X;Y_{\text{E}}\mid \boldsymbol{h}_{\text{E}}^{(l)})=\begin{cases}\log_2\left(1+\sum\limits_{i=1}^{l}\gamma_{\text{SE}}^{(i)}\right) & l\leqslant k\\ \log_2\left(1+\sum\limits_{i=1}^{k}\gamma_{\text{SE}}^{(i)}+\sum\limits_{i=k+1}^{l}\gamma_{\text{RE}}^{(i)}\right) & l>k\end{cases} \tag{9-111}$$

对于 $l\leqslant k$，$T_r=k$ 条件安全中断概率可写为

$$P_{T_r=k}^{\text{so1}}(l)=\exp\left(-\frac{\gamma_{\text{th2}}}{\overline{\gamma_{\text{SE}}}}\right)\sum_{i=0}^{l-1}\frac{1}{i!}\left(\frac{\gamma_{\text{th2}}}{\overline{\gamma_{\text{SE}}}}\right)^i \tag{9-112}$$

由定理9-3，条件 $l>k$ 时的条件安全中断概率为

$$P_{T_r=k}^{\text{so2}}(l)=1-g(k,l-k,\overline{\gamma_{\text{SE}}},\overline{\gamma_{\text{RE}}};\gamma_{\text{th2}}) \tag{9-113}$$

综上，可得译码转发协同ARQ协议中的安全中断概率为

$$\begin{aligned}P_{\text{so}}^{\text{DF}}(l)&=\sum_{k=1}^{l-1}P_{T_r=k}^{\text{so2}}(l)\Pr\{T_r=k\}+\sum_{k=l}^{L}P_{T_r=k}^{\text{so1}}(l)\Pr\{T_r=k\}\\&=\sum_{k=1}^{l-1}\left[1-g(k,l-k,\overline{\gamma_{\text{SE}}},\overline{\gamma_{\text{RE}}};\gamma_{\text{th2}})\right]\frac{1}{(k-1)!}\left(\frac{\gamma_{\text{th1}}}{\overline{\gamma_{\text{SR}}}}\right)^{k-1}\exp\left(-\frac{\gamma_{\text{th1}}}{\overline{\gamma_{\text{SR}}}}\right)+\\&\quad\left[1-\sum_{i_1=0}^{l-2}\frac{1}{i_1!}\left(\frac{\gamma_{\text{th1}}}{\overline{\gamma_{\text{SR}}}}\right)^{i_1}\exp\left(-\frac{\gamma_{\text{th1}}}{\overline{\gamma_{\text{SR}}}}\right)\right]\sum_{i_2=0}^{l-1}\frac{1}{i_2!}\left(\frac{\gamma_{\text{th2}}}{\overline{\gamma_{\text{SE}}}}\right)^{i_2}\exp\left(-\frac{\gamma_{\text{th2}}}{\overline{\gamma_{\text{SE}}}}\right)\end{aligned} \tag{9-114}$$

（2）ODF协同ARQ

1）连接中断概率。当 $l\leqslant k$ 时，三种协同ARQ中的等效目的接收信号模型均相同。因

此，相应的条件连接中断概率、条件安全概率与 DF 中相同。因此下面关于机会译码转发协同 ARQ 和空时分组码协同 ARQ 中的条件中断概率分析均只针对 $l>k$。机会译码转发协同 ARQ 中的主信道互信息量可表示为

$$I(X;Y_{\mathrm{D}}\mid \boldsymbol{h}_{\mathrm{D}}^{(k)}) = \log_2\left(1+\sum_{i=1}^{k}\gamma_{\mathrm{SD}}^{(i)}+\sum_{i=k+1}^{l}\max(\gamma_{\mathrm{SD}}^{(i)},\gamma_{\mathrm{RD}}^{(i)})\right) \tag{9-115}$$

定义 $\gamma_{\mathrm{SRD}}^{(i)}=\max(\gamma_{\mathrm{SD}}^{(i)},\ \gamma_{\mathrm{RD}}^{(i)})$ 及 $\lambda_{\mathrm{SRD}}^{(l-k)}=\sum_{i=k+1}^{l}\gamma_{\mathrm{SRD}}^{(i)}$，则 $\lambda_{\mathrm{SRD}}^{(l-k)}$ 的概率分布函数可计算为

$$\begin{aligned}
F_{\lambda_{\mathrm{SRD}}^{(l-k)}}(\gamma) &= \int_0^{\gamma}F_{\lambda_{\mathrm{SRD}}^{(l-k-1)}}(\gamma-x_1)f_{\gamma_{\mathrm{SRD}}^{(k+1)}}(x_1)\mathrm{d}x_1\\
&=\int_0^{\gamma}\int_0^{\gamma-x_1}F_{\lambda_{\mathrm{SRD}}^{(l-k-2)}}(\gamma-x_1-x_2)f_{\gamma_{\mathrm{SRD}}^{(k+1)}}(x_1)f_{\gamma_{\mathrm{SRD}}^{(k+2)}}(x_2)\mathrm{d}x_2\mathrm{d}x_1\\
&=\int_0^{\gamma}\int_0^{\gamma-x_1}\cdots\int_0^{\gamma-\sum_{i=1}^{l-k-2}x_i}F_{\lambda_{\mathrm{SRD}}^{(1)}}\left(\gamma-\sum_{i=1}^{l-k-1}x_i\right)f_{\gamma_{\mathrm{SRD}}^{(k+1)}}(x_1)f_{\gamma_{\mathrm{SRD}}^{(k+2)}}(x_2)\cdots f_{\gamma_{\mathrm{SRD}}^{(l-1)}}(x_{l-k-1})\mathrm{d}x_{l-k-1}\cdots\mathrm{d}x_2\mathrm{d}x_1
\end{aligned} \tag{9-116}$$

式中，$\gamma_{\mathrm{SRD}}^{(i)}$（$i=k+1,\ k+2,\ \cdots l$）为独立同分布变量，其分布函数为

$$f_{\gamma_{\mathrm{SRD}}^{(i)}}(\gamma) = \frac{1}{\overline{\gamma}_{\mathrm{SD}}}\exp\left(-\frac{1}{\overline{\gamma}_{\mathrm{SD}}}\right)+\frac{1}{\overline{\gamma}_{\mathrm{RD}}}\exp\left(-\frac{1}{\overline{\gamma}_{\mathrm{RD}}}\right)-\frac{\overline{\gamma}_{\mathrm{SD}}+\overline{\gamma}_{\mathrm{RD}}}{\overline{\gamma}_{\mathrm{SD}}\overline{\gamma}_{\mathrm{RD}}}\exp\left(-\frac{\overline{\gamma}_{\mathrm{SD}}+\overline{\gamma}_{\mathrm{RD}}}{\overline{\gamma}_{\mathrm{SD}}\overline{\gamma}_{\mathrm{RD}}}\gamma\right) \tag{9-117}$$

式中 $\lambda_{\mathrm{SRD}}^{(1)}$ 的概率分布函数为

$$F_{\gamma_{\mathrm{SRD}}^{(1)}}(\gamma) = \left[1-\exp\left(-\frac{\gamma}{\overline{\gamma}_{\mathrm{SD}}}\right)\right]\left[1-\exp\left(-\frac{\gamma}{\overline{\gamma}_{\mathrm{RD}}}\right)\right] \tag{9-118}$$

由于过于复杂，很难得到 $\lambda_{\mathrm{SRD}}^{(l-k)}$ 的概率分布函数的闭式解。但将式（9-117）、式（9-118）代入式（9-116），可得给定其递推表达式以进行计算。因此，可得 $l>k$ 时的条件连接中断概率为

$$\begin{aligned}
P_{T_{\mathrm{r}}=k}^{\mathrm{co2}}(l) &= \Pr\{\lambda_{\mathrm{SD}}^{(k)}+\lambda_{\mathrm{SRD}}^{(l-k)}<\gamma_{\mathrm{th1}}\}\\
&=\int_0^{\gamma_{\mathrm{th1}}}F_{\lambda_{\mathrm{SRD}}^{(l-k)}}(\gamma_{\mathrm{th1}}-x)f_{\lambda_{\mathrm{SD}}^{(k)}}(x)\mathrm{d}x
\end{aligned} \tag{9-119}$$

基于中继译码概率 $\Pr\{T_{\mathrm{r}}=k\}$，以及条件连接中断概率 $P_{T_{\mathrm{r}}=k}^{\mathrm{co1}}(l)$ 和 $P_{T_{\mathrm{r}}=k}^{\mathrm{co2}}(l)$，可得连接中断概率为

$$\begin{aligned}
P_{\mathrm{co}}^{\mathrm{ODF}}(l) &= \sum_{k=1}^{l-1}\frac{1}{(k-1)!}\left(\frac{\gamma_{\mathrm{th1}}}{\overline{\gamma}_{\mathrm{SR}}}\right)^{k-1}\exp\left(-\frac{\gamma_{\mathrm{th1}}}{\overline{\gamma}_{\mathrm{SR}}}\right)\int_0^{\gamma_{\mathrm{th1}}}F_{\lambda_{\mathrm{SRD}}^{(l-k)}}(\gamma_{\mathrm{th1}}-x)f_{\lambda_{\mathrm{SD}}^{(k)}}(x)\mathrm{d}x+\\
&\quad\left[1-\sum_{i_1=0}^{l-2}\frac{1}{i_1!}\left(\frac{\gamma_{\mathrm{th1}}}{\overline{\gamma}_{\mathrm{SR}}}\right)^{i_1}\exp\left(-\frac{\gamma_{\mathrm{th1}}}{\overline{\gamma}_{\mathrm{SR}}}\right)\right]\left[1-\sum_{i_2=0}^{l-1}\frac{1}{i_2!}\left(\frac{\gamma_{\mathrm{th1}}}{\overline{\gamma}_{\mathrm{SD}}}\right)^{i_2}\exp\left(-\frac{\gamma_{\mathrm{th1}}}{\overline{\gamma}_{\mathrm{SD}}}\right)\right]
\end{aligned} \tag{9-120}$$

2）安全中断概率。当 $l>k$ 时，机会译码转发协同 ARQ 中的窃听信道互信息量为

$$I(X;Y_{\mathrm{E}} \mid \boldsymbol{h}_{\mathrm{E}}^{(l)}) = \log_2\left(1 + \sum_{i=1}^{k}\gamma_{\mathrm{SE}}^{(i)} + \sum_{i=k+1}^{l}\gamma_{\mathrm{SRE}}^{(i)}\right) \tag{9-121}$$

式中，$\gamma_{\mathrm{SRE}}^{(i)} = \gamma_0 \mid h_{\mathrm{SRE}}^{(i)} \mid^2$，而 $\mid h_{\mathrm{SRE}}^{(i)} \mid^2$ 在式（9-78）中已给出。在中继译码源节点信息的后面 $l-k$ 次传输中，根据 $\mid h_{\mathrm{SD}}^{(i)} \mid^2$ 和 $\mid h_{\mathrm{RD}}^{(i)} \mid^2$ 的大小关系确定选源节点还是中继节点重传源信息。源节点到目的节点之间信道与中继节点到目的节点之间信道相互独立，因此源节点被选中的概率为

$$p = \Pr\{\mid h_{\mathrm{SD}}^{(i)} \mid^2 > \mid h_{\mathrm{RD}}^{(i)} \mid^2\} = \frac{\overline{\gamma_{\mathrm{SD}}}}{\overline{\gamma_{\mathrm{SD}}} + \overline{\gamma_{\mathrm{RD}}}} \tag{9-122}$$

将后面 $l-k$ 次传输中源节点被选中的次数记为 θ，θ 取值为一个概率为 p 的 $l-k$ 次伯努利实验的平均值。因此，当 $l>k$ 时的条件安全中断概率可表示为

$$P_{T_r=k}^{\mathrm{so2}}(l) = \sum_{\theta=0}^{l-k}\binom{l-k}{\theta}p^{\theta}(1-p)^{l-k-\theta}\Pr\{\lambda_{\mathrm{SE}}^{(k+\theta)} + \lambda_{\mathrm{RE}}^{(l-k-\theta)} > \gamma_{\mathrm{th2}}\} \tag{9-123}$$

式中，$\lambda_{\mathrm{SE}}^{(k+\theta)} \sim \mathrm{Er}(k+\theta,\ 1/\overline{\gamma_{\mathrm{SE}}})$，$\lambda_{\mathrm{RE}}^{(l-k-\theta)} \sim \mathrm{Er}(l-k-\theta,\ 1/\overline{\gamma_{\mathrm{RE}}})$，由定理 9-3 可得

$$P_{T_r=k}^{\mathrm{so2}}(l) = \sum_{\theta=0}^{l-k}\binom{l-k}{\theta}p^{\theta}(1-p)^{l-k-\theta}[1 - g(k+\theta, l-k-\theta, \overline{\gamma_{\mathrm{SE}}}, \overline{\gamma_{\mathrm{RE}}}; \gamma_{\mathrm{th2}})] \tag{9-124}$$

基于式（9-101）、式（9-112）和式（9-124），可得机会译码转发协同 ARQ 协议中的安全中断概率为

$$\begin{aligned} P_{\mathrm{so}}^{\mathrm{ODF}}(l) = &\sum_{k=1}^{l-1}\frac{1}{(k-1)!}\left(\frac{\gamma_{\mathrm{th1}}}{\gamma_{\mathrm{SR}}}\right)^{k-1}\exp\left(-\frac{\gamma_{\mathrm{th1}}}{\gamma_{\mathrm{SR}}}\right)\sum_{\theta=0}^{l-k}[1 - g(k+\theta, l-k-\theta, \overline{\gamma_{\mathrm{SE}}}, \overline{\gamma_{\mathrm{RE}}}; \gamma_{\mathrm{th2}})]\binom{l-k}{\theta}\times \\ &p^{\theta}(1-p)^{l-k-\theta} + \left[1 - \sum_{i_1=0}^{l-2}\frac{1}{i_1!}\left(\frac{\gamma_{\mathrm{th1}}}{\gamma_{\mathrm{SR}}}\right)^{i_1}\exp\left(-\frac{\gamma_{\mathrm{th1}}}{\gamma_{\mathrm{SR}}}\right)\right]\sum_{i_2=0}^{l-1}\frac{1}{i_2!}\left(\frac{\gamma_{\mathrm{th2}}}{\gamma_{\mathrm{SE}}}\right)^{i_2}\exp\left(-\frac{\gamma_{\mathrm{th2}}}{\gamma_{\mathrm{SE}}}\right) \end{aligned} \tag{9-125}$$

值得注意的是，在连接中断概率推导中，由于 $\gamma_{\mathrm{SRD}}^{(i)}$ 分布与选择过程的相关性，难以得到闭式解。而在计算安全中断概率时，$\gamma_{\mathrm{SRE}}^{(i)}$ 的概率分布与每次的选择过程并不相关，统计上相互独立，因此可用上述推导过程求解。

（3）STBC 协同 ARQ

在空时分组码协同 ARQ 中，当 $l>k$ 时源节点和中继节点同时发送构成 MISO 信道。比较等效信道系数表达式可发现，空时分组码协同 ARQ 的连接中断概率和安全中断概率与译码转发协同 ARQ 中计算相似，只需进行相应替换即可：用 $g(l,\ l-k,\ \overline{\gamma_{\mathrm{SD}}},\ \overline{\gamma_{\mathrm{RD}}};\ \gamma_{\mathrm{th1}})$ 替换式（9-100）中的 $g(k,\ l-k,\ \overline{\gamma_{\mathrm{SD}}},\ \overline{\gamma_{\mathrm{RD}}};\ \gamma_{\mathrm{th1}})$ 可得连接中断概率，用 $g(l,\ l-k,\ \overline{\gamma_{\mathrm{SE}}},\ \overline{\gamma_{\mathrm{RE}}};\ \gamma_{\mathrm{th2}})$ 替换式（9-109）中的 $g(k,\ l-k,\ \overline{\gamma_{\mathrm{SE}}},\ \overline{\gamma_{\mathrm{RE}}};\ \gamma_{\mathrm{th2}})$ 即可得安全中断概率。

分析： 将 $l=L$ 代入上述结果即可得上述三种协同 ARQ 协议在最大传输次数之后的连

接中断概率和安全中断概率。观察可发现，连接中断概率是关于主信道编码速率 R_0 的增函数，是关于最大重传次数 L 的减函数；而安全中断概率则是 R_0 的减函数，同时又是保密信息速率 R_s 和最大重传次数 L 的增函数。这反映了协同 ARQ 传输中的可靠性与安全性矛盾：目的节点译码失败条件下进行更多次数的重传，一方面可增加目的节点接收成功率，另一方面增大了安全中断概率，为窃听节点接收提供了空间、时间分集。同样，对于编码速率对的选择也很重要，为保证安全性，增大主信道编码速率为保密信息供更多保护的同时，加大了目的节点译码难度，传输可靠性减弱。为衡量可靠性与安全性之间的直接关系，下面将进行上述三种协同 ARQ 协议中的可靠性－安全性折中分析。

2. 可靠性－安全性折中

连接中断概率、安全中断概率的精确值计算式较为复杂，难以得到两者的直接关系。因此，可对其进行高信噪比条件下近似分析，以建立两者的渐近关系式。为便于分析高信噪比条件下的安全性能，定义安全概率为 $P_s(l)=1-P_{so}(l)$。定理 9-4 给出了三种协同 ARQ 协议中连接中断概率、安全概率的高信噪比近似表达式。

定理 9-4 高信噪比（$\gamma_0\to\infty$）条件下，译码转发协同 ARQ、机会译码转发协同 ARQ 以及空时分组码协同 ARQ 协议中的连接中断概率、安全概率近似式分别为

$$\begin{aligned}P_{co}^{DF}(l)&\approx\frac{\gamma_{th1}^{l}}{l!\Omega_{SD}\Omega_{RD}^{l-1}}\gamma_0^{-l}\\ P_{s}^{DF}(l)&\approx\frac{\gamma_{th2}^{l}}{l!\Omega_{SE}\Omega_{RE}^{l-1}}\gamma_0^{-l}\end{aligned}\tag{9-126}$$

$$\begin{aligned}P_{co}^{ODF}(l)&\approx\frac{\gamma_{th1}^{2l-1}}{l!\Omega_{SD}^{l}}\left(\frac{2^{2l-1}}{\Omega_{RD}^{l-1}(2l-1)}+\frac{1}{\Omega_{SR}^{l-1}(l-1)}\right)\gamma_0^{-(2l-1)}\\ P_{s}^{ODF}(l)&\approx\frac{\gamma_{th2}^{l}}{l!\Omega_{SE}\Omega_{RE}^{l-1}}\gamma_0^{-l}\end{aligned}\tag{9-127}$$

$$\begin{aligned}P_{co}^{STBC}(l)&\approx\frac{\gamma_{th1}^{l}}{\Omega_{SD}^{l}}\frac{\Omega_{RD}^{l-1}(2l-1)!+l!(l-1)!\Omega_{SR}^{l-1}}{\Omega_{RD}^{l-1}(2l-1)!l!(l-1)!\Omega_{SR}^{l-1}}\gamma_0^{-(2l-1)}\\ P_{s}^{STBC}(l)&\approx\frac{\gamma_{th2}^{l}}{\Omega_{SE}^{l}}\frac{\Omega_{RE}^{l-1}(2l-1)!+l!(l-1)!\Omega_{SR}^{l-1}}{\Omega_{RE}^{l-1}(2l-1)!l!(l-1)!\Omega_{SR}^{l-1}}\gamma_0^{-(2l-1)}\end{aligned}\tag{9-128}$$

证明： 1）首先研究译码转发协同 ARQ 中的高信噪比近似情况。在 $\gamma_0\to\infty$ 条件下，有 $\Pr\{T_r=1\}=1$ 以及 $\Pr\{T_r=k\}\propto\gamma_0^{-(k-1)}(k=2,3,\cdots l)$。故在式（9-110）中有如下近似：

$$\sum_{k=1}^{l-1}P_{T_r=k}^{co2}(l)\Pr\{T_r=k\}\approx P_{T_r=1}^{co2}(l)=g(1,l-1,\overline{\gamma_{SD}},\overline{\gamma_{RD}};\gamma_{th1})\tag{9-129}$$

由泰勒级数展开可得 $F_{\lambda_{\mathrm{SD}}^{(k)}}(\gamma)$ 和 $f_{\lambda_{\mathrm{RD}}^{(l-k)}}(\gamma)$ 近似表达式分别为

$$\begin{aligned} F_{\lambda_{\mathrm{SD}}^{(k)}}(\gamma) &= 1-\exp\left(-\frac{\gamma}{\overline{\gamma_{\mathrm{SD}}}}\right)\sum_{i=0}^{k-1}\frac{1}{i!}\left(\frac{\gamma}{\overline{\gamma_{\mathrm{SD}}}}\right)^{i} \\ &= 1-\exp\left(-\frac{\gamma}{\overline{\gamma_{\mathrm{SD}}}}\right)\left(\exp\left(\frac{\gamma}{\overline{\gamma_{\mathrm{SD}}}}\right)-\sum_{i=k}^{\infty}\frac{1}{i!}\left(\frac{\gamma}{\overline{\gamma_{\mathrm{SD}}}}\right)^{i}\right) \\ &\approx \frac{1}{k!}\left(\frac{\gamma}{\overline{\gamma_{\mathrm{SD}}}}\right)^{k} \end{aligned} \tag{9-130}$$

$$\begin{aligned} f_{\lambda_{\mathrm{RD}}^{(l-k)}}(\gamma) &= \frac{1}{\overline{\gamma_{\mathrm{RD}}}}\exp\left(-\frac{\gamma}{\overline{\gamma_{\mathrm{RD}}}}\right)\frac{1}{(l-k-1)!}\left(\frac{\gamma}{\overline{\gamma_{\mathrm{RD}}}}\right)^{l-k-1} \\ &= \frac{1}{\overline{\gamma_{\mathrm{RD}}}}\frac{1}{(l-k-1)!}\left(\frac{\gamma}{\overline{\gamma_{\mathrm{RD}}}}\right)^{l-k-1}+\phi\left(\frac{1}{\overline{\gamma_{\mathrm{RD}}}}\right)^{l-k} \\ &\approx \frac{1}{\overline{\gamma_{\mathrm{RD}}}^{\,l-k}}\frac{1}{(l-k-1)!}\gamma^{l-k-1} \end{aligned} \tag{9-131}$$

由上述近似结果可得函数 $g(1,\ l-1,\ \overline{\gamma_{\mathrm{SD}}},\ \overline{\gamma_{\mathrm{RD}}};\ \gamma_{\mathrm{th1}})$ 的高信噪比近似表达式为

$$\begin{aligned} & g(1,l-1,\overline{\gamma_{\mathrm{SD}}},\overline{\gamma_{\mathrm{RD}}};\gamma_{\mathrm{th1}}) \\ &= \int_0^{\gamma_{\mathrm{th1}}} F_{\gamma_{\mathrm{SD}}^{(1)}}(\gamma_{\mathrm{th1}}-x) f_{\gamma_{\mathrm{RD}}^{(l-1)}}(x)\,\mathrm{d}x \\ &\approx \int_0^{\gamma_{\mathrm{th1}}} \frac{\gamma_{\mathrm{th1}}-x}{\overline{\gamma_{\mathrm{SD}}}}\frac{1}{\overline{\gamma_{\mathrm{SD}}}^{\,l-1}}\frac{1}{(l-2)!}x^{l-2}\,\mathrm{d}x \\ &= \frac{\gamma_{\mathrm{th1}}^{l}}{l!\,\overline{\gamma_{\mathrm{SD}}}\,\overline{\gamma_{\mathrm{RD}}}^{\,l-1}} \end{aligned} \tag{9-132}$$

将上述近似结果代入式（9-110）可得

$$\begin{aligned} P_{\mathrm{co}}^{\mathrm{DF}}(l) &\approx \frac{\gamma_{\mathrm{th1}}^{l}}{l!\,\overline{\gamma_{\mathrm{SD}}}\,\overline{\gamma_{\mathrm{RD}}}^{\,l-1}}+\frac{1}{l!}\left(\frac{\gamma_{\mathrm{th1}}}{\overline{\gamma_{\mathrm{SD}}}}\right)^{l}\frac{1}{(l-1)!}\left(\frac{\gamma_{\mathrm{th1}}}{\overline{\gamma_{\mathrm{SR}}}}\right)^{l-1} \\ &\approx \frac{\gamma_{\mathrm{th1}}^{l}}{l!\,\Omega_{\mathrm{SD}}\Omega_{\mathrm{RD}}^{l-1}}\gamma_0^{-l} \end{aligned} \tag{9-133}$$

与式（9-133）类似，可得 $P_{\mathrm{s}}^{\mathrm{DF}}(l)$、$P_{\mathrm{s}}^{\mathrm{ODF}}(l)$、$P_{\mathrm{co}}^{\mathrm{STBC}}(l)$ 以及 $P_{\mathrm{s}}^{\mathrm{STBC}}(l)$ 高信噪比近似表达式。

2）在式（9-120）的 $P_{\mathrm{co}}^{\mathrm{ODF}}(l)$ 中有如下近似：

$$\begin{aligned} & \sum_{k=1}^{l-1}\frac{1}{(k-1)!}\left(\frac{\gamma_{\mathrm{th1}}}{\overline{\gamma_{\mathrm{SR}}}}\right)^{k-1}\exp\left(-\frac{\gamma_{\mathrm{th1}}}{\overline{\gamma_{\mathrm{SR}}}}\right)\int_0^{\gamma_{\mathrm{th1}}} F_{\lambda_{\mathrm{SRD}}^{(l-k)}}(\gamma_{\mathrm{th1}}-x) f_{\lambda_{\mathrm{SD}}^{(k)}}(x)\,\mathrm{d}x \\ &\approx \int_0^{\gamma_{\mathrm{th1}}} F_{\lambda_{\mathrm{SRD}}^{(l-1)}}(\gamma_{\mathrm{th1}}-x) f_{\lambda_{\mathrm{SD}}^{(1)}}(x)\,\mathrm{d}x \end{aligned} \tag{9-134}$$

为求得 $F_{\lambda_{\mathrm{SRD}}^{(l-1)}}(\gamma_{\mathrm{th1}}-x)$ 的近似，考虑 $F_{\lambda_{\mathrm{SRD}}^{(1)}}(\gamma)$ 和 $f_{\gamma_{\mathrm{SRD}}^{(i)}}(\gamma)$ 的近似结果：

$$F_{\lambda_{\mathrm{SRD}}^{(1)}}(\gamma) \approx \frac{\gamma^2}{\overline{\gamma_{\mathrm{SD}}}\,\overline{\gamma_{\mathrm{RD}}}}$$

$$f_{\gamma_{\mathrm{SRD}}^{(i)}}(\gamma) \approx \frac{2\gamma}{\overline{\gamma_{\mathrm{SD}}}\,\overline{\gamma_{\mathrm{RD}}}} \tag{9-135}$$

将式（9-135）代入式（9-136）可得

$$F_{\lambda_{\mathrm{SRD}}^{(l-1)}}(\gamma) \approx \left(\frac{2\gamma}{\overline{\gamma_{\mathrm{SD}}}\,\overline{\gamma_{\mathrm{RD}}}}\right)^{l-2} \frac{1}{\overline{\gamma_{\mathrm{SD}}}\,\overline{\gamma_{\mathrm{RD}}}} \int_0^{\gamma}\int_0^{\gamma-x_1}\cdots\int_0^{\gamma-\sum_{i=1}^{l-3}x_i} \left(\gamma - \sum_{i=1}^{l-2} x_i\right)^2 \mathrm{d}x_{l-2}\cdots\mathrm{d}x_2\mathrm{d}x_1 \tag{9-136}$$

为便于分析式（9-136），定义函数 I_j 为

$$I_j \approx \int^{\gamma-\sum_{i=1}^{l-k-j}x_i} I_{j-1}\mathrm{d}x_{l-k-j+1} \tag{9-137}$$

其初始值为

$$I_1 = \left(\gamma - \sum_{i=1}^{l-2} x_i\right)^2 = \left(\gamma - \sum_{i=1}^{l-3} x_i - x_{l-2}\right)^2 \tag{9-138}$$

由于 $\int_0^{\gamma}(\gamma - x)^n \mathrm{d}x = \gamma^{n+1}/(n+1)$，而式（9-137）中积分对于 $j=2, 3, \cdots, l-k-1$ 均形如 $\int_0^{\gamma}(\gamma - x)^n \mathrm{d}x$，所以依次计算 I_j 可得

$$F_{\lambda_{\mathrm{SRD}}^{(l-1)}}(\gamma) \approx \left(\frac{2}{\overline{\gamma_{\mathrm{SD}}}\,\overline{\gamma_{\mathrm{RD}}}}\right)^{l-1} \frac{\gamma^{2(l-1)}}{l!} \tag{9-139}$$

将式（9-139）代入式（9-134）可得

$$\begin{aligned} &\int_0^{\gamma_{\mathrm{th1}}} F_{\lambda_{\mathrm{SRD}}^{(l-1)}}(\gamma_{\mathrm{th1}} - x) f_{\lambda_{\mathrm{SD}}^{(1)}}(x)\mathrm{d}x \\ &= \int_0^{\gamma_{\mathrm{th1}}} \left(\frac{2}{\overline{\gamma_{\mathrm{SD}}}\,\overline{\gamma_{\mathrm{RD}}}}\right)^{l-1} \frac{(\gamma_{\mathrm{th1}} - x)^{2(l-1)}}{l!} \frac{1}{\overline{\gamma_{\mathrm{SD}}}}\mathrm{d}x \\ &= \left(\frac{2}{\overline{\gamma_{\mathrm{SD}}}\,\overline{\gamma_{\mathrm{RD}}}}\right)^{l-1} \frac{{\gamma_{\mathrm{th1}}}^{2l-1}}{(2l-1)l!} \frac{1}{\overline{\gamma_{\mathrm{SD}}}} \end{aligned} \tag{9-140}$$

最后，由式（9-120）可得

$$\begin{aligned} P_{\mathrm{co}}^{\mathrm{ODF}}(l) &\approx \left(\frac{2}{\overline{\gamma_{\mathrm{SD}}}\,\overline{\gamma_{\mathrm{RD}}}}\right)^{l-1} \frac{{\gamma_{\mathrm{th1}}}^{2l-1}}{(2l-1)l!} \frac{1}{\overline{\gamma_{\mathrm{SD}}}} + \frac{1}{l!}\left(\frac{\gamma_{\mathrm{th1}}}{\overline{\gamma_{\mathrm{SD}}}}\right)^{l} \frac{1}{(l-1)!}\left(\frac{\gamma_{\mathrm{th1}}}{\overline{\gamma_{\mathrm{SR}}}}\right)^{l-1} \\ &\approx \frac{{\gamma_{\mathrm{th1}}}^{2l-1}}{l!\Omega_{\mathrm{SD}}^{l}}\left(\frac{2^{l-1}}{(2l-1)\Omega_{\mathrm{RD}}^{l-1}} + \frac{1}{(l-1)!\Omega_{\mathrm{SR}}^{l-1}}\right)\gamma_0^{-(2l-1)} \end{aligned} \tag{9-141}$$

综上，定理9-4 得证。

分析：上述近似表达式分别反映了三种协同 ARQ 协议中的可靠性、安全性随传输次数的变化情况。观察上述三式可以发现，目的节点、窃听节点从不同的协同 ARQ 协议所获得的分集增益有所不同。译码转发协同 ARQ 协议中，目的节点、窃听节点所获分集增益为 l，均来自时间分集；机会译码转发协同 ARQ 中，目的节点接收分集增益为 $2l-1$，包括时间

分集增益 l 和空间分集增益 $l-1$，窃听节点只获得时间分集增益 l；空时分组码协同 ARQ 中，目的节点、窃听节点分集增益均为 $2l-1$，包括时间分集增益 l 和空间分集增益 $l-1$。因此，机会译码转发协同 ARQ 协议通过链路选择增大了主信道相对于窃听信道的优势，为目的节点提供了相对于窃听节点 $l-1$ 的最大程度空间分集增益。从这个意义上看，这是三种协同 ARQ 协议中在改善通信可靠性同时给安全性带来风险最小的，也是同样安全性要求下可靠性最高的。

基于以上高信噪比近似表达式，可建立可靠性与安全性之间的直接关系，我们将其定义为可靠性 - 安全性折中。可得如下推论。

推论：译码转发协同 ARQ、机会译码转发协同 ARQ 以及空时分组码协同 ARQ 协议中可靠性 - 安全性折中分别为

$$
\begin{aligned}
P_{\mathrm{co}}^{\mathrm{DF}}(l) &\approx \lambda_{\mathrm{DF}}\left[1-P_{\mathrm{so}}^{\mathrm{DF}}(l)\right] \\
P_{\mathrm{co}}^{\mathrm{ODF}}(l) &\approx \lambda_{\mathrm{ODF}}\left[1-P_{\mathrm{so}}^{\mathrm{ODF}}(l)\right]^{\frac{2l-1}{l}} \\
P_{\mathrm{co}}^{\mathrm{STBC}}(l) &\approx \lambda_{\mathrm{STBC}}\left[1-P_{\mathrm{so}}^{\mathrm{STBC}}(l)\right]
\end{aligned}
\tag{9-142}
$$

式中，各折中系数如下：

$$
\begin{aligned}
\lambda_{\mathrm{DF}} &= \frac{(2^{R_0}-1)^{l}\Omega_{\mathrm{SE}}\Omega_{\mathrm{RE}}^{l-1}}{(2^{R_0-R_s}-1)^{l}\Omega_{\mathrm{SD}}\Omega_{\mathrm{RD}}^{l-1}} \\
\lambda_{\mathrm{ODF}} &= \frac{(2^{R_0}-1)^{2l-1}l!^{1-\frac{1}{l}}\Omega_{\mathrm{SE}}^{2-\frac{1}{l}}\Omega_{\mathrm{RE}}^{2l-3+\frac{1}{l}}}{(2^{R_0-R_s}-1)^{2l-1}\Omega_{\mathrm{SD}}^{l}}\left(\frac{2^{2l-1}}{\Omega_{\mathrm{RD}}^{l-1}(2l-1)}+\frac{1}{\Omega_{\mathrm{SR}}^{l-1}(l-1)!}\right) \\
\lambda_{\mathrm{STBC}} &= \frac{(2^{R_0}-1)^{l}\Omega_{\mathrm{SE}}^{l}\Omega_{\mathrm{RE}}^{l-1}}{(2^{R_0-R_s}-1)^{l}\Omega_{\mathrm{SD}}^{l}\Omega_{\mathrm{RD}}^{l-1}}\,\frac{\Omega_{\mathrm{RD}}^{l-1}(2l-1)!+l!(l-1)!\Omega_{\mathrm{SR}}^{l-1}}{\Omega_{\mathrm{RE}}^{l-1}(2l-1)!+l!(l-1)!\Omega_{\mathrm{SR}}^{l-1}}
\end{aligned}
\tag{9-143}
$$

由式（9-143）可知，当要求 $P_{\mathrm{co}}^{\mathrm{DF}}(l)$ 和 $P_{\mathrm{so}}^{\mathrm{DF}}(l)$ 同时达到较小取值时，相应折中系数 λ 取值也较小，此时无线传输达到了较好安全性可靠性平衡。在给定的信道统计特性下，折中系数与编码速率对（R_0，R_s）以及传输次数 l 紧密相关。为此，需根据不同的系统性能需求，调整相应参数，达到可靠性与安全性之间的平衡。

3. 安全吞吐量

尽管连接中断概率、安全中断概率都能很好地描述各协同 ARQ 协议的可靠性与安全性性能，但两者均只是某一个方面做出评价，不能反映整体综合性能。为更好地衡量协同 ARQ 协议实现保密信息安全可靠传输的效率，需进一步讨论其安全吞吐量性能。在文献［8］中，已给出了非协同 ARQ 协议中的安全吞吐量定义，即

$$
\eta = \frac{R_s(1-P_{\mathrm{co}})}{E(T)} \tag{9-144}
$$

其中分子为平均正确传输保密信息的速率，分母为最大重传次数为 L 次时的平均传输次数。

然而，这一定义并未将安全中断概率计算在内（例如，目的节点成功接收源节点发送的保密信息的同时，窃听节点也可能截获了这一信息），因此所得安全吞吐量不能反映“平均每次传输中既安全又可靠达到目的节点的平均保密信息速率”。这里给出新的安全吞吐量定义式，协同 ARQ 协议中的安全吞吐量可计算为

$$\eta = (R_0, R_s, L) \triangleq \frac{E(R_s)}{E(T_d)} \tag{9-145}$$

$E(R_s)$ 的计算为

$$E(R_s) = \sum_{m=1}^{L} \Pr\{T_d = m\} R_s \tag{9-146}$$

式中，$T_d = m$ 代表事件“第 m 次传输后目的节点正确接收且传输完全安全”。由于连接中断概率 $P_{co}(m)$ 与安全中断概率 $P_{so}(m)$ 均与中继译码事件 $\Pr\{T_r = k\}$ 有关，故而，由全概率公式计算可得

$$\begin{aligned}\Pr\{T_d = m\} = &\sum_{k=1}^{m-1} \Pr\{T_r = k\}[P_{T_r=k}^{co2}(m-1) - P_{T_r=k}^{co2}(m)][1 - P_{T_r=k}^{so2}(m)] + \\ &\sum_{k=m}^{L} \Pr\{T_r = k\}[P_{T_r=k}^{co1}(m-1) - P_{T_r=k}^{co1}(m)][1 - P_{T_r=k}^{so1}(m)]\end{aligned} \tag{9-147}$$

特别地，$\Pr(T_d = 1) = [1 - P_{co}(1)][1 - P_{so}(1)]$，即源节点第一次传输目的节点就成功接收且安全的概率。

由于源节点和中继节点只能收到目的节点关于接收成功与否的反馈，无法得到是否安全的反馈，因此只根据目的节点译码情况决定下一次是否还要重传。所以，整个 ARQ 协议的平均传输次数为

$$E(T) = \sum_{m=1}^{L} m\Pr\{M = m\} = 1 + \sum_{m=1}^{L-1} P_{co}(m) \tag{9-148}$$

式中，$\Pr(M = m)$ 代表 m 次传输后即停止传输源信息的概率，其表达式为

$$\Pr(M = m) = P_{co}(m-1) - P_{co}(m) \tag{9-149}$$

特别地，如果前 $L-1$ 次传输没有成功，则总共的传输次数就是 L，不管第 L 次传输后是否成功都要终止，因为已达到最大传输次数限制。因此，有

$$\begin{aligned}\Pr(M = 1) &= 1 - P_{co}(1) \\ \Pr(M = L) &= P_{co}(L-1)\end{aligned} \tag{9-150}$$

将式（9-149）和式（9-150）代入式（9-148）可得平均传输次数为

$$E(T) = 1 + \sum_{m=1}^{L-1} P_{co}(m) \tag{9-151}$$

新定义的安全吞吐量较文献［8］中定义所做改进主要在于将安全中断纳入安全容量计算，可以更加准确地衡量“安全容量”——实现既安全又可靠传输的效率。其优势还在于能够更好地反映协同 ARQ 传输中可靠性、安全性、有效性、时延之间的折中关系。在式（9-145）中，安全吞吐量与（R_0，R_s，L）三个变量设置紧密相关，协同 ARQ 目的本在于增强传输可靠性，当通过增加重传次数提高可靠性的同时，不仅传输时延增大，而且窃听风险增加，安全性受到更大威胁。另一方面，为消除这一威胁，可以通过增大主信道编码速率提供更好的冗余保护，但同时可靠性又降低了。

9.4.4 仿真结果与讨论

在下述仿真中，给出了三种协同 ARQ 协议相关性能仿真曲线，直传点对点 ARQ 协议（DT ARQ）相关仿真结果亦给出以做参照。信道参数归一化为 $\Omega_{SR}=\Omega_{RD}=10$，$\Omega_{SD}=5$，$\Omega_{SE}=0.5$，$\Omega_{RE}=1$，源节点、中继节点发射功率相同，假设 $R_0=3$，$R_s=1$。所有结果均为 1 000 000 次仿真实验所得平均值。图 9-22 所示为最大传输次数 $L=2$ 时各协议中连接中断概率随发射信噪比变化曲线。由图可见，机会译码转发协同 ARQ（ODF CARQ）与空时分组码协同 ARQ（STBC CARQ）的传输可靠性较好。图 9-23 所示为安全中断概率随发射信噪比变化曲线，与图 9-22 中变化趋势相反，随着信噪比增大，安全中断概率趋于 1。而且，连接中断概率最低的空时分组码协同 ARQ 安全中断概率最高，这是因为它为目的节点、窃听节点均提供了 $2L-1$ 的分集度。而机会译码转发协同 ARQ 安全中断概率与译码转发协同 ARQ(DF CARQ) 安全中断概率几乎相同。

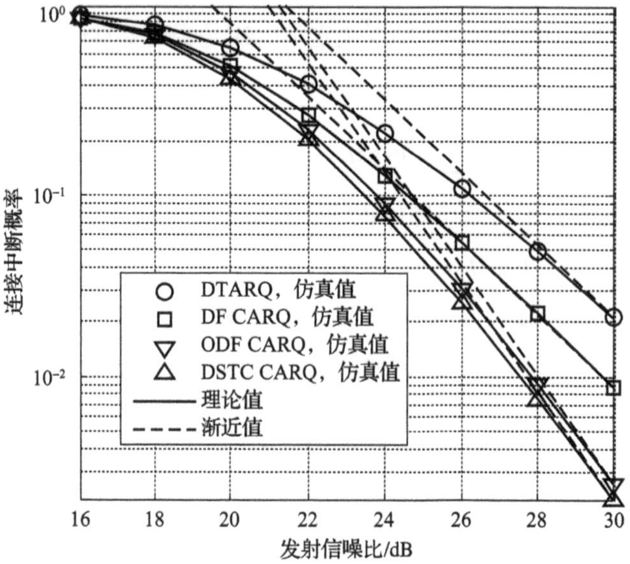

图 9-22 最大传输次数 $L=2$ 时各协议中连接中断概率随发射信噪比变化曲线

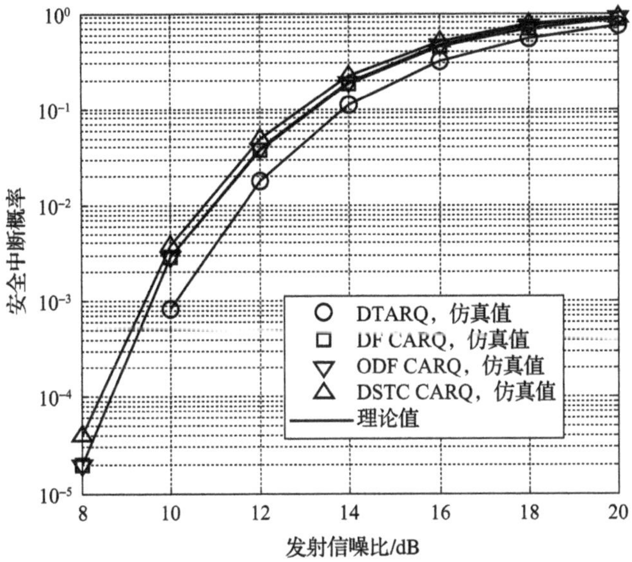

图 9-23　最大传输次数 $L=2$ 时安全中断概率随发射信噪比变化情况

图 9-24 和图 9-25 所示为最大传输次数增加为 $L=4$ 时的连接中断概率与安全中断概率。重传次数的增加改进了连接中断性能，同时恶化了安全中断性能。观察亦可发现，三种协同 ARQ 协议中，ODF 协同 ARQ 在可靠性、安全性之间达到较好的平衡。图 9-26 给出了固定发射信噪比条件下不同协同 ARQ 协议安全吞吐量随最大重传次数 L 的变化关系曲线，由图可知，存在最优传输次数设计问题。

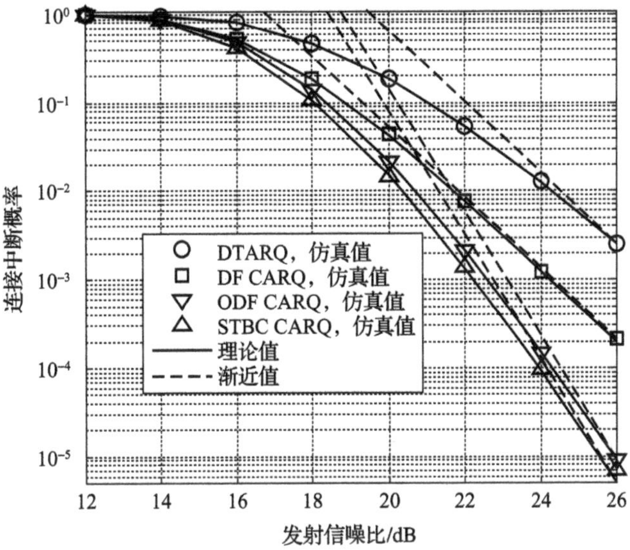

图 9-24　最大传输次数 $L=4$ 时连接中断概率随发射信噪比变化曲线

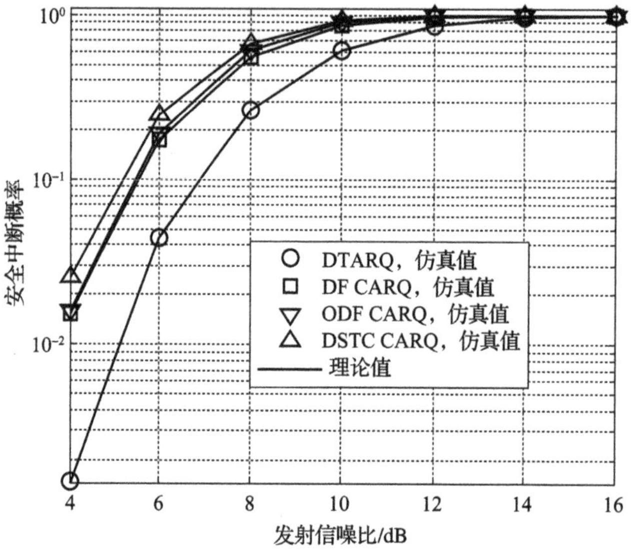

图 9-25　最大传输次数 $L=4$ 时安全中断概率随发射信噪比变化曲线

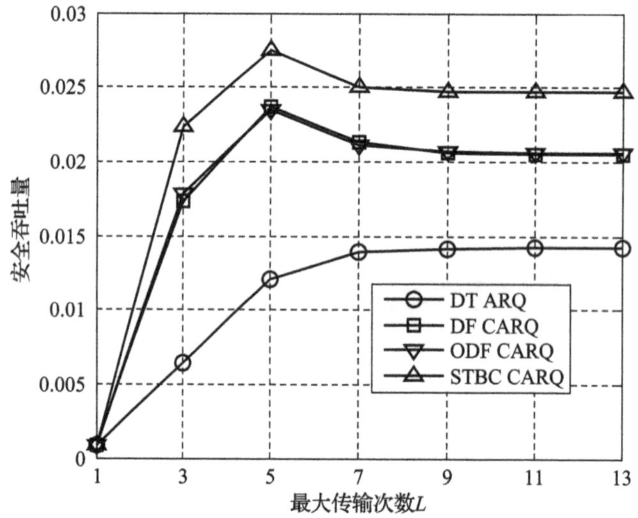

图 9-26　安全吞吐量随最大传输次数 L 变化

参考文献

[1] Shannon C E. Coummunication theory of secrecy systems [J]. Bell System Technical Journal, 1949, 28 (4): 656-715.

[2] A D Wyner. The wire-tap channel [J]. The Bell System Technical Journal, 1975, 54(8): 1355-1387.

[3] I Csiszár, J Körner. Broadcast channels with confidential messages [J]. IEEE Transactions on Information Theory, 1978, 24(3): 339-348.

[4] S K Leung-Yan-Cheong, M E Hellman. The Gaussian wiretap channel [J]. IEEE Transactions on Information Theory, 1978, 24(4): 451-456.

[5] J Barros, M R D Rodrigues. Secrecy capacity of wireless channels [C]. In Proc. of ISIT 2006, IEEE International Symposium on Information Theory, 2006: 356-360.

[6] Y Liang, HV Poor, S Shamai. Secure communication over fading channels [J]. IEEE Transactions on Information Theory, 2008, 54(6): 2470-2492.

[7] P K Gopala, L Lai, H El-Gamal. On the secrecy capacity of fading channels [J]. IEEE Transactions on Information Theory, 2008, 54(10): 4687-4698.

[8] X Tang, R Liu, P Spasojevic, H V Poor. On the throughput of secure hybrid-ARQ protocols for Gaussian block-fading channels [J]. IEEE Transactions on Information Theory, 2009, 55(4): 1575-1591.

[9] T Liu, S Shamai. A note on the secrecy capacity of the multi-antenna wiretap channel [J]. IEEE Transactions on Information Theory, 2007, 55(6): 2547-2553.

[10] L Dong, Z Han, A Petropulu, H V Poor. Secure wireless communications via cooperation [C]. In Proc of 46th Annual Allerton Conf Commun, Control, and Computing, 2008: 1132-1138.

[11] L Dong, Z Han, A Petropulu, H V Poor. Amplify-and-forward based cooperation for secure wireless communications [C]. In Proc of IEEE Intl Conf Acoust, Speech Signal Proc, 2009: 2613-2616.

[12] J Zhang, M Gursory. Relay beamforming strategies for physical layer security [C]. In Proc of CISS, 2010: 1-6.

[13] B Daniel, A Sonia. Beamforming in dual-hop fixed gain relaying systems [C]. In Proc. of IEEE ICC, 2009: 1-5.

[14] J Zhu, J Mo, M Tao. Cooperative secret communication with artificial noise in symmetric interference channel [J]. IEEE Communications Letters, 2010, 14(10): 885-887.

[15] L Dong, Z Han, A P Petropulu, H V Poor. Cooperative jamming for wireless physical layer security [C]. In Proc of 15th IEEE Workshop on Statistical Signal Processing, 2009: 417-420.

[16] J Huang, A L Swindlehurst. Cooperation strategies for secrecy in MIMO relay networks with unknown eavesdropper CSI [C]. In Proc of IEEE International Conference on Acoustics, Speech and Signal Processing, 2011: 3424-3427.

[17] R Zhang, L Song, Z Han, B Jiao, M Debbah. Physical layer security for two way relay communications with friendly jammers [C]. In Proc of IEEE Global Telecommunications Conference, 2010: 1-6.

[18] X He A Yener. Two-hop secure communication using an untrusted relay: a case for cooperative jamming [C]. In Proc of IEEE Global Telecommunications Conference, 2008: 1-5.

[19] I Krikidis, S McLaughlin. Relay selection for secure cooperative networks with jamming [J]. IEEE Transactions on Wireless Communications, 2009, 8(10): 5003-5011.

[20] X Guan, Y Cai, W Yang, Y Cheng, J Hu. Increasing Secrecy Capacity via Joint Design of Cooperative Beamforming and Jamming[J]. KSII Transactions on Internet and Information Systems, 2012, 6(4): 1041-1062.

[21] B He, X Zhou, T D Abhayapala. Wireless physical layer security with imperfect channel state information: a survey [OL]. http://arxiv.org/abs/1307.4146.

[22] J Barros, M R D Rodrigues. Secrecy capacity of wireless channels [C]. In Proc of IEEE ISIT, 2006: 356-360.

[23] M Bloch, J Barros, M R D Rodrigues, S W McLaughlin. Wireless information theoretic security [J]. IEEE Transactions on Information Theory, 2008, 54(6): 2515-2534.

[24] B He, X Zhou. Secure on-off transmission design with channel estimation errors [J]. IEEE Transactions on Information Forensics Security, 2013, 8(12): 1923-1936.

[25] Y Ma, D Zhang, A Leith, Z Wang. Error performance of transmit beamforming with delayed and limited feedback [J]. IEEE Transactions on Wireless Communications, 2009, 8(3): 1164-1170.

[26] J G Proakis, Digital Communications[M]. 4th ed. New York: McGrawHill, 2001.

[27] IEEE Std 802.16e, Air interface for fixed and mobile broadband wireless access systems amendment 2: Physical and medium access control layers for combined fixed and mobile operation in licensed bands and corrigendum 1[S], 2005.

[28] H Boujemaa. Delay analysis of cooperative truncated HARQ with opportunistic relaying [J]. IEEE Transactions on Vehicular Technology, 2009, 58(9): 4795-4804.

[29] S Tomasin, M Levorato, M Zorzi. Steady state analysis of coded cooperative networks with HARQ protocol [J]. IEEE Transactions on Communications, 2009, 57(8): 2391-2401.

[30] I S Gradshteyn, I M Ryzhik, A Jeffrey, D Zwillinger. Table of integrals, series and products[M]. 7th ed. Amsterdam, Boston: Elsevier, 2007.

附　录

缩　略　词

数字

3GPP	3rd Generation Partnership Project	第三代移动通信伙伴计划
4G	4th Generation	第四代移动通信
5G	5th Generation	第五代移动通信

A

ACK	ACKnowledgement	确认
AF	Amplify-and-Forward	放大转发
ANC	Analog Network Coding	模拟网络编码
AP	Access Point	接入点
ARQ	Automatic Repeat Request	自动重传请求
ASER	Average Symbol Error Rate	平均误符号率
AWGN	Additive White Gaussian Noise	加性高斯白噪声

B

BBU	Building Base-band Unit	室内基带处理单元
BD	Block Diagonalization	块对角化
BER	Bit Error Rate	误比特率
BF	BeamForming	波束赋形
BLAST	Bell Labs Layered Space-Time	贝尔实验室分层空时码
BS	Base Station	基站
BSC	Base Station Controller	基站控制器

C

CBC	Cooperative Broadcast Channel	协同广播信道
CC	Cooperative Coding	协同编码
CCU	Cell Centric Users	小区中心用户
CDD	Cyclic Delay Diversity	循环延时分集
CDF	Cumulative Distribution Function	累积分布函数
CEU	Cell Edge Users	小区边缘用户
CF	Compress-and-Forward	压缩转发
CHN	Cluster Head Node	簇头节点
CIR	Channel Impulse Response	信道冲激响应
CoMP	Coordinated Multi-Point transmission	协作多点传输
CP	Cyclic Prefix	循环前缀

CQI	Channel Quality Indication	信道质量指示
COP	Connection Outage Probability	连接中断概率
CARQ	Cooperative ARQ	协同 ARQ
CR	Cognitive Radio	认知无线电
CS/CB	Coordinated Scheduling/Beamforming	协调调度/波束赋形
CSI	Channel State Information	信道状态信息
CSMA	Carrier Sense Multiple Access	载波侦听多址接入

D

D2D	Device-to-Device	设备到设备
DCS	Dynamic Cell Selection	动态小区选择
DF	Decode-and-Forward	译码转发
DFC	Data Fusion Center	数据融合中心
DMC	Discrete Memoryless Channel	离散无记忆信道
DMT	Diversity Multiplexing Tradeoff	分集复用折中
DNC	Digital Network Coding	数字网络编码
DNF	DeNosie-and-Forward	去噪转发
DSTC	Distributed Space-Time Coding	分布式空时编码
DSFC	Distributed Space-Frequency Coding	分布式空频编码
DSTBC	Distributed Space-Time Blocked Coding	分布式空时分组编码
DSTFC	Distributed Space-Time-Frequency Coding	分布式空时频编码

E

EGC	Equal Gain Combining	等增益合并
eNode B	Evolved Node B	演进型节点 B
EPA	Equal Power Allocation	等功率分配

F

FER	Frame Error Rate	误帧率
FFR	Fixed Frequency Reuse	固定频率复用
FuFR	Full Frequency Reuse	全频率复用

G

GoS	Grade of Service	服务等级

H

HARQ	Hybrid Automatic Repeat reQuest	混合自动重传请求

HFR	Highest Frequency Reuse	最高频率复用
HSPA	High Speed Packet Access	高速分组接入

I

ICI	Inter-Carrier Interference	子载波间的干扰
ICIC	Inter Cell Interference Coordination	小区间干扰协调
ICN	Intra-Cluster Node	簇内成员节点
ID	IDentifier	识别码
IEEE	Institute of Electrical and Electronics Engineers	电气和电子工程师协会
IRC	Interference Relay Channel	干扰中继信道
ITU	International Telecommunication Union	国际电信联盟

J

JP	Joint Processing	联合处理
JT	Joint Transmission	联合传输

L

LLC	Logic Link Control	逻辑链路控制
LMMSE	Linear Minimum Mean Square Error	线性最小均方误差
LMS	Least Mean Square	最小均方值
LOS	Line Of Sight	视距传播
LS	Least Square	最小二乘
LTE	Long Term Evolution	长期演进

M

MAC	Media Access Control	媒体接入控制
MAI	Multiple Access Interference	多址干扰
MAP	Maximum A Posteriori	最大后验概率
MARC	Multiple Access Relay Channel	多址接入中继信道
MISO	Multiple Input Single Output	多输入单输出
MLD	Maximum Likelihood Detection	最大似然检测
MMSE	Minimum Mean Square Error	最小均方差
MRC	Maximum Ratio Combining	最大比合并
MS	Mobile Station	移动台
MSC	Mobile Switching Center	移动交换中心
MSE	Mean Square Error	均方误差

MWRC	Multi-Way Relay Channel	多维中继信道
MU-CoMP	Multi-User CoMP	多用户协作多点传输

N

NACK	Negative ACKnowledge	否定确认
NDMA	Network-assisted Diversity Multiple Access	网络辅助分集多址接入

O

ODF	Opportunistic Decode-and-Forward	机会译码转发
OFDM	Orthogonal Frequency Division Multiplexing	正交频分复用
OFDMA	Orthogonal Frequency Division Multiple Access	正交频分多址

P

PDCCH	Physical Downlink Control CHannel	物理下行控制信道
PDF	Probability Density Function	概率密度函数
PF	Proportional Fair	比例公平
PLS	Physical Layer Security	物理层安全
PMI	Precoding Matrix Indicator	预编码矩阵指示
PNC	Physical-layer Network Coding	物理层网络编码

Q

QoS	Quality of Service	服务质量

R

RDT	Reliability-Delay Tradeoff	可靠性-时延折中
RLNC	Random Linear Network Coding	随机线性网络编码
RRH	Remote Radio Head	射频拉远头
RST	Reliability-Security Tradeoff	可靠性-安全性折中
RX	Receiver	接收机

S

SDT	Security-Delay Tradeoff	安全性-时延折中
SER	Symbol Error Rate	误符号率
SFBC	Space Frequency Block Code	空频分组编码
SFN	Single Frequency Network	单频网
SNR	Signal to Noise Ratio	信噪比
SIMO	Single Input Multiple Output	单输入多输出

SINR	Signal to Interference plus Noise Ratio	信干噪比
SLNR	Signal to Leakage and Noise Ratio	信漏噪比
SISO	Single Input Single Output	单输入单输出
SOP	Secrecy Outage Probability	安全中断概率
STBC	Space Time Block Coding	空时分组码
STC	Space-Time Code	空时编码
SU-CoMP	Single-User CoMP	单用户协作多点传输
SU-MIMO	Single-User MIMO	单用户多输入多输出系统
SVD	Singular Value Decomposition	奇异值分解

T

TDBC	Time Division BroadCast	时分广播
TDBC-DF	Time Division BroadCast Decode-and-Forward	时分广播译码转发
TDD	Time Division Duplexing	时分双工
TDM	Time Division Multiplexing	时分复用
TWRC	Two Way Relay Channel	双向中继信道
TX	Transmitter	发射机

U

UE	User Equipment	用户设备
UMTS	Universal Mobile Telecommunications System	通用移动通信系统

V

V-BLAST	Vertical BLAST	垂直贝尔实验室分层空时码

W

WCI	Worst Companion Indication	最差伙伴指示
WLAN	Wireless Local Area Network	无线局域网
WSN	Wireless Sensor Network	无线传感器网络

Z

ZF	Zero Forcing	迫零
ZFBF	Zero-Forcing Beam Forming	迫零波束赋形